普通高等教育"十二五"规划教材
中国石油和化学工业优秀教材一等奖

食品营养学

石　瑞　主编

刘志皋　审订

化学工业出版社

·北京·

本教材从当前公众关注的绿色食品、有机食品入手，循序渐进地介绍了食品营养学的基本概念、基础知识、基本理论及其在食品加工和居民生活中的应用、各类人群的营养需要、膳食指南与膳食营养素参考摄入量、膳食营养与健康、营养调查与食谱编制、营养强化食品与保健食品等知识，其中融入了最新施行的《中华人民共和国食品安全法》相关知识、2007新版《中国居民膳食指南》的新增内容以及食品营养学相关领域的最新研究进展。

本书在编写过程中，力求内容条理清晰、浅显易懂，并突出强调食品营养学知识与实际生活的结合，以便具有较强的可读性，并能帮助广大学生和公众解决日常生活中的营养问题。全书知识比较丰富，相关数据最新收集到2011年。

本书兼具科学性、知识性和通俗性，不仅可作为高等学校食品科学与工程等相关专业的教材，还可供公共营养师培训以及开设营养学公共选修课之用，并可作为从事食品科学相关的生产、科研、管理工作者以及广大爱好食品营养学知识的公众的参考书。

图书在版编目（CIP）数据

食品营养学/石瑞主编. —北京：化学工业出版社，2012.2（2023.1 重印）
ISBN 978-7-122-13132-4

Ⅰ. 食…　Ⅱ. 石…　Ⅲ. 食品营养-营养学
Ⅳ. TS201.4

中国版本图书馆 CIP 数据核字（2011）第 277585 号

责任编辑：赵玉清　　　　　　　　文字编辑：刘　畅
责任校对：战河红　　　　　　　　装帧设计：尹琳琳

出版发行：化学工业出版社（北京市东城区青年湖南街 13 号　邮政编码 100011）
印　　刷：北京云浩印刷有限责任公司
装　　订：三河市振勇印装有限公司
787mm×1092mm　1/16　印张 15½　字数 393 千字　2023 年 1 月北京第 1 版第 12 次印刷

购书咨询：010-64518888　　　　　　　售后服务：010-64518899
网　　址：http://www.cip.com.cn
凡购买本书，如有缺损质量问题，本社销售中心负责调换。

定　　价：39.00 元　　　　　　　　　　　　　　　　　版权所有　违者必究

前　言

进入 21 世纪，我国人民的生活水平已经由温饱向小康迈进。中国城镇居民生活的恩格尔系数（食物消费支出占生活费用支出的比例），从 1993 年的 50.13％，下降到 2000 年的 46.0％；2001 年至 2008 年基本维持在 37％左右。进入 2010 年，中国的恩格尔系数仍然保持在 40％以内，按联合国粮农组织的标准，稳居小康向富裕发展的阶段。全国第四次也是最近一次的《中国居民营养与健康现状》调查显示：近年来我国城乡居民的膳食、营养状况有了明显改善，营养不良和营养缺乏患病率继续下降；但同时我国也面临着营养缺乏与营养结构失衡的双重挑战。一方面，贫困农村的营养状况依然很不乐观，贫困农村人口受到营养不良影响的比例高达 2/3 以上，儿童营养不良在农村地区仍然比较严重；另一方面，我国成人的肥胖率、高血压和糖尿病的患病率逐年上升。我国 15～64 岁的劳动人口中，慢性病的发生率已经达到 52％，而这将会给经济和社会的发展造成巨大的影响和损失。因此，大力开展营养知识的教育和普及，指导公众建立起合理的、科学的饮食习惯和培养正确的健康意识非常重要。

健康基于营养，营养结构和水平决定了人民的健康程度。而营养健康水平始终是反映一个国家经济发展、文明进步程度和生活质量的重要标志，营养健康状况的好坏，直接关系到国家社会经济发展，关系到全民素质的高低。21 世纪的经济、技术竞争，实质上是人才的竞争，是人口素质的竞争。要提高中华民族参与国际竞争的能力，就必须不断改善全民族的营养健康状况，努力提高公众营养健康水平。

我们欣喜地看到，近年来我国党和政府、社会团体、公众对营养问题日益重视和关注。党的十七大提出，把提高全民健康水平作为全面改善人民生活的重要目标。2004 年，卫生部组织专家形成了《中国居民营养改善条例》初稿，目前已进入卫生部立法计划。中国营养学会在“十二五”发展规划中也提出，将继续进行营养立法呼吁，以从法制层面保障我国居民的营养改善工作；并开展多种形式的营养宣传和普及工作。2008 年，卫生部提出将全民健康促进行动，包括健康教育、改善饮食等作为“健康中国 2020”战略行动计划的一部分。各有关大中专院校除了在食品相关专业开设营养学课程，更有在全校开设营养学公共选修课的新变化。尤其可贵的是，近年来在社会上的公共营养师培训中，有很多普通公众也加入其中。

编者 1989 年在天津科技大学（原天津轻工业学院）读研期间，曾师从刘志皋教授学习食品营养学，并在导师严曰仁教授的指导下进行了食品营养课题的研究。博士毕业后，多年来从事食品营养方面的教学和研究工作；并顺应营养学知识日益普遍的需求，在学校的支持下，自 2009 年开始在全校新开设了营养学的公共选修课，每期 240 人名额期期满员，这充分体现出学生们对营养学知识的重视和渴望。在长期的教学和工作中，编者积累了较为丰富的教学经验和大量的营养学资料。尤其是 2007 版《中国居民膳食指南》和《中国居民平衡膳食宝塔》（2007）的修订、2009 年《中华人民共和国食品安全法》的实施、近年来相关新的食品安全国家标准的修订施行和食品营养科学的研究进展，促使编者产生了编写这本反映食品营养学最新内容教材的想法。这个想法也获得了我校 2011 年校级精品教材建设立项的支持。

　　本教材是按照国家教育部高等院校轻工与食品学科教学指导委员会"食品营养学课程教学基本要求"的基本要求，并结合近年来营养学知识的社会需要编写而成的。全书共十四章，南京林业大学石瑞编写了第一至第十一章；北京林业大学许美玉老师编写了第十二章的第一、三、四、五节，第十四章的第一、二节；北京林业大学吕兆林老师编写了第十二章的第一节和第二节，第十三章，第十四章的第三节。天津科技大学刘志皋教授在百忙之中对全书进行了审阅，并提出了非常宝贵的指导性意见和建议。全书由石瑞任主编并统稿。

　　另外，化学工业出版社的编辑对本书进行了十分认真细致的编辑加工，在此一并向支持和参加本书编写工作的有关单位和专家表示衷心的感谢。

　　当今营养科学发展迅速，由于编者的水平所限，加之时间仓促，难免存在诸多不足之处，恳切希望使用此书的各位专家、老师、业内同行、同学们和朋友们将意见、建议反馈给我们，以便今后再版时进一步完善。

石　瑞

2011 年 12 月 15 日于南京林业大学

目　录

第一章　绿色食品、有机食品与食品营养学

进入 21 世纪以来，随着我国经济的快速发展，人们的生活水平提高到一个新的阶段，对自身的健康状况也越来越多地关注。人们对食物的消费需求由过去的满足温饱，而转变为把食品所能提供的营养价值和其安全性放在首位。人们不仅仅满足于吃得饱，更要吃得好、吃的营养合理，还要有利于身体的健康。因此，现在越来越多的人开始了解和学习食品营养方面的知识，选择安全、优质、营养的食品进行摄食。除了食品营养方面的科学知识，在食品的选择上，绿色食品和有机食品由于其符合了人们的这种需求，逐渐被普通消费者所关注和接受。

当前，人们往往把绿色食品和有机食品作为具有良好的营养与安全性的优质食品的代表。那么，究竟什么是绿色食品和有机食品呢？

第一节　绿色食品与有机食品

一、绿色食品及其产生的背景和识别

（一）绿色食品的产生背景

在现代社会，伴随着工业化、城市化水平的提高和生活节奏的加快，出现了一些新的问题：一次性用品泛滥（如：快餐盒、一次性筷子等快餐用品；纸杯、纸巾等生活用品；尿不湿等卫生用品；一次性的拖鞋、毛巾、牙刷、梳子等宾馆用品）；工业污染日趋严重（主要为工业三废物质等）；城市垃圾急剧增加等。这些都给我们的生存环境带来极大的危害，并导致环境恶化，成为地球所面临的最严重的问题之一。现在这些问题已经引起了人们的注意，即不能靠牺牲环境质量来发展经济。

而商品经济条件下，极少部分人在利益驱使和急功近利的思想影响下，也出现了诸如：毒大米事件（利用矿物油给大米抛光）、致癌大米（含严重超标强致癌物质黄曲霉毒素 B_1）、用甲醛给面粉漂白、用"瘦肉精"（即违禁药品盐酸克伦特罗等）作饲料添加剂使生猪促进增瘦、水果喷施"膨大剂"增大、蔬菜中的农药残留超标、荔枝用硫酸保鲜、含超量甲醛的家具和装修材料等，许多危害人的健康的事情。

自 20 世纪 80 年代末以来，国际上也陆续出现诸如疯牛病、二噁英等事件。疯牛病在英国发生，并迅速蔓延，引起全球性的恐慌，一些国家谈牛色变，甚至远离肉食。之后"二噁英"污染鸡肉、蛋、奶事件接连发生，不仅造成巨大的经济损失，还对公共安全和社会稳定造成重大影响。

在我们的生存环境日益恶化，生活质量受到威胁的背景下，人们开始反思习以为常的消费方式以至整个生活方式，并迎来了绿色消费时代。

1. 发达国家公众的绿色消费观

当前，绿色消费已经是一种国际时尚，人们以绿色消费来表明自己的环境意识和文明生活。1999 年，有 89% 的美国人、90% 的德国人、84% 的荷兰人在购物时会考虑消费品的环境问题，许多消费者愿意付较高的价格，购买对环境有益的商品。在法国，市场供应的蔬菜

10％为"有机蔬菜"，且价格比普通产品高10％～40％。2007年，对德国消费者的最新调查表明，22％的受访者表示经常购买有机食品；而2005年的调查中，这一比例仅为15％。2008年，欧盟委员会的民意调查中心（Eurobarometer）调查结果显示，瑞典是世界上购买有机食品比例最高的国家之一。调查发现，仅在当年2月份，瑞典就有42％的人购买了有机农产品。目前，全球有机食品市场正在以年均20％至30％的速度增长，2008年，全球有机食品市场规模达468亿美元，预计2013年将达到817亿美元。相应地，这种消费趋势带动了我国绿色食品的出口（主要是相当于有机食品的AA级出口），我国绿色食品出口贸易额由1996年的0.09亿美元上升至2008年的24.80亿美元，年均增长59.72％。

绿色消费也表现在政府采购上，即优先采购达到环境标准的产品，例如规定政府机关使用再生纸办公的比例等。所以，绿色消费不仅指绿色食品、有机食品消费，还包括诸如绿色建材、绿色家装、绿色交通工具、绿色能源等。

2. 我国绿色消费运动的现状及面临的问题

绿色消费是有利于保护环境和人类健康与安全的消费方式。树立绿色消费意识，实行绿色消费，拒绝带来环境污染和破坏生态平衡的消费方式，这是社会发展到一定程度后出现的绿色文明的要求，也是现代生态伦理的要求。

我国于1990年5月15日正式宣布开始发展绿色食品，之后也相应的开展了全面的绿色消费观的宣传。早期，大规模的宣传主要在城市较多，此后逐渐向全社会展开。与国际上相比，我国的绿色消费运动还仍然处于发展阶段，主要表现在以下几个方面：

（1）市场上绿色产品还不多，所占的比例还较少。例如：2007年底，绿色食品主要产品产量约占全国同类产品总量的5％～8％。从我国绿色食品出口额占食品出口额的比重来看，2007年也仅为6.96％。所以，假如你想去买，还不一定找到你需要的产品。

（2）公众的绿色消费意识还未普遍形成，因而不愿花费较多的钱购买有环境标志的产品。如绿色家装材料在市场上所面临的问题，真正的绿色家装材料因价高，消费者不一定愿买等。

（3）当前绿色消费还有一些问题需要解决。绿色消费蕴藏着巨大的商机，但有的企业由于对此缺乏相关的知识，如：什么是绿色产品，生产绿色产品需要什么条件以及对有关法律、法规等都缺乏了解，于是随便把自己的产品称为绿色产品，这是一种情况；还有的甚至假冒、仿冒"绿色"标志，扰乱正常的市场秩序，严重影响公众对绿色产品的看法和信任度，影响绿色消费的健康发展。

近年来，我国一些高校陆续开设了专门的绿色食品相关课程。我国的相关管理机构、行业组织、科研和高校等单位，都肩负着倡导、宣传绿色消费的责任。

（二）绿色食品的定义及分类

绿色食品并非指绿颜色的食品，而是对无污染食品的一种形象的表述。通常来说，绿色象征着生命和活力，而食品是维系人类生命活动的物质基础，所以把这种无污染的健康食品称为绿色食品。

为了区别绿色食品与常规食品，农业部绿色食品管理办公室和中国绿色食品发展中心对绿色食品的概念进行了特定的描述，对绿色食品的生产过程制定了一系列具体的标准。

1. 绿色食品的定义

绿色食品是指遵循可持续发展的原则，产自优良的环境，按照规定的生产方式生产，实行全程质量控制，经专门机构认定，许可使用绿色食品标志的无污染的安全、优质、营养的食品。

那么，为什么取名叫"绿色食品"呢？这是因为进行食品生产所需要的基本条件包括了自然资源和生态环境，而我们通常把与生命、资源、环境相关的事物通常冠之以"绿色"，所以把这种优质、健康、安全的食品定名为"绿色食品"，以突出说明其出自良好的生态环境，并能给人们带来旺盛的生命活力。

绿色食品须经专门机构"中国绿色食品发展中心"认定，经许可后使用绿色食品标志。绿色食品要同时达到四项标准：

① 产地的环境质量标准，即产品和产品的原料产地要符合绿色食品生态环境标准；

② 生产过程标准，即农作物种植、畜禽、水产养殖和食品加工必须符合绿色食品的生产操作规程；

③ 产品标准，即产品必须符合绿色食品的产品标准；

④ 包装标准及相关标准，即产品的包装、储运等必须符合绿色食品的包装储运等相关标准。

由以上概念可以看出，天然食品并不能等同于绿色食品。现在经常可以看到市场上有的食品宣传其为"纯天然、无污染的绿色食品"，这种说法显然是不正确的。我们所说的绿色食品是在现代科学技术和生产条件下的产物，它有一整套"从土地到餐桌"严格的全程质量控制标准体系。而天然食品一方面不能保证它是无污染的，另一方面它其中没有包含现代的生产技术和管理。因此，绿色食品和古代农业的自然食品有实质性的区别。

2. 绿色食品的分类

中国绿色食品发展中心（China Green Food Development Center）是组织和指导全国绿色食品开发和管理工作的权威机构，于1992年11月经国家批准正式成立，隶属中华人民共和国农业部。

中国绿色食品发展中心曾将国产绿色食品分为两类：AA级、A级。从1996年开始，在绿色食品的申报审批过程中区分AA级和A级绿色食品，其中AA级绿色食品完全与国际接轨，各项标准均达到或严于国际同类食品，但考虑到我国的具体条件，大量开发AA级绿色食品尚有一定的难度，因此将A级绿色食品作为向AA级绿色食品过渡的一个过渡期产品。

（1）AA级　要求生产过程中不使用任何的化学合成的食品添加剂、肥料、农药、兽药、饲料添加剂以及其他有害于环境和人身健康的物质。执行的生产标准相当于国际上的有机食品标准。

标志：底为白色；标志图案及有关字体均为绿色。防伪标签的底色为蓝色。

（2）A级　生产过程中可限量使用限定的化肥、低毒农药、添加剂等。

标志：底色为绿色，标志图案及有关字体为白色。防伪标签底色为绿色。

后来，随着我国有机食品认证机构的逐渐增多，由于AA级绿色食品等同于有机产品，中国绿色食品发展中心已于2008年6月停止受理AA级绿色食品认证。

3. 绿色食品的商标识别

针对市场上琳琅满目的食品，要进行绿色食品的识别，首先是要看其商标。绿色食品是通过专有的识别标志来证明的。

（1）绿色食品标志　标准的绿色食品标志由图形、文字和编号组成，三者缺一不可。其中，图形由上方的太阳、下方的叶片、中间的蓓蕾所形成的组合图构成，整个标志为正圆形，意为完善的保护；文字包括中文"绿色食品"或者同时印有英文"Green Food"字样；编号，由英文字母和12位数字组成（图1-1）。

LB--XX--XXXXXXXXXX
经中国绿色食品发展中心许可使用绿色食品标志

图1-1 A级绿色食品标志的图形及文字

绿色食品标志的整个图形所表达的含义：①描绘了一幅阳光照耀下的和谐、生机盎然的景象，表示绿色食品是出自纯净、良好生态环境的安全、无污染食品，能给人们带来蓬勃的生命力；②绿色食品标志还提醒人们要保护环境和防止污染，通过改善人与环境的关系，创造自然界新的和谐。

此标志已经由中国绿色食品发展中心，在国家工商行政管理总局注册并获批准。在绿色食品产品的包装上同时印有绿色食品商标标志、"经中国绿色食品发展中心许可使用绿色食品标志"字样的文字和批准号。

（2）绿色食品标志中编号的演变

① 最早的绿色食品标志编号格式　绿色食品产品编号制度最早订立于1993年1月，当时的编号格式为：

LB　-　×× - ××　××　××　×××　1
标志代码　产品类别　年　国别　省区　批准序号　A级

② 2002年9月26日起，绿色食品标志编号格式改为：

LB　-　×× - ××　××　××　××××　A
标志代码　产品分类　批准年度　批准月份　省份　产品序号　产品分级

③ 2009年8月1日起，再次实施新的编号制度。新编号制度的主要内容：

a. 继续实行"一品一号"原则。现行产品编号只在绿色食品标志商标许可使用证书上体现，不要求企业将产品编号印在该产品包装上。

b. 为每一获证企业建立一个可在续展后继续使用的企业信息码。要求将企业信息码印在产品包装上原产品编号的位置，并与绿色食品标志商标（组合图形）同时使用。

没有按期续展的企业，在下一次申报时将不再沿用原企业信息码，而使用新的企业信息码。

企业信息码的编码形式为：GF ×××××× ×× ××××。

GF是绿色食品英文"GREEN FOOD"头一个字母的缩写组合，后面为12位阿拉伯数字：其中1～6位为地区代码（按行政区划编制到县级），7～8位为企业获证年份，9～12位为当年获证企业序号（图1-2）。

c. 新旧编号制度的过渡：

2009年8月1日前已获证的产品，在有效期内，可以继续使用印有原产品编号的包材，待再次印制包材或续展后，启用新编号方式。

2009年8月1日后完成续展的产品，原产品包装没有用完的，经向中国绿色食品发展中心书面申请、并获得书面同意后，可延期使用，但最长不超过六个月。

过渡期截止到2012年7月31日。此后，所有获证产品包装上统一使用企业信息码。

（3）绿色食品真伪的查询及有效期　经认证的绿色食品，可登录中国绿色食品网"查询专栏"（http://www.greenfood.org.cn/sites/MainSite/More.aspx?StructID＝12405），输入对应的产品编号进行查询（GF、LB开头的编号均可查询）。绿色食品的认证有效期是3年。

绿色食品产品包装编号应用示例(旧)
绿色食品
GreenFood
LB-XX-XXXXXXXXXXA
绿色食品
GreenFood
LB-XX-XXXXXXXXXXA
绿色食品产品包装编号应用示例(新)
绿色食品
GreenFood
GFXXXXXXXXXXXX
绿色食品
GreenFood
GFXXXXXXXXXXXX
企业信息码含义：
GF　XXXXXX　XX　XXXX

图 1-2　绿色食品包装编号应用示例（新旧编号对比）

4. 绿色食品的特征

与普通食品相比，绿色食品在生产和管理过程中有以下 3 个特点。

(1) 强调产品出自最佳生态环境　从产地生态环境入手，通过对环境的严格监测，判定是否具备生产绿色食品的基础条件。

(2) 对产品实行全程质量控制　产前环节有环境监测、原料检测；产中环节有具体的生产加工操作规程的落实；产后环节有产品质量、卫生指标、包装、储存、运输、销售控制。所以，绿色食品实行的是“从土地到餐桌”的全程质量控制，以确保绿色食品的整体产品质量。

(3) 对产品依法实行标志管理　绿色食品标志是一个质量证明商标，属知识产权范畴，受《中华人民共和国商标法》保护，并按照《商标法》、《集体商标、证明商标注册和管理条例》和《农业部绿色食品标志管理办法》开展监督管理工作。有保护期，但可续展，有效使用期 3 年。

这些也是绿色食品之不同于天然食品的具体体现。

(三) 我国绿色食品的发展历史

1990 年 5 月 15 日，我国农业部召开了第一次“绿色食品”工作会议，中国正式宣布开始发展绿色食品。

我国绿色食品事业经历了以下四个发展阶段：提出绿色食品的科学概念；建立绿色食品生产体系、管理体系；系统组织绿色食品工程建设实施；稳步向社会化、产业化、市场化、国际化方向推进。

1. 第一阶段：从农业部启动的基础建设阶段或起步阶段（1990～1993 年）

1990 年，绿色食品工程在农垦系统正式启动实施。此后三年，完成了一系列基础建设工作，全国绿色食品工程的主要工作是完成管理体系、标准体系、管理法规建设等一系列基础工作，主要包括以下几点。

(1) 绿色食品管理体系建设　首先，在农业部设立绿色食品专门管理机构——中国绿色食品发展中心，同时，分批在全国各省委托成立相应的省级绿色食品管理机构，由于我国绿色食品事业在农垦系统起步，当时的省级管理机构基本上以挂靠当地的农垦管理部门为主。即在全国省级农垦管理部门成立相应机构——省绿色食品办公室。

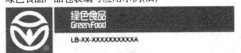

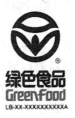

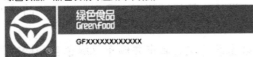

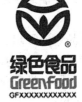

（2）绿色食品质量监（检）测体系建设　包括绿色食品产品检测和当地环境质量监测与评价体系建设。

① 由农业部，分地域委托部级食品质量检测中心，对全国绿色食品产品进行质量检测；

② 根据农业环境监测地域性强的特点，结合认证管理与质量监督分设的原则，各省绿色食品管理机构，委托具备农业环境质量监测与评价能力、和相应资质的机构，进行产地环境质量监测体系的构建。

这样就以农垦系统产品质量监测机构为依托，建立起了绿色食品产品质量监测系统。

（3）绿色食品标准的技术体系建设　包括认证管理、环境评价、产品质量等一系列技术标准的制定。

（4）绿色食品认证管理法规体系建设　先后制定并颁布《绿色食品标志管理办法》及相关管理规定，在国家工商行政管理总局对绿色食品标志进行商标注册。

（5）加入"国际有机农业运动联盟（IFOAM，International Federation of Organic Agriculture Movements）"。

（6）绿色食品产品开发　与此同时，绿色食品开发也在一些农场快速起步，并不断取得进展。1990年当年，全国有127个产品获得绿色食品标志商标使用权。1993年，全国绿色食品发展出现第一个高峰，新增产品数量达217个。

2. 第二阶段：加速发展阶段（1994～1996年）

这一阶段是在全国绿色食品基础性工作基本完成后，向全社会推进，进入了绿色食品事业快速发展时期。其间产品开发规模迅速扩大，1996年，绿色食品标志在国家工商行政管理局注册成功，正式成为我国第一例质量证明商标。这个阶段的绿色食品发展呈现出5个特点。

（1）绿色食品产品数量连续2年高增长　1995年新增产品263个（为1993年新增产品的1.21倍）；1996年新增产品289个，增长9.9%。

（2）绿色食品农业种植规模迅速扩大　1995年绿色食品农业种植面积1700万亩（比1994年扩大3.6倍）；1996年扩大到3200万亩，增长88.2%。

（3）绿色食品产量增长超过产品个数增长　1995年，产品产量210万吨（比上年增加203.8%），超过产品个数增长率4.9个百分点；1996年，产品产量360万吨（比上年增加71.4%），超过产品个数增长率61.5个百分点。表明绿色食品企业规模在不断扩大。

（4）产品结构趋向居民日常消费结构　与1995年相比，1996年粮油类产品比重上升53.3%；水产类产品比重上升35.3%；饮料类产品比重上升20.8%；畜禽蛋奶类产品比重上升12.4%。

（5）县域开发逐步展开　全国许多县（市）依托本地资源，在全县（市）范围内组织绿色食品开发和建立绿色食品生产基地，使绿色食品开发成为县域经济发展实有特色和活力的增长点。

3. 第三阶段：全面推进阶段（1997年至今）

1997年以后，是我国绿色食品工业向社会化、市场化、国际化全面推进的阶段。

（1）社会化进程加快　地方政府十分重视并狠抓绿色食品的发展；消费者对绿色食品的认知程度越来越高；新闻媒体主动宣传、报道绿色食品；理论界、学术界日益重视对绿色食品的探讨。

（2）市场化进程加快　市场覆盖率越来越大，通过市场需求的增长，产品开发的规模进一步扩大。到1998年底，绿色食品开发面积近3400万亩。2002年超过4000万亩。2007年底，绿色食品种植业产地面积1.4亿亩。

国际市场潜力逐步显示出来，陆续出口到日本、美国、欧洲等，显示出强大的竞争力。如：江西婺源的有机茶取得140多个国家通行证、江苏省姜堰市沈高镇系列绿色食品销往美国、日本、加拿大、新加坡等。

（3）国际化进程加快

① 对外交流与合作层次和深度逐步提高。1993年"中国绿色食品发展中心"加入IF-OAM后，已陆续与90多个国家、近500个相关机构建立了联系。

② 为扩大绿色食品出口，与国际接轨工作已经启动。为了保护绿色食品标志商标，在国外开展了注册保护，截至2010年，我国绿色食品标志商标已在日本、美国、俄罗斯、英国等国家和我国香港地区成功注册，国际上有4个国家、7个企业和22个产品使用绿色食品标志。在法国、葡萄牙、芬兰、澳大利亚和新加坡的注册也已进入实质性审核阶段。中国绿色食品发展中心参照有关国际标准，现已建立较为完善的绿色食品标准体系，整体达到国际先进水平。目前，通过农业部发布的绿色食品标准已达164项，基本涵盖主要农产品及其加工食品。

③ 一大批绿色食品进入国际市场。我国绿色食品在国际社会引起了日益广泛的关注。2001年到2009年，中国绿色食品出口额由2000万美元迅速增加到21.6亿美元。2010年，绿色食品出口额达23.1亿美元。

我国绿色食品的发展与开发，到2010年刚刚经历了20年的时间，其间不仅建立和推广了绿色食品的生产、管理体系，而且还取得了积极成效。1999年底，全国有742家企业的1353个产品使用绿色食品标志商标，绿色食品年生产总量1105.8万吨。至2003年7月，全国绿色食品生产总值达594亿元，税收利润24亿元，出口2亿美元以上，绿色食品年销售额超亿元的企业增长达50家。现已开发的绿色食品产品涵盖了中国农产品分类标准中的7大类、29个分类，包括粮油、果品、蔬菜、畜禽蛋奶、水海产品、酒类、饮料类等。

2010年是绿色食品事业创立20周年，全国绿色食品继续保持平稳健康发展。全年新发展绿色食品企业2526家，产品6437个；全国累计有效使用绿色食品标志的企业总数为6391家，产品总数为16748个；绿色食品产品国内年销售额2823.8亿元；全国已有340个单位（1个地市州、262个县、44个农场）创建了479个绿色食品原料标准化生产基地，种植面积1亿多亩，总产量6547万吨。

二、有机食品及识别

（一）有机食品的定义及来源

这里所说的"有机"不是化学上的概念，而是指采取一种有机的耕作和加工方式。有机耕作（organic farming）的概念，最早是1939年，Lord Northbourne在《Look to the Land》中提出的。意指整个农场作为一个整体的有机的组织，而相对的，化学耕作（chemical farming）则依靠了额外的施肥（imported fertility），不能自给自足。

有机食品（organic food）是指来自有机农业生产体系，按照有机农业生产的规范生产加工，并通过独立的有机认证机构认证的一切农副产品及其加工品。包括：粮食、蔬菜、水果、奶制品、禽畜产品、蜂蜜、水产品、调料等。

图1-3 中国有机产品/有机转换产品认证标志

（二）中国有机产品标志

"中国有机产品标志"的主要图案由三部分

组成,即:外围的圆形、中间的种子图形及其周围的环形线条(图1-3)。

标志外围的圆形形似地球,象征和谐、安全,圆形中的"中国有机产品"字样为中英文结合方式。既表示中国有机产品与世界同行,也有利于国内外消费者识别。

标志中间类似于种子的图形代表生命萌发之际的勃勃生机,象征了有机产品是从种子开始的全过程认证,同时昭示出有机产品就如同刚刚萌发的种子,正在中国大地上茁壮成长。

种子图形周围圆润自如的线条象征环形道路,与种子图形合并构成汉字"中",体现出有机产品植根中国,有机之路越走越宽广。同时,处于平面的环形又是英文字母"C"的变体,种子形状也是"O"的变形,意为"China Organic"。

绿色代表环保、健康,表示有机产品给人类的生态环境带来完美与协调。橘红色代表旺盛的生命力,表示有机产品对可持续发展的作用。

目前国内较有影响的有机产品认证机构有:中绿华夏有机食品认证中心(COFCC,China Organic Food Certification Center)(图1-4)、南京国环有机产品认证中心(OFDC,Organic Food Development and Certification Center of China)(图1-5)。

图1-4 中绿华夏有机食品认证中心认证标志　　　　图1-5 南京国环有机产品认证中心认证标志

(三)有机产品编号 2011 年最新规定及真伪识别

目前各家认证机构都有自己的有机产品认证证书编号格式,形式不一。这对认证监管和公众的查询、监督带来了不便。为此,国家认证认可监督管理委员会(CNCA,Certification and Accreditation Administration of the People's Republic of China)于 2011 年 9 月 15 日发布了"关于启用食品农产品认证信息系统(2.0 版)的通知"。"通知"明确要求,认证机构自 2011 年 10 月 15 日(含 10 月 15 日)后所发认证证书(含再认证证书)的证书编号,必须由二期系统自动赋予,不得再自行编制认证证书编号。再认证时,证书号不变。

其中,有机产品认证信息上线时间另行通知。因此,在有机产品认证信息上线后,有机产品认证证书/有机转换产品认证证书的证书编号也将由二期系统自动赋予,各家认证机构不再自行编制认证证书编号。但在上线前所发放的认证证书编号不变。

新规采用统一的认证证书编号格式,见图1-6。

统一后的认证证书编号规则如下:

① 认证机构批准号中年份后的流水号　认证机构批准号的编号格式为"CNCA-R/RF-年份-流水号",其中 R 表示内资认证机构,RF 表示外资认证机构,年份为 4 位阿拉伯数字,

流水号是内资、外资分别流水编号。

内资认证机构认证证书编号，为该机构批准号的 3 位阿拉伯数字批准流水号；外资认证机构认证证书编号为：F＋该机构批准号的 2 位阿拉伯数字批准流水号。

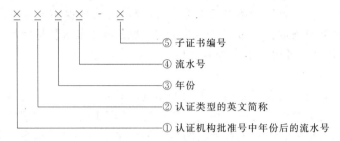

⑤ 子证书编号
④ 流水号
③ 年份
② 认证类型的英文简称
① 认证机构批准号中年份后的流水号

图 1-6　新认证证书编号格式

② 认证类型的英文简称　有机产品认证的英文简称为"OP"。

③ 年份　采用年份的最后 2 位数字，例如 2011 年为 11。

④ 流水号　为某认证机构在某个年份该认证类型的流水号，5 位阿拉伯数字。

⑤ 子证书编号　如果某张证书有子证书，那么在母证书号后加"-"和子证书顺序的阿拉伯数字。

经认证的有机产品，若要辨别其真伪或是否过了认证有效期，可登录中国食品农产品认证信息系统（http://foodcert.cnca.cn/foodcertWeb/web/certSearch.jsp），输入证书编号查询。

（四）有机食品的基本特征

食品要成为有机食品，必须满足以下四个基本条件：

（1）原料来自于已经或正在建立的有机农业生产体系。

（2）有机食品在整个生产过程中严格遵守有机食品生产、采集、加工、包装、贮藏和运输标准；禁止使用化学合成的农药、化肥、激素、抗生素、食品添加剂等，禁止使用基因工程技术及该技术的产物及其衍生物。

（3）有机食品生产和加工过程中必须建立严格的质量管理体系、生产过程控制体系和追踪体系，因此一般需要有转换期；这个转换过程一般需要 1～3 年时间，才能够被批准为有机食品。

（4）有机食品必须获得独立的有资质的有机食品认证机构的认证。

第二节　食品营养学概述

一、食品的定义及作用

（一）食品的定义

依据 2009 年 2 月 28 日第十一届全国人民代表大会常务委员会第七次会议通过的《中华人民共和国食品安全法》，在第十章"附则"第九十九条中规定："食品，指各种供人食用或者饮用的成品和原料以及按照传统既是食品又是药品的物品，但是不包括以治疗为目的的物品。"

这个定义仍然沿用了之前施行的《中华人民共和国食品卫生法》中对食品的定义。在此定义中，明确说明食品既包括食物原料（food stuff），也包括由原料加工后的成品——食品（food product），可以统称为食物或食品（food）。此外，还包括传统上既是食品又是药品的物品，如：枣（大枣、酸枣、黑枣）、枸杞、山楂、山药、胖大海、茯苓等，既是食品、又是药品。而人参、当归、天麻、西洋参、芦荟等则不能当作食品。

至于哪些物品是我们传统上既是食品又是药品的物品，《中华人民共和国食品安全法》第四章"食品生产经营"第五十条中又规定："按照传统既是食品又是中药材的物质的目录由国务院卫生行政部门制定、公布。"卫生部已于 2002 年公布《既是食品又是药品的物品名单》，名单当中的物品，可用于生产普通食品。详见附录三。

（二）食品的作用

一般来说，食品的作用有两方面：①为人体提供必要的能量和营养素，满足人体的营养需要——这是食品的主要作用或第一功能；②满足人们不同的嗜好和感官要求——这是食品的第二功能。即：满足人们感官上对食品的色、香、味、形态、质地等的要求。例如：果冻做成不同的颜色、特征香气、形状等。

现在，随着人们对食品与健康关系的认识，又赋予某些食品第三种作用：对人体产生不同的生理调节作用——称为食品的第三功能。如：茶对人有兴奋作用；香蕉对情绪的镇静作用；花生对某些人造成的过敏等。

二、食品营养学专业名词

1. 营养（nutrition）

营养，原意是谋求养身，它是指人类从外界摄取需要的养料以维持生长发育等生命活动的作用。或是人体获得并利用其生命活动所必需的物质和能量的过程。因此，营养所表示的是一种"作用"、"行为"或"生物学过程"。

需要注意的是："营养"不是食物或养料的同义词。目前，社会上对营养一词的理解不够正确，用词不当，如："营养丰富"、"富有营养"、"有无营养"等，正确的是应将其改为"养料丰富"或"营养成分丰富"等。

综上所述，营养即是人体为了维持正常的生理、生化、免疫功能及生长发育、代谢、修补等生命活动而摄取和利用食物养料的生物学过程。

一个人的营养状况是指与营养有关的身体状况，即对食物构成和其中的营养素的利用所表现的健康状况。它有个体与群体之分。一般涉及某种特殊的营养素，如：铁、蛋白质、维生素等。有时，也有针对全部营养素的综合评价，即全面营养状况。

2. 营养学（nutriology）

营养学属生物学的分支学科。它是研究食物与人体健康关系的学科。其研究的内容有：①人体对食物的需要；②食物的营养价值；③不同年龄、生理状态及不同活动强度时的营养素需要量和食物的供给量等。长期营养不足状况就会引起营养缺乏病。人体营养不足首先发生生物化学变化，然后有生理功能的变化，最后发生病理学变化。

3. 营养素 .（nutrient）

人体为了维持生命、促进生长发育、保证健康和提高劳动效率，每天必须通过食物和饮水摄取各种有机和无机物，再经过体内消化、吸收、同化和异化过程，用以供给能量、构成机体组织、调节生理活动等。这种所摄取的有机和无机物质称为——营养素，也称为"营养成分"。

营养素是保证人体健康的物质基础。来自食物和饮水的具体的营养素有几十种，从化学性质和生理功能可分为六大类：蛋白质、脂肪、碳水化合物、矿物质、维生素、水。

4. 营养价值（nutritional value）

营养价值通常是指在特定食品中的营养素及其质和量的关系，亦指食物中所含营养素的种类、数量和相互比例能够满足人体需要的程度。事实上，食物的营养价值有相对性，这是因为：

（1）能列为全营养价值的食品很少。例如：只有适用于婴儿食用的母乳或配方奶粉、适用于病人的要素膳等极少数的种类。

（2）大多数食物都是某些营养素含量高，而另一些营养素含量低。如：谷类食物中富含碳水化合物、B族维生素，但蛋白质含量少且质量差，脂肪含量低；蔬菜和水果类食物中，虽矿物质、维生素含量高，但蛋白质、脂肪、碳水化合物含量低。

（3）即使同一种食物，营养素含量由于品系、部位、产地、成熟程度不同而有较大差异。如苹果中，红富士品种含糖分较多、纤维较少，而秋金星品种含糖较少、纤维较多。

（4）此外，食物的营养价值还应考虑到食品中存在的某些抗营养因子。如：草酸含量高的蔬菜影响钙的吸收；鞣酸含量高的茶叶影响铁的吸收；生大豆中有抗胰蛋白酶因子，影响蛋白质消化、吸收。食物的烹调加工由于消除了抗营养因子而使营养价值提高，但也可由于预处理、加工时的高温条件等，造成营养素的损失。

一种食品，如果含有较多营养素且易被消化、吸收利用，那么其就具有较高的营养价值。比如，动物蛋白质的营养价值比植物的高，是因为动物蛋白质的必需氨基酸的种类、含量和彼此的比例关系更适合人体的需要。

5. 营养密度（nutrient density）

营养密度（包括维生素、矿物质和蛋白质三类）是指食品中，以单位热量为基础所含重要营养素的浓度。如：乳和瘦肉的营养密度较高，因为其每千焦（kJ）所提供的维生素、矿物质和蛋白质的含量较高；而纯糖，则全为能量，无维生素、矿物质和蛋白质，故无营养密度可谈。

6. 营养标签（nutrition label）

营养标签是指在各种加工食品上描述其热能和营养素含量的标志。营养标签不同于广告：比如"营养丰富、老少皆宜、滋补佳品"等并无实际内容，而且很容易使广大消费者造成认识上的混乱。

食品营养标签上要求用数字来表示每100克（毫升）和/或每份食品中的能量和营养素的含量，并标出其相当于膳食营养素参考值（Nutrient Reference Values，NRV）的百分数（NRV％）。营养素参考值是食品营养标签上用来比较食品营养素含量多寡的参考标准，是消费者选择食品时的一种参照尺度或营养诠释。其制定的依据是我国居民膳食营养素推荐摄入量（Recommend Nutrient Intake，RNI）和适宜摄取量（Adequate Intake，AI）。

随着食品工业的发展，越来越多的食品以加工包装好的形式销售。现在有许多特殊人群（如：糖尿病、肥胖、高血脂的人群），提供营养标签可以使这些人群根据自身的健康和营养需要对食品加以选择。因此，在包装上借助营养标签对食品加以说明显得尤为必要。

7. 营养食品（nutritious food）

营养食品是为满足消化或代谢不正常的人对营养的特殊需求，或通过控制食物或某些营养素的摄入量以满足需特殊疗效的人而制作的食品。这种食品不是随意配制的，往往需要通过认真地计算和仔细地观察试验才能确定。多数情况下，可按照各种生理失调病人对营养的特殊需求，或是健康人对营养的额外要求来调制或组合各种营养食品。

8. 嗜好品

主要是指：刺激分泌活动、刺激神经系统活动，尤其是刺激感官活动的物质。这与时间、个体、环境有关。因此，有时会出现在此时此地，此物对此人为嗜好品，而彼时彼地，此物对此人却不是嗜好品的问题。一般认为，嗜好品与人体的个体关系较密切，即所谓的嗜好品"因人而异"性。

9. 强化食品（fortified food）

指添加有食品营养强化剂的食品。也可称为营养强化食品。强化食品可以用于弥补天然食品中某种营养素不足的缺陷，如补充谷类食品中赖氨酸含量的不足。还可用于满足和平衡机体的营养需要，达到防病、保健的效果，如在食盐中碘的强化，防止缺碘性甲状腺肿。

10. 功能食品（functional food）

也称健康食品或保健食品（health food），是指既具有一般食品的营养、感官两大功能，又具有调节人体生理节律，增强机体防御功能，以及预防疾病、促进康复等的工业化食品。

功能食品是食品而非药品。食品在摄取时无剂量限制，可以按机体需要自由摄取。作为功能食品，必须要有明确的功效成分，并经科学证实具有调节人体生理功能，有助于防病、保健的功能作用。如：增强免疫力，抗衰老，调节血糖、血脂、血压，改善睡眠，改善胃肠道功能等。

11. 合理营养

指全面而平衡的营养；或是说全面地提供达到膳食营养素参考摄入量的平衡膳食。

由于各种食物中所含营养素种类和数量有较大差异，因此，只有合理地搭配各种食物，机体才能获得所需的营养素。

合理营养有以下基本要求：

（1）热能和营养素的摄入量要满足要求。摄入量长期过低会产生营养缺乏病；过高，则会发生营养过剩性疾病。

（2）机体通过进食达到各种营养素的摄入量比例要适当。这包括三大产热营养素的比例、热能摄入量与代谢上密切相关的硫胺素（VB$_1$）、核黄素（VB$_2$）和尼克酸（Vpp）、烟酸或VB$_5$、抗癞皮病维生素的比例、必需氨基酸的比例、饱和与不饱脂肪酸的比例、各种维生素的比例等。

（3）减少烹调和加工中的营养素损失。通过提高加工、贮藏的技术水平，提高营养素的保存率，从而提高食物的营养价值。

（4）建立合理的饮食制度。有规律的进食可以提高食欲、增加吸收，对身体健康有利。

（5）摄入的食物对人体无害。即要求食物不能有腐败变质；受农药和有害化学物质的污染极低；加入的食品添加剂应符合规定的要求等。

12. FAO/WHO

（1）FAO　联合国粮食及农业组织（Food and Agriculture Organization of the United Nations，简称"粮农组织"）。在美国前总统罗斯福的倡议下，于1943年开始筹建，1945年10月16日在加拿大魁北克宣告成立。1946年，成为联合国系统内的一个专门机构。该组织的宗旨是：提高各国人民的营养水平和生活水准；提高所有粮农产品的生产和分配效率；改善农村人口的生活状况，促进农村经济的发展，并最终消除饥饿和贫困。

（2）WHO　世界卫生组织（World Health Organization，简称"世卫组织"）。是联合国下属的一个专门机构，其前身可以追溯到1907年成立于巴黎的国际公共卫生局和1920年成立于日内瓦的国际联盟卫生组织。1948年4月7日，世界卫生组织宣告成立。每年的4月7日也就成为全球性的"世界卫生日"。同年6月24日，世界卫生组织在日内瓦召开的第一届世界卫生大会上正式成立，总部设在瑞士日内瓦。该组织的宗旨：是使全世界人民获得尽可能高的健康水平。该组织给健康下的定义为"身体、精神及社会生活中的完美状态"。

13．LD$_{50}$（Lethal Dose 50）

LD$_{50}$为半数致死剂量，是指被试验的动物一次口服、注射或涂抹药剂后产生急性中毒而有半数（50％）死亡时所需该药剂的量。其表示单位为：mg/kg 体重。

半数致死剂量的数值越小，表示药剂的毒性越大．LD$_{50}$与毒性程度之间的大致关系如表 1-1 所示。

表 1-1　LD$_{50}$ 与毒性的关系

毒性程度	LD$_{50}$（大鼠口服）/（mg/kg 体重）	对人的推测致死剂量
极大	＜1	50mg
大	1～50	5～10g
中	50～500	20～30g
小	500～5000	200～300g
极小	5000～15000	500g
基本无害	＞15000	＞500g

14．ADI（acceptable daily intake）

ADI 为每日允许摄取量。是指在人的一生中，每日连续摄入而不致影响健康的最高摄入量。其表示单位为：mg/kg 体重。

每日允许摄取量是评价食品添加剂的首要和最终的标准。

15．能量密度（energy density）

能量密度是指每克食物所含的能量。它与食品的水分和脂肪含量密切有关。

食品水分含量高，则能量密度低；食品脂肪含量高，则能量密度高。如牛奶、面包比稀粥的能量密度高。

三、食品营养学发展简史

中华民族有着优秀的传统养生学理论和营养意识。早在 3000 年前的周代就专门设置了负责饮食营养及管理的"医食"机构。几千年前的文献中，就记载了关于食养（补）、食疗、食忌的许多论述，和"药食同源"、"寓医于食"等传统营养学的重要理论。我国自商、周至明、清涉及的医食专著达 75 部之多。西汉的《黄帝内经》中提出了"五谷为养，五果为助，五畜为益，五菜为充，气味合而服之，以补益精气"的论述，这种要求膳食全面而又平衡的理论，与现代营养学的思想一致。古代注重膳食的寒、热、温、凉四气和辛、辣、苦、酸、咸五味之间的性味平衡。如，绿豆性寒无毒，清热解暑，生津止渴；菊花味苦无毒，清热明目；羊肉大热无毒，补虚怯寒。百姓夏日饮绿豆汤、菊花茶；冬令食涮羊肉，正是基于对食品功效的了解。明代的大医学家李时珍则有"饮食者，人之命脉"等名言，元代宫廷饮膳御医忽思慧所著的《饮膳正要》一书中，记载了许多食疗验方。在古埃及，长老曾把某些食物作为药方利用。后来，希腊、罗马学者强调食品在维持健康中的作用。这些都可以看作是古代朴素的食品营养学知识。

现代营养学据说最早是由 Antoine Laurent Lavoisier（1743～1794 年）开创的，在他之前是令人难懂并最终被推翻的"燃素"理论，而他开创了人们了解氧化过程即呼吸过程性质的道路。

但现代营养学真正作为一门学科，是在 20 世纪。当时生化学科从生理学科中分离出来不久，而营养研究又是当时生化研究的重要内容（主要分析食物的组成成分）。可以说，真正的现代营养学的创立是随生理学、生物化学、农学以及食品科学的发展，通过医学家、食品科学家和营养学家的共同努力的结果。

随着其他各门学科的进一步发展，特别是生物化学的发展，营养学的研究已经推进到了分子水平，这样就把营养功能直接与物质代谢联系起来。

现代食品营养学在经历了对能量的认识之后，进一步研究碳水化合物、脂肪、蛋白质、维生素和矿物质对人体的营养作用。20 世纪 60 年代研究了蛋白质缺乏与营养不良的关系。后来，对多不饱和脂肪酸的研究进一步深入，尤其是对 n-3 系列的及其在体内转化形成的二十碳五烯酸（EPA）和二十二碳六烯酸（DHA）对人的健康意义的认识，确定了 α-亚麻酸是人体的必需脂肪酸。揭示了维生素 E、维生素 C、β-胡萝卜素和微量元素硒等在体内所发挥的抗氧化作用及其作用机制。尤其是通过对非传统营养素，诸如膳食纤维、某些植物化学物质（多酚、黄酮、异黄酮等）的研究，发现其虽不能提供能量，但对促进人体健康，防止某些慢性和非传染性疾病（如心血管病、某些癌症等）的发生具有重要作用。这也因此将食品营养学从传统的研究食品成分对人体的营养作用，发展到研究一些营养素在防止某些慢性和非传染性疾病方面的作用。

所以，食品营养学正在由传统的研究从食品中获得足够营养素，向研究食品可能具有的促进健康、防病保健方面的作用发展。

四、我国人口的营养状况

解放前，国人处于"衣不蔽体"、"食不饱腹"的状态。解放后，特别是十一届三中全会以后，我国人民食品和营养状况发生了巨大的变化。1953 年，我国颁布了粮食统购统销命令，当时，米、面、油、蛋、肉需要凭票供应。与副食品计划供应同时实行的粮油统购统销，其各项指标的核定，都是在国家高级营养专家的指导下进行的。1991 年，经国务院批准，成立了中国食品工业协会营养指导委员会。目的是为了使温饱问题解决后的国民，在现有物质条件的基础上，通过强化营养意识、普及营养知识，达到调剂营养结构，改善营养状况，提高国民健康水平和整体素质。

据国家统计局的数据，1990 年到 2000 年，全国居民人均收入从 904 元增加到 1625 元（1990 年不变价）。人均食物消费支出占生活消费总支出的比重逐步降低，恩格尔系数从 60.3% 下降到 46.0%。食物消费结构得到了显著改善。进入 21 世纪，我国人民生活在总体达到小康水平的基础上继续改善，向全面建设小康社会迈进。

1. 消费数量和质量明显上升

改革开放以来，我国实施高产、优质、高效农业的方针，依靠现代食品生产技术，增加农业投入，使食物生产稳定持续增长。30 多年来，我国人均粮食占有量稳定在 360～410 千克/年（1949 年粮食人均 209 千克；2006 年粮食人均 377 千克；2010 年粮食人均拥有量 400 千克左右）。肉、蛋、奶、水果、蔬菜、水产品等消费量，均有较大幅度增加。动物性食品年人均消费量从 1957 年的 26.47 千克，到 1984 年的 47.47 千克，比 1957 年增加 80.3%。2002 年达 68.26 千克。

我国粮食、油料、水果、豆类、肉类、蛋类、水产等产品，产量居世界第一位。2000 年人均消费口粮 206 千克，蔬菜 110 千克，食用植物油 8.2 千克，食糖 7.0 千克，肉类 25.3 千克，蛋类 11.8 千克，奶类 5.5 千克，水产品 11.7 千克。

国家采取政府与市场相结合的方针，努力保障人民的食物消费与营养水平。如商品粮基地建设，菜篮子工程，优势农产品区域布局规划、国家食品放心工程、无公害食品行动计划等工程的实施，有力地保障了食物稳定、安全、优质的供给。

食物消费支出占生活费用支出的比例（恩格尔系数）逐步下降。中国城镇居民生活的恩格尔系数，从 1993 年的 50.13％，下降到 1995 年末的 50％以下，2000 年下降到 46.0％。2001 年，城镇居民恩格尔系数为 37.9％，也就是达到了富裕水平。农村居民恩格尔系数为 47.7％，基本达到了恩格尔系数 30％～50％的小康目标。

2002 年至 2009 年 7 年间，下降幅度开始减少，2008 年为 37.11％，基本维持在 37％左右。进入 2010 年，中国的恩格尔系数达到 39.76％，接近 40％。根据联合国粮农组织的标准划分：恩格尔系数在 60％以上为贫困，在 50％～59％为温饱，在 40％～49％为小康，在 30％～39％为富裕，30％以下为最富裕。

政府还采取了增加职工工资、提高农产品收购价格以提高城市居民和农村居民的收入的分配政策，为了保证一部分低收入者的食物消费需求，长期以来，对包括食物在内的生活必需品，实行价格补贴的政策。

2. 居民营养水平逐步提高

经过 30 多年的改革开放，中国人民营养健康水平有了显著提高，食物消费结构得到了改善。

据《中国食物与营养发展纲要（2001—2010 年）》（国办发〔2001〕86 号）：20 世纪 90 年代后期对部分地区的监测表明，居民人均每日摄入能量 9987.21 千焦（2387 千卡），蛋白质 70.5 克，脂肪 54.7 克。其中城镇居民人均摄入能量 2253 千卡，蛋白质 69.2 克，脂肪 72 克；农村居民人均摄入能量 2449 千卡，蛋白质 71.1 克，脂肪 46.7 克，基本达到了营养素供给量标准。

居民摄入的蛋白质总量中，动物性蛋白质比重有所增长，膳食质量明显改善，居民的营养水平有了提高，营养状况大有好转。

2002 年第四次全国营养调查显示：城乡居民动物性食物，分别由 1992 年的人均每日消费 210 克和 69 克，上升到 2002 年的 248 克和 126 克。与 1992 年相比，农村居民膳食结构趋向合理：优质蛋白质占蛋白质总量的比例，从 17％增加到 31％；脂肪供能比，由 19％增加到 28％；碳水化合物供能比，由 70％下降到 61％。

特别是儿童体质增强，营养不良发生率明显下降。

2002 年第四次全国营养调查显示：5 岁以下儿童生长迟缓率为 14.3％，比 1992 年下降 55％，其中城市下降 74％，农村下降 51％；儿童低体重率为 7.8％，比 1992 年下降 57％，其中城市下降 70％，农村下降 53％。

3. 营养问题的现状与目标

总体来说，我国营养水平还低于发达国家。主要的营养问题：营养摄入不足与营养结构失衡并存。

在农村地区，特别是中西部贫困地区，食物保障低于正常水平，营养素摄入不足，贫困人口的营养不良比较严重，儿童则是营养不良的重点人群。

碘缺乏是我国一个主要的公共卫生问题。由于强化碘盐的国家项目的成功实施，碘缺乏显著下降，甲状腺肿发生率从 1992 年的 20.3％，下降到 2001 年的 8.3％。

维生素 A 缺乏的患病率，在我国处于相当高的水平，在某些高危地区的一些年龄组中，此比例可高达 60％。1992 年第三次全国营养调查显示：2～5 岁儿童的维生素 A 摄入量为 RDA（每日膳食中营养素供给量，中国营养学会 1988 年 10 月修订）的 44.8％～68.7％之间。但在一些最贫困的县，维生素 A 摄入量仅为 RDA 的 30％。2002 年全国第四次营养调查显示：3～12 岁儿童维生素 A 缺乏率为 9.3％，其中城市为 3.0％，农村为 11.2％；维生素 A 边缘缺乏率为 45.1％，其中城市为 29.0％，农村为 49.6％。

铁缺乏是我国重要的营养问题之一。铁缺乏造成的儿童智力不可逆损伤和成人劳动能力低下的现象，受到越来越多的关注。由于我国植物性食物为主的饮食习惯占主导，膳食中铁的生物利用率很低，导致我国铁缺乏现象十分普遍。1992 年全国第三次全国营养调查显示：妇女、儿童是缺铁性贫血的高发人群，一些地区妇女、儿童的缺铁性贫血发生率可达到70％。贫血儿童更易出现急性呼吸系统感染和腹泻，低体重和发育迟缓可能性也更大。2002 年第四次全国营养调查显示：我国居民贫血患病率平均为 15.2％；2 岁以内婴幼儿、60 岁以上老人、育龄妇女贫血患病率，分别为 24.2％、21.5％和 20.6％。

受低钙饮食模式的影响，我国居民缺钙普遍。缺钙和补钙越来越受到社会的关注。1992 年的第三次全国营养调查显示：全国居民平均每日膳食钙摄入量为 405.4 毫克，占 RDA 的50.6％。其中，城市居民为 457.9 毫克，农村居民为 378.2 毫克，分别占 RDA 的 57.2％和47.3％，且儿童的钙营养状况比成人的更差。钙缺乏可导致儿童期的佝偻病，成人期的骨软化病，老年期的骨质疏松和骨折。2002 年第四次全国营养调查显示：全国城乡钙摄入量仅为 391 毫克，相当于推荐摄入量的 41％。

在我国也存在着另外一种营养不良症状，即营养过剩和营养结构失衡。导致儿童肥胖症、成年人的心血管病、脂肪肝、糖尿病等，非传染性疾病发病率的连年上升。

2002 年第四次全国营养调查显示：我国成人超重率为 22.8％，肥胖率为 7.1％，估计现有超重和肥胖人数分别为 2 亿和 6000 多万。大城市成人超重率与肥胖率分别高达 30.0％和 12.3％，儿童肥胖率已达 8.1％，应引起高度重视。与 1992 年全国营养调查资料相比，成人超重率上升 39％，肥胖率上升 97％。由于超重人数比例较大，预计今后肥胖率将会有较大幅度增长。

我国成人血脂异常患病率为 18.6％，估计全国血脂异常现患人数 1.6 亿。值得注意的是，中年人与老年人患病率相近，城乡差别不大。

调查显示，我国成人高血压患病率为 18.8％，估计全国现患人数为 1.6 亿，比 1991 年增加 7000 多万。农村高血压患病率上升迅速，城乡差距已不明显；而人群高血压知晓率、治疗率和控制率仅分别为 30.2％、24.7％和 6.1％，仍处于较差水平。

我国成人糖尿病患病率为 2.6％，估计全国糖尿病现患人数 2000 多万。与 1996 年糖尿病抽样调查资料相比，大城市 20 岁以上人群糖尿病患病率由 4.6％上升到 6.4％。

据调查，现在我国 15～64 岁的劳动人口中间，慢性病的发生率已经达到 52％，死亡已经占了 30％，这将会给经济和社会的发展造成巨大的影响和损失。

动物性食物，特别是脂肪含量高的食物摄入过多，运动和体力活动大量减少，导致摄入的能量和消耗的能量长期不平衡，这些是慢性疾病发病率升高的主要原因。一部分城市高收入阶层以及农村先富裕起来的农民，成为慢性非传染性疾病的高发人群；营养不良、营养结构失衡，会严重制约着国民人口素质的提高和社会经济的健康发展。

《中国食物与营养发展纲要（2001—2010 年）》提出：2010 年我国食物与营养发展总体目标是，保障合理的营养素摄入量。人均每日摄入能量为 2300 千卡，其中 80％来自植物性食物，20％来自动物性食物；蛋白质 77 克，其中 30％来自动物性食物；脂肪 70 克，提供的能量占总能量的 25％；钙 580 毫克，铁 23 毫克，锌 12 毫克；维生素 B 11.2 毫克，维生素 B 21.4 毫克，维生素 A 775 微克。

4. 平均预期寿命不断增加

平均预期寿命或称平均期望寿命，是指人们在不同年龄时预期可能生存的平均年限。我们现在所指的平均预期寿命是指出生不满一岁的人的平均预期寿命。不同时期，不同地点，平均预期寿命可不同。这是根据其人口及死亡资料，经统计学方法处理而得出。

解放前，我国人民平均寿命仅 35 岁，而欧洲人此时的平均寿命已达 60 岁以上。当时我国是世界上平均寿命最低的国家之一。解放后，由于经济和营养卫生事业迅速发展，我国人民的主要健康指标已居发展中国家的先进地位。1985 年，我国人民平均寿命已增至 68.9 岁，2002 年，增至 71.8 岁，接近世界先进国家水平。婴儿死亡率急速下降，由解放前的 200‰，降至 1986 年城市婴儿死亡率为 14.3‰，目前 2‰以下。另据世界银行汇编的联合国数据显示，1990 年至 2008 年，中国人的平均寿命增加了 5.1 岁，增至 73.1 岁。2011 年 8 月 18 日，法国国家人口研究所最新公布的报告说，世界人口平均寿命为 70 岁，中国人平均寿命已达 74 岁。

五、食品营养学研究内容及其与其他学科的关系

1. 食品营养学的研究内容

食品营养学（food nutrition）是研究食品和人体健康关系的一门科学。主要研究食物、营养与人体生长发育和健康的关系，以及提高食品营养价值的措施。其主要研究内容包括：

（1）食品的营养成分及其检测；

（2）人体对食品的摄取、消化、吸收、代谢和排泄；

（3）营养素的作用机制和它们之间的相互关系；

（4）营养与膳食问题；

（5）营养与疾病防治；

（6）食品加工对营养素的影响。

2. 食品营养学与其他学科的关系

食品营养学的发展与其他许多学科的发展密切相关，可用图 1-7 来进行归纳。

（1）与生理学密切相关　生理学是研究生物机体在周围环境作用下各种机能变化、发展规律的科学。生理学分为植物生理学和动物生理学，这里所指的是食品营养学和人体生理学相关。

食品营养学中所讨论的很多维生素缺乏症原来都是生理学研究的内容，如：夜盲症——VA 缺乏症。此外，食物的消化吸收是生理学的内容，也是营养学的基础。

（2）与生物化学密切相关　19 世纪 70 年代，生物化学从生理学中分离出来，很多营养问题（主要是食物营养成分分析）便成了生物化学研究的课题，营养学与生物化学的结合即所谓"营养生化"，其中既包括食物组成，也包括物质代谢等问题。

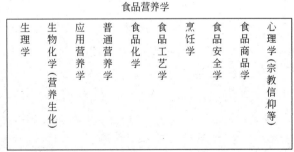

图 1-7　食品营养学与其他学科的关系

（3）与食品化学相关　食品化学是研究食品的成分、性质和变化的科学，因而与食品营养学关系密切。食品专业一般要在食品营养学之前先开设食品化学课。

（4）与食品工艺学、烹饪学密切相关　相关的内容包括：①食品在加工、烹调等过程中尽量保持食品原有营养素，使之不受或少受破坏。②必要时，适当添加一些营养素，提高食

品的营养价值。③提高食品的色、香、味、形态、质地等感官质量。

（5）与食品安全学、食品商品学有关　与食品安全学相关是因为食品必须安全卫生、无毒无害。食品商品学是商品学的一个分支，研究食物的分类、物理特性及生物学特性以及各种食品的标准或质量要求，尤其是食品在流通中质量的变化的维护和鉴定。这些都与保证食品的营养价值密不可分。

（6）与心理学（宗教信仰等）有关　在采用某一具体的膳食类型以提供较高营养价值的食物时，要考虑到其对特定区域的人们的已有饮食习惯、认知观点、宗教信仰等因素的吻合程度。如：由于宗教信仰的因素，某些地区的居民对一些食品有禁忌，这种情况下，即使所禁忌的食品营养价值很高，也不应采用。

第二章　食品的消化与吸收

要了解食品的消化与吸收过程，首先要对人体的相关机能与构造有所了解。为便于本章的学习，首先要对人体的消化系统有清晰的认识。

第一节　消化系统概况

人体在生命活动过程中，不断从外界摄取营养物质以供新陈代谢的需要。营养物质主要来自食物，其中的水、矿物质和维生素可以直接被吸收利用；而蛋白质、脂类和碳水化合物，一般都是结构复杂的大分子有机物质，不能直接被人体吸收利用，需要在消化道内经过分解成为简单的小分子物质，才能透过肠壁细胞进入血液和淋巴循环而被利用。

一、消化与吸收的定义

食物在消化道内进行分解的过程——消化（digestion）。食物经消化后透过消化道壁进入血液和淋巴液的过程——吸收（absorption）。消化与吸收是两个紧密联系的过程，不能将两者分割开来。

食品在消化道内的消化有两种形式：

（1）化学性消化　靠消化液及其中所含消化酶的作用，把大分子物质分解为可被吸收的小分子物质。

（2）物理性消化　靠消化道的运动把大块食物磨碎。消化道的运动还能将磨碎的食品和消化液充分混合，并将其推送到消化道下方，进行下一步的分解和吸收。最后将不能被吸收的残渣排出体外。

二、人体消化系统的组成

人体消化系统由消化道和消化腺两大部分组成。

（一）消化道

消化道是指由口腔至肛门粗细不等的弯曲管道，长约 9 米。包括口腔、咽、食道、胃、小肠（十二指肠、空肠、回肠）、大肠（盲肠、结肠和直肠）等部分。见图 2-1。

1. 口腔

口腔是整个消化道的起始部，由上下唇、咽峡、左右颊、硬腭和软腭、口腔底构成近封闭式空间。在口腔空间内有牙、舌以及腺体的开口。

2. 咽喉、食道

咽喉是上宽下窄的肌性管道，是食物进入食道和空气进入呼吸道的通路，长约 12cm。在咽喉下面相连的是食道，食道表层有许多黏液分泌腺，所分泌的黏液能保护食道黏膜。

3. 胃

这是与食道直接相连的消化道器官。胃的形状及位置不是固定的，它会随着胃的充盈程度、体型、紧张度等的不同而出现较大的变化。胃体的大部分在机体的左侧肋部，小部分在腹部上边。

胃壁的结构由内向外分四层：黏膜层、黏膜下层、肌层、外膜。

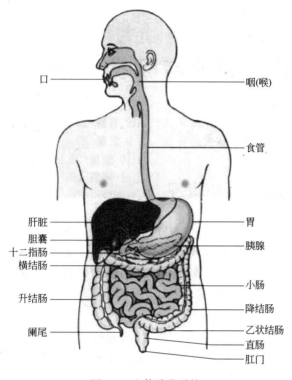

口

咽(喉)

食管

肝脏
胆囊
十二指肠
横结肠

升结肠

阑尾

胃

胰腺

小肠

降结肠

乙状结肠
直肠
肛门

图 2-1　人体消化系统

在黏膜层上有许多皱襞，这些皱襞通过胃体的扩张、收缩运动，可以达到很好的对食物进行搅拌的作用；在黏膜层上所出现的凹陷部分是一些腺体——称为胃腺。在全部的胃腺中，主要的腺体由胃底腺、贲门腺、幽门腺组成。

如果把人的胃想象成一个具有高度适应性的反应容器的话，那么贲门就相当于是进料管口，幽门就相当于是出料管口，而胃壁则是容器壁。

4. 小肠

小肠分为三部分，即与胃的幽门相连接的十二指肠、空肠、回肠。全部小肠总长度约 5m 多（其中十二指肠长约 25cm、空肠长约 2m、回肠长约 3m），小肠呈盘曲状，主要位于腹腔下部。

十二指肠是小肠的起始端，构成一个马蹄形状。在其肠内壁有胆总管、胰管的（乳头状）开口。人体的空肠和回肠之间差别并不大，只是空肠比回肠的口径大些，其黏膜和黏膜下层向肠腔突出的环状皱襞多些。

在小肠的内壁所形成的环状皱襞表面具有很多细小的突起，称为"肠绒毛"。肠绒毛为小肠黏膜的微小突起结构，长度（人类）为 0.5～1.5mm，密度 10～40 个/mm²，绒毛上还分布有微绒毛。由于这种肠绒毛的存在，使得小肠黏膜的总表面积增加了很多（图 2-2）。

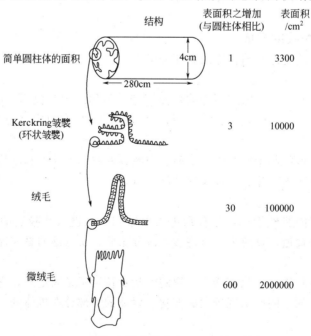

	结构	表面积之增加（与圆柱体相比）	表面积 /cm²
简单圆柱体的面积		1	3300
Kerckring皱襞（环状皱襞）		3	10000
绒毛		30	100000
微绒毛		600	2000000

图 2-2　增加小肠黏膜总表面积的绒毛结构

肠绒毛中具有的血管、神经、毛细淋巴管和少量平滑肌，是小肠发生吸收的重要器官组织。

整个小肠中，其黏膜层具有丰富的肠腺体存在——这些肠腺体分泌小肠液。

5. 大肠

大肠直接与小肠的回肠末端相连接，共分为盲肠、结肠和直肠三部分，全长约 1.5m。盲肠是大肠的起始部分，在其下内侧有一蚓状的突起，称为阑尾。阑尾开口于盲肠，下端为游离状。与盲肠相连接的是结肠的升结肠部分。结肠还包括：横结肠、降结肠、乙状结肠。其中，乙状结肠部分直接与直肠相连接。直肠是一个上部比较膨大，而下部却比较细小的管道，在其接近肛门处的环状光滑面，就是所谓痔环。

（二）消化腺

消化腺是分泌消化液的腺体。主要有唾液腺、胃腺、胰腺、肝脏和小肠腺等。其中，胃腺、小肠腺的分泌液直接进入消化道中；唾液腺、胰腺、肝因为存在于消化道之外，其分泌液经导管进入消化道。

消化的本质实际上是一些化学的分解反应过程，只不过是生物化学反应，而机体生化反应的重要特征是具有一套完整的酶系。对于消化过程来讲，就是要有各自对应的消化酶。而消化腺最重要的作用就是提供这些消化酶以及润滑消化道的黏液。

消化腺每天可提供大量的消化液（见表 2-1），所有消化液都被认为是一种混合物，含有不同的消化酶及与消化有关的有机物和无机物。

表 2-1　机体每日的消化液分泌量

消化液种类	分泌量/L	消化液种类	分泌量/L
唾液	1.0~1.5	胆汁（肝胆汁）	0.25~1.1
胃液	1.5~2.5	肠液	2.0~3.0
胰液	0.8~1.1		

1. 唾液的成分及作用

（1）唾液的成分　唾液为无色无味的透明液体，pH 为 6.6~7.1，唾液中的水分约占 99%。其中的有机物主要为黏蛋白、氨基酸、尿素、尿酸及唾液淀粉酶、溶菌酶等；无机物有 Na^+、K^+、Ca^{2+}、Cl^-、HCO_3^- 和微量的 CNS^-；此外，唾液中还有一定量的气体，如：O_2、N_2 和 CO_2 等。

唾液成分随着摄食物的不同会有一些差别。当进食干食物时，唾液腺主要分泌含有大量淀粉酶的稀唾液；当进食强刺激物时（如胡椒、辣椒、酸等），唾液腺的总分泌量将增加；当进食湿润的食物或液体食物时，唾液腺的总分泌量将减少，而糖蛋白成分将升高，唾液因此成为黏液状；当嗅到或吃到喜好的食物时，唾液分泌量会远远超过他所厌恶的食物的唾液分泌量。这就是所谓的"垂涎欲滴"。正常情况下，每日唾液分泌量为 1~1.5L。

（2）唾液的作用　唾液可润湿并溶解部分食物，使食物易于吞咽并引起味觉；唾液的流动可以冲洗掉口腔黏膜上的有害物质；唾液中的溶菌酶和微量的 CNS^- 有杀菌作用；唾液中含有的无机离子成分，在口腔中产生弱碱性环境，可缓冲细菌分解活动所产生的 H^+，使之不能对牙齿产生破坏作用。但这种缓冲作用是有限的，当口腔中卫生较差时，分解产物比较多，那么这种弱碱性环境就会失去对牙齿的保护作用。

唾液中的 α-淀粉酶是唯一的消化酶成分。可分解淀粉为糊精，最后再成为麦芽糖，因为食物在口腔中停留时间较短，所以水解淀粉有限。

唾液对胃肠功能也具调节作用。因为唾液中的 HCO_3^- 和糖蛋白，可以中和胃酸，由于胃酸浓度的降低，还可间接的调节胰腺和肝胆的活动。

2. 胃液的成分及作用

（1）胃液的分泌　胃液的有效成分是由胃底腺分泌的。在胃底腺中，有三种细胞存在：主细胞分泌胃蛋白酶原，这是一种无活性的前体物质，经过胃液中高浓度的盐酸可激活为胃蛋白酶。壁细胞分泌盐酸。黏液细胞分泌黏液成分。

胃腺中的贲门腺和幽门腺，都不对胃液的有效成分有贡献，只是完全的分泌黏液。

（2）性状、成分　胃液为无色透明的，呈酸性的混合液体，pH 值为 0.9～1.5。主要成分：除含有胃蛋白酶、盐酸和黏蛋白（黏液）外，还含有 Na^+、K^+ 等无机物。

正常成人每天分泌的胃液量约为 1.5～2.5L。当严重呕吐时，由于上述成分的丢失可以造成紊乱。

胃液中的盐酸也称胃酸，是由胃腺的壁细胞分泌的。胃液的 pH 较低，胃液的盐酸浓度约可达 150mg/L，相当于 pH 约为 1。这种强酸性分泌液，在整个机体中只有在胃中才有。与一般的细胞外液（如血液）的 pH 为 7.4 或机体组织的中性环境 pH 约为 7.0 相比，其浓度差值可达到 10^6 倍。

（3）胃液的作用　胃液的强酸性，具有多方面的作用。

① 杀菌：它能抑制和杀灭随食物进入胃内的病菌，从而预防生食物可能引起的胃肠道细菌性感染；

② 胃酸能激活胃蛋白酶原，使之转变为胃蛋白酶原，并造成胃蛋白酶的最适 pH 环境以利于水解蛋白质；

③ 胃酸中的盐酸使食物中的蛋白质变性，从而为胃蛋白酶发生作用创造前提条件，使之易于消化；

④ 胃酸进入小肠后能刺激胰液和小肠液的分泌，并引起胆囊收缩，排出胆汁；

⑤ 胃酸还有助于小肠对钙、铁等的吸收。

胃酸分泌不正常均会引起不良后果：①胃酸分泌过少或胰液倒流进入胃会引起消化不良，出现明显的食欲减退，饱闷感等，有时还会腹泻；②胃酸过多对胃壁、十二指肠壁均有损伤作用。

（4）胃蛋白酶　这是胃液中的主要消化酶，其最适 pH 为 2。它的作用是能使食物蛋白质水解为胨、胕及少量多肽、氨基酸。

（5）黏液　黏液主要成分为糖蛋白，其次为黏多糖、蛋白质等大分子，pH 呈弱碱性。其作用有以下几点。

① 黏液具有润滑作用：由于黏液覆盖在胃黏膜的表面，可以润滑食物使之易于通过，使胃黏膜不致受到食物中坚硬物质的机械损伤。

② 因黏液呈弱碱性，可减弱胃蛋白酶的活性，从而防止胃酸和胃蛋白酶对胃黏膜蛋白的水解作用。即：保护胃黏膜层不受盐酸和酶的侵蚀，也有人称它为"黏液屏障"。

③ 参与调节胃内的酸度：黏液可在一定程度上中和胃酸。

④ 还可吸附食物中的维生素 B 和维生素 C 等，使其不被胃酸破坏。

（6）内因子　正常人的胃液中含有"内因子"，这是一种相对分子质量为 5.3 万的糖蛋白，它与维生素 B_{12} 结合形成一种复合物，促进 VB_{12} 的吸收。胃黏膜萎缩或胃癌患者胃液中缺乏内因子，可引起 VB_{12} 缺乏，从而影响到红细胞的生成，患上一种叫"恶性贫血"的疾病。

一般，混合食物进入胃 30 分钟后，便开始离胃到十二指肠，4～5 小时完全排空；液体食物仅在胃内停留 2～3 小时；脂肪的完全排空则需 4～5 小时以上。

3. 胆汁的成分及作用

（1）胆汁的产生　胆汁由肝细胞生成。肝是人体中最大的腺体，成人的肝约重 1500 克。胆汁由肝细胞分泌出来后，沿着肝内胆道系统流出，经胆囊浓缩并贮存。进食后，胆囊发生收缩，使储藏的胆汁经胆总管排入十二指肠。成人每日进入肠道的胆汁约 0.8～1 升。

（2）胆汁的成分　胆汁的主要有机物有：胆汁酸盐、胆色素、脂肪、磷脂、胆固醇、核蛋白、黏蛋白等；无机物：除水外，还有 Na^+、K^+、Ca^{2+}、HCO_3^- 等。

（3）胆汁的作用

① 促进脂肪的消化：胆汁中没有消化酶，其消化作用主要依靠其含有的胆汁酸盐、磷脂和胆固醇得以实现。它们作为脂肪的乳化剂，可降低脂肪的表面张力，使脂肪乳化成为极细小的微粒，从而大大增加与胰脂酶的接触面积，促进脂肪的消化。

② 胆盐又可起到激活胰脂肪酶的作用，使其催化脂肪水解的作用加速。

③ 胆盐还可与被水解出的脂肪酸、甘油一酯结合，形成水溶性复合物，促进其吸收。

④ 胆盐与脂溶性的维生素 VA、VD、VK 等结合，形成水溶性复合物，促进其吸收。

⑤ 刺激肠道蠕动和抑制细菌生长。

当胆盐缺乏或胆道梗塞时，常常会引起脂肪消化和吸收障碍；同时，也会伴随着脂溶性维生素缺乏症状和消化系统不正常。

（4）胆汁酸　它是在肝细胞内由胆固醇转变生成的。人体每天合成胆固醇约 1～1.5 克，其中的 0.4～0.6 克（约 40%）在肝内转变成胆汁酸。所以胆固醇在体内是有它的积极作用的。

4. 胰液的成分及作用

（1）胰液的分泌　胰液由独立的胰腺所分泌。胰是人体第二大消化腺。胰腺上有许多分泌胰液的腺泡，所分泌的胰液流入肠腔。但胰腺分泌胰液的过程需要由十二指肠释放的一种肠促胰液肽激素的刺激。当胃中的酸性食糜进入十二指肠时，十二指肠黏膜就会受到刺激，释放出激素。激素经由血液转运，对胰腺体产生作用，分泌胰液。

（2）胰液的成分　胰液是无色碱性液体，pH 为 7.8～8.4，正常成年人每日分泌约 1～2L。其主要成分有：碳酸氢钠、胰酶（如：胰淀粉酶、胰脂肪酶、胰蛋白酶、胰糜蛋白酶等）、胰岛素等。

① 碳酸氢钠　胰液中所含有的碳酸氢根较多，可中和由胃部进入十二指肠的食糜中过多的酸性成分，为小肠中的各种消化酶提供适宜的弱碱性环境。

② 胰酶　主要指淀粉酶、脂酶和蛋白酶，它们分别消化食物中的淀粉、脂肪、蛋白质成分。淀粉酶是直接以活性形式存在。脂酶虽需胆汁成分激活，但在进入到十二指肠时，已经具有了活性。而蛋白酶是以无活性的前体物胰蛋白酶原、糜蛋白酶原分泌出来的，这种酶原的形式可以防止胰腺自身被消化。这两种前体物在进入十二指肠后，先由肠激酶从胰蛋白酶原上分解下来一段肽链后，将其激活生成胰蛋白酶，胰蛋白酶除能将自身的前体物分解激活外，还可将糜蛋白酶原分解激活。

③ 其他酶　除了淀粉酶、脂酶和蛋白酶外，胰液中还含有肽酶、核糖核酸酶、脱氧核糖核酸酶、弹性蛋白酶等酶成分。但它们的含量大多比较少。肽酶可将肽水解成氨基酸；核糖核酸酶、脱氧核糖核酸酶可从细胞核上分解出核蛋白；弹性蛋白酶可作用于弹性结缔组织。

④ 胰岛素　胰液中的胰岛素，对血糖水平具有重要意义。由胰腺的 β-细胞分泌的胰岛素，与胰腺的 α-细胞分泌的胰高血糖素、肾上腺分泌的肾上腺素一起共同调节血糖浓度值，使其维持在一定范围内。

5. 小肠液的成分和作用

（1）小肠液的成分　小肠液是小肠黏膜内肠腺分泌的液体，呈弱碱性，pH 约为 7.6～7.8，成人每日分泌量约 1～3 升。小肠液中除含肠激酶外，还含有多种消化酶，如：羧基肽酶、氨基肽酶、二肽酶、麦芽糖酶、乳糖酶、蔗糖酶、肠脂酶、磷脂酶及维生素 A 酯酶等。

（2）小肠液的作用　小肠液的作用是进一步分解肽类、双糖和脂类，使其成为可被吸收的物质。目前认为，小肠液中的这些酶主要局限在小肠黏膜的微绒毛区发挥酶解的作用，被称为"膜消化作用"。

6. 大肠液的成分及作用

大肠液是大肠黏膜上的肠腺所分泌出的少量碱性液体，pH 为 8.3～8.4。其主要成分是糖蛋白，能保护肠黏膜，润滑粪便。大肠内有许多细菌（主要来自空气和食物），它们由口腔入胃，最后到达大肠。因为大肠内的酸碱度和温度对一般的细菌的生长繁殖极为适宜，因此细菌便可利用其含有的酶分解食物残渣。将食物残渣中的碳水化合物类，发酵成乳酸、醋酸、二氧化碳、沼气等；将食物残渣中的脂类，发酵成脂肪酸、甘油、胆碱等；将食物残渣中的蛋白质，分解成际、胨、氨基酸、氨气、硫化氢、组织胺、吲哚等。还能利用肠内较简单的物质合成某些 B 族维生素的复合物和 VK，吸收后对人体有营养作用。但其中有些分解产物是有毒的（氨气、硫化氢、组织胺等）。

在正常情况下，机体一方面通过肝脏对这些毒物进行解毒作用，另一方面，通过大肠将这些毒物排出体外。

第二节　食品的消化

食品只有通过消化才能被吸收、利用，才能发挥其营养作用。那么各种食品是如何消化的呢？

一、碳水化合物的消化

食品中碳水化合物类含量最多的是什么？是植物性食品中的淀粉，如大米、面粉、土豆、山芋、栗子等。动物性食品中有淀粉吗？答案是肯定的，就是存在于肌肉、肝脏中的淀粉——糖原（动物淀粉），但为数很少，是一种能量贮存形式。消化、水解淀粉的酶，称为淀粉酶。

1. 淀粉的消化

口腔中有三对大唾液腺和无数小唾液腺，唾液中含 α-淀粉酶（水解 α-1,4 糖苷键），可将淀粉转化为糊精、麦芽糖，不过食物进入胃后，因胃酸的作用，唾液淀粉酶很快失去活性。如果米饭在口中多咀嚼一会，可觉到一丝甜味。

淀粉的消化主要在小肠进行。胰液中的 α-淀粉酶水解淀粉，产生 α-糊精和麦芽糖，再由小肠黏膜上皮刷状缘中含的 α-糊精酶和麦芽糖酶分别水解为葡萄糖。

食品中的淀粉在小肠上部几乎全部消化，成为各种单糖。

2. 大豆及大豆制品中糖类的消化

大豆及豆类制品含有少量的棉子糖和水苏糖，棉子糖（raffinose）是由半乳糖、葡萄糖、果糖所形成的三糖；水苏糖是由两分子的半乳糖，与葡萄糖、果糖所形成的四糖。由于人体中无分解这些糖类的酶，故不能被消化。但摄入后可以被人体肠道中微生物发酵产气——故称之胀气因子。在大豆加工成豆腐时，此胀气因子多被除掉；在腐乳中，被根霉分解、去除。

3. 纤维素、果胶等的消化

纤维素是由 β-葡萄糖借 β-1,4-糖苷键组成的多糖。因为人体消化道内无 β-1,4-糖苷键水解酶，故不能消化它。半纤维素是多缩戊糖（木糖、阿拉伯糖）和多缩己糖（甘露糖、半乳糖）的混合物。也不能被消化。另外，食品工业中常用的琼脂（海藻提取物，主要成分：多缩半乳糖，含硫及钙）、果胶（存在于初生细胞壁及水果中，成分：果胶酸甲酯）等多糖类物质，亦不能被人体消化。所以，果冻中添加的这些成分，人体并不能消化利用。

二、脂类的消化

脂类是脂肪和类脂（磷脂、糖脂、固醇和固醇酯等）的总称。脂类消化主要在小肠中进行。胰液含胰脂肪酶，将脂肪水解成为甘油、脂肪酸；小肠液中也含脂肪酶，起辅助作用；胆汁中的胆盐使不溶于水的脂肪乳化，使之成微滴分散于水溶液中，增加脂肪酶的作用面积，有利于胰脂肪酶的作用。

$$食品中的三酰甘油酯 \xrightarrow{\text{胰液和小肠液中脂肪酶}} 脂肪酸＋二酰甘油酯$$

$$二酰甘油酯 \longrightarrow 脂肪酸＋单酰甘油酯$$

上面过程中的酶解速度与脂肪酸的长度有关：

① 带短链脂肪酸的三酰甘油酯的酶解速度＞长链脂肪酸三酰甘油酯的酶解速度，所以黄油较易消化；

② 含不饱和脂肪酸的三酰甘油酯酶解速度＞含饱和脂肪酸的三酰甘油酯的酶解速度，所以植物油较易消化。

三、蛋白质的消化

蛋白质的消化过程较为复杂，涉及到多种酶的共同作用。

1. 胃液的作用

蛋白质的消化从胃中开始。胃底腺分泌的胃蛋白酶原，经胃酸或已激活的胃蛋白酶活化成胃蛋白酶（对酪氨酸有凝乳作用），去水解各种水溶性蛋白质（主要水解由苯丙氨酸或酪氨酸组成的肽键），产物主要是胨、胨，少量氨基酸、多肽。

2. 胰液的作用

胰液中的蛋白酶分两类：

① 内肽酶　如胰蛋白酶和糜蛋白酶（胰凝乳蛋白酶），均以不具活性的酶原形式存在于胰液中。首先由肠液中的肠致活酶激活胰蛋白酶原，成为有活性的胰蛋白酶。此外，酸、胰蛋白酶本身和组织液也能使胰蛋白酶原活化。糜蛋白酶原在胰蛋白酶的作用下成为有活性的糜蛋白酶。

② 外肽酶　羧肽酶 A 和羧肽酶 B。羧肽酶 A 水解羧基末端为各种中性氨基酸残基组成的肽键，羧肽酶 B 水解羧基末端为赖氨酸、精氨酸等碱性氨基酸残基组成的肽键。

在内肽酶中，胰蛋白酶主要水解由赖氨酸、精氨酸等碱性氨基酸的羧基组成的肽键，产生羧基端为碱性氨基酸的肽。糜蛋白酶主要作用于芳香族氨基酸（如苯丙氨酸、酪氨酸）残基的羧基组成的肽键，产生羧基端为芳香族氨基酸的肽。弹性蛋白酶可水解各种脂肪族氨基酸（如缬氨酸、亮氨酸、丝氨酸等）残基参与组成的肽键。

因此，胰蛋白酶作用后产生的肽，可由羧肽酶 B 进一步水解；糜蛋白酶、弹性蛋白酶水解产生的肽，可由羧肽酶 A 进一步水解。见图 2-3。

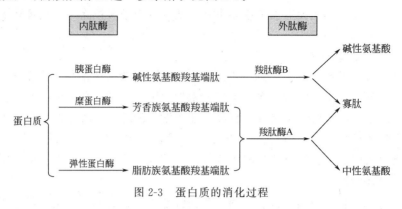

图 2-3 蛋白质的消化过程

3. **肠黏膜细胞的作用**

在胰酶水解蛋白质的过程中，只有 1/3 成为氨基酸，其余为寡肽。而肠内消化液中水解寡肽的酶很少。那么，这些寡肽怎么利用呢？这就是在肠黏膜细胞的刷状缘及胞液中含有的寡肽酶的作用。寡肽酶分为氨基肽酶和羧基肽酶。氨基肽酶从肽链的氨基末端逐步水解肽键；羧基肽酶从肽链的羧基末端逐步水解肽键。刷状缘中含有的寡肽酶，可以水解 2～6 个氨基酸残基组成的寡肽。胞液寡肽酶主要水解二肽、三肽。在这些酶的复合作用下，最终蛋白质被消化分解为氨基酸。

四、维生素与矿物质的消化

1. **维生素的消化**

人体消化道中无分解维生素的酶。对于水溶性维生素，在动、植物性食品的细胞中以结合物的形式与蛋白质共同存在，在蛋白质消化过程中，这些结合物被分解并释放出维生素。而对于脂溶性维生素，它是伴随脂肪而存在，所以可以随着脂肪的乳化与分散而同时被消化。所以，维生素的消化实际上就是维生素的释放。

2. **矿物质的消化**

矿物质在食品中存在的状态不同。有的矿物质在食品中以离子状态存在，有的矿物质结合在食品的有机成分上。在我们的胃肠道中并没有从这类化合物中分解出矿物质的酶，所以矿物质的消化也是在食品有机成分的消化过程中被释放出来。

第三节　各类营养物质的吸收

一、消化道不同部位的吸收情况

消化道不同部位的吸收能力有很大差异。食物在口腔及食管中实际上不被吸收；胃可以吸收乙醇及少量水分；结肠可以吸收水分和盐类。只有小肠是吸收的主要部位。小肠长约 5m 多，是消化道最长的一段；肠黏膜具有环状皱褶并且拥有大量绒毛及微绒毛，使小肠具有巨大的吸收面积（总吸收面积可达 $200\sim400m^2$，图 2-2）；加上食物在小肠内停留时间较长，约 3～8h，所以，这些决定了小肠是吸收的主要部位。

碳水化合物、脂肪、蛋白质的消化产物，大部分是在十二指肠、空肠吸收，当其到达回肠时，通常已经吸收完毕。回肠被认为是吸收机能的储备，但它能主动吸收胆汁盐和 VB_{12}。小肠中各种营养素的吸收情况，如图 2-4 所示。

二、碳水化合物消化产物的吸收

碳水化合物类在小肠上部几乎全部消化为单糖，因此其吸收的主要形式就是单糖。在肠管中主要的单糖是葡萄糖，其次是果糖，另有少量的甘露糖和半乳糖等。

1. 各种单糖的吸收速度

己糖的吸收速度大于戊糖的吸收速度。各种己糖若以葡萄糖的吸收速度为基准100，则人体对各种单糖的吸收速度如下：D-半乳糖（110）＞D-葡萄糖（100）＞D-果糖（70）＞木糖醇（36）＞山梨醇（29）＞甘露糖（19）。

2. 吸收的方式

（1）葡萄糖、半乳糖　其吸收是主动转运。需要载体蛋白质，是耗能的过程，逆浓度梯度进行。当血液和肠腔中的葡萄糖浓度比例为200∶1时，其吸收仍可以进行，吸收的速度很快。

（2）戊糖、多元醇　以单纯扩散的方式吸收。即物质由高浓度区，经细胞膜扩散、渗透到低浓度区。所以吸收速度慢（小于葡萄糖、半乳糖）。

（3）果糖　可能在微绒毛的载体帮助下，使达到扩散平衡的速度加快，但不耗能量。这种吸收方式称为易化扩散（facilitated diffusion），其吸收速度比单纯扩散的速度快。

（4）蔗糖　蔗糖在小肠黏膜刷状缘表层水解为葡萄糖、果糖，然后按各自的吸收方式进行。

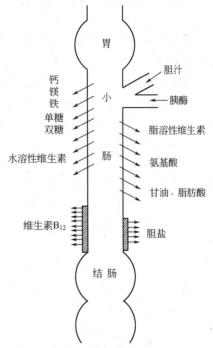

图 2-4　小肠中各种营养素的吸收位置

三、脂类消化产物的吸收

脂肪消化产物主要为甘油、脂肪酸及单酰甘油酯。此外，还有少量二酰甘油酯、未消化的三酰甘油酯。

1. 脂类及其消化产物的吸收

（1）脂肪酸　各种脂肪酸的极性和水溶性不同，其吸收速率也不相同，吸收率的大小依次为：短链脂肪酸＞中链脂肪酸＞不饱和长链脂肪酸＞饱和长链脂肪酸。

对脂肪酸来说，水溶性越小，胆盐对其吸收的促进效率也越大。

（2）甘油　因为其水溶性大，所以不需胆盐即可通过黏膜经门静脉被吸收入血液中。

（3）食用脂肪　大部分食用脂肪均可被完全消化、吸收。消化吸收慢的脂肪，如大量摄入，则可能会有一部分在未被吸收之前被排出。

易消化吸收的脂肪，由于很快被机体利用，不易产生饱腹感；而消化吸收慢的脂肪，则容易使人产生饱腹感，这也可在某些膳食中加以利用。

一般，脂肪的消化率为95%，日常食用的奶油、豆油、猪油等都能全部被人体在6~8小时内消化。在摄入后的2小时吸收约24%~41%，4小时吸收53%~71%，6小时吸收达68%~86%。

（4）胆固醇　人体每日摄食胆固醇几十毫克到1g，主要来自动物性食物，这是外源性胆固醇。每日流入肠腔的胆汁中约含胆固醇2~3g，这是内源性胆固醇。

肠吸收胆固醇的能力有限（成年人胆固醇的吸收速率约为每天 10mg/kg 体重），在大量进食胆固醇时，吸收量可成倍增加。但最多每天约可吸收 2g（上限），其中内源性胆固醇约占胆固醇总吸收量的一半。肠道吸收胆固醇并不完全，自由胆固醇的吸收率大于胆固醇酯的吸收率。

小肠黏膜上皮细胞将三酰甘油酯等组合成乳糜微粒时，也把胆固醇掺入在内。食物中的自由胆固醇，经吸收后可再酯化为胆固醇酯。而胆固醇酯需经胰胆固醇酯酶水解后吸收。

禽卵中的胆固醇大多是自由态的，所以比较容易吸收。如：鸡蛋吃多了，血液胆固醇高。而植物固醇（如谷物和豆类中的固醇物质）本身不易吸收，还能抑制胆固醇的吸收。通常，食物中的胆固醇约有 1/3 被吸收。

2. 吸收的方式

由短链、中链脂肪酸组成的三酰甘油酯易分散，且被完全水解生成短链、中链脂肪酸，循门静脉进入肝，不影响血脂水平；由长链脂肪酸组成的三酰甘油酯经水解后，其长链脂肪酸在肠壁被再次酯化为三酰甘油酯，进入淋巴系统后再进入血液循环，导致血脂升高。

在此过程中，胆汁酸盐起乳化分散作用，以利于脂肪的水解、吸收。如图 2-5。

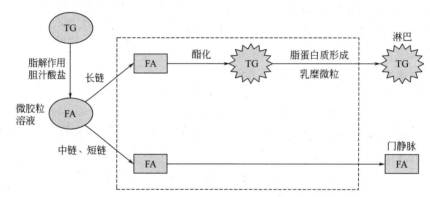

图 2-5　黏膜细胞吸收脂肪示意图（TG：三酰甘油酯；FA：脂肪酸）

四、蛋白质消化产物的吸收

1. 蛋白质消化产物的吸收

蛋白质被蛋白质酶水解后，其水解产物约 1/3 为氨基酸，2/3 为寡肽。这种混合物在肠壁的吸收要比单纯的混合氨基酸快得多，被吸收后的氨基酸通过肠黏膜细胞进入肝和其他组织或器官被利用。

一般认为四肽以上都并不直接吸收入肠黏膜细胞，而是在接触肠黏膜细胞上的刷状缘时先水解为三肽、二肽，吸收后再由胞液中的寡肽酶水解为氨基酸。有些二肽（如含有脯氨酸或羟脯氨酸的二肽）甚至有少部分（约 10%）直接以二肽的形式进入血液。

2. 吸收的方式

各种氨基酸主要通过主动转运吸收。主动吸收要消耗能量，需要载体和 Na^+。主动转运的特点之一是吸收速度快，所以，氨基酸很快被吸收，它在肠腔中含量只在 7% 以内。

氨基酸吸收中，存在四种不同的转运系统：

（1）中性氨基酸转运系统　这种转运系统的转运速率最快。其特点是对中性氨基酸有高度亲和力，这些氨基酸有芳香族氨基酸（苯丙氨酸、酪氨酸、色氨酸）、脂肪族氨基酸（丙氨酸、丝氨酸、苏氨酸、缬氨酸、亮氨酸、异亮氨酸）、含硫氨基酸（甲硫氨酸、半胱氨酸）及组氨酸、谷氨酰胺等。部分甘氨酸也可借此载体系统转运。

吸收速率依次为：甲硫氨酸＞异亮氨酸＞缬氨酸＞苯丙氨酸＞色氨酸＞苏氨酸。

（2）碱性氨基酸转运系统　这种转运系统的转运速率较慢。仅为中性氨基酸转运速率的10％。赖氨酸、精氨酸借此系统转运。

（3）酸性氨基酸转运系统　天冬氨酸和谷氨酸以此系统转运。

（4）亚氨基酸、甘氨酸转运系统　脯氨酸、羟-脯氨酸及甘氨酸由此系统转运，速率很慢。因含有这些氨基酸的二肽可以直接吸收，故此载体系统在氨基酸吸收上意义不大。

需要引起注意的是，当具有相似结构的氨基酸在使用同一种转运系统时，相互间会具有竞争机制，这种竞争的结果，是使含量高的氨基酸相应的被吸收多一些。这有什么好处呢？这样，可以保证肠道能按照食物中氨基酸的含量比例进行吸收。但在营养强化食品的应用中要注意，如果在膳食中过多地加入某一种氨基酸，由于这种竞争作用，会造成同类型的其他氨基酸吸收降低。

例如：缬氨酸、亮氨酸、异亮氨酸共同为中性氨基酸转运系统，若过多地向食物中加入亮氨酸，则缬氨酸、异亮氨酸的吸收就会降低，造成食物中蛋白质的营养价值降低。

在肠道被消化、吸收的蛋白质，不仅来自食物，也有肠道黏膜细胞的脱落、消化液分泌等（每天约有70g的蛋白质进入消化道），其中大部分被消化和重吸收（未被吸收的蛋白质由粪便排出体外）。

五、维生素的吸收

1. 水溶性维生素的吸收

水溶性维生素以简单扩散方式被充分吸收，所以分子量小的维生素更加容易吸收。对于VB_{12}则需与内因子（分子量为53000的一种糖蛋白，由胃黏膜壁细胞合成）结合成为大分子物质后才能被吸收。因此，缺乏内因子的VB_{12}缺乏病患者通过口服VB_{12}是无效的。

2. 脂溶性维生素的吸收

脂溶性维生素是伴随脂肪而存在的，即溶于脂类物质中。所以其吸收与脂类物质相似。脂肪成分可以促进脂溶性维生素吸收。如：胡萝卜中的胡萝卜素就需在食用油炒食的情况下才能较好地被吸收。

六、水与矿物质的吸收

1. 水分的吸收

成人每日进入小肠的水分约5～10L。大家可能会想：我们每天并未摄入这么多的水分啊？确实是这样。其实这些水分大部分来自消化液，其他还有来自食品，包括饮料、米饭、稀饭、水果、蔬菜等。成人每日尿量平均1.5L，粪便中排出少量（约150mL）。其余大部分水分由消化道重吸收。

水分吸收主要在小肠，大肠也可吸收一部分（主要是通过小肠后，未被吸收的所余部分）。小肠吸收水分的主要动力是渗透压。在小肠吸收食物的消化产物后，使肠壁的渗透压增高，进而促使水分吸收。

2. 矿物质的吸收

矿物质既可以单纯扩散、被动吸收，也可以由特殊转运途径来主动吸收。像食品中Na^+、K^+、Cl^-等的吸收主要取决于肠内容物与血液之间的渗透压差、浓度差和pH差。其他一些矿物质的吸收则与其存在的化学形式、其与食品中其他成分的相互作用以及机体的机能作用等密切相关。

（1）Na^+、Cl^-　Na^+、Cl^-的摄入，通常是以NaCl（食盐）的形式。人体每天由食物获得的NaCl约8～10g，几乎全被吸收。Na^+、Cl^-的摄入量、排出量大致相等，即：摄入多时，排出的多；当食物中缺少 Na^+、Cl^- 时，排出量也相应减少。

根据溶液电中性原则，溶液中的正、负离子电荷是相等的。所以，当 Na^+ 被吸收时，Cl^- 肯定有一部分是随 Na^+ 一同吸收的。

（2）K^+　K^+ 的吸收可能随同水的吸收被动进行。正常人，每日摄入 K^+ 约 $2\sim4g$，绝大部分可被吸收。

（3）Ca^{2+}　Ca^{2+} 的吸收依靠主动转运，需 VD 的存在。但是 Ca^{2+} 只有在溶解状态、并且不被肠腔中其他物质沉淀的情况下才能被吸收。Ca^{2+} 在肠道中的吸收很不完全，约有 $70\%\sim80\%$ 存留在粪中。为什么呢？

这主要由于 Ca^{2+} 与食物及肠道中存在的植酸、草酸及脂肪酸等阴离子形成不溶性钙盐。因此缺钙时有发生，特别是老人、儿童、孕妇，可适当额外补充一些钙。市场上补钙剂也很多，但正常人不需要，主要是注意合理饮食及多晒太阳。当机体缺钙时，其吸收率可增大。

（4）铁　铁的吸收与其存在的形式、机体的机能状态密切相关。

① 存在形式　植物性食品中的铁：主要以 $Fe(OH)_3$ 与其他物质络合存在。需在胃酸的作用下解离、还原为 Fe^{2+} 才能被吸收。食品中的植酸盐、草酸盐、磷酸盐、碳酸盐等和 Fe^{3+} 形成不溶性盐，会妨碍其吸收。VC 可将 Fe^{3+} 还原为 Fe^{2+}，所以，VC 可促进其吸收。铁在酸性环境中易溶解且容易吸收。

在动物性食品所含的血红蛋白（如动物血液）、肌红蛋白（如瘦肉）中与卟啉相结合的血红素铁，可直接被肠黏膜上皮细胞吸收。这类铁既不受植酸盐、草酸盐等抑制因素影响，也不受 VC 所促进。因此，将适当的动物性食品和植物性食品同时进食，有利于后者中铁的吸收。胃黏膜壁细胞分泌的内因子对血红素铁的吸收也是有利因素。

② 机体机能状态　肠黏膜吸收铁的能力取决于黏膜细胞内铁的含量，即：黏膜细胞内铁的含量高时，吸收少，反之亦然。肠黏膜吸收铁以后，暂时贮存于细胞内，再慢慢转移至血浆中。所以，当黏膜细胞刚吸收铁，还未转移至血浆中时，积聚在肠黏膜细胞中的铁就会抑制铁的吸收。机体患缺铁性贫血时，可以增进铁的吸收。

第三章　能量及其食物来源

第一节　能量与能量单位

一、能量的作用及来源

人体为了维持生命及从事各项体力活动，必须每日从各种食物中获得能量。不仅体力活动需要能量，而且机体处于安静状态时也需要消耗能量来维持体内器官的正常生理活动（如：心脏跳动、血液循环、肺的呼吸、肌肉收缩、腺体分泌等），即维持基础代谢。这些能量的来源是食物中的碳水化合物、脂类和蛋白质三种营养素，至于食物中的维生素和矿物质则不能提供能量。

那么，食物中的能量是从哪来的呢？食物能量的最终来源是太阳能。由植物利用太阳光能，通过光合作用把二氧化碳、水、其他无机物合成为有机物（碳水化合物、脂肪、蛋白质等）以供其生命所需；并将其生命过程的化学能保存在三磷酸腺苷（ATP）的高能磷酸键中。

动物和人则将植物的贮存能量物质（如淀粉），通过代谢活动将其转换成可利用的形式，以维持自身的生命活动。而人又可利用动物为食。关于人体能量的获得与去向，如图 3-1 所示。

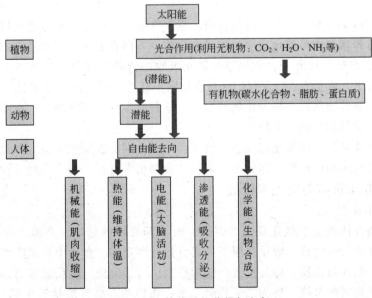

图 3-1　人体能量的获得与去向

二、能量单位

能量有多种形式（如化学能、机械能等），也有多种不同的表示（如公制、英美制等）。营养学中的能量单位，过去习惯用卡（cal，Calorie）或千卡（kcal，kilo-calorie）来表示。

1卡相当于1克水从15℃升高到16℃时所需的热量。营养学上，通常以它的1000倍，即千卡为常用单位。

1950年以前，国际上一直是以卡为热量的单位。但是在1935年就有用焦耳取代卡的做法，到了1950年，焦耳正式列为公制的热量单位。1969年，在布拉格召开的第七次国际营养学会议上推荐采用焦耳（J，Joule）代替卡。

现国际单位制（SI）规定，能量或热量的单位为焦耳（J）。经过几十年的过渡期，现在食品营养标签上能量的单位已普遍采用焦耳取代卡。1J相当于用1牛顿（N）的力将1千克（kg）质量的物体移动1m所需的能量。

另外，还有千焦（kJ）、兆焦（MJ）等单位：1000焦耳（J）＝1千焦（kJ）；1000千焦（kJ）＝1兆焦（MJ）或1大焦耳。兆焦在营养或食品学领域中，也是一个经常使用的单位。因为在能量计算处理方面，经常涉及到兆焦级的能量供求。

"J"与"cal"换算关系： 　　　　　1kcal＝4.184kJ

　　　　　　　　　　　　　　　　1kJ＝0.239kcal

近似计算时，可取： 　　　　　　1kcal≈4.2kJ

　　　　　　　　　　　　　　　　1kJ≈0.24kcal

粗略计算时，还可以采用乘以4，或除以4表示。

第二节　营养素的能量值及等能定律

人体所需的能量来源为碳水化合物、脂肪和蛋白质在体内的氧化分解。这与营养素在体外的燃烧过程有本质的区别。燃烧过程是一步性的极端激烈的氧化反应；氧化分解过程是多步骤的比较温和代谢反应，如果它们的终极产物相同，则它们的全部反应过程的能量变化就应该相等。

但实际上，由于营养素在机体内的代谢过程存在损失，因此，营养素在机体内的能量变化肯定会小于营养素在体外氧化反应的能量变化值。有研究表明：三个月内的婴儿一般只能用食物中能量的85%，其余15%则以不能消化吸收的营养素成分被排出体外；对于成年人来讲，一般情况下，将会有5%左右的食物能量以不能消化吸收的形式被排泄掉。在成年人的进食食物中，随着碳水化合物的比例的增加，这种能量损失量将减少；而随着蛋白质摄入量的增加，这种能量损失量将增加。

对营养素在体外、体内氧化过程中，所产生的有差别的能量变化值，在食品与营养学领域中采用了两种概念加以区别。这就是所谓的"食物粗卡价值"与"生理卡价值"。

一、食物粗卡价值与生理卡价值

1. 食物粗卡价值

它是指食物在体外完全氧化反应（燃烧）时所释放出的热能。亦即"物理燃烧值"或"总能值"。这种能量变化值一般是采用了弹式量热计测定的。食物中具供能作用的物质，如碳水化合物、脂肪和蛋白质，称为三大产能营养素。对于完全氧化反应来讲，碳水化合物和脂肪体外彻底燃烧时的最终产物为二氧化碳、水；蛋白质在体外燃烧时生成二氧化碳、水、氮的氧化物。

食物粗卡价值也即是指一克碳水化合物、脂肪或蛋白质在体外氧化燃烧时所释放出来的热能值，由于碳水化合物、脂肪和蛋白质都是含有的化合物种类十分丰富的有机物，所以其粗卡价值的平均测定值分别为：17.15kJ（4.10kcal）、39.54kJ（9.45kcal）和23.64kJ

（5.65kcal）。它们具体的产能数值见表3-1及表3-2。

表3-1 脂肪及碳水化合物等的物理燃烧值（每克干物质）		
名称	物理燃烧值	
	kcal	kJ
胆固醇	9.90	41.42
植物脂肪	9.52	39.83
动物脂肪	9.22	38.58
乙醇	7.10	29.71
淀粉	4.20	17.57
纤维素	4.18	17.49
糊精	4.12	17.24
麦芽糖	3.95	16.53
葡萄糖、果糖	3.75	15.69

表3-2 含氮物质的物理燃烧值（每克干物质）		
名称	物理燃烧值	
	kcal	kJ
血清蛋白	5.92	24.77
酪蛋白	5.78	24.18
纤维蛋白	5.58	23.35
胶原蛋白	5.35	22.38
亮氨酸	5.07	21.28
丙氨酸	4.35	18.20
天冬氨酸	2.90	12.13
尿酸	2.74	11.40
尿素	2.53	10.59

2. 食物生理卡价值

食物生理卡价值是指食物在机体内经氧化反应后所释放出来的热能值，即机体可利用的能值，又叫生理有效能或生理能值。由于营养素在体内存在消化吸收的损失，蛋白质代谢后被排泄出体外的部分也含有可进一步氧化释放的能量，因此食物的生理卡价值要小于粗卡价值。

例如：在人体内，碳水化合物、脂类完全氧化时与其在体外氧化燃烧时放出的能量相等，分别为17.15kJ、39.54kJ，而1g蛋白质在体内氧化只放出18.2kJ（4.35kcal）的能量。这是由于在人体内，蛋白质不能完全氧化，代谢废物中还有含氮的有机物（尿素、尿酸、肌酐等），它们随尿液排出体外。经测定，这些物质在量热计内燃烧氧化可放能5.44kJ（1.3kcal），所以1g蛋白质在体内氧化只产能23.64－5.44＝18.2kJ。

在一般混合膳食中，正常人对碳水化合物、脂肪和蛋白质的消化吸收率分别为98%、95%和92%。所以，三大产能营养素的生理卡价值（即生理有效能）为：

碳水化合物：17.15×98%＝16.8kJ/g 或 4.1×98%＝4kcal/g

脂肪：　　　39.54×95%＝37.6kJ/g 或 9.45×95%＝9kcal/g

蛋白质：　　（23.64－5.44）×92%＝16.7kJ/g 或 （5.65－1.3）×92%＝4kcal/g

另外，有时还需考虑乙醇（酒精）所提供和代谢的能量，其粗卡价值、生理卡价值分别为：29.9kJ/g，29kJ/g。

由上述值可以看出：对于碳水化合物，两种卡价值间的差值为0.35kJ/g（占粗卡值2%），说明机体对碳水化合物的代谢非常彻底，最终都变成CO_2和上H_2O；对于脂肪：两种卡的价值差值为1.94kJ/g，相对于食物粗卡价值39.54kJ/g（占4.9%）来说是很少的，所以脂肪在人们使用后，也基本上能得到完全的代谢利用；对于蛋白质，两种卡价值之差为6.94kJ/g，为蛋白质粗卡价值的29.4%，这就比较大了，造成这么大差值的原因有：

① 蛋白质在体内的消化吸收率相对较低，只有92%；

② 蛋白质在机体代谢过程中，并未完全达到生成终极产物的最后过程，还有一部分能量被贮留在应进一步氧化的代谢物中，这也是蛋白质和碳水化合物、脂肪的能量代谢过程最大的不同之处。

几种主要产能营养素的粗卡价值与生理卡价值，见表3-3。

表 3-3　几种营养素的粗卡价值与生理卡价值

名称	粗卡价值		尿中损失		吸收率 /%	生理卡价值		生理系数
	kcal/g	kJ/g	kcal/g	kJ/g		kcal/g	kJ/g	
蛋白质	5.65	23.64	1.25	5.23	92	4.00	16.74	4
脂肪	9.45	39.54	—	—	95	9.00	37.56	9
碳水化合物	4.10	17.15	—	—	98	4.02	16.81	4
乙醇	7.15	29.90	微量	微量	100	6.93	29.00	7

不同食品中的碳水化合物、脂肪、蛋白质含量各异。如想了解某种食品所含能值，可以利用食物成分表查取、或分析测定其中三大产能营养素的组成后，按表 3-3 进行计算。

二、营养素的能当量和等能定律

1. 营养素的能当量

所谓营养素的能当量（或称氧热价），指每吸入 1L 氧气，营养素所产生的热量值。

对于三大产能营养素，根据其氧化反应方程式就可计算出其能当量值，见表 3-4。

表 3-4　三大产能营养素的能当量值

营养素种类	能当量/kJ·L^{-1}
碳水化合物	21
脂肪	20
蛋白质	19
平均值	20

由表 3-4 可见，三大产能营养素的能当量的平均值为 20kJ/L，所以只要测出一定时间内的 O_2 消耗量即可计算出受试者在该时间内的产热量。例如：测出一健康男子平均耗氧量为 15.0L/h，则此男子的平均能量产量为：$15 \times 20 = 300$kJ/h，即 $300 \times 24 = 7200$kJ/d，就是一天内的总产热量值。

2. 等能定律

19 世纪末，Rubner 在进行了能量平衡的研究以后，最早提出这样一个观点：营养素可按其所含能量相互替代。

等能定律：指由于三大产能营养素的能当量值非常接近，因此单纯从能量角度考虑，三大营养素在机体内产能方面可以相互替代。

在上面的计算中，机体内营养素的能量产量简单地以能当量的平均值 20kJ/L 来进行计算，本身也包含有这方面的含义。

将等能定律以营养素的质量单位加以表示，可有如下的关系式：即在机体内的能量产量方面，1g 碳水化合物＝0.45g 脂肪＝1g 蛋白质。当然，这只是从能量的角度出发考虑的，这也是基于生理能值的研究得出的。这个关系，对于制定营养素需要量标准和膳食计划具有重要的指导作用和意义。由于等能定律最早由 Rubner，所以又称 Rubner 定律。

应用等能定律可以解释为什么在一定时间内，只食用单一成分的食物（指三大产能营养素中的一种），仍然可以维持机体的能量需要量。但不能因此误解为人们可以长期以这种方式生活。因为三大产能营养素里，脂肪、蛋白质都是人体所必需的成分来源（必需脂肪酸、必需氨基酸）。必需氨基酸的发现首先动摇了"等能定律"。例如：必需氨基酸作为蛋白质的组成成分，它不能在体内合成，所以不能用碳水化合物、脂肪来代替。脂肪也只能在一定范围内代替碳水化合物。例如，大脑每天实际需要的能量为 100~120g 葡萄糖，脂肪并没有糖的异生作用，蛋白质虽然能异生葡萄糖，但是产生 100～120g 葡萄糖需要 175～200g 蛋白质，很不经济。虽然碳水化合物在很大程度上可以代替脂肪，但是必需脂肪酸的供给，仍然需要通过脂肪来实现。

另外，从实际摄食的角度来看，长时间食用单一成分的食物也是不行的。因为：①吃进机体内的营养素量太大，不易接受。例如，以单一的能量素进行计算，为满足中等体力劳动的青年男性 24h 所需的 12000kJ 的能量，必须食用约 720g 蛋白质或 3.6kg 瘦肉（含水 80%）；或 320g 脂肪或 400g 含水量 20% 的人造奶油。这么多的单一营养素很难吃进肚子里并且顺利进行代谢。②在三大营养素里，脂肪、蛋白质都是人体所必需的成分来源（必需脂肪酸、必需氨基酸），如果长期缺乏，将会使机体出现相应的症状。

此外，从能量的角度进一步去分析：当评价一种营养素在体内供能的功效时，主要应看其高能磷酸键（ATP）的产率。因为只有 ATP 才是机体可以利用的能。

由于不同的营养素，其 ATP 的产率不同（碳水化合物、脂肪含的能量 38%～40% 转变为 ATP，蛋白质含的能量 32%～34% 转变为 ATP。不能转化为 ATP 的部分以热能形式散失）；即使是同一种营养素，因为代谢途径的不同，其 ATP 的产率也不同。所以等能定律是相对的。

第三节 能量平衡与人体的能量需要量

一、能量平衡

所谓机体的能量平衡，实际上是指摄入机体的食物提供的能量与机体的能量需要量之间的差值趋近于零的程度。当这两种能量的差值近乎等于零时，说明人体的营养过程是基本合理的，机体处于能量平衡的状态。反之，则意味着人体摄入的营养不足或营养过剩，机体处于能量不平衡的状态。

用数字对机体能量平衡程度进行表示，需要了解食物的能量值和人体的能量需要量。这样就需对两个能量值进行计算。关于食物能量值的计算，需要知道食物的摄食量、营养素成分含量，根据营养素的粗卡价值或生理卡价值计算出食物的能量值。摄食的全部食物的能量和即为人体在一定时间内所获得的全部能量。

目前，绝大多数常见食物的单位能量值已经有了标准的食物成分表可供查阅，所以只要我们知道了摄入的食物量，就可以很方便地计算出摄入食物所含的总能量。

二、人体的能量需要量

所谓人体的能量需要量，是指个体在健康状态下，以及与经济状况、社会所需体力活动相适应时，由食物摄取的、并与所消耗能量相平衡的能量。标准的人体能量需要量，是在对人体研究的基础上制定的，对于人体所需要的能量，实际上就是其能量的消耗量。对某一个体来说，当体重、劳动强度和生长速度一定时，能达到能量平衡的摄取量，即为该个体的能量需要量。

若摄食量高于或者低于这种需要，则贮能即有所改变。在消耗的能量不变的情况下，当摄取量大于需要量时，多余的能量会以脂肪的形式贮存；而当摄取量小于需要量时，则体内的脂肪将被分解用于产能。事实上，任何个体都有一个可接受的健康体重范围。但若这种不平衡时间太长，或不平衡程度太大，则体重和身体组成成分的变化对身体的机能和健康会带来危害。所以，减肥主要应靠适当的节食及增加能量消耗来达到，而不应该采取单纯过度节食的方法。原因就是因为肥胖是由于能量摄入的严重不平衡（过多）所造成，现在不能再靠新的严重能量不平衡（过度节食）来减肥，二者同样对机体的机能和健康有害。

人体的能量需要主要用于以下三个方面：①基础代谢；②从事各种活动和劳动；③食物特殊动力作用。所以，总的能量需要量＝基础代谢能量＋劳动能量需要量＋食物特殊动力作用的能量消耗。

FAO曾提出一个粗略计算人体每日能量需要量的公式：

男子：体重(kg)×192＝每日能量需要量(kJ)

女子：体重(kg)×167＝每日能量需要量(kJ)

对于不同劳动力强度，再对计算结果乘以相应的系数（轻微活动0.9；积极活动1.17；剧烈活动1.34）。

（一）基础代谢

1. 基础代谢与基础代谢率

基础代谢能的确定是在机体处于基础代谢的状态下进行的，即人体在清醒、静卧、空腹（食后12～14h）、思想放松、室温适宜（20℃左右）时，维持必需的生理过程（包括：呼吸、血液循环、腺体分泌、肌肉的一定紧张度、维持正常体温等）所消耗的能量，即为基础代谢能量消耗。基础代谢能是一种机体处于特殊状态下所需要的能量，但是基础代谢所需要的这种热能并不是人体的最低能量需要量。因为人体在睡眠或较长时间未进食或绝食的情况下，可消耗的能量将会明显低于基础代谢能。这是由于生命体所具有的对外界环境的适应性所决定的。

基础代谢率是指单位时间内人体每平方米体表面积所消耗的基础代谢能量，称基础代谢率（basal matebolic rate，BMR），单位为 $kJ/(m^2 \cdot h)$。

关于体表面积的计算，有两种方法：

（1）Sentivenson公式法

A（体表面积，m^2）＝0.0061×身高(cm)＋0.0128×体重(kg)－0.1529

因为该公式依据欧美人体的资料，目前我国很少使用。

（2）赵松山法　是1984年，由我国军事医学科学院军队卫生研究所赵松山等提出的，其误差小于Sentivenson公式法。其计算公式（A：体表面积；H：身高；W：体重）为：

男子：$A(m^2)$＝0.00607×H(cm)＋0.0127×W(kg)－0.0698

女子：$A(m^2)$＝0.00586×H(cm)＋0.0126×W(kg)－0.0461

混合：$A(m^2)$＝0.00659×H(cm)＋0.0126×W(kg)－0.1603

所以，人体一天基础代谢的能量消耗＝BMR×$A(m^2)$×24(h)。我国正常人群的基础代谢率见表3-5。

表3-5　人体基础代谢率$[kcal/(m^2 \cdot h)]$

年龄/岁	1	3	5	7	9	11	13	15
男	53	51.3	49.3	47.3	45.2	43.0	42.3	41.8
女	53	51.2	48.4	45.4	42.8	42.0	40.3	37.9
年龄/岁	17	19	20	25	30	35	40	45
男	40.8	39.2	38.6	37.5	36.8	36.5	36.3	36.2
女	36.3	35.5	35.3	35.2	35.1	35.0	34.9	34.5
年龄/岁	50	55	60	65	70	75	80	
男	35.8	35.4	34.9	34.4	33.8	33.2	33.0	
女	33.9	33.3	32.7	32.2	31.7	31.3	30.9	

女性的基础代谢比男性低约5%。年龄越小，基础代谢率相对越高，随着年龄的增长，基础代谢率缓慢降低。儿童、青少年处于生长发育期，其基础代谢比成人高10%～15%。一般情况下，基础代谢可以有10%～15%的正常波动。

2. 基础代谢率的测定

1981年，在FAO/WHO/UNU专家会议上，建议对不同年龄、性别的人，以体重来估算基础代谢率。一般来说，成年男子每平方米体表面积每小时的基础代谢，平均为167.36kJ（40kcal）。按体重计，则每千克体重每小时平均耗能1kcal。实际上，WHO报告（1985年）指出最有用的BMR指标是体重（表3-6）。

表3-6 由体重（m）[2]估算人体基础代谢率

年龄/岁		基础代谢率/(kcal/d)	相关系数	标准差[1]	基础代谢率/(MJ/d)	相关系数	标准差[1]
男	0～	$60.9m-54$	0.97	53	$0.255m-0.226$	0.97	0.222
	3～	$22.7m+495$	0.86	62	$0.0949m+2.07$	0.86	0.259
	10～	$17.5m+651$	0.90	100	$0.0732m+2.72$	0.90	0.418
	18～	$15.3m+679$	0.65	151	$0.0640m+2.84$	0.65	0.632
	30～	$11.6m+879$	0.60	164	$0.0485m+3.67$	0.60	0.686
	60～	$13.5m+487$	0.79	148	$0.0565m+2.04$	0.79	0.619
女	0～	$61.0m-51$	0.97	61	$0.255m-0.214$	0.97	0.255
	3～	$22.5m+499$	0.85	63	$0.0941m+2.09$	0.85	0.264
	10～	$12.2m+746$	0.75	117	$0.0510m+3.12$	0.75	0.489
	18～	$14.7m+496$	0.72	121	$0.0615m+2.08$	0.72	0.506
	30～	$8.7m+829$	0.70	108	$0.0364m+3.47$	0.70	0.452
	60～	$10.5m+596$	0.74	108	$0.0439m+2.49$	0.74	0.452

① 实测基础代谢率与估算值之间差别的标准差；

② m 表示体重（kg）。

注：引自WHO technical report series，724，1985.

这是WHO对1.1万名不同性别、年龄、体型、身高、体重的健康个体测定得出的结果，并认为技术可行、简单方便，与习惯上由体表面积（或包括身高）的计算法无重大差别。

但我国有不同的研究报告发现，对成人和儿童实测的基础代谢率，比用WHO建议的相同年龄组基础代谢率计算公式算出的结果，有一定程度的降低。因此，中国营养学会认为，将WHO的公式计算出的结果减去5%，作为中国18～44岁成年人群及45～59岁人群的基础代谢率较为符合实际。

3. 基础代谢的影响因素

影响人体基础代谢的因素很多，主要有以下几种。

（1）年龄 主要是由于生长、发育、体力劳动强度随年龄增加而变化所致。①儿童：从出生至2岁，相对生长速度最高；②青少年：身高、体重、活动量与日俱增，故所需能量增加；③中年以后：基础代谢逐渐降低，活动量逐渐减少，需能下降；④老年人：基础代谢较成年人低10%～15%，活动更少，需能也更少。

年龄不同，身体组成的差别很大。基础代谢主要取决于身体各组织代谢活动、每种组织在身体中的比例，以及它们在整个身体能量代谢中的作用。表3-7为人体器官和组织的代谢速率。

表 3-7　人体器官和组织的代谢速率

名称	成人				新生儿			
	质量/kg	代谢率		占总代谢百分率/%	质量/kg	代谢率		占总代谢百分率/%
		kcal/d	kJ/d			kcal/d	kJ/d	
肝	1.6	482	2017	27	0.14	42	176	20
脑	1.4	338	1414	19	0.35	84	352	44
心	0.32	122	510	7	0.02	8	33	4
肾	0.29	187	782	10	0.024	15	63	7
肌肉	30.00	324	1356	18	0.8	9	38	5
其他				19				20
总计	70.00	1800	7530		3.5	197	824	

注：引自 WHO technical report series，724，1985.

如新生儿，大脑约占体重10%，而其能量代谢约占身体总量的44%。此时，其肌肉代谢的能量需要很低（5%）。

（2）性别　男、女在青春期以前，其基本的能量消耗按体重计，差别很小。成年后，男性有更多的肌肉组织，因为肌肉的代谢率较低（成人肌肉的代谢率占总代谢的18%），所以，可以降低其 BMR；而女性体内的脂肪组织比例大于男性，瘦体重比例小于男性，其 BMR 比男性约低5%（2%~12%）。

（3）营养及机能状况　在严重饥饿和长期营养不良期间，身体基础代谢可降低50%；疾病、感染可提高基础代谢，体温升高时基础代谢率大为增加；某些内分泌腺（如：甲状腺、肾上腺、垂体）的分泌对能量代谢也有影响。如甲状腺功能亢进，即是由于甲状腺素分泌增加，致使代谢加速的结果。肾上腺素也可引起基础代谢暂时增加。

（4）气候　衣服穿得少，处于低气温环境中的人，即使身体没有发生颤抖，其 BMR 也有增加。但一般认为气候的影响不大。因为人们可以通过增减衣服、改善居住条件等减少其影响。不过，长期处于寒冷、炎热地区的人可以有所不同，后者基础代谢稍低。如印度人的 BMR 比北欧人平均低约10%。

（二）食物特殊动力作用（SDA）

食物特殊动力作用（specific dynamic action，SDA），是指人们在摄食后，由于摄食行为的进行，将使机体能量代谢额外增加，使得机体向外界或环境散失的热量比进食前有增加的现象。也称为食物特殊生热作用。比如，吃饭时身体会发热。

食物特殊动力作用增加了进食后氧的吸收，并取决于所摄食物的营养组分和所吸收的能量。大多数的营养素或食物都能表现出特殊动力作用，只是程度不同而已。各种营养素中，蛋白质食物的特殊动力作用要比碳水化合物和脂肪都强，其额外增加的能量消耗约占蛋白质本身所产生热能值的20%~30%；而碳水化合物和脂肪分别只有5%~6%和4%~5%。

一些特殊的食物成分，如辣椒、胡椒等，也具有很强的食物特殊动力作用。在摄食混合食物时，食物的特殊动力作用约消耗能量0.6~0.8MJ（150~200kcal），相当于人体每日基础代谢能量消耗的10%。所以在计算能量需要量时，对于摄食混合膳食的人，可按劳动程度对应的能量需要量加6%的热能；对于摄食高蛋白食物的人，可按劳动程度对应的能量需要量加10%的热能。

关于食物特殊动力作用的机制，现在认为主要是由于机体对食物的代谢反应引起。因为营养素所含能量并非全可被机体所利用，只有在转变为 ATP 或其他高能磷酸键后才能做功。葡萄糖、脂肪含的能量只有 38%~40% 可转化为 ATP；蛋白质含的能量也仅 32%~34% 可转化为 ATP。不能转化为 ATP 的部分就以热的形式向外发散，所以，进食后机体在安静状态下向外发散的热，会比进食前有所增加。因此，又有人将其称为"食物代谢作用的能量消耗"或"对食物的代谢反应"（metabolic response to food）。

（三）体力活动

体力活动，特别是体力劳动，是相同性别、年龄、体重和身体组成中，影响个体能量需要的最重要因素。劳动强度越大，持续时间越长，工作越不熟练时，其所需能量越多。

FAO/WHO（1971 年）曾将职业劳动强度粗分为：轻微、中等、重、极重劳动四级。1981 年，FAO/WHO/UNU 专家委员会将职业活动分为轻、中等和重体力活动三级，并在此基础上测定了青年男女三级活动的能量需要，见表 3-8。

表 3-8 不同体力活动的能量消耗

级 别		女[1]				男[2]			
		耗能		平均耗能×BMR		耗能		平均耗能×BMR	
		kcal/min	kJ/min	总	净	kcal/min	kJ/min	总	净
轻：	75%的时间坐着或站着	1.51	6.3			1.79	7.5		
	25%的时间站着活动	1.70	7.1			2.51	10.5		
	平均	1.56	6.5	1.7	0.7	1.99	8.3	1.7	0.7
中等：	40%的时间坐着或站着	1.51	6.3			1.79	7.5		
	60%的时间从事特定职业活动	2.20	9.2			3.61	15.1		
	平均	2.03	8.5	2.2	1.2	3.16	13.2	2.7	1.7
重：	25%的时间坐着或站着	1.51	6.3			1.79	7.5		
	75%的时间从事特定职业活动	3.21	13.4			6.22	26.0		
	平均	2.54	10.6	2.8	1.8	4.45	18.6	3.8	2.8

[1] 女：18~30 岁，体重 55kg。基础代谢率 3.8kJ/min（0.90kcal/min）（见表 3-6）。
[2] 男：18~30 岁，体重 65kg。基础代谢率 4.9kJ/min（1.16kcal/min）（见表 3-6）。
注：引自 WHO technical report series, 724, 1985.

我国曾对男性的劳动强度分成五级：极轻、轻、中等、重、极重；女性的劳动强度按四级划分，无极重体力劳动一级。现在，随着科技和社会的进步，许多体力项目的劳动程度也已逐渐减小，特别是在重体力劳动和极重体力劳动方面。因此，中国营养学会建议，我国人民的活动强度可由五级调为三级，并估算成人的能量消耗如表 3-9 所示。所以，在考察具体的活动项目时还应根据实际的体力付出进行恰当的判断。

表 3-9 我国成人活动分级和能量消耗

活动级别	职业工作时间分配	工作内容举例	平均耗能[1]/（kcal/min）	
			男	女
轻	75%时间坐或站立,25%时间站着活动	办公室工作、维修电器钟表等店员售货、一般实验操作、讲课等	1.55	1.56
中等	40%时间坐或站立,60%时间特殊职业活动	学生日常活动、驾驶机动车、电工安装、车床操作、金属切削等	1.78	1.64
重	25%时间坐或站立,75%时间特殊职业活动	非机械化农业劳动、炼钢、体育运动、装卸、伐木、采矿等	2.10	1.82

[1] 以 24h 的基础代谢率倍数表示。

另外，除了体力活动以外，一些业余休闲、娱乐，即使是最轻微的活动，也需要考虑机体相对应的能量需要量值。一般，散步需大约 427kJ/h 的能量；看书（躺卧式）需约 337kJ/h 的能量；看报纸需约 332kJ/h 的能量；看电影或电视需约 322kJ/h 的能量；跳舞需约 1610kJ/h 的能量。

对于特殊人群，还需考虑一些额外的特殊能量需要量值。如：孕妇和乳母期的妇女就需考虑胎儿和婴幼儿能量需要量值。所以，其能量需要量将高于一般正常人的需要。

第四节　能量的供给与食物来源

一、能量的供给

关于热能的供给量，实际上与个体的消耗量有直接关系。所以，不同人群的需要量和供给量各不相同。中国营养学会于 2000 年发布中国居民膳食营养素参考摄入量（详见附录一），其中就有关于不同年龄、性别、不同劳动强度、不同生理状态等人群膳食能量的推荐摄入量。见表 3-10。

表 3-10　中国居民膳食能量推荐摄入量（RNIs）

年龄/岁	RNI/(MJ/d)		RNI/(kcal/d)		年龄/岁	RNI/(MJ/d)		RNI/(kcal/d)	
	男	女	男	女		男	女	男	女
0～	0.40MJ/(kg·d)[①]		95kcal/(kg·d)[①]		18～				
0.5～	0.40MJ/(kg·d)[①]		95kcal/(kg·d)[①]		轻体力活动	10.04	8.80	2400	2100
1～	4.60	4.40	1100	1050	中体力活动	11.30	9.62	2700	2300
2～	5.02	4.81	1200	1150	重体力活动	13.38	11.30	3200	2700
3～	5.64	5.43	1350	1300	孕妇（4～6 个月）		+0.84		+200
					孕妇（7～9 个月）		+0.84		+200
4～	6.06	5.85	1450	1400	乳母		+2.09		+500
5～	6.70	6.27	1600	1500	50～				
6～	7.10	6.70	1700	1600	轻体力活动	9.62	7.94	2300	1900
					中体力活动	10.87	8.36	2600	2000
7～	7.53	7.10	1800	1700	重体力活动	13.00	9.20	3100	2200
8～	7.94	7.53	1900	1800	60～				
9～	8.36	7.94	2000	1900	轻体力活动	7.94	7.53	1900	1800
10～	8.80	8.36	2100	2000	中体力活动	9.20	8.36	2200	2000
					70～				
11～	10.04	9.20	2400	2200	轻体力活动	7.94	7.10	1900	1700
14～	12.13	10.04	2900	2400	中体力活动	8.80	7.94	2100	1900
					80～	7.94	7.10	1900	1700

① 为适宜摄入量（AI），非母乳喂养应增加 20%。

注：引自中国营养学会. 中国居民膳食营养素参考摄入量，2000.

作为提供能量的营养素，碳水化合物、脂肪、蛋白质三大产能营养素在体内各有其特殊的生理作用，但相互之间又产生影响。如：碳水化合物、脂肪在很大程度上可相互转化，并对蛋白质的利用具有节约作用，所以这三类物质在总热能的供给中应有一个适当的比例。

根据世界各地的营养调查资料，每人每天总能量摄入中，碳水化合物约占 40%～80%，一般认为碳水化合物供能以占人体总能量摄入量的 55%～65% 为宜；脂肪在各国膳食中供能比例为 15%～40%，一般认为应小于 30% 为宜，最好在 15%～25%；蛋白质供能比例多认为在 15%～20% 为好，年龄越小，相对需要量越大。当然，在条件允许时，应适当采用高蛋白质、低脂肪结构，同时单糖、双糖所供能量不应过多，防止血糖急剧变化。

二、能量的食物来源

可以提供能量的三大营养素：碳水化合物、脂肪、蛋白质，在各种食物中都普遍存在。

相对于植物性食物来说，在动物性食物中一般含较多的脂肪、蛋白质。在植物性食物中，粮食以碳水化合物、蛋白质为主；油料作物含有丰富脂肪（大豆含有大量油脂、优质蛋白质）；水果、蔬菜类，一般含能量较少；硬果类，如花生、核桃等，含大量油脂，具有很高的热量。

加工食品的营养学评价方面，含能量的多少是其中一项重要的指标，所以在营养标签中都会和营养素含量一起列出。随着社会的发展，为了满足不同人群的特殊需要，加工食品中也出现了所谓的"低热能食品"与"高能食品"。

"低热能食品"，主要由含热能低的食物原料（如食物纤维、非糖甜味剂等）制成，以满足肥胖症、糖尿病患者的需要。"高能食品"，由含能量高的食物，特别是脂肪含量高、水分少的原料制成。如：奶油、巧克力、干酪、甜炼乳等（高比例的脂肪、糖制成）。其能量密度高，可以满足热能消耗大、持续时间长（如运动、探险等）的需要。

但不管是哪种食品，都应考虑在所需的热能和各种营养素之间保持一定的平衡关系，这就是既要满足热能的需求，同时又要考虑到各营养素在总热能供给中的适当比例。

第四章　各类食品的营养价值

食物为人体提供能量和各种所需的营养素，因此，了解各类食品的营养价值对于我们正确、科学地选择食物，以合理配制营养平衡的膳食是必需的。

当评定某种食品的营养价值时，应对其所含营养素的种类及含量进行分析确定。食品中所提供的营养素的种类和营养素的相对含量，越接近于人体需要或组成，该食品的营养价值就越高。

营养素的质与量也同样重要。如同等重量的蛋白质，因其所含必需氨基酸的种类、数量、相互之间比值的不同，因而在促进生长发育方面的作用也不同。过度加工，一般会引起某些营养素损失，但某些食品，如大豆通过加工制作却可以提高蛋白质的利用率。因此，了解在加工过程中食品营养素的变化和损失，有利于我们在食品加工处理中选用合理的加工技术，以充分保存营养素。

有专家推荐营养质量指数（index of nutrition quality，INQ）作为评价食品营养价值的指标。其含义是，以食品中营养素能满足人体营养需要的程度（营养素密度），对同一种食品能满足人体热能需要的程度（热能密度）之比值，来评定食品的营养价值。INQ＝1，表示该食品营养素与热能的供给平衡；＞1 表示该食品营养素的供给量高于热能；＜1 表示食品中该营养素的供给少于热能的供给，长期摄入会发生营养不平衡。一般认为属于前两种的食品营养价值高，后一种营养价值低。

第一节　植物性食品的营养价值

一、谷类营养价值

谷类主要包括谷、麦、杂粮及其制品（成品、半成品）。

（一）谷粒的结构和营养素分布

谷粒的最外层是谷皮；谷皮内是糊粉层，再往内为占谷粒绝大部分的胚乳和一端的胚芽（图 4-1）。

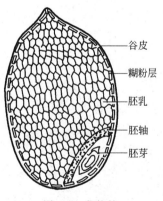

营养素分布如下：谷皮主要含纤维素、半纤维素，占谷粒质量的 13％～15％，含较高的灰分和脂肪。糊粉层含较多的磷、丰富的 B 族维生素及矿物质，占谷粒重量的 6％～7％。胚乳是谷粒的主要部分，约占谷粒质量的 83％，含大量淀粉和一定量蛋白质。蛋白质靠近胚乳外周部分含量较高，越靠近胚乳中心含量越低。胚芽富含脂肪、蛋白质、矿物质、B 族维生素和维生素 E，占谷粒质量的 2％～3％，加工时易与胚乳分离而损失。

胚芽和谷皮中还含有各种酶如 α-淀粉酶、β-淀粉酶、蛋白酶、脂肪酶和植酸酶等，在粮谷储存中，当条件适合酶的活动时，易发生变质。

图 4-1　谷粒的纵切面示意图

（图注：谷皮、糊粉层、胚乳、胚轴、胚芽）

(二) 谷类的营养成分

1. 水分

自然风干谷物所含水分约 11%～14%，水分含量对酶的活性、微生物和仓库害虫有一定的影响。

2. 蛋白质

一般谷类蛋白质含量在 7%～15%之间，如大米的蛋白质含量在 7%～9%，小麦约 9%～12%，燕麦和莜麦可高达 15%～17%。其中以大米蛋白的质量较好，其生物价是谷类中最高的。几种谷类蛋白质的营养价值见表 4-1。

谷类的蛋白质主要由谷蛋白、白蛋白、醇溶蛋白和球蛋白组成，其中白蛋白、球蛋白的氨基酸组成平衡，赖氨酸、色氨酸、精氨酸含量较高，而这三种氨基酸在谷物中的含量都较低。醇溶蛋白、谷蛋白中赖氨酸、色氨酸和甲硫氨酸的含量都低。

大米中的蛋白质主要是米谷蛋白、球蛋白及少量的白蛋白和醇溶蛋白。几种谷类的蛋白质组成见表 4-2。

表 4-1 几种谷类蛋白质的生物价和功效比值

蛋白质	生物价	功效比值	蛋白质	生物价	功效比值
大米	77	1.36～2.56	玉米	60	1.2
小麦	67	1.0	鸡蛋	100	4.0

表 4-2 几种谷类的蛋白质组成（%）

谷物	白蛋白	球蛋白	醇溶蛋白	谷蛋白
大米	5	10	5	80
小麦	3～5	6～10	40～50	30～40
大麦	3～4	10～20	35～45	35～45
玉米	4	2	50～55	30～45
高粱	1～8	1～8	50～60	32

但一般来说，谷类蛋白的生理价值不高，谷类蛋白质以醇溶蛋白和谷蛋白为主，含大量谷氨酸、脯氨酸、亮氨酸，缺乏赖氨酸、色氨酸和甲硫氨酸等必需氨基酸。如，玉米醇溶蛋白中，缺乏赖氨酸、色氨酸。麦芽和米胚中，主要是球蛋白，并含丰富的赖氨酸，但成品粮中的赖氨酸少。燕麦面、荞麦面、莜麦面蛋白质中的赖氨酸相对较丰富。作为人们每日的主食，从谷物中获得的蛋白质约占每日蛋白质摄入量的一半或以上。因此，提高谷类蛋白质的营养价值具有重大的意义，可采用赖氨酸强化和食物蛋白质互补的方法来达此目的。此外，种植高赖氨酸玉米等高科技品种也是一好方法。

3. 脂肪

谷类的脂肪含量低，约为 1%～4%。主要含于胚芽及糊粉层，除甘油三酯外，还含少量植物固醇和卵磷脂。

从米糠中可提取米糠油、谷维素和谷固醇。米糠油含植物固醇，有防止动脉粥样硬化的作用。从玉米和小麦的胚芽中可提取玉米胚芽油和小麦胚芽油，约 80%为不饱和脂肪酸，其中亚油酸占 60%，有良好的降血脂和防止动脉粥样硬化的保健功能。

4. 碳水化合物

约占谷物总量的 70%～80%，谷物中的碳水化合物 90%为淀粉。淀粉分为直链淀粉和支链淀粉，一般直链淀粉约为 20%～25%，支链淀粉 75%～80%。糯米几乎全为支链淀粉。

另外的 10％为糊精、戊聚糖、果糖、葡萄糖、膳食纤维。研究认为，直链淀粉使血糖升高的幅度较小，因此目前高科技农业已培育出直链淀粉达 70％的玉米品种。

5. 矿物质

谷类中的矿物质含量约为 1.5％～3％。主要集中在谷皮、糊粉层和胚芽里，在加工时易损失。含量较高的有磷、钙，分别为 290～470mg/100g、40～80mg/100g；此外还有铁、铜、钴、锌、硒、锰、钼、镍、铬等。但磷、钙大多以形成植酸盐的形式存在，几乎不能被身体吸收利用。

6. 维生素

谷类是 B 族维生素的重要来源，如硫胺素（VB_1）、核黄素（VB_2）、尼克酸（Vpp）、泛酸（VB_3）和吡哆醇（VB_6）等。VB 族大部分存在于胚芽和糊粉层中，其中以 VB_1、Vpp 较多。小麦胚芽中含有较多的 VE。

（三）杂粮

通常将米、麦以外的谷物称为杂粮。主要有高粱、玉米、小米及薯类等。薯类虽不属谷物，但它主要含淀粉等碳水化合物，马铃薯粉和甘薯粉等薯类食品，其营养特点与谷物相似。

1. 高粱

有黄、红、黑、白等不同品种，蛋白质含量在 5％～9％，其中赖氨酸、苏氨酸含量较低。脂肪及铁比大米稍高。高粱中淀粉约 60％，但淀粉粒细胞膜较硬，不易糊化，煮熟后不及大米、面粉易消化。

2. 玉米

含蛋白质 6％～9％，其中色氨酸、赖氨酸含量较低，但苏氨酸、含硫氨基酸较大米、麦面稍高。玉米胚芽中油脂较丰富，除甘油三酯外，还有卵磷脂和生育酚（VE）。黄玉米有一定量的胡萝卜素。玉米中的尼克酸（烟酸）主要为结合型，吸收利用不好。

3. 小米

有粳、糯两种。含蛋白质 10％左右，其色氨酸较一般谷物多，蛋白质质量优于小麦和大米。脂肪和铁的含量比大米高。VB_1、VB_2 较丰富，含量也略高于大米。还含有少量胡萝卜素。因此小米粥是一种营养价值较高的谷物食品。

4. 薯类

薯类主要包括甘薯、马铃薯和木薯等。鲜甘薯含水 73％、蛋白质约 1.4％，其余大部分为碳水化合物。薯类蛋白质的赖氨酸含量比米、面中的高，但含硫氨基酸低，薯干含碳水化合物 75％～80％，其中大部分为淀粉，也含有糊精。甘薯还含有蔗糖、麦芽糖、甘露糖、肌醇等，故有一定的甜味。薯类含多种矿物质，如甘薯干的钙含量约为米、面的十倍多，且Ca/P 比例适宜。其他矿物质和 B 族维生素的含量与米、面相当。鲜薯中胡萝卜素、VC 及钙都比大米高，有丰富的膳食纤维和无机盐，是一种碱性食品。所含的黏液蛋白可维持人体心血管壁的弹性、防止动脉硬化、减少皮下脂肪堆积等。因此，2007 版"中国居民膳食指南"中特别提出要多吃薯类。

（四）加工对谷类营养价值的影响

由于谷粒结构的特点，其所含的矿物质、维生素、蛋白质、脂肪等在谷粒的外层和胚芽中较多，因此，谷类加工的碾米、制粉工艺对其中的营养成分影响较大。加工精度越高，营养素损失越大，尤以 B 族维生素的损失显著。见表 4-3、表 4-4。

表 4-3　不同出米率大米和不同出粉率小麦的营养组成（％）

营养组成	大米出米率			小麦出粉率		
	92％	94％	96％	72％	80％	85％
水分	15.5	15.5	15.5	14.5	14.5	14.5
粗蛋白	6.2	6.6	6.9	8～13	9～14	9～14
粗脂肪	0.8	1.1	1.5	0.8～1.5	1.0～1.6	1.5～2.0
无机盐	0.6	0.8	1.0	0.3～0.6	0.6～0.8	0.7～0.9
纤维素	0.3	0.4	0.6	微～0.2	0.2～0.4	0.4～0.9

表 4-4　不同出粉率小麦 B 族维生素的变化（mg/100g）

出粉率	50％	72％	80％	85％	95％～100％
硫胺素	0.08	0.11	0.26	0.31	0.40
核黄素	0.03	0.04	0.05	0.07	0.12
尼克酸	0.70	0.72	1.20	1.60	6.00
泛酸	0.40	0.60	0.90	1.10	1.50
吡哆酸	0.10	0.15	0.25	0.30	0.50

　　而加工程度低的糙米或全麦虽然营养素损失少，但含食物纤维过多，口感过于粗糙，且影响消化吸收率。因此，粮谷加工既要保持较高的消化率和较好的感官性状，又要最大限度地保留所含的营养成分。

　　我国于 20 世纪 50 年代初生产的标准米（95 米）和标准粉（85 面）比后来的精白米、精白面保留了较多的 B 族维生素、矿物质，在节约粮食和预防某些营养缺乏病方面收到了良好的效益。但目前居民普遍食用的是精白米、精白面，为克服其在维生素、矿物质方面的缺陷，可对其进行相应的营养强化。

（五）谷类的合理食用与烹调

　　（1）食粮混用　各种粮食营养成分不完全相同，混用可提高营养价值。

　　（2）合理烹调　B 族维生素及无机盐均易溶于水，淘米时避免过分搓揉。蒸饭或焖饭比去掉米汤的捞饭损失的营养素少。不同烹调方式下米饭和面食中 B 族维生素的保存率见表 4-5。

表 4-5　不同烹调方式下米饭和面食中 B 族维生素的保存率

食物	原料	烹调方法	硫胺素			核黄素			尼克酸		
			烹调前/mg	烹调后/mg	保存率/％	烹调前/mg	烹调后/mg	保存率/％	烹调前/mg	烹调后/mg	保存率/％
米饭	稻米(标一)	捞、蒸	0.21	0.07	33	0.06	0.03	50	4.1	1.0	24
米饭	稻米(标一)	碗蒸	0.21	0.13	62	0.06	0.06	100	4.1	1.6	30
粥	小米	熬	0.66	0.12	18	0.03	0.009	30	1.8	1.2	67
馒头	富强粉	发酵、蒸	0.70	0.20	28	0.05	0.031	62	1.2	1.1	91
馒头	标准粉	发酵、蒸	0.27	0.19	70	0.06	0.052	86	2.0	1.8	90
面条	富强粉	煮	0.29	0.20	69	0.05	0.0355	71	2.6	1.8	73
面条	标准粉	煮	0.61	0.31	51	0.03	0.0129	43	2.8	2.2	78
大饼	富强粉	烙	0.35	0.34	97	0.06	0.0516	86	2.4	2.3	96
大饼	标准粉	烙	0.48	0.38	79	0.06	0.0516	86	2.4	2.4	100
烧饼	标准粉	烙、烤	0.45	0.29	64	0.08	0.08	100	3.5	3.3	94
油条	标准粉	炸	0.49	0	0	0.03	0.015	50	1.7	0.9	52
窝头	玉米面	蒸	0.33	0.33	100	0.14	0.14	100	2.1	2.3	109

二、豆类及坚果类的营养价值

（一）豆类及其制品的营养价值

豆类的品种较多，常见的有大豆、蚕豆、豌豆、绿豆、赤豆等。按营养价值可分为两类：一类是大豆，含较高的蛋白质和脂肪，碳水化合物相对较少；另一类为其他干豆类，如豌豆、蚕豆等，含较高的碳水化合物而油脂很少，蛋白质中等量。

坚果指硬壳果，是果皮坚硬的非豆科作物的种子，如花生、核桃、松子等。营养特点与大豆相似。

1. 大豆

包括黄豆、青豆及黑大豆等，而常用的是黄豆。其蛋白质含量较高，氨基酸组成与动物性蛋白质相似。大豆是最好的植物性优质蛋白质来源。

（1）大豆的营养成分

大豆的蛋白质含量在30％～40％，是天然食物中含蛋白质最高的食品。其必需氨基酸组成接近人体需要，且富含谷类蛋白较为缺乏的赖氨酸，是与谷类蛋白互补的天然理想食品。

大豆的脂肪含量为15％～20％，其中不饱和脂肪酸占85％，以亚油酸为最多，达50％以上。大豆油含1.6％的卵磷脂，并含有维生素E。所以豆油营养价值较高。

大豆含碳水化合物25％～35％，其中一半为可供利用的淀粉、阿拉伯糖、半乳聚糖和蔗糖，另一半为人体不能消化吸收的棉子糖和水苏糖，人食用后在肠道产气可引起腹胀，但有保健作用。

大豆富含无机盐，钙、磷、钾较大多数植物性食品为高，还含有微量元素铁、铜、锌、锰、钴、硒等，但铁、钙的消化吸收率不高。

维生素有硫胺素、核黄素、尼克酸、胡萝卜素、VE。其中含维生素B_1较多。

（2）大豆中的抗营养因子

蛋白酶抑制剂（PI）：生豆粉中含有此种因子，对人胰蛋白酶活性有部分抑制作用，对动物生长可产生一定影响。我国食品卫生标准中明确规定，含有豆粉的婴幼儿代乳品，尿酶实验必须是阴性。

豆腥味：主要是脂肪酶的作用。95℃以上加热10～15min等方法可脱去部分豆腥味。

胀气因子：主要是大豆低聚糖（棉子糖和水苏糖）的作用。是生产浓缩和分离大豆蛋白时的副产品。大豆低聚糖可不经消化直接进入大肠，可为双歧杆菌所利用并有促进双歧杆菌繁殖的作用，可对人体产生有利影响。

植酸：影响矿物质吸收（螯合锌、铁、钙）。

皂苷和异黄酮：大豆皂苷有溶血作用，经热加工后安全。此两类物质有抗氧化、降低血脂和血胆固醇的作用，近年来的研究发现了其更多的保健功能。

植物红细胞凝集素：为一种蛋白质，它与人体红细胞结合将引起红细胞的凝集，造成生长缓慢。加热即被破坏。

2. 豆制品

豆制品，除去了大豆内的有害成分，使大豆蛋白质消化率增加，从而提高了大豆的营养价值。

（1）未发酵豆制品，如豆浆、豆腐等均由大豆制成，制作中经各种处理，降低了食物纤维，提出了蛋白质，提高了消化率，但部分B族维生素溶于水而被丢弃。豆腐又分南豆腐和北豆腐。南豆腐的原料是大豆，细嫩，含水90％，蛋白质4.7％～7％；北豆腐的原料是去脂大豆，稍硬，含水 85％，蛋白质 7％～10％。其蛋白质的消化率由煮大豆的 65％提高到 92％～96％。

（2）发酵豆制品，有豆瓣酱、豆豉、黄酱、腐乳等，其蛋白质被部分分解，较易消化，并使氨基酸游离，味道鲜美，且维生素 B_{12} 和 B_2 增加。

（3）豆芽　干豆无 VC，但经发芽后，VC、Vpp 增加，冬季缺少蔬菜的地区，可多食豆芽。

几种豆制品每 100g 中主要营养素含量见表 4-6。

表 4-6　几种豆制品每 100g 中主要营养素含量

豆制品种类	蛋白质/g	脂肪/g	碳水化合物/g	视黄醇当量/μg	硫胺素/mg	核黄素/mg	抗坏血酸/mg
豆浆	1.8	0.7	1.1	15	0.02	0.02	0
豆腐	8.1	3.7	4.2	—	0.04	0.03	0
豆豉	24.1	—	36.8	—	0.02	0.09	0
黄豆芽	4.5	1.6	4.5	5	0.04	0.07	8
绿豆芽	2.1	0.1	2.9	3	0.05	0.06	6

（4）大豆蛋白制品

① 分离大豆蛋白　最纯净，蛋白质含量达 90％以上。

② 浓缩大豆蛋白　含蛋白质 70％（干基）。以脱脂豆粕为原料，去除多数的可溶性抗营养物、豆腥味物。

③ 组织化大豆蛋白　制作仿肉制品。由脱脂大豆、浓缩大豆蛋白或分离大豆蛋白，加入水分、添加物，再经加温、加压制成的类似肉的纤维状蛋白。

④ 大豆粉　以全大豆或脱脂豆片粉碎而成，有不同的含脂量。

3. 其他干豆

有赤小豆、豇豆、芸豆、绿豆、豌豆和蚕豆等。含蛋白质 20％～25％，量、质均不及大豆；脂肪较低，0.5％～2％之间；碳水化合物高达 55％～65％，主要为淀粉（占碳水化合物的 75％～80％）；无机盐有丰富的钙，还有铁、锌、硒等微量元素；B 族维生素较谷类为高，胡萝卜素、核黄素含量较低，不含 VC。

如：豌豆含蛋白质 20％～25％，色氨酸多，蛋氨酸少，VB、Ca、Fe 丰富，但其消化吸收率不高。赤小豆含蛋白质 19％～23％，胱氨酸，蛋氨酸少。含丰富 P、Fe、VB。绿豆除具干豆的一般营养特点外，其淀粉含戊聚糖、糊精、半纤维素，制成的粉丝韧性强，不易煮烂。

大豆、绿豆的氨基酸组成与鸡蛋的对比情况见表 4-7。

表 4-7　鸡蛋、大豆、绿豆的氨基酸组成（g/100g 蛋白质）

必需氨基酸	WHO 建议氨基酸构成比	鸡蛋	大豆	绿豆
异亮氨酸	4.0	4.8	5.2	4.5
亮氨酸	7.0	8.1	8.1	8.1
赖氨酸	5.5	6.5	6.4	7.5
甲硫氨酸＋胱氨酸	3.5	4.7	2.5	2.3
苯丙氨酸＋酪氨酸	6.0	8.6	8.6	9.7
苏氨酸	4.0	4.5	4.0	3.6
色氨酸	1.0	1.7	1.3	1.1
缬氨酸	5.0	5.4	4.9	5.5

综上所述，大豆的营养价值很高，但也存在诸多抗营养因子。近年来的多项研究表明，大豆中的多种抗营养因子有良好的保健功能，这使得大豆研究成为营养领域的研究热点之一。

（二）坚果类的营养价值

常见的坚果可分为两类：富含脂肪和蛋白质的有花生、核桃、杏仁、榛子仁、葵花子仁、松子；含碳水化合物高而脂肪较少的有白果、板栗、莲子等，除栗子外，其他蛋白质均较高，在 14% 以上。且富含 VB 族及 Ca、P、Fe、Zn 等矿物质。

1. 花生

我国产量多食用面广的一种硬果。蛋白质中的精氨酸、组氨酸较高，异亮氨酸及甲硫氨酸低。花生含油 40%～50%。花生中的 VB_1、VB_2 和 Vpp 含量丰富，还有丰富的磷脂、VE、胆碱和多种矿物质等。

2. 芝麻

分为黑、白、黄几种。富含蛋白质和油脂。蛋氨酸丰富并富含多不饱和脂肪酸；所含钙、铁约为大豆的 3～4 倍，铁比猪肝多一倍，还富含 P、Zn 等多种矿物元素；含丰富的 B 族维生素、VE。

3. 核桃

又叫胡桃，含丰富的蛋白质、脂肪、碳水化合物、VE 等多种营养素。油脂含量高达 58%，为坚果中的最高。油脂中的不饱和脂肪酸含量丰富，又富含磷脂，对脑神经有良好作用。含丰富的 B 族维生素，胡萝卜素、VC 仅含微量，矿物质中钙、磷、镁及微量元素与花生相似。

三、蔬菜、水果的营养价值

新鲜蔬菜、水果含水分多在 90% 以上，碳水化合物不高，但因品种不同会有较大差异，蛋白质很少（1%～3%），脂肪含量更低（多数小于 1%），故不能作为热能和蛋白质来源。但它们富含多种维生素、丰富的无机盐及膳食纤维。所以，在膳食中具有重要位置。

1. 碳水化合物

蔬菜、水果所含的碳水化合物包括可溶性糖、淀粉及膳食纤维。大多数叶菜、嫩茎、瓜类、茄果等类的蔬菜，其碳水化合物的含量约为 3%～5%。根茎类蔬菜含碳水化合物略高，如白萝卜、大头菜、胡萝卜等含 7%～8%，而芋头、马铃薯、山药等含 14%～16%。大多数鲜果的碳水化合物含量为 8%～12%。成熟水果可溶性糖升高，甜味增加。苹果、梨中主要含果糖；葡萄、草莓中主要为葡萄糖、果糖。

2. 维生素

新鲜的蔬菜水果是提供 VC、胡萝卜素、核黄素和叶酸的重要来源。胡萝卜素含量与蔬菜颜色有关，凡绿叶菜和橙黄色菜都有较多的胡萝卜素。各种新鲜蔬菜均含 VC，深绿色蔬菜中更多；叶菜高于瓜菜。蔬菜中的辣椒含极丰富的 VC、Vpp 及多量的胡萝卜素。一般瓜茄类 VC 低，但苦瓜中的 VC 含量高。含 VC 丰富的水果有鲜枣、山楂、柑橘、猕猴桃等，含胡萝卜素较多的水果有芒果、杏等。

蔬菜中维生素 B_2 含量虽不算丰富，但却是我国居民膳食中 VB_2 的重要来源。一些常见蔬菜、水果中维生素的含量见表 4-8、表 4-9。

3. 矿物质

蔬菜水果是矿物质的重要来源。含丰富的钾、钙、磷、钠、镁和微量元素铜、铁、锰、硒等，这些碱性元素对维持体内酸碱平衡必不可少。各种蔬菜中，以叶菜类含无机盐较多，

表 4-8　常见蔬菜中三种维生素的含量（每 100g）

蔬菜种类	柿子椒	花菜	苋菜	冬苋菜	菠菜	冬瓜	南瓜	胡萝卜
维生素 C/mg	72	61	47	20	32	18	8	16
胡萝卜素/μg	340	30	2100	6950	487	80	890	4010
核黄素/mg	0.03	0.08	0.21	0.05	0.11	0.01	0.04	0.04

表 4-9　常见水果中三种维生素的含量（每 100g）

水果种类	鲜枣	猕猴桃	柑	橘	芒果	苹果	葡萄	桃	草莓
维生素 C/mg	243	62	28	19	23	4	25	7	47
胡萝卜素/μg	240	130	890	520	8050	20	50	20	30
核黄素/mg	0.09	0.02	0.04	0.03	0.04	0.02	0.02	0.03	0.03

尤以绿叶菜更为丰富。绿叶蔬菜一般含钙在 100mg/100g 以上，含铁 1～2mg/100g。但由于含有草酸，蔬菜 Ca、Fe 吸收率不高。

4. 膳食纤维

蔬菜、水果含丰富的膳食纤维，可促进肠道蠕动，加快粪便形成和排泄，减少有害物质与肠黏膜接触的时间，有预防便秘、痔疮、阑尾炎、结肠息肉、结肠癌的作用。

5. 芳香物质、有机酸和色素

（1）蔬菜、水果中常含有各种芳香物质和色素，使食品具有特殊的香味和颜色，可赋予蔬菜水果良好的感官性状。如叶绿素、类胡萝卜素、花青素、花黄素等有鲜艳的色泽，可增进食欲。芳香物质为油状挥发性物质，称油精。

（2）水果中的有机酸以苹果酸、柠檬酸和酒石酸为主；此外还有乳酸、琥珀酸等。有机酸因水果种类、品种和成熟度不同而异，可增强消化液分泌，促进食欲，有利于食物的消化。同时有机酸可使食物保持一定酸度，对维生素 C 的稳定性具有保护作用。

6. 酶类、杀菌物质和具有特殊功能的生理活性成分

（1）某些蔬菜、水果含有促进消化的酶。如萝卜中的淀粉酶、菠萝和无花果中的蛋白酶。生食助消化。

（2）特殊保健作用：如大蒜含二烯丙基硫有助于降低肺癌发病率，含植物杀菌素、含硫化合物有消炎、降胆固醇的作用。黄瓜含丙醇二酸有抑制糖类转化为脂肪的作用。南瓜能促进胰岛素的分泌。番茄红素可降低患前列腺癌的危险。萝卜所含的酶和芥子油一起有促进胃肠蠕动、增进食欲、帮助消化的功效。白菜中有吲哚三甲醇能帮助分解同乳腺癌有关的致癌雌激素。菠菜中含大量抗氧化剂，具有抗衰老、减少老年人记忆力减退的作用。花茎甘蓝含大量萝卜子素可杀死幽门螺旋杆菌，对治疗各种胃病有好处。

7. 蔬菜中的抗营养因子

皂角苷（皂素）：有溶血作用。如大豆皂苷，加热可破坏之。

茄碱：存在于茄子、马铃薯等茄属植物中。毒性极强，即使在煮熟的情况下也不易破坏。一般情况下，茄碱的含量很少。当马铃薯发芽后，其表层中茄碱的含量会大幅提高，人食用一定量后往往会产生中毒现象。

草酸：对无机盐（Ca，Fe，Zn）的吸收有抑制作用。几种草酸含量较高的蔬菜见表 4-10。

亚硝酸盐：硝态氮肥的施用、蔬菜腐烂、新鲜蔬菜存放在潮湿和温度过高环境、腌菜时盐过少、时间过短等都可导致亚硝酸盐的产生。

表 4-10　几种蔬菜中钙和草酸含量（mg/100g）

蔬菜名称	钙	草酸	蔬菜名称	钙	草酸
大蕹菜	224	691	苋菜	359	1142
芋禾杆	40	298	圆叶菠菜	102	606
厚皮菜	64	471	折耳菜	121	1150

生物碱：鲜黄花菜中有秋水仙碱，在体内氧化成二秋水仙碱（毒性大！）。可通过烫漂、蒸煮去之。

8. 蔬菜的合理烹调

为防止无机盐和维生素的损失，应注意尽量减少用水浸泡和弃掉汤汁及挤去菜汁的做法；烹调加热时间不宜过长，叶菜快火急炒保留维生素较多；做汤时宜后加菜；鲜蔬勿久存，勿在日光下曝晒；烹制后的蔬菜尽快吃掉；加醋烹调可降 VB、VC 损失，加芡汁也可降 VC 损失；铜锅损失 VC 最多，铁锅次之。

四、食用菌的营养价值

食用菌味道鲜美，有特殊的保健作用。我国食用菌种类很多，可分为野生和人工栽培两大类，仅野生食用菌就有 200 多种，常见的有牛肝菌、羊肝菌、鸡油菌及口蘑等，现已人工栽培的有香菇、草菇、黑木耳、银耳等。

1. 蛋白质

食用菌蛋白质丰富，含多种必需氨基酸，如 100g 干香菇含蛋白质 21g，其中赖氨酸 1g。

2. 脂肪

脂肪含量很低，但多由必需脂肪酸组成，易吸收。大多数食用菌类有降血脂作用。木耳含有卵磷脂、脑磷脂和鞘磷脂等，对心血管和神经系统有益。

3. 碳水化合物

以多糖为主，香菇多糖对小鼠肉瘤抑制率很高，并可增强放化疗对胃癌、肺癌的疗效。银耳多糖可增强巨噬细胞的吞噬能力，提高人体免疫能力。

4. 维生素和矿物质

蘑菇等菌类含丰富的 B 族维生素，特别是 VB_3，还有丰富的 Ca、Mg、Cu、Fe、Zn 等多种矿物元素。近年还发现蘑菇提取液对治疗白细胞及降低病毒性肝炎有显著疗效，很多蘑菇都存在类似抗菌素类物质。此外，蘑菇还有降胆固醇和防止便秘的作用。

第二节　动物性食品的营养价值

膳食中常用的动物性食品包括畜肉、禽类、脏器，还有鱼、虾和蟹等。动物性食品提供优质的蛋白质，并含脂肪、无机盐及维生素。

一、畜肉的营养价值

1. 蛋白质

畜肉的蛋白质含量约 10%～20%，其中肌浆蛋白占 20%～30%，肌原纤维 40%～60%，间质蛋白 10%～20%。含量与动物种类、年龄及肥瘦有关。肥肉多脂肪，瘦肉多蛋白质。牛肉含蛋白质 20%，高于羊肉（11%）和猪肉（9.5%）。

畜肉类生理价值高，其蛋白质含各种必需氨基酸，且在种类和比例上接近人体需要，利于消化吸收，是优质蛋白质（完全蛋白）。但间质蛋白除外，必需氨基酸组成不平衡，主要是胶原蛋白和弹性蛋白（非完全蛋白质），其中色氨酸、酪氨酸、蛋氨酸含量少，蛋白质利用率低。

畜肉中含有能溶于水的含氮浸出物，使肉汤具有鲜味。内脏比一般肉类有较多的无机盐和维生素，营养价值高于一般肉类。

2. 脂肪

畜肉中脂肪含量为 $10\%\sim36\%$，肥肉中高达 90%。其在动物体内的分布，随肥瘦程度、部位有很大差异。猪肉的脂肪含量高于牛、羊肉，平均来说，猪肉约 59%，羊肉 28%，牛肉 10%。

从脂肪酸组成来看，畜肉类以饱和脂肪酸为主，主要成分是甘油三酯，还有少量卵磷脂、胆固醇和游离脂肪酸。胆固醇在肥肉中为 $109mg/100g$，在瘦肉中为 $81mg/100g$，内脏含胆固醇也较高（内脏约为 $200\sim400mg/100g$），猪脑中最高，约为 $2571mg/100g$。高胆固醇血症患者不宜过量摄取。动物脂肪熔点接近人的体温，易消化。

3. 维生素

畜肉中 B 族维生素含量丰富。瘦肉含 VB_1、VB_2、Vpp，猪肉中 VB_1 含量较高。基本不含 VC。畜内脏中维生素含量一般都高于畜肉，其中肝脏是各种维生素含量最丰富的器官。如肝脏中富含维生素 A、核黄素等。

4. 矿物质

畜肉中矿物质含量约为 $0.8\%\sim1.2\%$，含量与肥瘦有关。瘦肉含无机盐较多，有铁、磷、钾、钠、镁等，其他微量元素有铜、钴、锌等。其中钾含量最高，其次是磷和钠，钙含量较低。铁以血红素形式存在，不受食物其他因素影响，生物利用率高，是膳食铁的良好来源。

畜肉中的矿物质消化吸收率高于植物性食品，尤其铁的吸收率高。由于畜肉类含钙少，而含硫、磷、氯较多，故为成酸性食品。

猪肉及内脏中主要营养素含量见表 4-11。

表 4-11 猪肉及内脏中主要营养素含量（每 100g 可食部）

种类	蛋白质/g	脂肪/g	钙/mg	铁/mg	视黄醇当量/μgRE	VB_1/mg	VB_2/mg	胆固醇/mg
猪肉（瘦）	20.3	6.2	6	3.0	44	0.54	0.10	79
猪心	16.6	5.3	12	4.3	13	0.19	0.48	151
猪肝	19.3	3.8	6	22.6	4972	0.21	2.08	288
猪肾	15.4	3.2	12	6.1	41	0.31	1.14	354
猪脑	10.8	9.8	30	1.9	—	0.11	0.19	2571

5. 含氮浸出物

肉味鲜美是由于肉中的"含氮浸出物"，能溶于水的含氮物如肌溶蛋白、核苷酸、肌肽、肌酸、肌肝、嘌呤碱和少量氨基酸，它们能促进胃液分泌。浸出物多，则味浓。

二、禽肉的营养价值

禽肉的营养价值与畜肉相似，不同在于脂肪含量少，熔点低（$20\sim40℃$），含有 20% 的亚油酸，易于消化吸收。禽肉蛋白质含量约为 20%，其氨基酸组成接近人体需要，禽肉含氮浸出物较多。

1. 蛋白质

禽肉含蛋白质一般约 $10\%\sim20\%$。其中鸡 20% ＞鹅 18% ＞鸭 16%。能提供各种必需氨基酸，属优质蛋白质。禽肉较畜肉有较多的柔软结缔组织并均匀地分布于一切肌肉组织内，比畜肉更细嫩更易消化。

2. 脂肪

禽肉中脂肪含量因品种而差异很大。鸡肉中脂肪不高，约 2.5%；而肥鸭、肥鹅可达 20% 或更高。禽肉脂肪含丰富的亚油酸（20%），营养价值高于畜肉脂肪。

3. 维生素

禽肉含维生素较丰富，B 族维生素含量与畜肉接近，烟酸（Vpp）较高，并含 VE。禽类内脏富含 VA、VB$_2$。

4. 矿物质

禽肉中的钙、磷、铁等的含量均高于猪、牛、羊肉，禽肝中的铁为猪、牛肝的 1～6 倍。微量元素硒的含量明显高于畜肉。

5. 含氮浸出物

禽肉中的含氮浸出物含量与年龄有关，同一品种幼禽肉汤中含氮浸出物低于老禽，故宜用老母鸡煨汤。但肉或鸡经煮沸后蛋白质遇热凝固，仅有很小一部分水解为氨基酸而溶于汤中，大部分蛋白质仍在肉中。

常见家禽的主要营养素含量见表 4-12。

表 4-12　鸡、鸭、鹅主要营养素的含量（每 100g 可食部）

食物名称	蛋白质 /g	脂肪 /g	视黄醇当量/μg	硫胺素 /mg	核黄素 /mg	钙 /mg	铁 /mg	胆固醇 /mg
鸡	19.3	9.4	48	0.05	0.09	9	1.4	106
鸡肝	16.6	4.8	10410	0.33	1.10	7	12.0	356
鸡肫	19.2	2.8	36	0.04	0.09	7	4.4	174
鸭	15.5	19.7	52	0.08	0.22	6	2.2	94
鸭肝	14.5	7.5	1040	0.26	1.05	18	23.1	341
鸭肫	17.9	1.3	6	0.04	0.15	12	4.3	135
鹅	17.9	19.9	42	0.07	0.23	4	3.8	74
炸鸡（肯德基）	20.3	17.3	23	0.03	0.17	109	2.2	198

三、水产品的营养价值

作为膳食的水产品种类主要有鱼、虾、蟹、贝类等，可提供丰富的优质蛋白质、脂肪和脂溶性维生素。另外还有藻类。

（一）鱼类

1. 蛋白质

鱼类含蛋白质 15%～25%，氨基酸组成与肉类相似，因此其营养价值堪比畜肉、禽肉，是膳食蛋白质的良好来源。鱼蛋白中赖氨酸丰富，且鱼肉的结缔组织较少，肌纤维细短，较畜肉鲜嫩易消化，特别适合儿童。但鱼肉蛋白质氨基酸组成中，甘氨酸偏低。

2. 脂肪

鱼类脂肪含量一般为 1%～3%，范围在 0.5%～11%，主要分布在皮下和内脏周围。脂肪酸组成中不饱和脂肪酸高（富含花生四烯酸），占 80%，熔点低，消化吸收率达 95%。

鱼类，尤其是海鱼的脂肪中，含二十二碳六烯酸（DHA），是大脑营养必不可少的多不饱和脂肪酸；还含二十碳五烯酸（EPA），有降血中胆固醇、防止血栓形成及降低动脉粥样硬化等心脑血管疾病、抗癌防癌的功效。鱼类的胆固醇含量一般为 100mg/100g，但鱼子中含量高，如鲲鱼子的胆固醇含量为 1070mg/100g。

3. 维生素

鱼类是维生素的良好来源，VA、VB、VD、VE 高于畜禽肉类。鳝鱼中的 VB$_2$ 含量高，如黄鳝丝含 VB$_2$ 2.08mg/100g。海鱼的肝脏是维生素 A、D 和维生素 E 富集的食物。某些生鱼中含有硫胺素酶，可破坏 VB$_1$。所以鲜鱼应尽快加工或冷藏，以减少 VB$_1$ 的损失。

4. 矿物质

鱼类中矿物质含量为 1%～2%，稍高于肉类。磷、钙、钠、钾、镁、氯丰富，是钙的良好来源。海产鱼含碘丰富。

5. 含氮浸出物

含氮浸出物中的胶原蛋白和黏蛋白，存在于鱼类的结缔组织和软骨中，是鱼汤冷却后形成凝胶的主要物质。鱼类的非蛋白氮占总氮的 9%～38%，主要由游离氨基酸、氧化胺类、胍类、嘌呤类等组成，故呈现鲜味。

(二) 虾类、蟹类

虾肉、蟹肉中含蛋白质 15%～20%，必需氨基酸的种类、含量较好，属优质蛋白质。其中，蟹黄蛋白质含量高于蟹肉。

虾肉、蟹肉中脂肪含量较低，一般为 1%～4%，且含较多的不饱和脂肪酸，EPA、DHA 丰富。但蟹黄中脂肪、胆固醇的含量均较高，河蟹的蟹黄中含脂肪 15.66%，锯缘青蟹的蟹黄中含胆固醇 766.16mg/100g。

虾类、蟹类的矿物质含量丰富，磷、钙、铁、锌、硒含量较高。虾皮中含钙量很高，为 991mg/g。

虾类、蟹类富含 VA、VB$_1$、VB$_2$ 及烟酸等维生素。海蟹、河蟹中的 VB$_2$ 较高。

(三) 贝类

鲜贝类含蛋白质 5%～10%，是优质蛋白质。含丰富的碘、铜、锌、锰、镍等，牡蛎是含锌、铜最高的海产品。贝类含丰富的具保健作用的非蛋白氨基酸——牛磺酸，含量普遍高于鱼类。

(四) 藻类

我国海藻资源上千种，其中有经济价值的有 100 多种，如海带、紫菜、海白菜、裙带菜等。它们含丰富的蛋白质、碳水化合物，脂肪很少，还有多种维生素，包括 VA、VB$_1$、VB$_6$、VB$_{12}$、Vpp、VC 等，无机盐中钾、钙、氯、钠、硫及铁、锌、碘都很高，特别是铁、碘、钙 等相当高；含纤维素 3%～9%，有防止便秘的作用。

(五) 珍贵水产品

有些珍贵水产品，只因稀少而名贵。如鱼翅、海参等，干海参的蛋白质含量高达 75%～80%，但氨基酸组成不平衡，缺乏色氨酸，营养价值不及一般鱼肉。

四、乳和乳制品的营养价值

乳类的营养成分齐全、组成比例适宜，是容易消化吸收的理想天然食物，有丰富的优质蛋白质、脂肪、矿物质、维生素等各种人体所需物。常用的是牛奶。其营养价值高又易于消化吸收，最适合病人、幼儿、老人食用。

(一) 牛奶

1. 蛋白质

牛奶中的蛋白质含量平均约 3%。由 80% 的酪蛋白、15% 的乳清蛋白（热敏 70℃）组成。其消化吸收率高（87%～89%），生物学价值为 85，必需氨基酸含量及构成与鸡蛋近似，属优质蛋白。

牛奶中蛋白质含量较人乳高三倍，且酪蛋白与乳清蛋白的构成比与人乳蛋白正好相反，见表4-13。可利用乳清蛋白改变其构成比，调制成近似母乳的婴儿食品。

表 4-13　乳中含氮物的分布

成　分	牛　奶		人　奶	
	含量/(mg/100mL)	占总氮量的百分比/%	含量/(mg/100mL)	占总氮量的百分比/%
酪蛋白	430	79.6	49	30
乳清蛋白	80	14.8	77	48
非蛋白氮	30	5.6	36	22
总氮	540	100	162	100

在各种蛋白质中，乳清蛋白的营养价值是最高的。它含有人体所需的所有必需氨基酸，且配比合理，接近人体的需求比例。乳清中富含半胱氨酸和甲硫氨酸，它们能维持人体内抗氧化剂的水平。许多实验研究都证明，服用乳清蛋白浓缩物能促进体液免疫和细胞免疫，刺激人体免疫系统，阻止化学诱发性癌症的发生。所以乳清蛋白又是一种非常好的增强免疫力的蛋白。乳清蛋白中含有 β-乳球蛋白、α-乳白蛋白、免疫球蛋白，还有其他多种活性成分。正是这些活性成分使乳清蛋白具备了有益于人体的诸多保健功能，因此它被认为是人体所需的优质蛋白质来源之一。

2. 脂肪

牛奶中脂肪含量约为3%，牛奶脂肪呈极小的脂肪球状，熔点较低，易消化，吸收率达98%。乳脂中含一定量的低、中级脂肪酸、必需脂肪酸和卵磷脂，油酸含量占30%，亚油酸和亚麻酸占3%。低级挥发性脂肪酸（14碳以下）14%，其中水溶性脂肪酸8%，这是乳脂具特有的香味的原因。

3. 碳水化合物

牛奶中的碳水化合物只有乳糖，其含量（3.4%）比人奶（7.4%）低。乳糖有调节胃酸、促进胃肠蠕动、有利于钙吸收和消化液分泌的作用；在肠中经消化酶作用分解为葡萄糖和半乳糖，有助于肠乳酸菌的繁殖，抑制致腐败菌的生长。用牛奶喂养婴儿时，除调整蛋白质含量和构成外，还应注意适当增加甜度。

4. 矿物质

含量为0.7%～0.75%。含有婴儿生长需要的几乎全部无机盐，特别是钙、磷、钾，还有锌、锰、碘、氟、钴等。其中钙的含量尤为丰富，且容易消化吸收。牛奶中铁的含量很低，仅为0.003%，如以牛奶喂养婴儿，应注意铁的补充。

5. 维生素

牛奶中含维生素A、D、B_1、B_2（维生素A、D均在乳脂中），含量较多的为维生素A，但维生素B_1和C很少，每100mL分别为0.03mg和1mg，鲜奶中的VC经消毒处理后所剩无几。此外，牛奶中还有维生素H、B_6、B_{11}、B_{12}和泛酸。但奶中维生素含量随季节有一定变化。

不同乳类中所含的营养素见表4-14。

（二）牛奶制品

鲜奶经过加工，可制成许多产品，主要包括炼乳、奶粉、调制奶粉、酸奶和奶酪等。

1. 消毒鲜奶

鲜奶经过过滤、巴氏杀菌后，分装出售的饮用奶。其营养价值与鲜牛奶差别不大。市售消毒牛奶常强化维生素D等。

表 4-14　不同乳类的营养素比较（每 100g 含量）

物质种类及热能	人乳	牛乳	羊乳	物质种类及热能	人乳	牛乳	羊乳
水分/g	87.6	89.9	88.9	铁/mg	0.1	0.3	0.5
蛋白质/g	1.3	3.0	1.5	视黄醇当量/μg	11	24	84
脂肪/g	3.4	3.2	3.5	硫胺素/mg	0.01	0.03	0.04
碳水化合物/g	7.4	3.4	5.4	核黄素/mg	0.05	0.14	0.12
热能/kJ	272	226	247	尼克酸/mg	0.20	0.10	2.10
钙/mg	30	104	82	抗坏血酸/mg	5.0	1.0	—
磷/mg	13	73	98				

2. 炼乳

是一种浓缩的奶制品。又分为淡炼乳和甜炼乳。

（1）淡炼乳　淡炼乳是将鲜牛奶加热浓缩到原体积的三分之一后经密封杀菌制成。由于经高压均质处理后，脂肪球被击破，增加了与酪蛋白的结合乳化，所以比牛奶易消化，加等量水后与鲜奶相同。适合喂养婴儿。

（2）甜炼乳　鲜牛奶中加入约 16% 的蔗糖，经真空浓缩至原体积 40% 的一种乳制品。主要成分为脂肪不小于 8%，乳固形物不小于 28%。终产品中含蔗糖 40% 以上，糖分高，使用前需加大量水冲淡，造成其他营养素浓度下降，不宜用于喂养婴儿。

3. 奶粉

（1）全脂奶粉　鲜奶消毒后，除去 70%～80% 的水分，采用喷雾干燥法，将奶粉制成雾状微粒。生产的奶粉溶解性好，对蛋白质的性质、奶的色香味及其他营养成分影响很小。

（2）脱脂奶粉　生产工艺同全脂奶粉，但原料奶经过脱脂的过程，由于脱脂使脂溶性维生素损失。此种奶粉适合腹泻的婴儿及要求低脂膳食的人群。

（3）调制奶粉　又称人乳化奶粉，该奶粉是以牛奶为基础，按照人乳组成的模式和特点，加以调制而成。使各种营养成分的含量、种类、比例接近母乳。如改变牛奶中酪蛋白的含量和酪蛋白与乳清蛋白的比例，补充乳糖的不足，以适当比例强化维生素 A、D、B_1、C、叶酸和微量元素等。

4. 酸奶

酸奶是将鲜奶加热消毒后接种嗜酸乳酸菌，在 30℃ 左右环境中培养，经 4～6 小时发酵制成。其营养成分容易消化吸收，Ca、Fe、P 的吸收率提高。还可刺激胃酸分泌。乳酸菌在肠道繁殖，可抑制一些腐败菌的繁殖，调整肠道菌丛，防止腐败胺类对人体产生不利的影响。

牛奶中的乳糖已被发酵成乳酸，对"乳糖不耐症"的人，不会出现腹痛、腹泻的现象。因此，酸奶是适宜消化道功能不良、婴幼儿和老年人食用的食品。

5. 干酪

干酪也称奶酪或乳酪，是由牛乳经发酵、凝乳、除去乳清、加盐压榨、后熟等加工后得到的产品。经加工后，大部分营养素被浓缩，只有部分乳清蛋白和水溶性维生素随乳清流失。由于发酵、后熟等过程，使蛋白质和脂肪被部分分解，从而提高了其消化吸收率，并产生乳酪特有的风味。

按含水率，干酪分为四种：特硬质干酪、硬质干酪、半硬质干酪和软质干酪。特硬质干酪含水 30%～35%，硬质干酪含水 30%～40%，半硬质干酪含水 38%～45%，软质干酪含水 40%～60%。总体上干酪所含的蛋白质、脂肪丰富，碳水化合物含量很低。

干酪在制作过程中，大部分乳糖随乳清流失，少量乳糖被发酵成为乳酸。所以适宜于对牛奶不适者食用。

6. 奶油

奶油是将牛奶中的乳脂肪分离后经杀菌制成。也称为乳脂。按脂肪含量分为三种：稀奶油、奶油（加盐或不加盐）、无水奶油。稀奶油含脂肪 $25\% \sim 45\%$；奶油也叫黄油、白脱，含脂肪大于 80%，水分小于 16%；无水奶油含脂肪 98% 以上。

奶油将牛奶中的脂溶性维生素等基本上保留并被浓缩，但水溶性维生素绝大部分被除去。黄油中以饱和脂肪酸为主，在室温下为固态，由于其中含有类胡萝卜素而呈现淡黄色。其中还含有一定的胆固醇。

7. 乳清蛋白粉

将乳清直接烘干后，可得到乳清粉末，其中的乳清蛋白较低。经进一步加工后可得到浓缩乳清蛋白、分离乳清蛋白以及乳清蛋白肽类等产品。浓缩乳清蛋白（WPC）是乳清经过澄清、超滤、干燥等过程后得到的产物，依加工程度的不同可以得到蛋白浓度从 $34\% \sim 80\%$ 不等的产品。分离乳清蛋白（WPI）是在浓缩乳清蛋白的基础上经过进一步的工艺处理得到的高纯度乳清蛋白，纯度可达 90% 以上，也更容易消化吸收。分离乳清蛋白的营养价值更高，它拥有高含量的优质蛋白，其中的生物活性化合物如 α-乳清蛋白和 β-乳球蛋白、乳铁蛋白以及免疫球蛋白，能为某些特定需要的人群比如婴儿和住院病人提供所需的优质蛋白。乳清蛋白肽是乳清蛋白的水解产物，它在机体中能更快地参与肌肉合成的过程。

五、蛋类的营养价值

常见的蛋类有鸡、鸭、鹅和鹌鹑蛋等。其中产量最大、食用最普遍、食品加工工业中使用最广泛的是鸡蛋。各种禽蛋在营养成分上大致相同，其营养价值高，且适合各种人群，包括成人、儿童、孕妇、乳母及病人等。

（一）蛋类的营养价值

1. 蛋白质

蛋类含蛋白质 $11.1\% \sim 14.4\%$，其蛋白质是天然食品中最优质的蛋白质，蛋黄、蛋清生理价值都极高，氨基酸组成适宜，利用率高。

蛋清中营养素主要是蛋白质，不但含有人体所需要的必需氨基酸，且氨基酸组成与人体组成模式接近，生物学价值达 94 以上。全蛋蛋白质几乎能被人体完全吸收利用，是食物中最理想的优质蛋白质。在进行各种食物蛋白质的营养质量评价时，常以全蛋蛋白质作为参考蛋白。

2. 脂类

脂类主要集中在蛋黄内，蛋清几乎不含脂类。蛋黄中的脂类，包括中性脂肪、磷脂、胆固醇，因与蛋白质相结合处于乳融状，所以容易消化吸收。蛋黄脂肪中，油酸约 50%，亚油酸约 10%，其余主要是饱和脂肪酸。蛋黄中含磷脂较多，还含有较多的胆固醇，每 $100g$ 约含 $1500mg$ 胆固醇。

3. 碳水化合物

蛋类含碳水化合物少，主要在蛋清中有甘露糖和半乳糖，在蛋黄中有葡萄糖，大多与蛋白质结合。

4. 矿物质和维生素

蛋黄比蛋清含有较多的营养成分。钙、磷和铁等无机盐多集中于蛋黄中。蛋黄还含有较多的维生素 A、D、B_1 和 B_2。维生素 D 的含量随季节、饲料组成和鸡受光照的时间不同而有一定变化。蛋类的铁含量较多，但因有卵黄磷蛋白的干扰，其吸收率只有 3%。

生蛋清中含有抗生物素和抗胰蛋白酶，前者妨碍生物素的吸收，后者抑制胰蛋白酶的活力，但当蛋煮熟时，即被破坏。

鸡蛋各部分的主要营养组成见表 4-15。各种蛋主要营养素含量见表 4-16。

表 4-15　鸡蛋各部分的主要营养组成（％）

物质种类	全蛋	蛋清	蛋黄
水分	73.8～75.8	84.4～87.7	44.9～51.5
蛋白质	12.8	8.9～11.6	14.5～15.5
脂肪	11.1	0.1	26.4～33.8
碳水化合物	1.3	1.8～3.2	3.4～6.2
矿物质	1.0	0.6	1.1

表 4-16　各种蛋主要营养素含量（每 100g）

各种蛋类	蛋白质/g	脂肪/g	碳水化合物/g	视黄醇当量/μg	硫胺素/mg	核黄素/mg	钙/mg	铁/mg	胆固醇/mg
全鸡蛋	12.8	11.1	1.3	194	0.13	0.32	44	2.3	585
鸡蛋白	11.6	6.1	3.1	—	0.04	0.31	9	1.6	—
鸡蛋黄	15.2	28.2	3.4	438	0.33	0.29	112	6.5	1510
鸭蛋	12.6	130	3.1	261	0.17	0.35	62	2.9	565
咸鸭蛋	12.7	12.7	6.3	134	0.16	0.33	118	3.6	647
松花蛋	14.2	10.7	4.5	215	0.06	0.18	63	3.3	608
鹌鹑蛋	12.8	11.1	2.1	337	0.11	0.49	47	3.2	531

（二）加工烹调对蛋类营养价值的影响

一般烹调方法，温度不超过 100℃，对蛋的营养价值影响很小，仅 B 族维生素有一些损失。例如，不同烹调方法下维生素 B_2 的损失率为：荷包蛋 13％、油炸 16％、炒蛋 10％。

烹调过程中的加热不仅具有杀菌作用，提高食用的安全卫生性，而且具有提高其消化吸收率的作用。蛋类煮熟后蛋白质变性，容易消化吸收。生蛋清中的胰蛋白酶抑制因子经加热后被破坏，也有助于蛋白质的消化。生蛋清中还含有抗生物素蛋白，能使 VH 失活，造成 VH 缺乏不利健康，在煮熟后就可以消除这种影响。

皮蛋制作过程中加入烧碱产生一系列化学变化，使蛋清呈暗褐色透明体，蛋黄呈褐绿色。由于烧碱的作用，使 B 族维生素破坏，但维生素 A、D 保存尚好。

咸蛋是用 1/10 盐水泡制或黏土敷裹在表面约 30 余天，成分与鲜蛋相同。

第三节　其他加工食品的营养价值

一、食用油

有动物脂肪和植物种子油。食用油脂的主成分为甘油三酯，是高能食品，提供丰富的能量并延长食物在胃中停留时间，产生饱腹感。植物油提供人体必需脂肪酸并有助于脂溶性维生素的吸收，植物油较动物油脂易消化吸收。黄油是来自牛奶的脂肪，含脂溶性的 VA、VD，为其他植物油所缺少。

二、食盐

主要成分是 NaCl，未精制粗盐带少量碘、镁、钙、钾等。海盐含碘较多，精盐则较纯。正常人约需 6g/d。海盐是由海水经日晒蒸发结晶析出，颗粒较粗大；井矿盐是用含盐井水或淡水冲洗含盐矿床制成。营养强化盐中添加了适量的微量矿物质，如加碘盐。

三、酱油

由脱脂大豆（或豆饼）、小麦（或麦麸）酿造而成，用于调色调香。组成十分复杂，有少量蛋白质、氨基酸、Ca、Mg、K、VB_1、VB_2等。含盐18%以防腐坏。

四、食醋

用谷类淀粉或果实、酒糟等经醋酸菌发酵酿造而成，含乙酸3%～4%，还有少量乳酸、乙醇、甘油、糖、酯、氨基酸等，有调味促食欲作用。

五、酒

由制酒原料中的碳水化合物酿造发酵而成。酒中有酒精和糖。一般白酒是将发酵形成的酒醅再经蒸馏而成，浓度达40%～60%，属烈性酒。发酵酒有黄酒、葡萄酒、啤酒、果酒等，酒精含量低于15%（啤酒仅3.6%）。一般只是其中含有的乙醇提供一定的能量。但果酒、啤酒、黄酒等，有一定营养成分（糖类、有机酸、维生素、矿物质等），黄酒中氨基酸含量为酿造酒之首。

六、食糖

日常食用的多为白砂糖，其中蔗糖含量在99%以上，只供能量，缺乏其他营养素。红糖未经精炼，含蔗糖约89%，有铁、钙及少量其他无机盐。

七、蜂蜜

碳水化合物含量约80%，主要为葡萄糖和果糖。其中葡萄糖、果糖约65%～81%；蔗糖8%；糊精、矿物质、有机酸5%；另有少量芳香物、维生素等。无机盐，如Ca、K、Fe、Cu、Mn，维生素有VB_2、VB_{11}、VC等。除供能量外，还含有多种酶，有增强人体代谢及润肠的功能。

八、淀粉

烹调所用的淀粉有豆类淀粉、土豆淀粉或木薯淀粉，还有藕粉、菱粉、荸荠粉等。主要成分是碳水化合物（占85%），其他营养素极少。

九、味精

主要是谷氨酸及其钠盐，国产味精多以粮食（淀粉）为原料，经微生物发酵制成。过多食用味精会造成婴儿的锌缺乏。适宜于在中性或弱酸性的条件下适量使用，100℃短时加热。

十、茶与咖啡

茶是我国的传统饮料，有丰富的营养成分及活性成分，含咖啡碱可使中枢神经系统兴奋并有舒张血管和利尿的作用。

咖啡是由咖啡豆经焙烤磨碾而成，含咖啡碱、鞣酸及多量钾盐，有兴奋神经和利尿作用。可乐型饮料含咖啡因。

十一、可可及巧克力

可可粉及巧克力均来自可可豆，但二者成分不尽相同。可可豆先经处理，磨碾成稠汁，凝成块状的可可豆脂，即苦味巧克力，含脂肪量很高。

牛奶巧克力糖是在可可豆脂中加牛奶和蔗糖制成，含较多的脂肪和糖，少量蛋白质，为高热能食品。

可可粉是在处理过的可可豆磨成稠汁尚未凝固成块之前，去掉约一半脂肪，再制成可可粉，可作调味料加于牛奶、点心、饮料中以增加香味。

十二、软饮料

指乙醇含量 0.5％以下，以补充水分为主要目的饮料。

1. 碳酸饮料

分为：果汁型（原果汁含量 2.5％以上）、果味型（原果汁含量低于 2.5％）、可乐型（含焦糖色素）。

2. 果蔬饮料

富含 VC、胡萝卜素、成碱矿物质、生理活性物质（黄酮类化合物等）。

第四节　加工贮藏对食品营养价值的影响

人类的食物除少数物质如盐类外，几乎全部来自动植物，这些食物原料容易腐败，需要再进一步进行各种加工处理，才便于保藏和运输，以满足各种特殊需要。食品在加工储藏中由于营养成分的稳定性等不同，营养价值有升有降，只有掌握全面系统的营养学知识，才能降低营养素的破坏和损失，并较大程度地提高食品的营养价值。

一、食品营养价值在加工中的变化

无论是动物性食品还是植物性食品，一般都需要经过加工才可食用。食品加工方法很多，大致可归纳为加热、冷冻、发酵、盐渍、糖渍等，在这些物理、化学和生物因素的作用下，食品中原有的营养价值发生了积极或消极的变化。

（一）食品加工的前处理

食品加工前必需进行清理、修整和漂洗处理。如谷类碾磨去壳，可改善食品的感官性质，便于食用，易于消化，但一部分无机盐和维生素受到损失，碾磨越精、损失越大。稻谷加工成精白米时，锌、锰和铬分别降低 16％、45％和 75％。淘米时营养素损失惊人，VB$_1$损失 26％～29％、VB$_2$和 Vpp 损失 23％～25％、无机盐损失 70％、蛋白质损失 15.7％、脂肪损失 42.6％、碳水化合物损失 2％，因此最好推广清洁米。

在蔬菜前处理中，营养素大量流失，特别是水溶性维生素和无机盐分别达 60％和 35％。蔬菜切碎后维生素损失巨大，黄瓜切片放 1h，VC 损失 33％～35％，食品中铁的有效性在加工中降低，一方面 Fe^{2+} 转化为 Fe^{3+}，另一方面可溶性铁变成植酸铁和草酸铁，使吸收使用率降低。

（二）热处理的影响

加热对食品营养价值有积极和消极两方面的影响。

有利的作用：加热使蛋白质变性，肽键展开；使淀粉颗粒膨胀，易受消化酶作用，从而提高消化率；可破坏新鲜食物中的酶、杀灭微生物，使营养物质免遭氧化分解和损失；可破坏食物中的天然有毒蛋白质、破坏生鸡蛋蛋清中的抗生物素；生大豆中的抗胰蛋白酶因子、植物血球凝结素和其他有害物质。大豆在 137kPa 蒸汽压下 10min 即可使天然毒物失活，但烹调时间太长也可使蛋白质生物价降低。

不利作用主要表现在：氨基酸和维生素被破坏。一些必需氨基酸，如赖氨酸、胱氨酸、色氨酸、精氨酸易受热的破坏，尤其赖氨酸的 ε-NH$_2$ 在美拉德反应中与还原糖作用，形成 ε-N-去氧酮糖赖氨酸，不能被人体吸收利用，从而使蛋白质的生物价降低。如糕点在 200℃烘烤 15min，赖氨酸、苯丙氨酸、丙氨酸和丝氨酸被破坏 5％～17％，使生物价下降。油脂长时间加热，营养价值下降，亚油酸损失，油脂中的类胡萝卜素、VA、VE 大部分被破坏，维生素的破坏最显著；短时高温比长时低温损失少一些，热处理后迅速冷却可降低损失。

（三）碱处理的影响

制作面条等食品时，加入食品中的碱对蛋白质影响很大，变化最多的氨基酸是赖氨酸、丝氨酸、胱氨酸和精氨酸。如大豆在 pH 12.2、40℃下加热 4h，上述氨基酸的含量下降，赖氨酸与丙氨酸结合成赖氨基丙氨酸，几乎不被人体吸收利用。碱性条件还会使精氨酸、胱氨酸、色氨酸、丝氨酸、赖氨酸由 L 型变为 D 型，使营养价值下降；还会破坏维生素，特别是 B 族维生素和 VC。反之，烹调时加醋酸等，除能促进食欲外，还能使 VB_1、B_2、VC 免遭破坏，使骨中无机盐溶出，提高食品的营养价值。

（四）脱水处理

脱水干燥使蛋白质中的结合水损失，同样会引起蛋白质变性，脱水加工时食品中维生素的损失和加热灭菌损失相同，VB_1 损失最大；胡萝卜在冷冻干燥时，脂溶性维生素损失低于 10%，而在空气中损失达 26%；牛奶喷雾干燥制成奶粉时，VA、VB_1 损失 10%，如用传统滚筒干燥法，损失可达 15%。

（五）膨化

膨化加工是对营养素损失较少的方法，而且使其消化率有所增加。如小鼠对大米饭蛋白质的消化率为 76%，膨化后达 84%，对大米饭碳水化合物消化率为 99.1%，膨化后则为 99.5%，且膨化加工对维生素破坏较一般的加热方法少。

（六）生物加工

通常可提高食品的营养价值。如大豆煮熟食用，蛋白质消化率仅 60%，制成豆腐可达 92%～96%。在豆类发酵制成腐乳、豆豉、黄酱和酱油的过程中，蛋白质水解为肽和氨基酸，而变得容易消化和吸收。豆类发酵对营养价值的最大贡献是提高了 VB_{12} 的含量。黄豆和绿豆发芽后，蛋白质营养价值基本不变，但棉子糖和水苏糖等不被人体吸收使腹部胀气的寡糖消失，植物凝集素和植酸盐分解，磷、锌等矿物质分解释放出来，黄豆发芽到根长 1.5～6.5cm 时，绿豆芽长 4～6cm 时，VC 最高可达 15.6mg/100g 和 19.5mg/100g（豆芽很短时 VC 不高），高寒地区冬季可把豆芽作为 VC 的良好来源，黄豆发芽中胡萝卜素增加 2 倍，VB_2 增加 3 倍、Vpp 增加 2 倍，VB_{12} 则达 10 倍。

二、食品营养价值在贮藏过程中的变化

（一）常温保藏

大多数食品在常温下保藏。粮谷在储存初期，淀粉酶仍较活跃，继续储存则酶的活力下降，在此过程中一些蛋白质被分解为氨基酸。维生素也会在贮藏过程中发生损失，这种变化随粮食含水量增加而增加。如小麦含水 12% 时，贮藏 5 个月 VB_1 损失 12%；含水 17% 时则损失 30%。隔绝空气可降低变化，稻谷连壳储存时 VB_1 基本无损失。果蔬在贮存期间损失最多的是维生素，如苹果贮存 2～3 个月后，VC 仅保存 1/3。绿色蔬菜在室温下贮存数天，维生素丧失殆尽，在 0℃ 则可保存一半。刚收获的土豆 VC 300mg/100g，3 个月后为 200mg/100g，7 个月后为 100mg/100g。

牲畜屠宰后发生一系列变化，肉经过僵直、解僵到自溶三个阶段，僵直状态的肉持水性低，成熟后的肉风味、营养价值都得到提高，但如继续贮存在常温下，肉就会腐败，氨基酸被分解产生胺类，如组氨酸、酪氨酸和色氨酸分别形成组胺、酪胺和色胺等有毒物质，营养价值降低。

蛋类在贮藏中，蛋清中所含的浓厚蛋白变稀，此时卵黏蛋白变性，蛋白的 pH 值由 8 变为 9，蛋黄 pH 由 6 变为 7，含氨量和游离脂肪酸增加，长期贮存中苏氨酸和 VA 损失最多。

牛奶在贮存中损失较多的是 VB_2，室内光线下 1 天，VB_2 损失 30%；室外阴天下 2h 损

失 45%；VB$_6$ 对光也敏感，阳光下 8h 损失 21%，但紫外线照射可使牛奶中的麦角固醇转化为 VD$_3$。

(二) 冷冻保藏

大多数食品在冷冻状态下贮存可降低营养素的损失。如柑橘冷藏半年 VC 损失 5%～10%，如再加上缺氧、低 pH 可进一步降低 VC 的损失；浓缩橘汁在 −22℃ 保存 1 年，VC 仅损失 2.5%。但动物性食品在化冻时会流失较多的维生素和矿物质，可带走食品中 10% 的可溶性营养素，且还可使蛋白质发生不可逆变性，蛋白质侧链暴露出来，在冷冻冰晶的挤压下，凝结沉淀。冷冻速度越快，形成的冰晶越小，挤压作用越小，变性也越小。鱼肉在冷冻后变得干韧、风味变劣。不过，豆腐冷却后，蛋白质质构化，风味变佳。

(三) 辐射保藏

19 世纪 50 年代以来，世界各国开始采用辐射法保藏食品。我国自 1985 年开始对农畜水产品的辐射保藏研究和应用，和现有的保藏食品方法比较有其优越性的一面。如，和化学药物保藏比较，无化学物质残留物；和热处理保藏比较，可较好地保持食品原有的新鲜状态；和冷冻保藏比较，可节约能源。并且大多数学者认为辐射不会影响食品的营养价值，美国用 5.58MeV 辐射食品，发现其蛋白质、碳水化合物和脂肪等营养成分无明显变化。但辐射会影响食品风味，肉辐射后呈砖红色，有不快气味。

辐射的方法不完全适用于所有的食品，要有选择性的应用，这需要大力开展食品辐射保藏的研究工作，总结出其规律性及独特效应。

第五章　碳水化合物

第一节　碳水化合物的功能

一、供能与节约蛋白质

1. 供能

碳水化合物最重要的作用是作为机体的供能物质。特别是葡萄糖，其代谢的速度很快，可以快速提供能量，满足机体需要。1g 葡萄糖氧化可提供 17kJ（4kcal）的能量。所以，在低血糖时，通过口服葡萄糖液，可以很快缓解症状。

2. 节约蛋白质

如果食物中供给充足的碳水化合物，则可使蛋白质用于机体最需要的地方，使之免于额外消耗。如：当碳水化合物与蛋白质共同摄食时，体内贮留的氮比单独摄入蛋白质时要多。这主要是由于摄入碳水化合物后，增加了机体的能量供给，从而减少了蛋白质的消耗，并有利于氨基酸活化与合成蛋白质。

这就是碳水化合物对蛋白质的保护作用，或称为碳水化合物节约蛋白质的作用。所以，吃早饭时要适当进食一些碳水化合物和蛋白质才更为经济，不能只吃两个鸡蛋了事。

二、构成体质

除了供能的主要功能外，碳水化合物也是机体的重要构成成分，并参与细胞的生命活动。例如，糖脂是细胞膜与神经组织的组成成分。糖蛋白是一些具有重要生理功能的物质的组成部分，如：抗体中含糖部分决定了血型特异性；酶（凝血酶原）、激素（甲状腺球蛋白储存的甲状腺素）中也有糖的组分。至于核糖、脱氧核糖，则更是遗传的重要物质核酸的组成成分。

三、维持神经系统的功能与解毒

1. 碳水化合物对维持神经系统的功能具有很重要的作用

对于大多数体细胞，当无碳水化合物供能时，可以由脂肪、蛋白质作为能源。但也有例外，像大脑、神经、肺组织却只能以葡萄糖作为能源物质。若血中葡萄糖浓度降低（即产生低血糖）脑中由于缺乏葡萄糖，会产生一系列不适反应，如：头晕、无力、昏厥。所以，饥饿状态下不宜多活动。

2. 碳水化合物有解毒作用

经研究发现：当机体中的肝糖原丰富时，对一些细菌毒素的抵抗能力会有所增强；而当肝糖原不足时，对四氯化碳、乙醇、砷等物质解毒作用显著下降。人体在过度疲劳的时候，会消耗掉机体的糖原贮备，所以不要在过度疲劳的状态下饮酒，否则对机体的危害更大。

另外，葡萄糖代谢的氧化产物葡萄糖醛酸，对某些药物还具有解毒作用。如：吗啡、水杨酸、磺胺类药物都是通过与葡萄糖醛酸结合，生成葡萄糖醛酸衍生物经排泄而解毒。

四、食品加工中的重要原、辅材料

碳水化合物是食品制造业的重要原、辅材料。如焙烤食品主要由富含碳水化合物的谷类原料制成；冰糖几乎全由蔗糖制成。很多加工食品都含有糖，并对赋予食品感官性状起重要作用。如面包表面的褐色形成需要还原糖参与的羰氨反应；果冻食品加工时，要控制一定的糖酸比。

五、有益肠道功能

膳食纤维作为食物中的重要组分，也是碳水化合物。如：纤维素、半纤维素、果胶、功能性低聚糖，虽不能被消化吸收，但可刺激肠道蠕动，利于排便，并促进结肠菌群发酵和有益菌增殖，有利于肠道健康。

第二节　食品中重要的碳水化合物

碳水化合物在动物性食品中含量很少，只有糖原、蜂蜜两种。但在植物性食品中，有大量存在。根据FAO/WHO的报告，按照化学结构和生理作用，可以将碳水化合物分为糖（单糖、双糖和糖醇）、低聚糖和多糖，分别介绍如下。

一、糖

糖通常是指纯的蔗糖。按FAO/WHO的新的分类，糖是指能准确测定的碳水化合物，包括单糖、双糖和糖醇。

（一）单糖

1. 葡萄糖

葡萄糖主要由淀粉水解产生，也可由蔗糖、乳糖的水解得到。它是机体吸收、利用最好的单糖，机体的各个器官都能利用它。除作为能量外、也用于制备许多其他重要的化合物，如核糖核酸中的核糖、脱氧核糖核酸中脱氧核糖、黏多糖、糖蛋白、糖脂、非必需氨基酸等。但人们一般不需直接食用葡萄糖，因为机体可以通过消化淀粉得到，且直接食用葡萄糖也很贵。

但有些器官需完全依靠葡萄糖来提供所需能量。如：①大脑每日约需100~120g葡萄糖。饥饿时，人体内贮存的糖类（糖原）很快耗尽，这时大脑所需的葡萄糖则必须由能转化为葡萄糖的生糖氨基酸提供。但若在长期、绝对饥饿时，大脑也能够适应这一变化，对葡萄糖的需要量减少到每天40~50g。②肾髓质、肺组织、红细胞等，也必须依靠葡萄糖供能。

因此，机体中的血糖浓度维持相对恒定的水平（正常为80~120mg/100mL血），可以保证这些组织的能源供应，从而维持其正常的生理功能。

2. 果糖

蜂蜜和许多水果中含有果糖。机体内的果糖，主要由肠道的二糖酶将蔗糖分解为葡萄糖和果糖而来。其中，果糖吸收时，部分果糖在肠黏膜细胞转化为葡萄糖和乳酸。与葡萄糖不同，在整个循环血液中，果糖的含量很低，因为肝脏是实际利用果糖的唯一器官，它可以将果糖迅速转化。

果糖的代谢不受胰岛素制约，所以糖尿病人可以食用果糖。但大量食用也会产生副作用，如恶心、上腹部疼痛、血管扩张等；还可引起肝脏中三酰甘油酯的合成增多，并导致高三酰甘油酯血症；血清胆固醇水平也有不同程度的升高。

果糖的甜度很高，是通常糖类中最甜的物质。因而果糖是食品工业中重要的甜味物质。如以蔗糖甜度为100，则葡萄糖甜度为74，果糖甜度为173。工业上利用异构化酶将葡萄糖转化为果糖，可制成不同规格的果葡糖浆（高果糖浆或异构糖），并应用于食品生产。

（二）双糖

1. 蔗糖

蔗糖由1分子葡萄糖和1分子果糖组成，是食品工业中最重要的含能甜味剂。在植物界有广泛分布，常大量存在于根、茎、叶、花、果实、种子内。

大量摄食蔗糖有副作用。西方国家人均每天食用蔗糖的量曾高达100g以上，结果出现体重过高、糖尿病、龋齿、动脉硬化、心肌梗塞等发病率很高。动物试验也表明，大量食用低分子糖有害。

蔗糖在口腔中易于发酵，产生溶解牙齿珐琅质和矿物质的物质。蔗糖被牙垢中存在的某些细菌和酵母菌发酵后，在牙齿上形成一层黏着力很强的不溶性葡聚糖以及酸性物，继而引起龋齿。所以黏附在牙齿上的食物和黏性甜食等对牙齿甚为有害，而保持良好的口腔卫生对防止龋齿具有重要的意义。

2. 异构蔗糖

异构蔗糖在蜂蜜和甘蔗汁中微量存在，是1957年首先由德国学者发现、制得的。又叫异麦芽酮糖。工业上可用 α-葡糖基转移酶（或称蔗糖变位酶）将蔗糖转化制取，它是由葡萄糖、果糖以 α-1,6-糖苷键相连接的右旋糖。

蔗糖(葡萄糖-β-1,2-果糖苷)　　　异构蔗糖(α-1,6-糖苷键)

经转化后形成的异构蔗糖，在保持了一些与蔗糖相似的性质的同进，也发生了一些有益的变化。

① 甜味：其甜味品质与蔗糖相似，味感纯正，但甜度约为蔗糖42％。

② 有还原性：其对斐林溶液的还原力为葡萄糖的52％。

③ 营养学作用：参与正常代谢，摄食后在小肠内被异构蔗糖酶分解为葡萄糖、果糖而被机体吸收，因此它仍然是一种能源物质。

④ 耐酸性增强：如，20％蔗糖溶液在 pH 2.0、经100℃加热60min 时，可全部水解为葡萄糖、果糖，而异构蔗糖不会酸解。

⑤ 不致龋：异构蔗糖不被口腔中的细菌和酵母发酵、产酸，也不会产生强黏着力的不溶性葡聚糖，所以不会导致龋齿。它已经被许多国家批准作为甜味剂，代替蔗糖使用。

3. 麦芽糖

麦芽糖由2分子葡萄糖构成，在麦芽中含量较多，一般植物中含量很少。主要在种子发芽时，因酶的作用分解淀粉会生成。动物体内不含麦芽糖（由淀粉、糖原水解的除外）。

食品工业中所用的麦芽糖主要由淀粉经酶水解而来，是食品工业中重要的糖质原料，其甜度约为蔗糖的1/2。主要为供能所用，但易被酵母发酵。

4. 乳糖

乳糖是哺乳动物乳汁中主要的碳水化合物，含量依动物不同而异。由1分子葡萄糖和1分子半乳糖组成。如，通常人乳含乳糖约7.4％，牛乳则为3.4％。乳糖不易溶解，味不甚甜，但酵母不能使之发酵，所以适合在婴儿奶粉中使用。

营养学意义：

① 乳糖是婴儿主要食用的糖类物质。婴儿期后，肠道中乳糖酶活性急剧下降，甚至在某些个体中几乎降到 0，所以有的成人食用大量乳糖不能消化，导致腹泻等症状。食物中乳糖含量高于 15％时，可导致渗透性腹泻。

② 对婴儿的健康有重要意义。乳糖除了能保持肠道中最合适的肠菌丛数外，还能促进钙的吸收。故在婴儿食品中可以添加适量的乳糖。

5. 异构乳糖

异构乳糖由 1 分子半乳糖和 1 分子果糖组成。它由乳糖异构产生，没有天然存在。例如：原乳中没有异构乳糖。但经不同加工处理后，可含有一定量的异构乳糖，如：淡炼乳中含有大约 0.4％～0.9％的异构乳糖。超高温瞬时杀菌（UHT）的乳中含异构乳糖约为 5.0～71.5mg/100mL，瓶装灭菌乳中含量可大于 71.5mg/100mL。

异构乳糖的甜度约为蔗糖的一半。因为人体无分解它的酶，所以不能被消化、吸收。因而，异构乳糖对人具有一定的保健作用：

（1）促进肠道有益菌双歧乳酸杆菌的增殖。其代谢产物（乳酸、己酸等有机酸）降低了肠道的 pH 值，可抑制腐败菌的生长。

（2）促进肠中双歧杆菌自行合成 VB_1、VB_2、VB_6、VB_{12}、烟酸、泛酸以及 VE、VK 等，其中以 VB_1 的合成较为丰富。

（3）不被小肠消化、吸收，故有整肠、通便的作用。

（三）糖醇

糖醇是糖的衍生物，常用于代替蔗糖作甜味剂，营养上也有其独特的作用。

1. 山梨糖醇

山梨糖醇广泛存在于海藻、果实类（苹果、梨、葡萄）等植物中。熔点 97.5℃，氧化后生成葡萄糖、果糖或山梨糖。工业上，用葡萄糖经氢化后制取，又叫葡萄糖醇。山梨糖醇的甜度与麦芽糖、异构乳糖相似，约为蔗糖的一半。具有吸湿作用，利用这一特性，可将山梨糖醇用作糕点等的保湿剂。

营养特性：山梨糖醇吸收后，产生热能约 17kJ(4kcal)/g，与普通的糖类相同。但代谢时转化为果糖（不转变为葡萄糖），因为果糖代谢不受胰岛素制约，所以山梨糖醇代谢也不受胰岛素控制，适合于糖尿病患者食用。

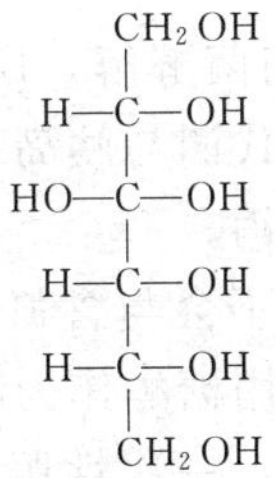

山梨糖醇 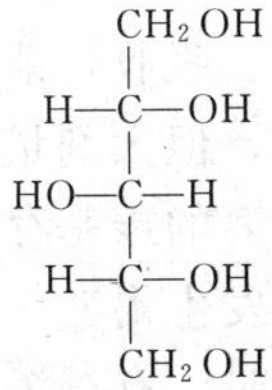　　　　木糖醇

2. 木糖醇

木糖醇在香蕉、草莓、胡萝卜、洋葱、花椰菜、茄子等水果、蔬菜中天然存在。工业上，以木屑、玉米芯等水解产生木糖后，再经氢化制得木糖醇。

营养学特性：木糖醇的甜度与蔗糖相同。在供能方面也与蔗糖相同，所以多食同样会引起肥胖，还可能会造成腹泻。其代谢不受胰岛素调节，糖尿病患者可食用，但需注意其对低血糖无效。木糖醇不被口腔细菌发酵，对牙齿无害，并可阻止新龋形成和原有龋齿的继续发展。所以，可在无糖糖果的生产中作为甜味剂添加使用，还可起到止龋或抑龋的作用。

3. 麦芽糖醇

麦芽糖醇是一种双糖糖醇。由麦芽糖（α-1,4-葡糖苷键）氢化制得。作为麦芽糖醇的原料，麦芽糖的含量要达到60%以上为好，否则氢化后总醇中麦芽糖醇不到50%，就不能叫麦芽糖醇。工业上由淀粉经酶解产生葡萄糖浆（含多种组分），再氢化后制成。产物中含有多种糖醇、氢化葡萄糖，其中含麦芽糖醇50%～90%不等，故又称为麦芽糖醇糖浆。麦芽糖醇极易溶解于水，其甜度为蔗糖的75%～95%，且甜味温和，没有杂味，主要用作甜味剂使用。另外，麦芽糖醇具有显著的吸湿性，可以作为各种食品的保湿剂。

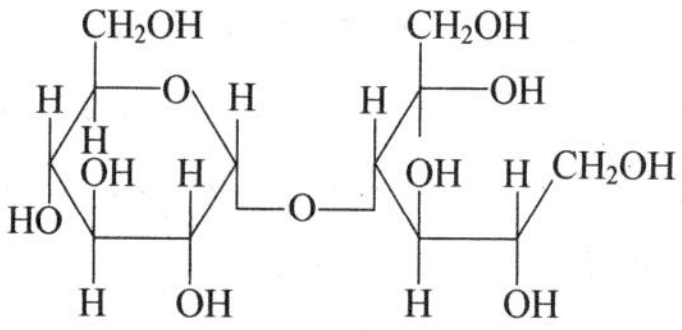

麦芽糖醇

营养学特性：

（1）麦芽糖醇在体内几乎不分解，在小肠内分解量为同等量麦芽糖的1/40，故为非能源物质。可用做肥胖病人的食品原料；

（2）不升高血糖，也不增加胆固醇、中性脂肪的含量，所以可以作为糖尿病、心血管疾病患者的甜味剂；

（3）麦芽糖醇不易被霉菌、酵母及乳酸菌利用，可防龋齿。

4. 乳糖醇

乳糖醇是由乳糖催化加氢制成，稳定性高、不吸湿。极易溶于水。

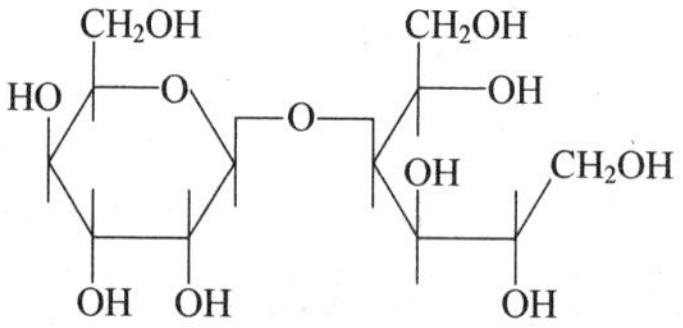

乳糖醇

乳糖醇的甜度为蔗糖的30%～40%。不会被细菌酵解，所以是一种非致龋物质或止龋物质。在肠道内几乎不被消化、吸收，能量很低。代谢与胰岛素无关，不增加血糖浓度，故可供糖尿病人和肥胖病人食用，但大剂量可引起腹泻。

上述糖醇，因结构上无游离的羰基存在，所以不会与含氮化合物产生"羰氨反应"。在食品加工过程中，不会使食品发生褐变，这也是使用糖醇作为甜味剂时带来的一个优点。但需要注意使用量。高剂量使用时，有缓泻作用，如：一次性服用木糖醇150g以上有通便的作用。所以，在实际应用的时候，应该注意其在最终产品中的含量的控制问题。

二、低聚糖

低聚糖或称寡糖，由3～9个糖单位组成。常见的有：半乳糖基蔗糖，如棉子糖、水苏糖，在结肠发酵产气，即所谓的"胀气因子"；低聚果糖，在某些谷物（小麦、燕麦）、蔬菜（芦笋、洋葱）、水果（香蕉）中有少量存在。此外还有低聚异麦芽糖、低聚木糖等。

它们不能被人体消化、吸收、利用，故又称为抗性低聚糖。但在结肠可被细菌发酵，具有促进双歧杆菌增殖，产生短链脂肪酸（如乙酸、丙酸）及二氧化碳、氢气、甲烷等，降低肠道 pH，促进结肠蠕动的作用，因此在功能性食品中得到广泛应用。

1. 大豆低聚糖

是大豆中所含可溶性低聚糖的总称，它是 α-半乳糖苷类，主要由棉子糖（三糖）、水苏糖（四糖）等组成，同时也含有一定的蔗糖和其他成分。棉子糖是由半乳糖、葡萄糖、果糖组成的三糖。半乳糖与蔗糖的葡萄糖基，以 α-1,6 糖苷键相连。水苏糖是在棉子糖的半乳糖基一侧，再连接一个半乳糖。

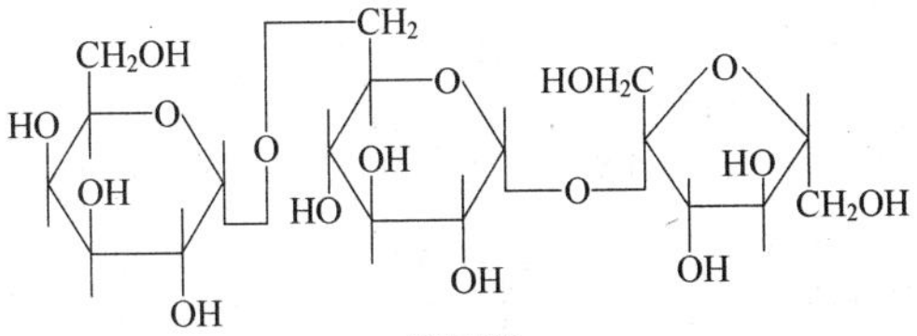

棉子糖

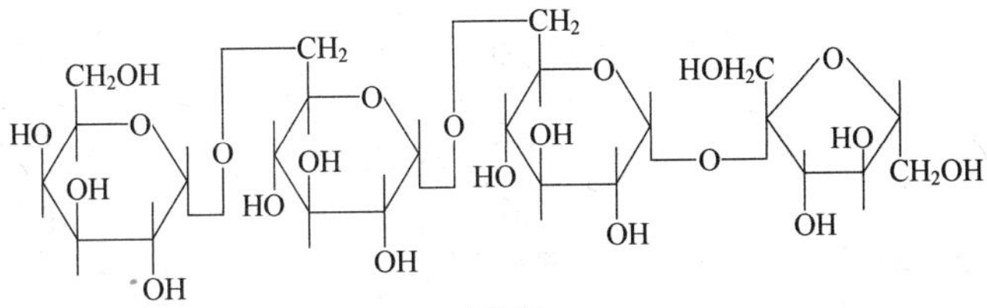

水苏糖

大豆低聚糖是以生产浓缩或分离大豆蛋白时的副产物大豆乳清为原料进一步分离制成。是一种低甜度、低热量的甜味剂，其甜度为蔗糖的 70%，其热量是每克 8.36kJ，仅是蔗糖热能的 1/2，而且安全无毒。改良大豆低聚糖仅由棉子糖、水苏糖组成，甜度约为蔗糖的 22%。人体胃肠道内没有水解水苏糖和棉子糖的酶系统，因此大豆低聚糖不被消化，到达结肠时被细菌发酵。

2. 低聚异麦芽糖

低聚异麦芽糖又叫分枝低聚糖。自然界中低聚异麦芽糖极少以游离状态存在，但作为支链淀粉或多糖的组成部分，在某些发酵食品如酱油、黄酒或酶法葡萄糖浆中有少量存在。工业上以淀粉为原料生产低聚异麦芽糖，需要一种酶，此酶为 α-葡萄糖苷酶，又名葡萄糖基转移酶，简称 α-糖苷酶。

低聚异麦芽糖是由 2～5 个葡萄糖单位构成，其中至少有一个 α-1,6 糖苷键的一类低聚糖。包括：异麦芽糖、异麦芽三糖、异麦芽四糖、异麦芽五糖等，甜度逐渐降低，通常为蔗糖甜度的 30%～60%。

营养特性：

(1) 不被口腔微生物利用，故不会引起龋齿；

(2) 不被人体消化吸收，可作为低能量食品原料；

(3) 促进双歧杆菌增殖，抑制肠道有害菌的生长。而且还能在肠道内合成 B 族维生素并提高机体免疫力等。

3. 低聚果糖

又称蔗果低聚糖，是由 1～3 个果糖基通过 β-2,1-糖苷键，与蔗糖中的果糖基结合，生成的蔗果三糖、蔗果四糖和蔗果五糖等的混合物。既保持了蔗糖的纯正甜味性质，又比蔗糖甜味清爽。甜度为蔗糖的 0.3～0.6 倍。

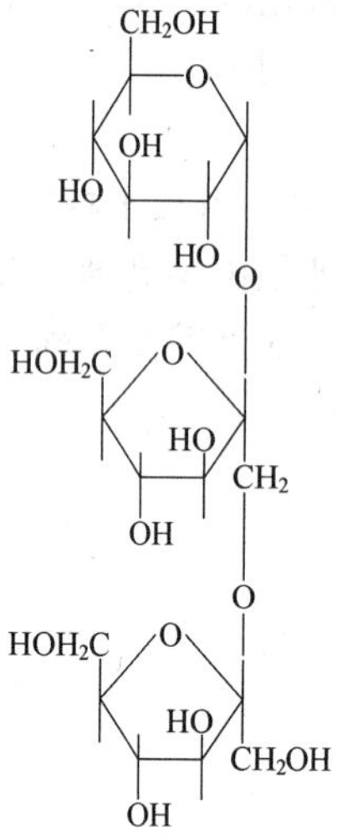

蔗果三糖 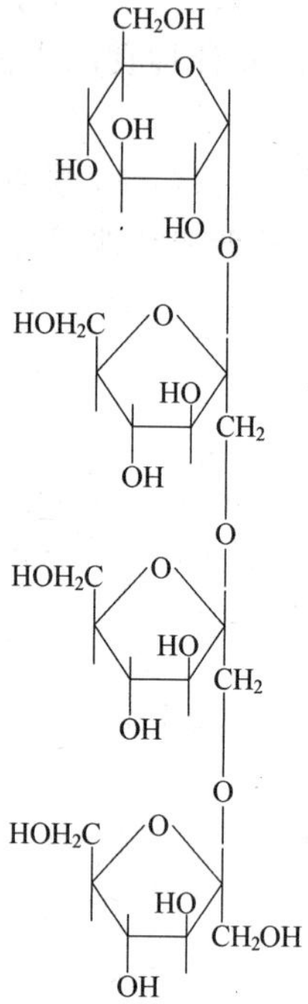　　　　　　　　蔗果四糖 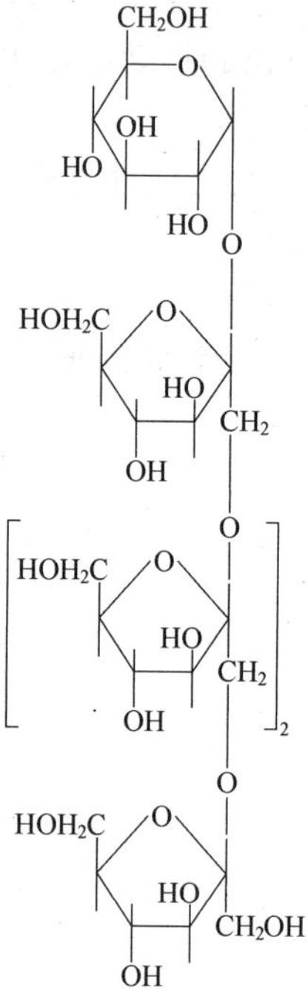　　　　　　　　蔗果五糖

低聚果糖在自然界的一些植物中含量很低，工业上用果糖基转移酶由发酵法制取。

低聚果糖的营养特性：

（1）不能被人体消化利用，是非能量物质；

（2）是肠内双歧杆菌的活化增殖因子，可减少和抑制肠内腐败物质的产生，抑制有害细菌的生长，调节肠道内平衡；

（3）能促进微量元素铁、钙的吸收与利用，以防止骨质疏松症；

（4）可减少肝脏毒素，能在肠中生成抗癌的有机酸，有显著的防癌功能；

（5）刺激肠道蠕动、防止便秘。

4. 低聚乳果糖

低聚乳果糖是由半乳糖、葡萄糖和果糖组成的三糖，通常以乳糖和蔗糖（1:1）为原料，在 β-呋喃果糖苷酶催化下制成的。

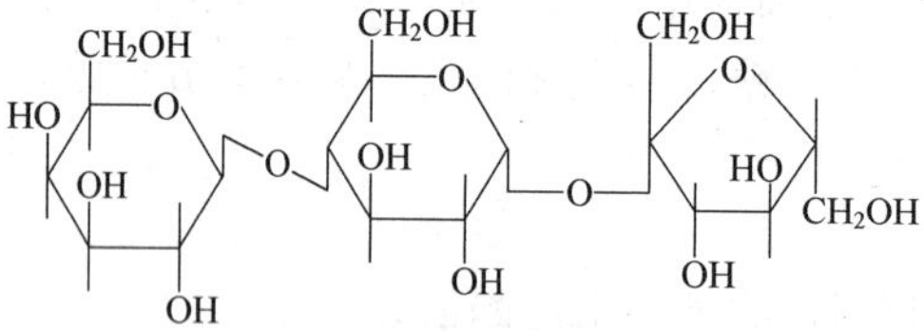

（半乳糖）　　　（葡萄糖）　　　（果糖）
低聚乳果糖

低聚乳果糖是一种非还原性低聚糖，其甜味与蔗糖类似，甜度为蔗糖的 30%。商业化生产的低聚乳果糖，由于含有蔗糖、乳糖等其他成分，因而甜度要略高一些，可达蔗糖的 50%～70%。与其他低聚糖相比，低聚乳果糖对酸、热具有较高的稳定性，在 pH 3.0 下 80℃加热 2h，几乎不发生分解，在 pH 4.5 的条件下，其加热温度甚至可达到 120℃。

低聚乳果糖的营养特性：

（1）低聚乳果糖低热量，难以被人体消化，食用后基本上不增加血糖含量和血胰岛素水平，可供糖尿病人、肥胖病人食用。

（2）与同是双歧杆菌增殖因子的低聚异麦芽糖等相比，低聚乳果糖的双歧杆菌增殖活性更高。肠道内的双歧杆菌、乳杆菌优先利用低聚乳果糖产生乳酸、乙酸等有机酸代谢物，降低了肠道内的 pH 值，从而抑制了大肠内其他腐败微生物和病原微生物的生长。

（3）双歧杆菌利用低聚乳果糖发酵产生的大量短链脂肪酸（主要是乳酸和乙酸）能够刺激肠道蠕动，提高粪便渗透压，增加粪便的湿润度，防止便秘；肠道蠕动还有利于肠道内有害物质排出体外，降低结肠癌的发病率。

（4）低聚乳果糖不被口腔酶液分解，不被导致龋齿的链球菌所利用，有防止龋齿功能。

（5）低聚乳果糖能促进肠道内钙的吸收，可以降低钙的服用。

5. 低聚木糖

低聚木糖又称木寡糖，是由 2～7 个 D-木糖以 β-1,4-木糖苷键结合而构成的低聚糖，其组成又以木二糖和木三糖为主。以玉米芯、棉籽壳、甘蔗渣等天然食物纤维为原料，采用不同制备技术制取。低聚木糖的主要成分及化学结构如下。

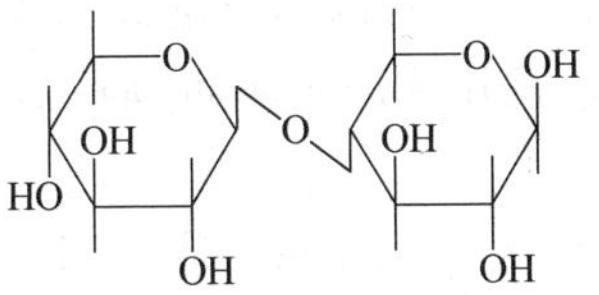

木二糖（简称 X_2） 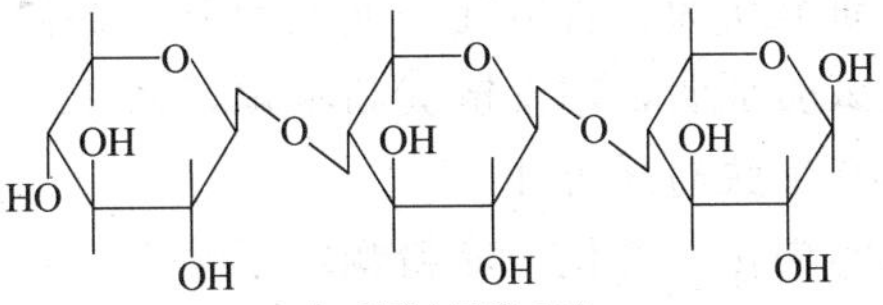　　木三糖（简称 X_3）

低聚木糖的甜度约为蔗糖的 40%，其甜味纯正。低聚木糖具有良好的持水性，可作为食品的保湿剂使用。

低聚木糖的营养特性：

（1）是双歧杆菌的有效增殖因子，可大量增殖双歧杆菌和乳酸菌，从而抑制肠内腐败菌的生长，改善肠道微生态环境，起到调整人体的生理功能，增强机体免疫力，预防疾病发生的效果。

（2）低聚木糖还有防止腹泻、便秘、抵抗肿瘤和分解致癌物等功能。

（3）低聚木糖具有难消化、热量低的特性。低聚木糖很难被人体消化酶系统所分解，其热量值近似为 0，可供糖尿病人、肥胖病人食用。

（4）低聚木糖不能被口腔内细菌所利用，也不能被口腔酶分解。低聚木糖与蔗糖并用时能阻止蔗糖被龋齿病原菌利用而生成牙垢，可抑制葡萄糖在牙齿上附着，防止牙齿表面珐琅质脱灰。

（5）当低聚木糖和钙同时食用时，能促进对钙的吸收。

三、多糖

顾名思义，多糖是指由许多单糖分子残基（10 个及以上）构成的大分子化合物。一般可将多糖分为淀粉多糖和非淀粉多糖。淀粉包括直链淀粉和支链淀粉。近年来的研究发现，淀粉中还存在一种不能被人体消化、吸收的淀粉，称之为抗性淀粉。非淀粉多糖包括纤维素、半纤维素、果胶、植物胶、树胶、藻类多糖等，通常作为膳食纤维的组分。

多糖按化学组成，分为两类。同多糖，由相同的单糖残基构成。如淀粉即由单一的葡萄糖构成；杂多糖，由不同的单糖分子残基和糖醛酸分子组成。如食品工业中作为增稠剂的黄原胶，由 D-葡萄糖、D-甘露糖、D-葡萄糖醛酸（2:2:1）构成。

(一) 淀粉多糖

1. 淀粉

(1) 淀粉的分类与结构　淀粉可分为直链淀粉和支链淀粉。直链淀粉是由葡萄糖以 α-1,4-糖苷键缩合而成，其分支点中可含少量 α-1,6-糖苷键（占总糖苷键的 0.3%～0.5%），但其分支点少，且支链很长，因此基本上和直链淀粉相同。支链淀粉是由葡萄糖以 α-1,4-糖苷键构成主链，支链以 α-1,6-糖苷键与主链连接而成，其 α-1,6-糖苷键占总糖苷键的 5%～6%。它们都是植物的贮藏物质，也是人类食物中最重要的供能物质。

一般谷物中直链淀粉约为 20%～25%，支链淀粉 75%～80%。糯米几乎全为支链淀粉。直链淀粉含量超过 50% 的淀粉称之为高直链淀粉。高支链淀粉玉米籽粒中几乎含有 100% 的支链淀粉，叫高支链淀粉玉米（糯玉米或蜡质玉米）。我国尚无育成的高直链淀粉玉米品种在生产上推广，工业上需要的直链淀粉大部分从美国进口，价格为普通淀粉的 10 倍左右。

(2) 淀粉对血糖水平的影响　淀粉在肠道中是一个逐渐水解过程，所以需要一定的时间。这就是为什么机体不会突然出现葡萄糖水平过高的原因。由于血糖水平上升较慢，且不会达到极限高度，所以通常食用淀粉后不会发生饮食性糖尿病，而食用低分子糖则可能会有不利影响。有研究认为，直链淀粉使血糖升高的幅度较小，所以高直链淀粉食品是糖尿病人的理想食品，试验证明，用支链淀粉喂鼠，从 12～16 周开始产生不可逆的胰岛素抗性，而直链淀粉则不产生胰岛素抗性。

(3) 淀粉的糊化与老化　淀粉颗粒不溶于水，但易水合并吸水膨胀。当淀粉颗粒悬浮于水中并加热时，颗粒膨胀破裂、黏度增加，成为半透明的糊化淀粉。糊化后可增加淀粉的可消化性。糊化淀粉即 α-淀粉；未糊化淀粉即 β-淀粉。

当糊化的淀粉缓慢冷却后，会形成具有黏弹性的凝胶，随着时间的延长，直链淀粉的线状链和支链淀粉的短链可重新排列，并通过氢键缔合形成不溶性沉淀，再次回变为难以消化的 β-淀粉，这个过程称为淀粉的老化或返生。通常，直链淀粉含量越高，糊化越难，且易发生凝沉，易于老化。但当 α-淀粉在高温下快速干燥至水分小于 10% 时，可长期保存。这就是方便食品或即食食品（instant food）的制作原理，此时再加水后，无需加热即可得完全糊化的淀粉，如即食藕粉等。

2. 糊精

(1) 糊精的组成及产生　糊精也有多个葡萄糖分子构成。由液化型淀粉酶水解淀粉或稀酸处理淀粉制得。通常，糊精的分子大小约为淀粉的 1/5。

液化型淀粉酶即 α-淀粉酶，其以随机方式从淀粉内部将糖苷键断开，产物为还原糖（麦芽糖）和小分子糊精，使淀粉黏度降低，所以称液化酶。

糖化淀粉酶即 β-淀粉酶，是外切酶，从淀粉的非还原性末端将麦芽糖单位水解下来，但不能裂开 α-1,6-糖苷键。

糖化酶即葡萄糖-淀粉酶，为外切酶，从底物的非还原性末端将葡萄糖单位水解下来；特异性低（对 α-1,4、α-1,3、α-1,6 糖苷键都能作用），但仍不能使支链淀粉完全降解，但在有 α-淀粉酶参与时，可以完全降解。

异淀粉酶，主要催化水解支链淀粉的 α-1,6-糖苷键，又称脱支酶。

当以糖化型淀粉酶（β-淀粉酶）水解支链淀粉时，50%～60% 转化为麦芽糖，至分支点时生成的糊精，叫 β-极限糊精；当以糖化型淀粉酶（β-淀粉酶）水解直链淀粉时，可使其 70%～90% 降解为麦芽糖，因为直链淀粉在制备中，由于氧化等因素被酸性，所以不能完全被水解。淀粉经 α-淀粉酶水解后产生的是 α-糊精和麦芽糖。

食品工业中，以大麦芽为酶源，水解淀粉形成糊精、麦芽糖的混合物，称为"饴糖"。饴糖是甜味食品生产的重要糖质原料，食入后在体内消化、水解为葡萄糖后被利用。

（2）糊精的特性　糊精与淀粉不同，具易溶于水、强烈保水、易于消化等特点。食品工业中用作增稠、稳定或保水剂。在一些固体饮料中，常用糊精作配料。

3. 改性淀粉

（1）改性淀粉的定义　改性淀粉也称变性淀粉，是指利用物理、化学、生物等手段改变天然淀粉的性质。通过切断分子、分子重排、氧化或者在分子中引入取代基等方法制备得到性质改变、加强或者产生新性质的淀粉衍生物。

（2）改性淀粉的优点　天然淀粉具有易腐败、老化、不溶于冷水、抗剪切性能低、加热糊化后增稠并且热稳定性差等特点。变性淀粉在一定程度上弥补了天然淀粉水溶性差、乳化能力和胶凝能力低、稳定性不足等缺点。天然淀粉经改性后，可提高其溶解度、增加透明度、降低黏度、促进凝胶形成和增加凝胶强度、提高凝胶稳定性、成膜性以及耐酸、耐碱、耐热等。

（3）淀粉改性的方法　主要有物理法改性和化学法改性。

① 淀粉的物理改性　主要有热液处理、微波处理、电离放射线处理、超声波处理、球磨处理、挤压处理等。通过物理改性，天然淀粉的很多物化性质都得到明显的改善。由于物理改性没有添加任何有害物质，所以通过物理改性的淀粉作为食品添加剂越来越受到消费者的关注。近年来，各种现代高新技术的应用，为淀粉的物理法改性开拓了新的发展方向。

② 淀粉的化学改性　主要有酸改性、氧化改性、糊精化、交联改性和引入稳定取代基法。

酸改性淀粉是在低于糊化温度时，用无机酸处理淀粉浆液而得到。这种改性方法可以很好地调控 α-葡聚糖的水解，可以得到比原淀粉黏度更低的淀粉。因此也称之为"酸变稀"淀粉，有着很好的流动性。由于酸处理淀粉有相对低的黏度和分子质量等性质，因此可用于软糖、淀粉果冻等食品工业。

氧化改性是淀粉分子在氧化剂作用下，葡萄糖单位上的 C6 位上的伯羟基，C2、C3 上的仲羟基被氧化成醛基或羧基。常用氧化剂有次氯酸钠、过氧化物、高锰酸钾等。羧基的引入，使得分子之间的距离加大，阻止了分子中的氢键形成，从而使之有易糊化、黏度低、凝沉性弱、成膜性好、膜的透明度及强度高等特点。氧化淀粉用途广泛，可用作食品工业中的低黏度增稠剂、代替植物胶用于果胶、软糖、酱类制品生产加工中。

交联淀粉是淀粉上的羟基与多官能团物质的反应而制得。在反应中，淀粉的羟基与交联剂发生醚化、酯化反应，增加了淀粉糊的稳定性和耐酸、耐热性。常用的交联剂主要有三偏磷酸钠和三氯氧磷，这 2 种交联剂都是无毒的，可以应用于食品工业。

引入稳定取代基是在淀粉的羟基上引入一些官能团，可以有效地降低其糊化温度、降低淀粉的老化倾向。常见的稳定取代的淀粉有乙酸化淀粉、辛基琥珀酸钠盐淀粉、羟丙基化淀粉醚等。然而目前所常见的改性淀粉多为低取代度改性物，发展高取代度改性物和在淀粉上引入新的基团是今后的发展方向。

4. 抗性淀粉

（1）抗性淀粉的定义　1983 年，英国生理学家 Hans Englyst 首先将一部分在人体肠胃中不被淀粉酶消化的淀粉定义为抗性淀粉。1992 年，世界粮农组织（FAO）根据 Englyst 和欧洲抗性淀粉研究协作网（EURESTA）的建议，将抗性淀粉（resistant starch，RS）定义为：健康者小肠中不吸收的淀粉及其降解产物。

（2）抗性淀粉的分类　Englyst 等根据淀粉抗消化性来源不同，将抗性淀粉分为四类：RS1，物理包埋淀粉；RS2，生淀粉颗粒；RS3，回生淀粉；RS4，化学改性淀粉。

① RS1 物理包埋淀粉（physically trapped starch）　此类型抗性淀粉的形成是因为淀粉质被包埋于食物基质中，例如：淀粉颗粒因细胞壁而受限于植物细胞中，或因蛋白质成分之遮蔽而使小肠淀粉酶不易接近，因此发生酶抗性。此类型抗性淀粉会受饮食时咀嚼作用、加工过程中粉碎及碾磨作用的影响而改变其含量。

② RS2 抗性淀粉颗粒（resistant starch granules）　此类型抗性淀粉包括具抗性的淀粉颗粒及未糊化的淀粉颗粒。一般当淀粉颗粒未糊化时，对 α-淀粉酶会有高度的消化抗性；此外天然淀粉颗粒，如绿豆淀粉、马铃薯淀粉等，其结构的完整和高密度性以及高直链玉米淀粉中的天然结晶结构都是造成酶抗性的原因。

③ RS3 回生淀粉（retrograded starch）　亦作老化淀粉，指糊化后的淀粉在冷却或储存过程中结晶，而难以被淀粉酶分解的淀粉。其广泛存在于食品中。这主要由老化的直链淀粉引起。老化的直链淀粉极难被酶作用，而老化的支链淀粉抗消化性小一些，而且通过加热能够逆转，所以 RS3 最具有商业价值。老化淀粉是抗性淀粉的重要成分。由于它是通过食品加工形成的，因而也是重要的一类。RS3 常存在于冷米饭、面包及一些油炸食品中。

④ RS4 化学改性淀粉（chemically modified starch）　指淀粉通过化学改性可以形成酶抗性。可抵抗 α-淀粉酶的消化，如乙酰化淀粉、羟丙基淀粉和交联淀粉，以及由于酶抑制剂或抗营养因子的存在而不能被消化的淀粉。

常见食物中的抗性淀粉含量见表 5-1。

表 5-1　常见食物中抗性淀粉的含量

食 物 种 类	干重/%	总淀粉/%干重	RS/%g 淀粉
面粉	54.5	77	1
玉米片	95.8	78	3
即食土豆	16.7	73	1
热熟土豆	22.8	74	5
青香蕉	99.1	75	57
煮熟香蕉	23.8	75	10
通心粉	28.3	79	5
青豆(冻的,煮 5min)	18.3	20	5
豆片	93.6	49	6
生土豆淀粉		97.5	64.9
高直链玉米淀粉		96.3	68.8
工业制造纯抗性淀粉		96.2	72.6

注：引自 Englyst 和 EURESTA 报道的数据。

（3）抗性淀粉的生理功能　抗性淀粉在体内所产生的热量不及淀粉的 1/10，所以认为抗性淀粉在体内为低能量甚至不产生能量。相关研究还发现，高抗性淀粉饮食可明显降低餐后血糖、胰岛素反应，增加胰岛素敏感性，这对 2 型糖尿病患者可起到延缓餐后血糖上升，控制糖尿病病情的作用。由于抗性淀粉在代谢类型上类似于膳食纤维，且拥有很多优于膳食纤维的特点，这使得抗性淀粉在食品营养学研究领域中的地位显得十分重要。

（二）非淀粉多糖

1. 纤维素

纤维素存在于所有植物细胞壁中，是植物的支持组织，占植物界碳含量的 50% 以上。最纯的天然纤维素来源是棉花，其纤维素含量 90% 以上。纤维素由葡萄糖以 β-1,4-糖苷键连接而成。纤维素彼此靠近成束，以氢键相连。虽然氢键的键能比一般化学键能小得多，但因为氢键的数量很多，所以结合得相当牢固。在通常的食品加工条件下，纤维素不易被破坏，不溶于水。

因为人体无分解 β-1,4-糖苷键酶，所以人类不能消化利用纤维素。这样纤维素只能以原形通过胃、小肠，至大肠后，肠内细菌可分解它产生低级脂肪酸、乳酸、气体（如 H_2、CO_2、CH_4 等）。过去认为，因为纤维素不能被人体消化、利用，所以没有营养价值，因此认为它无关紧要。但现在认识到纤维素是人们膳食中不可缺少的成分，在维护人类健康方面有重要作用。见后面膳食纤维部分（本章第三节）。

2. 半纤维素

半纤维素与纤维素一起存在于植物细胞壁中，不溶于水，可被稀酸水解己糖、戊糖；半纤维素大量存在于植物的木质化部分，如秸秆、种皮、坚果壳等。半纤维素包括很多高分子多糖，有的是均一多糖，有的是混合多糖。如小麦的阿拉伯木聚糖、大麦的 β-D-葡聚糖等，均不能被人体消化、利用，但可被肠道微生物分解。其组成的单体有：葡萄糖、果糖、甘露糖、半乳糖、阿拉伯糖、木糖、鼠李糖、糖醛酸等。

3. 木质素

从组织结构上说，木质素是使植物木质化的物质，如植物的枝、茎的支持组织。它与纤维素、半纤维素同时存在于植物细胞壁中，不能为人体所消化、吸收。需要注意的是它的组成，木质素不属于多糖，是多聚（芳香族）苯丙烷化合物，称苯丙烷聚合物。

4. 果胶物质

是植物细胞壁的组成成分，存在于水果、蔬菜等的软组织中。果胶物质按照果蔬成熟度的不同，可以分为 3 种：原果胶、果胶、果胶酸，是甲基化程度不等的 D-半乳糖醛酸以 α-1,4-糖苷键连接的聚合物。它们均不能被人体消化、吸收。通常在食品工业中作为增稠剂（果冻、果酱）。

5. 植物胶与树胶

在一些植物种子中也存在非淀粉多糖。如，瓜尔豆中所含瓜尔豆胶，是由半乳糖基和甘露糖基按大约 1：2 的比例组成的多糖。而刺槐豆种子中所含的刺槐豆胶，是由半乳糖基与甘露糖基以大约 1：4 的比例组成的多糖。这类种子胶还有田菁胶、亚麻子胶、角豆胶等。

有的树木在树皮受到创伤时，可分泌出胶体物质以保护和愈合伤口。如，阿拉伯胶树分泌的阿拉伯胶，是由阿拉伯糖、鼠李糖、半乳糖、葡萄糖醛酸等组成的多支链多糖。属于树胶的还有黄蓍胶、刺梧桐胶等。

6. 海藻胶

海藻胶来自于天然海藻类。如，琼脂胶、卡拉胶均来自于红藻。海藻酸盐来自于褐藻。上述植物胶、树胶、海藻胶，均属于非淀粉多糖类物质，由不同的单糖、糖的衍生物构成，摄食后均不能被人体消化、吸收，多作为食品增稠剂。

第三节　膳食纤维及其作用

一、膳食纤维的定义

膳食纤维最初被认为是"木质素与不能被人体消化道分泌的消化酶所消化的多糖之总称"。按此定义，膳食纤维主要是一些植物性物质，如纤维素、半纤维素、木质素、戊聚糖、果胶、树胶等；有人认为，也可包括动物性甲壳质、壳聚糖等；或可以包括人工化学修饰的某些物质,如甲基纤维素、羧甲基纤维素、藻酸丙二酸酯等。

1998 年,FAO/WHO 的报告提出,膳食纤维由非淀粉多糖、木质素、抗性低聚糖和抗性淀粉组成。它们在小肠内均不能被消化或仅部分消化。

食物中的膳食纤维含量,依食物种类不同而异。如蔬菜的茎、叶中含量高,根茎类低(含淀粉高)。不同食物的膳食纤维组成成分也不同,蔬菜、干豆类以纤维素为主;谷类以半纤维素为主。

二、膳食纤维的生理作用

1. 降低胆固醇的吸收,防止心血管疾病

膳食纤维可螯合胆固醇,抑制机体对胆固醇的吸收,降低的是低密度脂蛋白胆固醇。这被认为是膳食纤维可防治高胆固醇血症和动脉粥样硬化等心血管疾病的原因。

实验表明,富含可溶性纤维的食物(如燕麦麸、大麦、蔬菜)可降低人的血浆胆固醇。可溶的纤维可能通过将胆汁酸隔离在小肠下部,阻断了肠、肝管道的胆汁酸循环,从而增大了肝管胆固醇合成胆汁酸反应,降低血液胆固醇。

喂粗饲料的动物,即使给以高剂量的胆固醇,动物血中仍保持低胆固醇水平;天然的纤维素物质比纯纤维素对胆固醇的排出作用更好。

但另一方面也可能带来不利影响。当食物中含中等量的纤维物质时,可以降低来自脂肪、蛋白质的表观可利用能量约 2%~3%;由于膳食纤维的螯合作用,一定程度上可妨碍机体对微量元素的吸收、利用。

但实际生活中,摄食充足营养素和富含高纤维食品的人很少出现维生素和矿物质的缺乏。这可能是由于这些成分和膳食纤维结合进入结肠后,被结肠的细菌发酵而又释放出来,并与所产生的短链脂肪酸一起在结肠末端和直肠被吸收。

2. 吸水作用

膳食纤维具有很强的吸水能力,但是不同来源的食物纤维,其吸水能力相差很大。如胡萝卜粉为 23.4g 水/g,燕麦粉只有 1.8g 水/g。

膳食纤维吸水后还可相应地产生多方面的功用:

(1) 膳食纤维吸水后体积增大,可刺激肠道蠕动,使粪便软化,防止便秘。

(2) 膳食纤维吸水后排出,可以减轻泌尿系统压力(缓解泌尿系统疾病)。

(3) 膳食纤维吸水后体积增大,可使胃肠道保持一定的充盈度,产生饱腹感,但又不被消化,有利于肥胖者的节食减肥。

3. 促进肠道有益菌生长,增强机体免疫力

膳食纤维可在结肠中发酵,促进肠道有益菌的生长。如摄食低聚果糖会使肠道中双歧杆菌的增长提高十倍,而无厌氧菌浓度的改变。人体摄食低聚异麦芽糖后,粪便中吲哚、酪胺等蛋白质腐败产物显著降低,说明肠道中的腐败菌活动减弱。而肠道中的双歧杆菌还可合成多种 B 族维生素,并进一步提高机体的免疫力。膳食纤维在结肠发酵所产生的短链脂肪酸,降低了肠道的 pH,也可抑制腐败菌的生长,从而有利于机体的健康。

4. 防止结肠癌

膳食纤维可吸附毒物,并加快肠道蠕动,促进有害物质的排出,有助于防止结肠癌的发生。如摄入膳食纤维不足,可导致结肠癌发病率增加。如,鱼、肉燃烧产生的致癌物的毒性,可以用从蔬菜(牛蒡、葱头等)中分离到的膳食纤维来抑制。

因此,膳食纤维尽管不是一种传统的营养素,但它在人类健康中的作用是必不可少的。现在,已被作为第七大营养素。

5.阻止心脏病的发生

膳食纤维可以阻止慢性疾病，如心脏病的发生。且这种机制，并不是通过使胆固醇降低而发生作用，而是涉及到一些同时摄入的抗氧化维生素、叶酸等的作用，以及一些非营养素的药物作用。

第四节　膳食纤维的摄入量及食物来源

20世纪70～80年代，英、美等一些发达国家认识到，其人群中结肠癌、高血脂等发病率增加与其膳食结构不合理，尤其是膳食纤维含量大幅度下降有关。因此，一方面，他们除了增加含食物纤维含量高的谷类制品（如全麦面包）和果蔬制品（果蔬片、植物粉末）的摄食外，另一方面，还大力发展强化食物纤维成分的配方食品等，如含纤维饮料、面包、早餐食品（甜点、饼干）等。

一、膳食纤维的摄入量

美国FDA推荐的总膳食纤维摄入量为成人每日20～35g。此推荐量的低限是可以保持纤维对肠功能起作用的量，而上限是不致因纤维摄入过多而引起不利作用的量。此外，美国供给量专家委员会推荐，膳食纤维中以含有不可溶纤维70％～75％，可溶性纤维25％～30％为宜。并且应由天然食物提供膳食纤维，而不是纯的纤维素。

英国国家顾问委员会建议膳食纤维摄入量为25～35g。另有资料显示，澳大利亚人均每日摄入膳食纤维25g，可明显减少冠心病的发病率和死亡率。

我国人群的膳食结构是植物性食物所占比重较大，之前并未提出我国膳食纤维的摄入量标准。后来，中国营养学会根据"中国居民膳食指南及平衡膳食宝塔"，按照指南中"平衡膳食宝塔建议的不同能量膳食的各类食物参考摄入量"中推荐的各类食物摄入量及其所含的膳食纤维量，计算出我国居民可以摄入的膳食纤维量及范围，并进一步得出不同能量摄入者膳食纤维的推荐摄入量（见表5-2），但正式的膳食纤维推荐摄入量还没有提出。

表5-2　不同能量摄入者膳食纤维的推荐摄入量（g）

食物种类	低能量			中能量			高能量		
	食物量	不可溶膳食纤维	总膳食纤维	食物量	不可溶膳食纤维	总膳食纤维	食物量	不可溶膳食纤维	总膳食纤维
谷类	300	6.60	10.17	400	8.80	13.56	500	11.0	16.95
蔬菜	400	4.50	8.08	450	5.13	9.09	500	5.70	10.10
水果	100	1.10	1.66	150	1.71	2.49	500	2.28	3.32
豆类及豆制品	50	2.51	4.22	50	2.51	4.22	200	2.50	4.22
总计平均值		14.81	24.13		18.15	29.36		21.49	34.59
平均摄入量/（g/1000kcal）		8.23	13.40		7.56	12.23		7.68	12.35

注：引自中国营养学会.中国居民膳食营养素参考摄入量，2000.

二、膳食纤维的食物来源

膳食纤维主要存在于谷物、薯类、豆类及蔬菜、水果等植物性食品中。这是日常生活中膳食纤维的主要来源。植物成熟度越高，纤维含量越多。一些食物中膳食纤维的含量见表5-3。

表 5-3　部分代表性食物中膳食纤维的含量（g/100g 可食部分）

食物名称	总膳食纤维	不可溶膳食纤维	食物名称	总膳食纤维	不可溶膳食纤维
稻米(粳)	0.6③	0.4	玉米面	11.0①	5.6
稻米(籼)	10① 0.5③	0.4	黄豆	12.5①	15.5
稻米(糙米)	3.5① 2.2③	2.0	绿豆	9.6①	6.4
糯米	2.8①	0.6	红豆		7.7
小麦粉(全麦)	12.6① 11.3③	10.2	芸豆	19.0①	10.5 3.4①
小麦粉(标准)	3.9③	2.1	蚕豆	14.5①	2.5
小麦粉(精白)	2.7① 3.9③	0.6	豌豆	5.6①	10.4 3.4①
麦麸	42.2①	31.3	豆腐	0.5①	0.4
大麦米	17.3①	9.9	甘薯	3.0①	1.0
燕麦片	10.3①	5.3	马铃薯	1.6①	0.7 0.4①
芋头	0.82①	1.0	花椰菜(菜花)	2.4① 1.8③	1.2 0.85①
胡萝卜	3.2① 2.2③	1.3 1.5①	青椒(甜)	1.6①	1.4 1.1①
白萝卜	1.8①	1.0 0.64①	橙、橘	2.4① 2.6③	0.6 0.43①
甘蓝(球茎)		3.5 1.50①	苹果	1.9① 2.2①②	1.2 2.27①
大白菜	1.0①	0.6	梨	2.6① 4.7②③	2.0 2.46①
小白菜	0.6①	1.1	桃	1.6① 2.6③	1.3 0.62①
包心菜(圆白菜)	1.5①	1.0 1.1①	柿	1.48①	1.4
芥菜(雪里蕻)	1.1①	1.6 0.6①	葡萄	0.7① 0.3③	0.4
菠菜	2.6①	1.7	西瓜	0.4① 1.1③	0.2 0.2①
苋菜		1.8 0.98①	黄瓜	1.0① 0.9③	0.5 0.5①

① 美国食物成分表数据。

② 带皮，其余未注明者为中国食物。

③ 加拿大食物成分数据。

注：引自中国营养学会. 中国居民膳食营养素参考摄入量，2000.

　　此外，一些食物中含有的植物胶、藻类多糖、某些抗性淀粉和低聚糖等，也是膳食纤维的补充来源。然而最重要的还是应该注意多吃谷类食物，并避免选用加工过度精细的谷类。同时多吃富含膳食纤维的蔬菜、水果等。

第六章　脂　　类

第一节　脂类的组成及功能

一、脂类的组成

脂类是脂肪和类脂（磷脂、糖脂、固醇和固醇酯等）的总称。在营养学上主要是脂肪的作用具重要意义。

按在室温下所呈现的状态，脂肪又分为油（室温下为液态）和脂肪（室温下为固态），即通常所说的油脂。脂肪是由甘油和三分子脂肪酸组成的三酰甘油脂。如植物油（豆油、花生油、菜籽油）、动物油脂（猪油、牛油）等。如果仅是甘油中的一个或两个羟基与脂肪酸分子结合，则分别称为单酰甘油酯（单甘油酯）、二酰甘油酰（二甘油酯）。单酰甘油酯由于具有很强的乳化性，在食品工业中常用作乳化剂。

类脂是指那些性质上类似于脂肪的物质。如：磷脂、糖脂、固醇等，也包括脂溶性维生素和脂蛋白。类脂具重要的生物学意义，是多种组织和细胞的组成成分。如，细胞膜、脑髓、神经组织。在营养学上，主要研究的是脂肪酸的作用，类脂的重要性不如脂肪。

二、脂类的功能

1. 构成体质

脂类是人体重要的组成成分，正常人体中脂类大约占 $10\% \sim 25\%$。如，脂肪是机体的贮存组织，主要分布在皮下、腹腔、肌肉间隙和脏器周围，常以大块脂肪存在。机体内的脂肪含量与机体所能获得与消耗的能量有较大的关系，所以经常处于变动状态。

类脂是细胞膜状结构的基本成分，细胞膜上的类脂层是由磷脂、糖脂、胆固醇等组成；类脂在神经组织中含量较丰富，如脑髓及神经组织中含磷脂、糖脂。类脂一般在人脑和神经组织中约占 $2\% \sim 10\%$。整个人体中类脂约占 5%。

2. 提供能量

脂肪是一种高能量营养素，其生理能值（机体能利用的能值）为 $38kJ/g$（约 $9kcal/g$），比碳水化合物、蛋白质的生理能值（约 $17kJ/g$）高一倍多。

从能量的角度分析，当机体摄食能量过多时，多余的能量就会以脂肪的形式在体内贮存起来，贮存的脂肪增多便表现为发胖；而长期摄食能量不足，体内贮存的脂肪就会被消耗以释放能量满足机体的需要，这时人会变得消瘦。

3. 提供必需脂肪酸与促进脂溶性维生素的吸收

虽然从供能的角度碳水化合物可代替脂肪，但是机体所需的必需脂肪酸则必须由脂肪提供。脂肪所含多不饱和脂肪酸中，有的是机体的必需脂肪酸，它们是细胞膜的结构成分，并有许多重要的生理作用（见本章第二节中的必需脂肪酸部分）。尤其是对于脂溶性维生素（维生素 A、D、E、K）来说，只有借助于脂肪才能较好地被吸收。

4. 保护机体

脂肪在体内可起到隔热、保温的作用，还可支持和保护体内脏器，使之不易损伤。如，胖人由于体内较厚的脂肪层而比普通人对寒冷和击打具有更大的抵抗力。寒带动物大多具有厚的脂肪层以起到保温御寒的作用等。

5. 增加饱腹感

脂肪可抑制胃壁的运动，使得胃排空变慢，因此脂肪在胃中的停留时间更长，从而造成摄食脂肪食物过多的人有持久的饱腹感。如，含50g脂肪的高脂膳食，需4～6小时才从胃中排空。而碳水化合物在胃中迅速排空，蛋白质的排空也较脂肪为快。所以早餐要吃好，应适当选择含有一定脂肪的食物。

6. 改善食品的感官性状

脂肪还具有改善食品感官性状的作用。如油炸食品，具悦人的外观、香气和口味，使人们难以抵挡其诱惑。而面包的光泽、柔软的质地和口感也与脂肪的存在有关。

第二节　脂肪酸的分类及其生理作用

一、脂肪酸的分类与命名

1. 脂肪酸的分类

脂肪酸（fatty acid）是具有长的碳氢链和1个羧基末端的有机化合物的总称。自然界中约有70多种不同的脂肪酸，高等动植物的脂肪酸都是偶数碳原子的直链脂肪酸，奇数碳原子的脂肪酸只在由微生物产生的脂肪酸中有少量的发现。碳链长度范围为C_{12}～C_{18}，最常见的是C_{16}和C_{18}酸。C_{12}以下的饱和脂肪酸主要存在于哺乳动物的乳脂内。

绝大多数不饱和脂肪酸中的双键是顺式（*cis*），只有极少数反式双键（*trans*）。在顺式异构体中，双键旁2个碳原子上的氢原子在同一方向；而在反式异构体中，2个氢原子在双键的不同方向上。高等动植物的单烯酸双键位置在第9～10碳原子之间。

多烯酸分子中2个双键之间往往由1个甲烯基隔开（—CH＝CH—CH_2—CH＝CH—），故称为非共轭烯酸。只有极少数植物脂肪酸含有共轭双键（—CH＝CH—CH＝CH—），故称为共轭烯酸。植物还含有带炔键的脂肪酸（共轭炔酸和非共轭炔酸），但极为稀少。在种子油内还找到许多新的不常见脂肪酸，如某些共轭烯酸和共轭炔酸，含环丙基或环丙烯以及含环戊基和环戊烯的脂肪酸，环氧脂肪酸，羟基脂肪酸（包括多烯脂肪酸）等。如，蜡含有α-羟基、ω-羟基脂肪酸，它是高级脂肪酸与长链单羟基脂肪醇所成的酯或是高级脂肪酸与固醇所形成的酯。神经鞘脂类通常是α-羟基脂肪酸的来源，它在神经组织、脑内含量较高。含环的脂肪酸在棉籽油中存在。棉籽油的苹婆酸是环丙烷脂肪酸[9,10-亚甲基-18碳（油酸）-9-烯酸]，它对非反刍动物有毒！其在棉籽粉中的残留量就足以对家禽产生危害；添加1%环丙烷脂肪酸至刚断乳的大鼠饲料中，可使鼠生长缓慢，肝、肾增大。

只有偶数碳原子的脂肪酸才能被人体吸收、利用。从结构上看，他们都含有0～6个间隔的顺式双键。即：

$$CH_3(CH_2)_x—(CH＝CH—CH_2)_{0～6}—(CH_2)_yCOOH$$

（1）按脂肪酸碳链中双键数的多少　按脂肪酸碳链中双键数的多少，可将脂肪酸分为三类。

① 饱和脂肪酸　饱和脂肪酸分子中不含有双键。如硬脂酸（十八烷酸）[$CH_3(CH_2)_{16}COOH$]，一般存在于动物脂肪中。

② 单不饱和脂肪酸　单不饱和脂肪酸的分子中只含有一个双键。最普遍的为油酸（十八碳一烯酸）[$CH_3(CH_2)_7CH＝CH(CH_2)_7COOH$]。

③ 多不饱和脂肪酸　多不饱和脂肪酸分子中有两个或两个以上双键。最普遍的为亚油酸[$CH_3(CH_2)_4$—CH＝CH—CH_2—CH＝CH—$(CH_2)_7COOH$]。在鱼油和植物种子中含量较多。

（2）按脂肪酸的形态　按脂肪酸的形态，可分为液态脂肪酸和固态脂肪酸。

饱和脂肪酸中，碳原子数小于 10 的脂肪酸，在常温下为液态。也称为低级脂肪酸或挥发性脂肪酸。碳原子数大于 10 的，常温下为固态，称为固体脂肪酸。随着脂肪酸碳链的加长，脂肪酸的熔点增高，不易被消化、吸收。不饱和脂肪酸中，由于分子含有双键，使得熔点大大降低，一般在常温下为液态。

（3）按碳链长短不同　按碳链长短不同，脂肪酸可分为以下的三类。

① 短链脂肪酸　碳链上的碳原子数在 4～6 个。主要存在于乳脂肪、棕榈油中；

② 中链脂肪酸　碳链上的碳原子数在 8～12 个。主要存在于种子油（如椰子油）中；

③ 长链脂肪酸　碳链上的碳原子数在 14 个以上。是脂类中的主要脂肪酸，主要存在于动植物油中。

2. 脂肪酸的命名

早期，脂肪酸的名称是根据它们的原料来源命名，如棕榈酸、月桂酸、亚麻酸等。由于新脂肪酸的不断发现，久而久之就形成了许多杂乱无章难以记忆的名称。后来，脂质化学家建议用一种系统化学名称代替俗称。但由于系统名长而繁琐，许多人还是习惯地沿用俗称，对常见脂肪酸更是如此。

脂肪酸的系统命名法是根据构成它的母体碳氢化合物（烃类）的名称命名。为了表示取代基团（甲基、羟基等）和双键的位置，要给碳原子编号，编号系统有 3 种。

（1）脂肪酸的编号系统　Δ 编号系统是从羧基端开始计数；ω 编号系统是从甲基端开始计数（也称为 n 编号系统）；希腊字母编号系统是从羧基端碳原子算起，第二个碳原子称为 α 碳原子，第三、四、五、六个碳原子分别称为 β、γ、δ 和 ε 碳原子，在脂肪酸碳链的远羧基端（即甲基端）的甲基碳原子称为 ω 碳原子。例如，葵酸的化学结构，按不同的编号系统为：

	CH_3	CH_2	CH_2	CH_2	CH_2	CH_2	CH_2	CH_2	CH_2	COOH
Δ 编号系统：	10	9	8	7	6	5	4	3	2	1
n 或 ω 编号系统：	1	2	3	4	5	6	7	8	9	10
希腊字母编号：	ω	$\omega-1$			ε	δ	γ	β	α	

这样，不饱和脂肪酸的双键位置就有两种表示方法。

① 根据 Δ 编号系统，亚油酸的系统名为"十八碳-顺-9，顺-12-二烯酸"，缩写为 $18：2^{cis\Delta9,12}$ 或 $18：2^{\Delta9,12}$。

② 根据 n 或 ω 编号系统，亚油酸的系统名为"十八碳-顺 ω-6，顺 ω-9-二烯酸"，缩写为 $18：2^{cis\omega-6,9}$，或 $C_{18：2}n$-6，或 $C_{18：2}\omega$-6。

目前多以 n 系列表示。

（2）不饱和脂肪酸的分类　不饱和脂肪酸按其距羧基端最远的不饱和双键所在碳原子数的不同，可分为 n-3，n-6，n-7，n-9 系列；或 ω-3，ω-6，ω-7，ω-9 系列四类。即距羧基端最远的不饱和双键分别位于从远羧基端（即甲基端）数起的第 3、6、7、9 位碳原子上，据此将不饱和脂肪酸分为上述的四类。

每一类都由一系列的脂肪酸组成。该系列的各个脂肪酸均能在生物体内从母体脂肪酸合成。如：花生四烯酸（$C_{20：4}n$-6）为 n-6 系列的 20 碳的脂肪酸。它可由 n-6 系列的母体脂肪酸亚油酸（$C_{18:2}n$-6）经去饱和后，再由羧基端延长而合成。

但生物体不能将某一系列脂肪酸，转变成另一系列脂肪酸，即机体不能将油酸（n-9）转变成亚油酸（n-6）或其他系列的任一脂肪酸。

相同系列脂肪酸的转变，在人体营养上和生理上都具有重要意义。如，n-3 系列的亚麻酸，在体内即可经去饱和与羧基端延长，转变成二十碳五烯酸（EPA，$C_{20:5}n$-3）和二十二碳六烯酸（DHA，$C_{22:6}n$-3）。关于不饱和脂肪酸的类别及其母体脂肪酸，见表 6-1。

表 6-1 不饱和脂肪酸的分类及其母体脂肪酸

系列类别	n-3	n-6	n-7	n-9
母体脂肪酸	亚麻酸（α-亚麻酸）	亚油酸	棕榈油酸	油酸

食物中常见脂肪酸的分类、组成及其来源，见表 6-2、表 6-3。

表 6-2 食品中饱和脂肪酸的名称代号与食物来源

名　称	代号	食物来源
丁酸（酪酸）[butanoic(butyric)acid]	$C_{4:0}$	奶油
己酸（羊油酸）[hexanoic(caproic)acid]	$C_{6:0}$	奶油
辛酸（羊脂酸）[octanoic(caprylic)acid]	$C_{8:0}$	椰子油、奶油
癸酸（羊蜡酸）[decanoic(capric)acid]	$C_{10:0}$	棕榈油、奶油、椰子油
月桂酸（lauric acid）	$C_{12:0}$	椰子油、奶油
肉豆蔻酸（myristic acid）	$C_{14:0}$	奶油、椰子油、肉豆蔻脂肪
棕榈酸（palmitic acid）	$C_{16:0}$	牛肉、羊肉、猪肉大部分植物脂肪
硬脂酸（stearic acid）	$C_{18:0}$	牛肉、羊肉、猪肉大部分植物脂肪
花生酸（arachidic acid）	$C_{20:0}$	花生油、猪油
山萮酸（behenic acid）	$C_{22:0}$	猪油、花生油
木脂酸（lignocerid acid）	$C_{24:0}$	花生油

表 6-3 食品中不饱和脂肪酸的名称、代号及食物来源

名　称	代号	食物来源
豆蔻油酸（myristoleic acid）	$C_{14:1}n$-5	黄油
棕榈油酸（palmitoleie acid）	$C_{16:1}n$-7	棕榈油
反棕榈油酸（palmitelaidic acid）	$C_{16:1}n$-7	氢化植物油
油酸（oleic acid）	$C_{18:1}n$-9	大多数油脂
反油酸（elaidic acid）	$C_{18:1}n$-9	人造黄油
亚油酸（linoleic acid）	$C_{18:2}n$-4,9	植物油
α-亚麻酸（α-linolenic acid）	$C_{18:3}n$-3,6,9	植物油
γ-亚麻酸（γ-linolenic acid）	$C_{18:3}n$-6,9,12	微生物发酵
鳕油酸（gadolenic acid）	$C_{20:1}n$-9	鱼油
花生四烯酸（arachidonic acid）	$C_{20:4}n$-6,9,12,15	植物油微生物发酵
二十碳五烯酸（EPA）（eicosapentaenoic acid）	$C_{20:5}n$-3,6,9,12,15	鱼油
芥酸（erucic acid）	$C_{22:1}n$-9	菜子油
鱼祭鱼酸（clupanodonic acid）	$C_{22:5}n$-3,6,9,12,15	鱼油
二十二碳六烯酸（DHA）（docosahexaenoic acid）	$C_{22:6}n$-3,6,9,12,15,18	鱼油

二、脂肪酸的结构、性质和生理作用

1. 饱和脂肪酸

（1）饱和脂肪酸的结构　饱和脂肪酸（saturated fatty acid，SFA）的分子结构中不含双键，即与碳原子相对应的氢原子呈饱和状态。常以 $C_x:0$ 表示；C 代表碳原子，x 代表碳原子个数，0 代表不含双键。饱和脂肪酸一般从 $C_4 \sim C_{30}$。人和动物体脂肪中所含脂肪酸多为 $14 \sim 22$ 偶数碳的脂肪酸，含量最多的是软脂酸（或棕榈酸，$C_{16:0}$），其次是硬脂酸（$C_{18:0}$），还有月桂酸（$C_{12:0}$）、肉豆蔻酸（$C_{14:0}$）、花生酸（$C_{20:0}$）等。短链的脂肪酸（14 酸和 12 酸）占少数，长链的脂肪酸（一直到 28 酸）也占少数。10 个碳原子或少于 10 个碳原子的脂肪酸在动物脂类中是罕见的。植物油料和粮食中常见的饱和脂肪酸为软脂酸、硬脂酸和花生酸。

（2）饱和脂肪酸的性质　饱和脂肪酸含量高的中性脂肪，熔点较高，常温下多呈固态脂，其消化吸收率比含不饱和脂肪酸较高的油要低。动物性脂肪（某些禽类、鱼类脂肪例外），一般含饱和脂肪酸较多，而植物性油脂（椰子油例外）一般含饱和脂肪酸较少。

饱和脂肪酸的性质是由极性的亲水羧基的总数和疏水烃基的总数决定的。例如，乙酸和丙酸可溶于水；丁酸则略溶于水，溶解度为 5.6%；己酸在水中的溶解度则为 0.4%。脂肪酸的沸点和熔点一般随着碳链长度的增加而升高。少于 10 个碳原子的饱和脂肪酸最大特点是熔点偏低，在室温下是液体，称为低级脂肪酸；而碳原子高于 10 的中长链饱和脂肪酸熔点较高，室温下为固体，称为高级饱和脂肪酸。液体脂肪酸能随蒸汽蒸馏而出，故也称为挥发性脂肪酸，其他脂肪酸随蒸汽蒸馏出的量很少，或者完全不能挥发，所以，称之为非挥发性脂肪酸。4 个碳原子或 4 个碳原子以下的脂肪酸能以任何比例与水混合，4 个碳原子以上的脂肪酸，其溶解度随碳链长度的增加而迅速降至零。

饱和脂肪酸和不饱和脂肪酸的构象差别很大，饱和脂肪酸的碳氢链比较灵活，能以各种构象形式存在，因为碳骨架中的每个单键完全可以自由旋转，故它的完全伸展形式几乎是一条长链。

（3）饱和脂肪酸的生理作用　根据对脂肪代谢的研究发现，血浆胆固醇的含量受食物中饱和与多不饱和脂肪酸的影响。饱和脂肪酸可增加肝脏合成胆固醇的速度，提高血胆固醇的浓度，并造成胆固醇在动脉粥样斑块中沉积，但提高的程度与饱和脂肪酸的种类有关。月桂酸比棕榈酸更能提高血液中胆固醇的水平。20 碳以上的饱和脂肪酸，对血液胆固醇的影响是中性的，而肉豆蔻酸是饱和脂肪酸中产生胆固醇最多的一种。所以应该少摄食饱和脂肪酸。

2. 不饱和脂肪酸

（1）不饱和脂肪酸的结构　不饱和脂肪酸（unsaturated fatty acid）是分子结构中碳原子之间含有双键的脂肪酸。含 1 个双键的不饱和脂肪酸称为单烯酸或单不饱和脂肪酸（mononunsaturated fatty acid，MUFA），含 2、3、4 个双键的分别称为二烯酸、三烯酸、四烯酸。具有 2 个或 2 个以上不饱和双键的脂肪酸统称为多不饱和脂肪酸（polyunsaturated fatty acid，PUFA）。

（2）不饱和脂肪酸的性质　不饱和脂肪酸的不饱和程度可显著改变脂肪酸的某些性质。双键愈多，不饱和程度愈高，其熔点愈低。

由于双键的存在，不饱和脂肪酸的化学反应活性比饱和脂肪酸高，且其反应活性随双键数目的增加而增高。不饱和脂肪酸不但能被氢化，而且易被氧化，同时也可被卤化。不饱和脂肪酸分子中每一双键能吸收 1 分子水、氧、氢、溴或碘。不饱和脂肪酸暴露于空气中，可因氧化而变成褐色。不饱和脂肪酸因有不能旋转的双键，具有 1 种或少数几种构象。不饱和脂肪酸有顺式和反式 2 种异构体。

多不饱和脂肪酸由于其所含双键较多，所以稳定性较差。如：大豆油含 10% 亚麻酸，贮存时可由于不饱和脂肪酸的自动氧化产生"回生味"。在天然油脂中都含有一定的 VE

（脂溶性），VE有抗氧化作用。但要使这些多不饱和脂肪酸在食品加工、贮存期间免受氧化，仍然十分困难。而且，一旦脂肪酸发生氧化，又可进一步促进其他脂肪酸氧化、或分解成小分子物质，产生不良气味。

高等植物的不饱和脂肪酸，几乎都具有相同的几何构型且皆属于顺式构型。另一种是由双键的位置不同而构成的同分异构体，最常见的是非共轭体系和共轭体系。

大多数天然的不饱和脂肪酸都是非共轭酸。在含有多个不饱和键的脂肪酸分子中，单键与双键交互出现，这种体系称为共轭体系。而且2个体系的脂肪酸在反应活性上，表现出极大差别，共轭体系较非共轭体系更易被氧化。

自然界中分布最广和最丰富的不饱和脂肪酸是油酸，几乎在自然界还没有发现一种不含油酸的脂肪及磷脂。油酸和棕榈油酸是动物脂类中最丰富的2种不饱和脂肪酸。

（3）不饱和脂肪酸的生理功能 研究发现，血液中的低密度脂蛋白（LDL）更易于导致冠心病的发生，但高密度脂蛋白（HDL）却具有保护作用。增加多不饱和脂肪酸（PUFA）的摄入，降低饱和脂肪酸（SFA）的摄入，会降低LDL含量，但当PUFA/SFA的比例大于2.0时，HDL也可能会降低。增加单不饱和脂肪酸（MUFA）的摄入，而降低SFA的摄入，会降低LDL而对HDL没有任何影响。因此，摄食不饱和脂肪酸有助于降低LDL含量，防止冠心病等心血管疾病的发生。

3. 必需脂肪酸

（1）必需脂肪酸的定义 必需脂肪酸指维持人体正常生命活动所必需，而又不能被机体合成，一定要由食物中供给的脂肪酸。

过去认为，亚油酸 [linoleic acid，LA，$C_{18:2}$ n-6，$CH_3(CH_2)_4CH \!=\! CHCH_2CH \!=\! CH(CH_2)_7COOH$]、$\alpha$-亚麻酸 [$\alpha$-linolenic acid，ALA，$C_{18:3}$ n-3，$CH_3(CH_2CH \!=\! CH)_3(CH_2)_7COOH$]和花生四烯酸 [arachidonic acid，ARA，$C_{20:4}$ n-6，$CH_3(CH_2)_4(CH \!=\! CHCH_2)_3CH \!=\! CH(CH_2)_3COOH$]是人体的必需脂肪酸。但后来发现，花生四烯酸可以在体内通过亚油酸加长碳链和合成新的双键得到，因此现在不再被作为必需脂肪酸。而亚油酸和α-亚麻酸却不能在体内合成，必须由食物中提供，因此是人体的必需脂肪酸。

（2）必需脂肪酸的生理功能

① 维护膜的正常功能。亚油酸是组织，细胞的组成成分。它对线粒体、细胞膜尤其重要，参与磷脂合成，并以磷脂的形式出现在线粒体、细胞膜中。

② 必需脂肪酸参与对胆固醇的代谢，并可防止冠心病的发生。必需脂肪酸（特别是n-3系列的二十碳五烯酸EPA）可降低血液中胆固醇水平，并可产生抗血栓的物质，避免冠心病的发生。

③ 保护皮肤。新组织的生长、受损组织的修复都需要亚油酸。

④ 增强视力和学习能力。α-亚麻酸在体内衍生的二十碳五烯酸（EPA，$C_{20:5}$ n-3）和二十二碳六烯酸（DHA，$C_{22:6}$ n-3），是视网膜光受体中最丰富的脂肪酸，为维持视紫红质正常功能所需。对增强视力有良好作用。缺乏EPA、DHA，尤其是妊娠期内缺乏，可影响子代的视力、损伤学习能力。长期缺乏α-亚麻酸，则对调节注意力和认知过程有不良影响。

⑤ 有利于婴儿的健康生长。因为婴儿容易缺乏必需脂肪酸，缺乏时婴儿生长缓慢，并可能出现皮肤症状（湿疹或皮肤干燥、脱屑等），而食用含有丰富亚油酸的油脂，可改善这些症状。

因此，在高档婴儿奶粉中，都添加有必需脂肪酸。而成人则很少会缺乏必需脂肪酸，因为要耗尽成人贮藏在脂肪中的必需脂肪酸非常困难，耗费体内一半的亚油酸约需要26个月。

（3）必需脂肪酸的食物来源和需要量　必需脂肪酸在植物油中含量较多，动物脂肪中含量很少。如：豆油、玉米油、葵花子油中含亚油酸均在50％以上；芝麻油中含亚油酸43.7％～46％；花生油中含亚油酸37.6％。而猪油中含亚油酸8.3％～9％；牛油中仅含亚油酸2％。一些常用食物油脂中的必需脂肪酸含量见表6-4。

表6-4　常用食物油脂中必需脂肪酸的含量[①]

名称	必需脂肪酸		名称	必需脂肪酸		名称	必需脂肪酸	
	亚油酸	α-亚麻酸		亚油酸	α-亚麻酸		亚油酸	α-亚麻酸
可可油	1		豆油	52	7	文冠果油	48	
椰子油	6	2	棉籽油	44	0.4	猪油	9	
橄榄油	7		大麻油	45	0.5	牛油	2	
菜子油	16	9	芝麻油	46	0.3	羊油	3	
花生油	38	0.4	玉米油	56	0.6	黄油	4	
茶油	10	1	棕榈油	12				
葵花子油	63	5	米糠油	33	3			

① 以食物中脂肪总量的质量百分数表示。

注：引自中国营养学会编. 中国居民膳食营养素参考摄入量，2000.

关于必需脂肪酸的需要量，中国营养学会提出，当膳食中的亚油酸占摄入能量的3％～5％；α-亚麻酸占摄入能量的0.5％～1％时，可不致出现明显的缺乏症。

4. 反式脂肪酸

不饱和脂肪酸，因氢原子在双键上的位置不同，分为顺式构型（氢在双键的同侧，如油酸）和反式构型（氢在双键的异侧，如反油酸）。自然界存在的不饱和脂肪酸，大都是顺式构型。

油酸

反油酸

反式脂肪酸主要由脂肪氢化产生。如，当氢化液体多不饱和植物油时，会产生大量单反式不饱和脂肪酸（而非天然的顺式构型）。人造黄油中反式脂肪酸含量，可占总不饱和脂肪酸含量的40％。

反式脂肪酸可氧化供能；升高血浆中低密度脂蛋白胆固醇（高密度脂蛋白胆固醇下降）。摄入过多，促进冠心病的发生。现在已经广泛认识到，反式不饱和脂肪酸（TUFA）是影响冠心病的生物风险因子。中等量反式不饱和脂肪酸的摄入（3.8％膳食能量），比低水平反式不饱和脂肪酸膳食（0.7％能量）更能显著提高血浆中胆固醇。摄入大量反式不饱和脂肪酸能够大大提高患冠心病的风险。在美国、加拿大每天摄入反式脂肪酸8～10g的人群中，冠心病的发病率较高。此外，多不饱和脂肪酸（如亚油酸等）的反式异构体，不再具有必需脂肪酸的活性。并缺乏顺式异构体降低血浆低密度脂蛋白水平的能力。典型的西餐中含反式脂肪酸约15g/d。

5. 固醇

固醇包括动物固醇和植物固醇两类。动物固醇主要是胆固醇，在动物内脏尤其在大脑中丰富，蛋类、鱼子中含量也较高。动物固醇是人体细胞膜的重要组分，并且是胆酸、7-脱氢胆固醇、VD$_3$、性激素等重要生理物质的前体，所以营养上较重要。但并非一定要从食品中摄入，因为人体可以自身合成胆固醇（内源性），且每天合成的总量，远比食物中所含的胆固醇（外源性）多。

虽然人体吸收胆固醇的能力有限，成年人对胆固醇的吸收率约为每天 10mg/kg 体重，且吸收率随着食物胆固醇的增加而下降，但在大量进食胆固醇时，吸收量还是可以成倍增加，最多每天约可吸收 2g（上限），其中内源性胆固醇约占胆固醇总吸收量的一半。若食物中的胆固醇含量高，会致使增加血浆胆固醇的浓度，引起心血管病，所以要予以限制摄入。中国营养学会建议胆固醇的每日摄入量，成人应在每天 300mg 以内。

植物固醇是指谷固醇、豆固醇、麦角固醇。植物固醇和动物固醇都在小肠同一部位吸收，且植物固醇对这些部位有竞争性抑制，可阻止胆固醇的吸收。因此，摄食植物固醇对冠心病，动脉粥样硬化患者有益。常见食物中胆固醇的含量见表 6-5。

表 6-5　常见食物中胆固醇的含量（mg/100g）

名称	含量	名称	含量	名称	含量
火腿肠	57	猪脑	2571	鸡蛋	585
腊肠	88	猪肉（肥瘦）	80	鸡蛋黄	2850
香肠	59	猪舌	158	鸭蛋（咸）	1576
方腿	45	猪小排	146	鳊鱼	94
火腿	98	猪耳	92	鲳鱼	77
酱驴肉	116	鸡	106	鲳鱼子	1070
酱牛肉	76	鸡翅	133	鳝鱼	126
酱羊肉	92	鸡肝	356	带鱼	76
腊肉（培根）	46	鸡腿	162	墨鱼	226
牛肉（瘦）	58	鸭	112	鲜贝	116
牛肉（肥）	133	烤鸭	91	基围虾	181
牛肉松	169	鸭胗	153	河蟹	267
午餐肉	56	炸鸡	198	蟹黄（鲜）	466
羊肝	349	牛乳	9	甲鱼	101
羊脑	2004	牛乳粉（全脂）	71	蛇肉	80
羊肉（瘦）	60	牛乳粉（脱脂）	28	田鸡	40
羊肉（肥）	148	酸奶	15	蚕蛹	155
羊肉串（电烤）	109	豆奶粉	90	蝎子	207
猪肝	288	鹌鹑蛋	515		

注：引自中国营养学会编. 中国居民膳食营养素参考摄入量，2000.

第三节　脂肪在精炼加工过程中的变化

从动、植物原料中提取的脂肪，叫粗脂肪，往往含有颜色、较重的味道，降低了脂肪制品的品质。因此现在市面上销售的食用油都是经过精炼加工的，包括脱色、脱臭等。处理后，具有很好的外观品质和化学稳定性。脂肪的精炼过程涉及脂肪的物理性质、有时也会涉及到化学组成的改变，同时也有一定的营养学变化。

一、精炼

精炼的目的是去除使脂肪呈现明显颜色和气味的低浓度物质。精炼一般包括四步：

（1）脱胶　添加热水或热磷酸来沉淀含高浓度磷脂的胶体物质；

（2）中和（脱酸）　向脂肪中添加碱，中和游离脂肪酸；

（3）脱色　用活性白土处理，去除脂肪中的胡萝卜素、叶绿素等呈色物质；

（4）脱臭 在高真空状态下，用热蒸汽处理脂肪（如：250℃、6mmHg 压力下处理30min），去除挥发性物质。

脂肪精炼过程中，由于高温的氧化破坏和脱色时漂白土的吸附作用，会造成脂肪中部分 VE 和 β-胡萝卜素的损失，但脂肪（三酰甘油脂）的组成并没有改变。

二、脂肪改性

脂肪的改性主要是改变脂肪的熔点范围、结晶性质，增加其在食品加工中的稳定性。主要有以下几点。

1. 分馏

将三酰甘油脂分成高熔点部分、低熔点部分。这是一个物理性的分离，其中并无化学变化。分馏可使脂肪中的多不饱和脂肪酸随低熔点部分分离出来，以方便在营养学上用于特定的用途。

2. 交酯化

交酯化即酯交换，是一个使所有组成三酰甘油酯的脂肪酸随机化重组的化学过程。

三酰甘油酯交酯化的过程如图 6-1 所示。

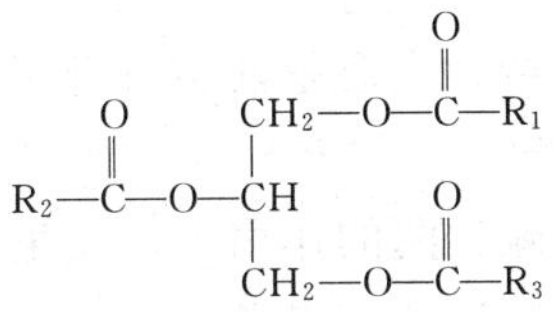

$$R_1R_2R_3 + R_4R_5R_6 \longrightarrow R_5R_1R_4 + R_3R_5R_2 + R_6R_4R_3 + \cdots\cdots$$

图 6-1 三酰甘油酯相互酯化时的变化

脂肪交酯化后可获得之前不曾具有的优点。如，脂肪酸交酯化可改变食用油对动脉粥样硬化的影响。以喂胆固醇而发生动脉粥样硬化的试验动物为对象，若再饲喂经交酯化的花生油，则其动脉硬化程度会降低。

三、氢化

氢化主要是使脂肪酸结构上变化，包括：脂肪酸饱和程度的增加（双键加氢）和不饱和脂肪酸的异构化，见图 6-2。

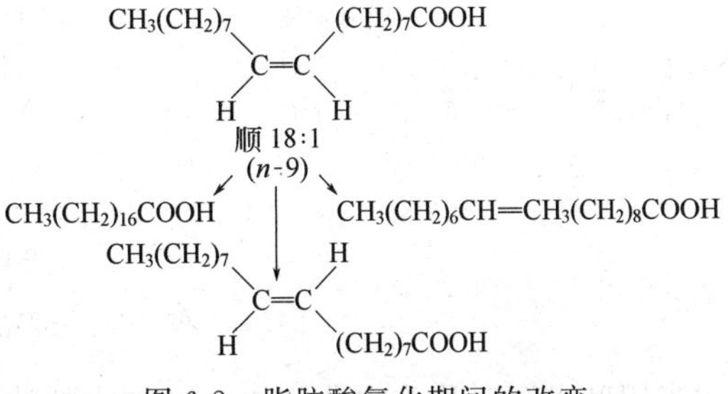

1. 使液态植物油变为固态脂肪

氢化可使植物油由液态变为固态。但一般并不使氢化完全，因为完全氢化后脂肪的熔点变得很高，从而导致其消化吸收率降低。

图 6-2 脂肪酸氢化期间的改变

引自：Taylor T. G. et al, 1985.

氢化的难易程度与脂肪酸的不饱和程度高低有关。一般三烯脂肪酸类比二烯脂肪酸类容易被氢化；二烯脂肪酸类又比单烯脂肪酸类容易被氢化。

2. 异构化作用

氢化可使脂肪酸形成大量位置异构体，并可由天然的顺式不饱和脂肪酸转化为反式不饱和脂肪酸。

脂肪酸组分的变化可由使用不同的催化剂及控制氢化的条件来达到，以获得所需要的脂肪的物理性质和稳定性。氢化脂肪一般用于人造黄油、起酥油等，通常的人造黄油约含有 20％～40％的反式脂肪酸。由于氢化油脂含有反式脂肪酸，而反式脂肪酸对人体的健康有不利的影响（见本章第二节），因此，如何采取合理科学的加工工艺以降低甚至避免反式脂肪酸的产生已引起研究者的注意。

第四节　食品加工对脂类营养价值的影响

脂类在食品加工、保藏中会发生诸如水解、氧化、分解、聚合等变化，这些变化不仅可以导致脂肪的理化性质变化，而且可以使脂肪的生物学性质改变，甚至降低能值，并产生一定的毒性和致癌作用，因而对其营养价值产生影响。

一、酸败

油脂在空气中暴露过久即产生难闻的臭味，这种现象称为酸败。它是描述食品体系中脂肪不稳定和败坏的常用术语。酸败的化学本质是由于油酯水解放出游离脂肪酸，后者氧化成醛、酮、低分子脂肪酸（如丁酸）的氧化产物后都有臭味。食用油及食品中脂肪的酸败程度，受脂肪的饱和程度、红外线、氧气、水分、天然抗氧化物以及铜、铁、镍等金属离子的触媒影响。油脂本身的脂肪酸不饱和度、油料动植物残渣，均有促进油脂酸败作用。

油脂酸败的化学反应过程较复杂，主要是油脂自身氧化过程，其次是加水水解。

1. 水解酸败

水解酸败是脂肪在高温或酸、碱、酶的作用下，发生水解所导致的。三酰甘油酯的水解产物除了游离脂肪酸外，还有单酰甘油酯、二酰甘油酯。若脂肪完全被水解，则产生甘油和脂肪酸。三酰甘油酯的水解如图 6-3。

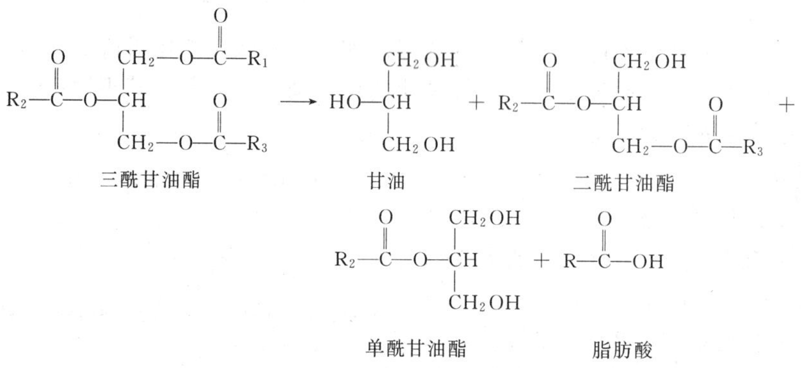

图 6-3　三酰甘油酯的水解

当用碱水解时称为皂化作用，产物为甘油、肥皂（脂肪酸的钠盐），碱水解是不可逆的。当用酸水解时反应体系基本上是可逆的。因为水解过程只是将甘油、脂肪酸分子裂开，类似于脂肪的消化，因此水解过程对脂肪的营养价值无明显影响。关键在于水解之后所产生的游离脂肪酸，由于其氧化后会产生不良的气味，从而影响到食品的感官质量。如，乳脂中含有丁酸、己酸、辛酸、癸酸等十个碳以下的低级脂肪酸，当脂肪水解后，这些低级脂肪酸氧化产生的不良气味、滋味会降低乳品的感官质量，严重时使乳变得不宜食用。

一般，脂肪中的游离脂肪酸在 0.75% 以上时，会促使其他脂肪酸分解；当游离脂肪酸在 2% 以上时，油脂即产生不良风味。

2. 氧化酸败

与水解酸败相比，氧化酸败不仅影响食品感官质量，而且还会降低食品营养价值。

脂肪长时间暴露在空气中，会自发地发生氧化反应，导致油脂的性质与风味改变，这是一种连锁反应。油脂的自动氧化，基本经过三个阶段：

① 起始反应　脂肪酸（RH）在热、光线、铜、铁等因素作用下，被活化分解成不稳定的自由基 R· 和 H·。这些自由基虽易消失，但遇分子氧气时，即与氧气生成过氧化物自由基。

$$R· + O_2 \longrightarrow ROO·$$

② 传递反应　过氧化物自由基使其他基团氧化，生成新的自由基、循环往复，不断氧化。如：

$$ROO· + RH \longrightarrow ROOH + R·$$

ROOH 可继续产生自由基，如：

$$ROOH \longrightarrow RO· + OH· ; RO· + RH \longrightarrow ROH + R· ; OH· + RH \longrightarrow H_2O + R·$$

③ 终止反应　在有抗氧化剂作用下，自由基消失，氧化过程终结，并产生一些相应产物。如：

$$2R· \longrightarrow R\text{-}R ; 2RO· \longrightarrow ROOR ; 2ROO· \longrightarrow ROOR + O_2$$

脂肪酸自动氧化时产生氢过氧化物（ROOH），它很不稳定，在贮存过程中会断裂、产生歧化反应，形成不同的羰基化合物、羟基化合物和短链脂肪酸。链的断裂在非水介质中，产生饱和的、单不饱和的和双不饱和的醛类，即 RCHO，R′CH＝CHCHO 和 R″CH＝CHCH＝CHCHO，醛可氧化成相应的酸。在含水介质中，醛则很可能还含有羟基。

在上述一系列氧化过程中，主要的分解产物是氢过氧化物、羟基化合物（醛、酮类、低分子脂肪酸、醇类、酯类等）；还有羟酸、脂肪酸聚合物、缩合物等（如二聚体、三聚体）。这些产物有明显的不良风味，含量极低时都会影响脂类的口感。

脂肪的自动氧化及加水分解所产生的复杂分解产物，使食用油脂或食品中脂肪带有若干的明显特征：①过氧化值升高，这是脂肪酸败最早期的指标；②酸度升高，羰基（醛、酮）反应阳性；③由于酸败过程中脂肪酸的分解，使脂肪固有的碘价、凝固点（或熔点）、密度、折光指数、皂化价等也发生变化。

和水解酸败一样，由脂类氧化而来的分解产物有更强的令人讨厌的气味，是产生"哈味"、"回生味"及其他氧化脂肪风味的原因。烹调时，油脂因加热冒烟产生的刺鼻气味，就是甘油氧化产生的丙烯醛。

在氧化的油脂中，通过气相色谱、质谱分析可检测到许多不挥发性化合物，如：醛甘油酯、不饱和醛甘油酯、酮甘油酯、含羟基和羰基的化合物、环氧化合物，以及由 C—C 键和醚过氧基形成的二聚体和多聚体。这些物质对营养素的消化、吸收会起到妨碍。

酸败的程度一般用酸值来表示。中和 1g 油脂中的游离脂肪酸所消耗的氢氧化钾毫克数称为酸值。不饱和脂肪酸氧化后生成醛或酮，可聚合成胶膜状化合物。桐油等可用作油漆即据此原理。

氢化可防止酸败。

二、脂类在高温时的氧化作用

1. 脂类的高温氧化与常温时不同

常温时的脂肪氧化结果，是碳键断裂并产生许多短链的挥发性和不挥发性的物质。脂肪的高温氧化（＞200℃）会产生大量的反式和共轭双键体系，及环状化合物、二聚体、多聚体等。

2. 三酰甘油酯的热聚合作用

脂类在高温时的聚合作用与常温氧化时所形成的聚合物也不相同。常温时多以氧桥相连。高温氧化时，聚合物彼此以 C—C 键相连。这种聚合既可以在单个的三酰甘油酯分子内由不饱和脂肪酸的相互作用形成，也可以在三酰甘油酯分子之间产生，当然这个三酰甘油酯分子中至少含有一个共轭双键体系。见图6-4。

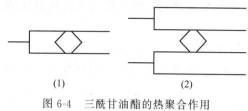

图6-4 三酰甘油酯的热聚合作用
(1) 单体；(2) 二聚体

其中，形成的二聚体分子间聚合物，一般无毒性，但会影响肠道对脂肪酸的吸收，并破坏必需脂肪酸，导致脂类的营养价值降低。而热氧化脂肪中还会出现三酰甘油酯分子内环状单体（图6-5），对试验动物表现出毒性。

脂类高温氧化的热聚合作用可以分成两个阶段：①吸收氧，将非共轭脂肪酸转变为共轭脂肪酸形成，表现出羰基值上升，而折射指数、黏度基本不变化。②共轭脂肪酸消失，表现出羰基值下降，折射指数和黏度上升，聚合物形成。此后随着加热时间的延长，聚合物含量也相应上升。

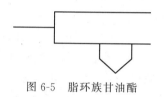

图6-5 脂环族甘油酯
分子的一般结构

一些街头小摊点所使用的油炸用油，由于经过长期反复高温加热，可观察到油炸时会起泡，而冷却后会变得黏稠。其实这种油脂的起泡和黏稠即与油脂在长期高温氧化后产生的大量热聚合物有关，因此不宜食用。

而胆固醇在脂肪的高温氧化作用过程中，可由于将胆固醇转变成挥发性物质或多聚物，所以可降低胆固醇的含量。

三、油炸过程中脂类的物理化学变化

1. 脂类在不同油炸操作时的用油量

油炸操作可分三类：①平底煎锅油炸；②不连续的油炸烹调；③连续的油炸加工。其中，平底煎锅油炸用油量少，烹调时间短，基本上没有余下可利用的油。而在②、③类型中，由于油炸食品不断地从烹调设备中吸收油，导致油量减少，所以需不断地添加补充新的油脂，其用油量是在不断变化的。

2. 连续油炸加工中油脂的变化

在工业化生产中或在全天营业的快餐店中，油脂是处于连续油炸操作状态的。在连续油炸加工中，会不断添加新油。若每小时添加8%的新油，则相当于油脂在一天内更新两次。所以连续加工时油脂的氧化变化很少。

3. 不连续的油炸烹调中油脂的变化

通常的油炸烹调中，由于受就餐时间的影响，属于不连续的油炸操作。因为间歇操作、反复加热和冷却，油脂的变化较大。主要有：①由于食品中的水分进入油脂，油脂水解所引起的游离脂肪酸含量升高。②不饱和度降低，过氧化值升高，形成共轭双键及聚合物。所以不连续油炸的用油经常出现氧化酸败，并可检出聚合物。一些小摊和低档餐馆的油炸用油，外观发黑，冷却时呈黏稠状，加热易起泡，其中的热聚合物或可达到25%以上。而油脂中含9%以上的氧化聚合物即可产生稳定的泡沫。在反复油炸后的油脂中，还可检出具毒性的己二烯环状化合物。因此，用这种油做出的油炸食品，不仅质量低劣，而且有损健康。所以，在家庭烹调油炸后，尽量不要重复利用余下的油脂。

为防止油炸用油的潜在毒性对人体健康造成危害，许多国家制定了有关油炸用油的管理法规，要求极性组分最大在 20%～27%。这是一个综合性指标，几乎包括所有的氧化产物、聚合产物、裂解产物和水解产物。一些欧洲国家还用三酰甘油低聚体含量（triacylglycerol oligomer content，TOC）指标来衡量油炸用油的质量，最大允许范围在 10%～16%。

第五节　脂肪的摄入量与食物来源

一、脂肪的摄入量

脂肪的供给与国别、民族、习惯、气候等有关，同时也受经济发展水平影响。过去西方发达国家人均摄入脂肪量很高，膳食中脂肪提供的热量占到机体摄入总能量的 40%以上，这导致肥胖、高血脂、冠心病等疾病高发。随着我国经济的快速发展和生活水平的显著提高，我国居民的脂肪摄入量近年来呈快速增加之势，部分地区的脂肪摄入量严重超标。20 世纪 90 年代后期对部分地区的监测表明，居民人均每日摄入脂肪 54.7g，其中城镇居民人均摄入脂肪 72g，农村居民人均摄入脂肪 46.7g。2002 年第四次全国营养调查显示，与 1992 年相比，农村居民膳食结构中脂肪供能比，由 19%增加到 28%。而城市居民脂肪供能比则已达到 35%，超过世界卫生组织推荐的 30%的上限。

脂肪的摄入过多，直接导致肥胖症、心血管病、脂肪肝、糖尿病等非传染性疾病发病率的连年上升。2002 年第四次全国营养调查显示，我国成人超重率为 22.8%，肥胖率为 7.1%。与 1992 年全国营养调查资料相比，成人超重率上升 39%，肥胖率上升 97%。我国成人血脂异常患病率为 18.6%，且中年人与老年人患病率相近，城乡差别不大。我国成人高血压患病率为 18.8%。农村高血压患病率上升迅速，城乡差距已不明显。因此，合理摄入脂肪已刻不容缓。

2000 年中国营养学会发布了"中国居民膳食营养素参考摄入量"，其中建议儿童和青少年的脂肪供能占总能量的比例为 25%～30%，成人则为 20%～30%。2007 年 9 月，由中国营养学会理事会扩大会议通过的《中国居民膳食指南（2007）》中建议，每天的烹调油量不超过 25g 或 30g 为宜。

为防止必需脂肪酸缺乏，在摄食的总热能中，必需脂肪酸应占 3.5%～6%（婴儿的需要量在其所占热能中的比例应大于成人）。例如：每日摄取热能 11.3MJ（2700kcal）时，按照 4%（108kcal）计算，每日需要的必需脂肪酸为 12g。这个量在以植物油为主的烹调中可以容易达到。

二、摄入脂肪中不同脂肪酸的比例

关于脂肪的摄入，除应考虑脂肪的占能比外，还需注意脂肪推荐摄入量中不同脂肪酸的组成比例问题。这包括两个方面：

（1）摄入脂肪中，饱和脂肪酸（s）、单不饱和脂肪酸（m）、多不饱和脂肪酸（p）之间的比例，应以 1:1:1 为好；

（2）多不饱和脂肪酸中，n-6 和 n-3 多不饱和脂肪酸之比。此比例目前认识不一。

近年来，我国居民油脂摄入量不断增加，包括植物油和畜肉类中含有的动物脂肪，这就使得膳食脂肪酸中，n-6 多不饱和脂肪酸增加。因而相对来说，来自水产食品的 n-3 多不饱和脂肪酸比例在下降。这样，多不饱和脂肪酸中，（n-6）与（n-3）的比例显著上升，甚至高达（10～20）:1。美国哈佛大学脂类医学技术研究中心 2011 年最新科学研究表明，人们吃的食物中 n-6 脂肪酸过高、n-3 不足，两者比例失衡是导致癌症发生发展的主要原因之一。n-6 脂肪酸吃得太多，体内就会发生炎症。n-3 是 n-6 的天然抑制素，通过食物摄入，可大大减少疾病发生。在玉米、大豆、花生、大米、小麦等谷物及其油制品中主要脂肪酸成分就是 n-6，n-3 仅在鱼类和部分坚果（像核桃、杏仁等）等食物里才有，但含量有限。因此，应适当增加鱼类、特别是海鱼的摄入量，以平衡二者之间的比例关系，使之达 5～10 倍比例为好。中国营养学会建议，（n-6）与（n-3）之比以（4～6）:1 为宜。见表 6-6。

表 6-6　中国居民膳食脂肪适宜摄入量（脂肪能量占总能量的百分比，%）

年龄/岁	脂肪	饱和脂肪酸	单不饱和脂肪酸	多不饱和脂肪酸	(n-6):(n-3)	胆固醇/mg
0～	45～50				4:1	
0.5～	35～40				4:1	
2～	30～35				(4～6):1	
7～	25～30				(4～6):1	
13～	25～30	<10	8	10	(4～6):1	
18～	20～30	<10	10	10	(4～6):1	<300
60～	20～30	6～8	10	8～10	(4～6):1	<300

注：引自中国营养学会编著. 中国居民膳食营养素参考摄入量，2000.

三、脂肪的食物来源

膳食脂肪由可见和不可见的脂肪组成。可见的脂肪如烹调用油；不可见的脂肪如各种加工食品（糕点、饼干、油炸食品等）中含有的大量油脂。

脂肪的食物来源可分为：

(一) 脂肪的动物性食物来源

（1）畜肉　如猪肉、牛肉、羊肉及其制品（如罐头等）都含有大量脂肪，即使是瘦肉也含有一定"不可见"的脂肪。通常含饱和脂肪酸较高。

（2）禽蛋类、鱼类　脂肪含量稍低。其中，禽类、鱼类含不饱和脂肪较高。尤其深海鱼类富含 n-3 多不饱和脂肪酸（DHA，EPA）。

（3）乳制品　牛乳 4.0%，全脂乳粉更高含脂肪约 30%；黄油的脂肪含量可在 80% 以上。

(二) 脂肪的植物性食物来源

1. 油料植物

如大豆、花生、芝麻等，含油量丰富。大豆含油量 20% 以上（转基因大豆，含油量更高）；花生含油量 40% 以上；芝麻含油量 60% 以上。这些原料，既可直接加工成各种含油量不同的食品（花生酥、芝麻糕），又可以提取出植物油用于烹饪、食品加工。植物油含不饱和脂肪酸多，是人体必需脂肪酸的良好来源，所以是食用脂肪的良好来源。

2. 坚果类

如核桃、松子，含油量可高达 60%，其中也含有较丰富的不饱和脂肪酸。但是人们一般食用量较少。

3. 谷类、水果、蔬菜

谷类含脂肪量较少，一般在 4% 以下，水果、蔬菜含脂肪更少，一般在 0.5% 以下。

由于胆固醇与人体健康有关（如动脉粥样硬化），因此，应注意降低胆固醇的摄食量，每人每天应小于 300mg。其中，动物性食物：脑、肾、心、肝、蛋黄（禽卵中的胆固醇为非酯化的，易吸收）；植物来源的食物：不含胆固醇，但含植物固醇，与前者对小肠的吸收有竞争性抑制，如：谷类、水果、蔬菜、坚果豆类等（植物固醇有降低血胆固醇的作用）。

四、油脂替代品

由于油脂摄入过多会造成健康危害，而减少油脂用量的低脂和无脂食品，其风味、口感等可能很差，因此20世纪80年代后期在国外食品市场开始推出油脂替代品。油脂替代品主要是以碳水化合物、蛋白质或脂肪等为基料，混合乳化剂、增稠剂等制成，能被人体消化吸收但提供人体较低能量或不能被人体消化而对人体不提供能量的一类物质。90年代，国外油脂替代品开始迅猛发展。优质的油脂替代品不仅能大幅降低食品中的油脂含量，而且能较好地保持甚至改善原有食品的感官品质。油脂替代品按照它们的组成成分不同可分为3种：蛋白质为基质的油脂替代品、脂肪为基质的油脂替代品和碳水化合物为基质的油脂替代品。

1. 以蛋白质为基质的油脂替代品

蛋白质为基质的油脂替代品是由蛋白质（鸡蛋、牛奶、乳浆、大豆、动物胶和面筋）制得。蛋白质在热作用下形成易变形的圆形微小颗粒来模仿脂肪的口感和质地，或者经加工改变水结合性和乳化性来模仿脂肪。蛋白质具有疏水性和亲水性，而脂肪模拟物要求疏水表面暴露于外，故一般水溶性蛋白质必须经过变性，才可进行微粒化。但一些由疏水性蛋白质制备的脂肪模拟物质，则无需进行变性。蛋白质为基质的油脂替代品的优点是能够提供必需氨基酸，缺点是会掩盖食品的某些风味，热稳定性比较差。因此，它只能在油/水型的乳化体系中使用，不能在高温和油炸食品体系中应用。这类油脂替代品一般用于乳制品、色拉调味料、冷冻甜点心、人造奶油。

2. 以脂肪为基质的油脂替代品

如：蔗糖聚酯，由蔗糖替代甘油与脂肪酸在特定的条件下酯化反应而得。它不为人体胰腺脂肪酶所分解，从而不提供能量，但却有类似脂肪的性状。蔗糖聚酯热稳定性好，几乎可用于包括煎炸食品在内所有的食品领域。但由于其不消化性，会引起肠内渗透压升高，导致渗透性腹泻、肛漏等；还会影响脂溶性维生素和其他营养素的吸收及肠道内微生物群的生长，因此蔗糖聚酯替代脂肪的量受到限制，含蔗糖聚酯的食品应额外补充维生素。目前经FDA的审核可应用于指定产品（如油炸休闲食品）中，但要求在含蔗糖聚酯的食品包装上标明警示语，以提醒消费者可能存在的潜在危险。

3. 以碳水化合物为基质的油脂替代品

如木薯糊精，此类产品是将淀粉通过酸或酶法水解为具有低DE值的糊精，在浓度为20%左右可以形成热可逆的凝胶，具有类似脂肪的特点，能量值仅为脂肪的1/9。除了糊精以外，还有改性淀粉类、胶体类、纤维素型、葡聚糖等油脂替代品也在市场上出现。与蔗糖聚酯类油脂替代品相比，碳水化合物型油脂替代品比较安全，不会引起肛漏等不良反应；但不能用于高温食品，而且其替代脂肪的量有限，一般均为1/4或1/3，用量过多时会带来不良的风味。它们主要应用于冰淇淋、色拉酱、甜食。

五、脂质食物的分类

依据食物中脂肪的含量，可将食物加以分类：

（1）高脂食物　指动物性食物、油脂或由这些油脂制作的食物，包括猪油、植物油、油面筋、猪肉等。

（2）低脂食物　指那些脂含量较低的植物性食物，如水果、蔬菜、粮食等。

（3）无脂食物　指基本上或完全不含脂肪的食物，包括：白砂糖、西瓜、蜂蜜、南瓜等。

第七章　蛋白质和氨基酸

第一节　蛋白质对机体的重要性

蛋白质是生命的物质基础，不仅作为重要的组成成分存在于机体所有的组织、器官中，而且还在生命活动中发挥着不可替代的重要作用。

一、构成机体

蛋白质是人体一切细胞、组织的重要组成成分，在机体中的含量比较稳定，一般约为18%，人体的任何一个细胞、组织和器官中都含有蛋白质，如皮肤、肌肉、内脏、毛发、韧带、血液等都以蛋白质为主要成分，就是在骨骼中也含有蛋白质。人体各组织中蛋白质的含量见表7-1。

表7-1　人体各组织中蛋白质的含量

组织部位	含量/%干重	组织部位	含量/%干重
皮肤	63	心脏	82
横纹肌	80	肺	82
骨骼	28	肾脏	72
脑及神经组织	45	消化道	63
肝脏	57	体液	85

蛋白质不仅在肌肉、内脏中是主要的成分，就是在骨骼中蛋白质也占到28%（干重%），而骨骼发挥着人体支架的重要作用。体内的器官包膜和组织间隔由结缔组织构成，器官包膜用于维持器官的一定形态，组织间隔将机体各部分联成一个统一的整体，结缔组织中的大量胶原纤维就是由胶原蛋白形成的。由此可见，蛋白质对机体的构建的重要作用。

此外，体内新组织的生长和旧组织的更新也必须依靠蛋白质。蛋白质是人体中氮的唯一来源（蛋白质的平均含氮量约16%）。体内的蛋白质存在着合成与分解间的动态平衡，即体内蛋白质不断地进行分解与合成，组织细胞不断被更新（每天约有3%的蛋白质被更新），但成人体内的蛋白质含量基本不变。这是因为体内蛋白质分解成氨基酸后，大部分又合成新蛋白质，只有少部分蛋白质分解成尿素及其他代谢产物排出，此即蛋白质的周转率。儿童、青少年因生长、发育较快，对蛋白质的需要量比成人大，蛋白质转换率也较高，且与基础代谢有关。如，儿童的基础代谢 [kJ/(kg·d)] 和蛋白质转换量 [g/(kg·d)] 分别为190、6；成人的基础代谢 [kJ/(kg·d)] 和蛋白质转换量 [g/(kg·d)] 分别为85、2~3。

不同蛋白质的转换率也不相同，色氨酸吡咯酶、酪氨酸转氨酶更新一半的时间（半衰期）为2~3h；肌纤维、肌胶原蛋白半衰期为50~60天。

二、参与体内的代谢、调控

1. 催化作用

营养素在体内的代谢反应是生化反应，是借助于酶的催化作用完成的（见第二章"食品的消化与吸收"），酶的主体就是蛋白质。酶的催化速率极快，机体内成千上万种不同的化学反应都是在酶的催化作用下进行的。

2. 调节生理机能

机体的代谢过程还需要激素的调控，它是由内分泌细胞产生的一类化学物质。若某一激素分泌失衡，就会发生一定的疾病。有许多激素就是蛋白质或肽。如，胰岛素就是由 51 个氨基酸分子组成的分子量较小的蛋白质，缺乏胰岛素会导致血糖升高；十二指肠黏膜释放的肠促胰液肽激素，随血液循环进入胰脏，促使胰液的分泌，以维持人体正常的消化功能。

3. 氧和一些重要物质的运输

生物需氧的供能代谢可使生物能更多地获取贮存于能源物质中的能量。如，葡萄糖有氧氧化产能是无氧酵解产能的 18 倍。而由外界摄取氧气并将氧气输送到全身组织细胞的作用是由血红蛋白完成的。蛋白质在这里又起到运输氧气的作用。

此外，一些重要物质的运输转运也离不开蛋白质。如，葡萄糖的主动转运过程需借助于载体的帮助才能高效地进行，这些在膜上用于主动运输的载体都是蛋白质。

4. 调控遗传过程

核酸以及核蛋白是遗传的物质基础。同时，遗传中基因的表达也是依靠蛋白质来调控的。

三、维护机体的机能

1. 肌肉收缩

机体所从事的一切活动及各种脏器的重要生理功能，都是通过肌肉的收缩与松弛来实现的。例如：肢体的运动、心脏的搏动、血管的舒张与收缩、胃肠的蠕动、肺的呼吸等。肌肉的这种收缩活动是由肌动球蛋白完成的。

2. 免疫功能

通常情况下，机体对外界的有害因子有一定程度的抵抗力，这就是机体的免疫作用。它主要由白细胞、抗体、补体等来完成，它们就是蛋白质性质的。免疫球蛋白，也称抗体 Ig，是一种由血液浆细胞产生的一类具有免疫作用的球状蛋白，它完成对抗原的"识别"，并由血浆中的另一类蛋白质——补体来完成对外来病菌等抗原的杀伤作用。

3. 调节体液及维持体内的酸碱平衡、

正常人血浆与组织液之间的水分不断地进行交换，保持动态平衡。血浆胶体的渗透压是由所含的蛋白质浓度决定的，缺乏蛋白质，渗透压降低，水分向组织间隙分布，出现水肿。所以蛋白质与体内水分的正常分布有关。

此外，蛋白质是两性物质，它和碳酸盐、磷酸盐等其他的缓冲物质一起，共同构成机体的缓冲体系，维持体内的酸碱平衡。

四、提供能量

蛋白质是生命的物质基础，但同时它也是一种能源物质。在碳水化合物、脂肪供给不足时，蛋白质也可用来供能，每克蛋白质在体内氧化的生理能值为 17kJ（4kcal）。但蛋白质的供能作用是次要的，可由碳水化合物或脂肪代替，即碳水化合物、脂肪有节约蛋白质的作用。

那么，用于供能的蛋白质是哪些呢？这包括体内旧的或已破损的组织细胞中的蛋白质；食物中不符合机体需要的或摄入量过多的蛋白质。所以，也不是肉和蛋吃得越多越好，吃多了肉和蛋，其中多摄食的蛋白质就成了能量了。蛋白质供能约占到人体每天所需能量的 14%。

第二节　蛋白质的需要量

一、氮平衡及其影响因素

氮平衡是反映体内蛋白质代谢情况的一种表示方法，是指蛋白质摄取量与排出量之间的对比关系。由于食物中和体内消耗的蛋白质是大分子不易进行直接测定，所以常用测定含氮量的方法来间接了解蛋白质的平衡情况。其原理是由于各种食物蛋白质的含氮量非常相近（约16%），且食物中的含氮物质大多为蛋白质。

1. 氮的总平衡

在特定时间内，若进入机体的氮和排出的氮相等，称之为氮的总平衡。如，当膳食中的蛋白质供应适当时，成人每日进食的蛋白质主要用来维持组织的修补和更新，人体组织并未生长，其氮的摄入量和排出量可处于平衡状态。

2. 氮的正平衡

当摄入氮量大于排出氮量时，称之为氮的正平衡。如，儿童生长较快，孕妇及康复病人体内正在生长新的组织，所以其摄入的蛋白质要有一部分用于构建新的组织，这时，其氮的吸收量必定会大于排出量，机体处于氮的正平衡。

3. 氮的负平衡

当摄入氮量小于排出氮量时，称之为氮的负平衡。如，饥饿者、膳食中缺乏蛋白质的人以及消耗性疾病患者，其体内的蛋白质分解速度大于合成速度，每日的吸收氮小于排出氮，机体就处于氮的负平衡，表现为日渐消瘦。

4. 必然丢失氮和氮的补偿量

健康的成人，即使给以无氮的膳食，其体内蛋白质的合成与分解仍继续进行。被分解的氨基酸可再用于合成蛋白质，但也有少部分氨基酸被分解、代谢成尿氮化合物（尿酸、尿素、肌酐等），粪中也有一定损失。

最初尿氮明显下降，经长时间后，尿氮缓慢下降到相对稳定的水平。例如：食用无氮的膳食10～14天后，平均每天尿氮排出量为37mg/(kg·d)，粪氮约12mg/(kg·d)。而由皮肤及其他次要途径损失的氮量，不易由测定得到，按WHO的规定：成人为每天8mg/kg，12岁以下儿童为每天10mg/kg。因此，成人在摄食无氮食物时，每日氮的损失总量为：

尿氮＋粪氮＋次要途径损失氮＝37mg/kg＋12mg/kg＋8mg/kg＝57mg/kg

这种在无蛋白质膳食时所丢失的氮量，称为必然丢失氮。若膳食蛋白质被完全利用，成人在摄食无氮食物时每日氮的损失相当于每日排出0.36g/kg的食物蛋白。所以成人每千克体重摄食0.36g蛋白质应能补偿必然丢失的氮量，并达到氮的平衡。

氮平衡状态可用公式表示：

摄入氮＝尿氮＋粪氮＋其他氮损失(指由皮肤及其他途径排出的氮)

5. 影响氮平衡的因素

影响氮平衡的因素主要有以下几个方面：

（1）**热能**　当摄入的热能低于机体的需要时，则机体会利用摄入的蛋白质来提供能量加以消耗，从而影响氮平衡的结果。所以在氮平衡试验中，应提供足够的热量。

（2）**膳食蛋白质与氨基酸的摄入量**　成人随着每日进食蛋白质的多少，其体内蛋白质的分解速度及随尿排出的氮量也随之变化。但氮的排出量一般不会立即发生变化，如在无氮膳食开始后，人体还排出一定量的氮，几天过去后才稳定在一个低水平的排出量，所以氮平衡试验的时间不能太短。

（3）激素 参与代谢的激素，如生长激素、皮质类激素、甲状腺素等，都会影响到氮的代谢。

（4）各种应激状态 包括精神紧张、焦虑或生病等，对氮的代谢都有一定的影响。

二、蛋白质的需要量

1. 蛋白质的最低需要量

在前面"必然丢失氮"部分已介绍，成人在摄食无蛋白质食物时，其体内蛋白质合成与分解仍继续进行，其中含有少部分氨基酸被分解、代谢成尿氮化合物。经长时间后，其排出的氮量渐趋稳定。即在摄取无氮膳食 10～14 天后，排出的氮量为每日每公斤体重 57mg 氮（尿氮 37mg/kg，粪氮 12mg/kg，其他途径损失氮 8mg/kg）。换算成蛋白质，即每天每千克体重约 0.36g 蛋白质（57mg/16％＝0.356g），这就是蛋白质的最低需要量。

2. 蛋白质的平均需要量

按照蛋白质的最低需要量，对一个体重 70kg 的人来说，相当于每天有 25.2g 蛋白质排出体外。那么是不是我们给他补足此丢失数量的蛋白质即可满足其对蛋白质的需要量呢？

事实并非如此。实验结果表明，即使摄食同等数量的优质蛋白质（如：鸡蛋、乳），也并不能维持氮的总平衡。这是因为食物蛋白质与人体蛋白质在组成上是不相同的，所以人体在利用食物蛋白质构建和修补体内蛋白质组织时，必然会有一定的损耗。所以还需补充高于损失的蛋白质量才行。

于是，WHO 曾对健康成人进行一项氮平衡的研究，包括使用几种不同的蛋白质摄食量进行短期和长期的氮平衡研究。结果表明：

在进行短期（1～3 周）氮平衡研究时，人体对优质蛋白质的平均需要量为 0.63g/（kg·d）；

在进行长期（1～3 个月）氮平衡研究时，人体对优质蛋白质的平均需要量为 0.58g/（kg·d）。

因此，FAO/WHO/UNU 专家委员会采用上述 2 个数据的平均值 0.60g/（kg·d），作为成人对优质蛋白质（如：鱼、肉、乳、蛋）的平均需要量。

3. 蛋白质的安全摄取量

考虑到不同人群的蛋白质需要量因个体差异会有不同，而且即使是相同的性别、年龄、体型、劳动强度的情况下，蛋白质的需要量也有不同，事实上此蛋白质的需要量呈正态分布，因此，为了满足所有人对蛋白质的充分需要，又定下一个安全摄取量（safe level of intake）。安全摄取量为：平均需要量＋2 倍标准差。此标准差按 FAO/WHO/UNU 专家委员会估计，成人约为 12.5％，因此成人对优质蛋白质的安全摄取量为：0.60g/（kg·d）＋2×12.5％×0.60＝0.75g/（kg·d）。达到此需要量即可满足人群中 97.5％ 的个体对蛋白质的需要。

4. 影响蛋白质需要量的因素

（1）蛋白质需要量与碳水化合物的摄入有关 在第五章我们谈过，碳水化合物对蛋白质具有节约作用。即把蛋白质与碳水化合物一起摄入时，由于摄入碳水化合物后，增加了机体的能量供给，从而不致使蛋白质被额外地消耗，而能用于满足机体对蛋白质的需要量。另外，碳水化合物的消化产物葡萄糖还能抑制分解氨基酸的脱氢酶，有利于氨基酸的活化与合成蛋白质，使之有效地用于建造、修补组织。生活中，如果一餐只吃肉而不吃饭，则机体摄入的食物蛋白质将会全部以含氮物形式从尿中丢失。所以应注意将高蛋白食物与富含淀粉的食物一起吃，这样才能有效地将食物蛋白质用于满足机体对蛋白质的需要量。

（2）蛋白质的需要量还与蛋白质的质量有关　摄食动物性食物提供的优质蛋白质（如鱼、肉、蛋、奶），则蛋白质的需要量较低；如果摄入植物性蛋白质或动植物混合食物的蛋白质，则蛋白质的需要量较高。如，鸡蛋、牛肉、鱼等优质蛋白质，其蛋白质平均需要量 $[g/(kg \cdot d)]$ 分别为：0.65、0.56、0.71。在中国，摄入普通混合膳食时，蛋白质的需要量为 $0.99g/(kg \cdot d)$。

不同食物来源的蛋白质需要量见表7-2，这是由健康成人经短期氮平衡试验得出的。

表 7-2　不同食物来源的蛋白质需要量

蛋白质来源	受试人数	平均需要量[1]/$[g/(kg \cdot d)]$	变异系数[2]	普通混合膳食国家和地区	受试人数	需要量	变异系数[2]
优质蛋白质				中国大陆	10	0.99	11.6
鸡蛋	8	0.65	6.8	中国台湾	15	0.80	20.3
	31	0.63	—	印度	6	0.54	11.6
	7	0.58	19.0	土耳其	11	0.65	13.7
	11	0.69	—	巴西	8	0.70	14.6
蛋白	6	0.74	10.8	智利	7	0.82	14.2
	9	0.49	18.2	日本	8	0.73	27.1
牛肉	7	0.56	11.5	墨西哥	8	0.78	17.4
酪蛋白	7	0.58	—				
鱼	7	0.71	19.1				
平均		0.626					

① 用 $8mgN/(kg \cdot d)$ 作为其他氮损失进行计算。

② 表示观察值的离散程度为标准差，若二组试验单位不同或均数相差较大时均不能直接用标准差来比较其变异程度，而需用变异系数来比较。

注：变异系数（%）＝（标准差/平均值）×100。

第三节　必需氨基酸及其需要量模式

一、必需氨基酸、半必需氨基酸与非必需氨基酸

1. 氨基酸的结构和种类

当人们认识到构成生物体的最重要的物质——蛋白质后，就开始了对蛋白质的研究。在早期的研究中，通过水解了解了关于蛋白质的组成和结构。

蛋白质经酸、碱、酶的作用，逐步降解为蛋白胨（peptone）、多肽和三肽、二肽等越来越小的碎片，最后成为氨基酸混合物。从蛋白质水解物中分离出来的氨基酸有20种，除脯氨酸外，这些天然氨基酸在结构上的共同点是与羧基相邻的 α-碳原子上都有一个氨基，故称为 α-氨基酸。L-α-氨基酸是组成蛋白质的基本单位，其通式如图7-1。

非解离形式　　　　两性离子形式

图 7-1　L-α-氨基酸的结构通式

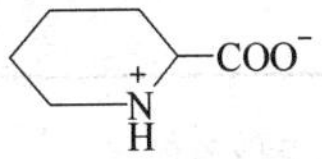

脯氨酸的结构式见图 7-2。

图 7-2 脯氨酸的结构式

2. 必需氨基酸、半必需氨基酸和非必需氨基酸

必需氨基酸的概念是由 W. C. Rose 在 1938 年首先提出的，它是指人体需要，但自己不能合成，或者合成的速度不能满足机体需要的氨基酸。对于这些氨基酸必须由食物蛋白质提供。否则就不能维持机体的氮平衡。

人体必需的氨基酸有 9 种：赖氨酸、色氨酸、组氨酸、苯丙氨酸、亮氨酸、异亮氨酸、苏氨酸、甲硫氨酸、缬氨酸。之前曾认为是 10 种，还有精氨酸，后来发现对成人是非必需氨基酸，但对幼儿来说，相对也是机体所必需的。另外，牛磺酸（β-氨基乙磺酸，Taurine）是一种含硫的非蛋白氨基酸，最早由牛黄中分离出来，故得名。它也是对婴幼儿的成长所必需的氨基酸，在脑神经细胞发育过程中起重要作用。但它在体内以游离状态存在，不参与体内蛋白的生物合成，所以不作为必需氨基酸列入。牛磺酸虽然不参与蛋白质合成，但它却与胱氨酸、半胱氨酸的代谢密切相关。人体合成牛磺酸的半胱氨酸亚硫酸羧酶（CSAD）活性较低，主要依靠摄取食物中的牛磺酸来满足机体需要。

非必需氨基酸指人体内能自行合成，或者可由其他氨基酸转化而来，可不必由食物供给的氨基酸。非必需氨基酸通常有 13 种：甘氨酸、丙氨酸、丝氨酸、胱氨酸、半胱氨酸、天冬氨酸、天冬酰胺、谷氨酸、谷胺酰胺、酪氨酸、精氨酸、脯氨酸和羟脯氨酸。但需注意：非必需氨基酸并非是机体不需要的氨基酸！只是说它们可在体内合成和转化，不需要由食物提供而已，但它们都是体内蛋白质的构成所需材料。其中，半胱氨酸在蛋白质中经常以其氧化型的胱氨酸形式存在，胱氨酸是由两个半胱氨酸通过它们侧链上的巯基氧化形成共价的二硫桥连接而成；少数蛋白质中还分离出不太常见的 α-氨基酸，如羟脯氨酸。

半必需氨基酸主要指半胱氨酸和酪氨酸。因为，半胱氨酸可以部分代替必需氨基酸甲硫氨酸，代替量可以达到 30%（因为机体就是用甲硫氨酸合成半胱氨酸）；而酪氨酸可以部分代替必需氨基酸苯丙氨酸，代替量约 50%（因为苯丙氨酸在代谢中参与合成酪氨酸）。所以，当膳食中有充足的半胱氨酸和酪氨酸时，机体就不需要消耗必需氨基酸甲硫氨酸和苯丙氨酸来合成这两种非必需氨基酸，从而减少机体对甲硫氨酸和苯丙氨酸的需要量。

如果从营养学的观点来看，组成蛋白质的 22 种氨基酸都是人体需要的氨基酸，但 9 种必需氨基酸则是食物蛋白质中的关键成分，它对于蛋白质的营养价值起到非常重要的作用。

二、必需氨基酸的需要量和需要量模式

1. 人体对必需氨基酸的需要量

不同年龄的人群，其必需氨基酸的需要量不同。婴儿、儿童对蛋白质和氨基酸的需要量比成人高，主要是由于其生长、发育速度较快。随着年龄的增长，人体对必需氨基酸的需要量逐渐下降。成人比婴儿显著下降（见表 7-3）。必需氨基酸需要量用 mg 氨基酸/(kg·d)表示。

2. 必需氨基酸需要量模式

实际上在机体对蛋白质的代谢过程中，对每种必需氨基酸的需要量都有一个相对稳定的水平，如果某一种氨基酸过多或过少，就会影响机体对其他氨基酸的利用。所以，在机体合成蛋白质的时候，各种必需氨基酸之间保持一个适当的比例才是最有利的，这种必需氨基酸之间相互搭配的比例关系，就称为必需氨基酸需要量模式或氨基酸计分模式（amino acid scoring pattern，AASP）。

因此，从是否符合人体合成自身蛋白质的角度来衡量，食物蛋白质所提供的必需氨基酸需要量模式越接近人体蛋白质的组成，那么其在消化后就越易被人体吸收利用后用于人体合成蛋白质。这样的蛋白质其营养价值就越高。WHO 1985 年提出的必需氨基酸需要量模式见表 7-4。

表 7-3　不同年龄人的必需氨基酸需要量 [mg/(kg・d)]

氨基酸名称	婴儿 (3～4 个月)	儿童 (2 岁)	学龄儿童 (10～12 岁)		成人
组氨酸	28	(?)	?	(?)	(8～12)
异亮氨酸	70	(31)	30	(28)	10
亮氨酸	161	(73)	45	(44)	14
赖氨酸	103	(64)	60	(44)	12
甲硫氨酸＋胱氨酸	58	(27)	27	(22)	13
苯丙氨酸＋酪氨酸	125	(69)	27	(22)	14
苏氨酸	87	(37)	35	(28)	7
色氨酸	17	(12.5)	4	(3.3)	3.5
缬氨酸	93	(38)	33	(25)	10
总必需氨基酸	714	(352)	261	(216)	84

注：1. 婴儿必需氨基酸需要量与人乳中的模式（表 7-4）稍有不同，比人乳含更多的含硫氨基酸和色氨酸。总必需氨基酸中未包括组氨酸。

2. 表中未加括号的数字引自 WHO technical report series，522，1973；括号内数字为后来的文献值。

表 7-4　必需氨基酸需要量模式与优质动物蛋白质的比较（mg 氨基酸/g 蛋白质）

氨基酸	必需氨基酸需要量模式				食物中的必需氨基酸含量[3]		
	婴儿[1] 平均(范围)	学龄前儿童[2] (2～5 岁)	学龄儿童 (10～12 岁)	成人	鸡蛋	牛乳	牛肉
组氨酸	26(18～36)	(19)[4]	(19)	8～12	22	27	34
异亮氨酸	46(41～53)	28	28	13	54	47	48
亮氨酸	93(83～107)	66	44	19	86	95	81
赖氨酸	66(53～76)	58	44	16	70	78	89
甲硫氨酸＋胱氨酸	42(29～60)	25	22	17	57	33	40
苯丙氨酸＋酪氨酸	72(68～118)	63	22	19	93	102	80
苏氨酸	43(40～45)	34	28	9	47	44	46
色氨酸	17(16～17)	11	(9)	5	17	14	12
缬氨酸	55(44～77)	35	25	13	66	64	50
总计： 包括组氨酸	460(408～588)	339	241	127	512	504	479
无组氨酸	434(390～552)	320	222	111	490	477	445

① 母乳的氨基酸组成。

② 为必需氨基酸需要量（mg/kg）÷参考蛋白质（鸡蛋或牛乳蛋白质）的安全摄入量（g/kg）。安全摄取量：学龄前儿童（2～5 岁）1.1g/kg；儿童（10～12 岁）0.99g/kg；成人 0.75g/kg。

③ 为食物蛋白质中的氨基酸组成。

④ 括号内数值系根据需要量对年龄的曲线，按年龄数插入得到。

　　由表 7-4 可以看出，牛乳、鸡蛋、牛肉的必需氨基酸组成和比例关系接近人乳和人体的必需氨基酸需要量模式，而尤其以牛乳、鸡蛋的必需氨基酸组成和比例关系最接近婴儿的必需氨基酸需要量模式，所以它们的营养价值高，称为优质蛋白质。

第四节　限制氨基酸及蛋白质的互补作用

一、限制氨基酸

限制氨基酸是指在食物蛋白质中，按照人体对必需氨基酸的需要及比例关系，含量相对不足的氨基酸。

限制氨基酸中，缺乏量最多的称为第一限制氨基酸。限制氨基酸的存在，影响了蛋白质中氨基酸之间的比例关系，使之偏离人体的必需氨基酸需要量模式，这样即使其他氨基酸再充足也不能为机体所利用。尤其是第一限制氨基酸会严重影响机体对蛋白质的利用，也因此决定了蛋白质的质量。

食物中最主要的限制氨基酸为赖氨酸和甲硫氨酸。赖氨酸在谷物蛋白质和其他一些植物蛋白质中含量较少，所以赖氨酸是谷类蛋白质的第一限制氨基酸。甲硫氨酸在花生、大豆蛋白质中相对不足，所以甲硫氨酸是大多数非谷物植物蛋白质的第一限制氨基酸。

因此在谷类食品，特别是在动物性蛋白质摄入较少的地区为婴幼儿、青少年提供的谷物加工制品中，可添加适量的赖氨酸予以强化，以消除赖氨酸作为第一限制氨基酸对蛋白质吸收的影响。这在 20 世纪 80 年代曾风行一时，1984 年日本"必需氨基酸协会"在全国许多地区的小学午餐时供给小学生 L-赖氨酸强化的面包，一年后检查他们的身高、体重，发现都比其他同龄孩子有明显的提高。我国广西南宁妇幼保健院采用赖氨酸强化的米糊喂养一 5 个半月的营养不良婴儿（体重 4.1kg，身高 59cm），30 天后体重增加 0.9kg，身高增加 3cm。由于市场需求的增加，以发酵法生产赖氨酸也成为当时研究的热点。

有第一限制氨基酸，就有第二、第三限制氨基酸，即在限制氨基酸中，按缺乏量由多到少的顺序依次排下来的氨基酸。如：小麦、大麦、燕麦、大米缺乏苏氨酸，是它们的第二限制氨基酸。色氨酸是玉米的第二限制氨基酸，而甲硫氨酸则是大麦、燕麦的第三限制氨基酸。常见的植物性食物中蛋白质的限制氨基酸见表 7-5。

表 7-5 常见的植物性食物中蛋白质的限制氨基酸

食物名称	第一限制氨基酸	第二限制氨基酸	第三限制氨基酸	食物名称	第一限制氨基酸	第二限制氨基酸	第三限制氨基酸
小麦	赖氨酸	苏氨酸	缬氨酸	玉米	赖氨酸	色氨酸	苏氨酸
大麦	赖氨酸	苏氨酸	甲硫氨酸	花生	甲硫氨酸	—	—
燕麦	赖氨酸	苏氨酸	甲硫氨酸	大豆	甲硫氨酸	—	—
大米	赖氨酸	苏氨酸	—	棉籽	赖氨酸	—	—

二、蛋白质的互补作用

食物的营养价值有相对性，不同食物的蛋白质营养价值不同，也就是说其组成氨基酸的含量和比例关系不同，或者说，各种食物蛋白中的限制性氨基酸的种类及含量各不相同。若将几种不同的食物按适当的比例混合食用，就能起到取长补短的效果，使混合后食物的必需氨基酸组成及比例更接近人体所需的氨基酸模式，从而提高食物蛋白质的营养价值，这就是蛋白质的互补作用。

例如，小麦、大豆蛋白质在单独摄入时，其生物价（氮的贮留量与氮的吸收量之比，详见本章第五节）分别为 52、64，而当二者以 67：33 的比例混合进食时，其生物价可提高至 77。这可从二者的限制氨基酸来进行分析，因为小麦蛋白质中第一限制氨基酸为赖氨酸，而甲硫氨酸较多；大豆蛋白质中赖氨酸较多，而甲硫氨酸是第一限制氨基酸。所以，当这两种蛋白质混合进食时，其限制氨基酸互相补充，平衡了其中必需氨基酸的比例关系，从而提高了营养价值。

当我们知道了食物蛋白质的互补作用可以提高蛋白质的营养价值，可以用来指导我们的日常膳食。如，用鸡蛋炒蚕豆、面筋炖豆腐、面包夹火腿、土豆烧牛肉等，都可显著提高混合后食物蛋白质的营养价值。再比如，将全素的食料玉米、小米、大豆混合食用（40：40：

20）时，食物蛋白质的生物价可达73，而它们单独进食时蛋白质生物价分别为61、57、64。这也正是我们所说的食物多样，粗细搭配的科学道理所在。事实上，合理搭配食物不仅可提高食物蛋白质的营养价值，而且也降低了食物的成本，实在是一个少花钱就能改善生活质量的不错选择。

以我国日常食用的几种食物蛋白质为例，说明蛋白质互补作用如表7-6。

表7-6　几种食物蛋白质的互补作用

食物名称	单一食物蛋白质生物价	互补食物及比例	互补食物蛋白质生物价
小麦粉	52	小麦粉与牛肉(2∶1)	71
玉米	61	玉米与牛肉(2∶1)	73
黄豆	64	小麦粉与牛肉(2∶1)	62
牛乳	85	玉米与牛乳(3∶1)	75
牛肉	69	玉米与黄豆(6∶1)	66
面包	52	面包火腿同时吃	75
火腿	76	面包火腿分开各隔日吃	67
马铃薯	71	马铃薯、脱脂奶粉同时吃	86
脱脂奶粉	89	马铃薯、脱脂奶粉分开各隔日吃	81

第五节　蛋白质营养价值的评价方法

我们知道，营养价值即是指在特定食品中的营养素及其质和量的关系。因此，评价一种食物中的蛋白质的营养价值，一方面要从"量"的角度（即食物中蛋白质含量的多少），另一方面还要从"质"的角度（即必需氨基酸的种类、含量及相互比例关系）来考虑。

研究食物蛋白质的营养价值，通常是采用动物试验的方法。需要指出的是，任何一种研究方法都可能存在其局限性，所以其所表示的营养价值是相对的。有时可能需要将两种或两种以上的评价方法综合起来才能较好地反映蛋白质的营养价值。

一、蛋白质的质和量

1. 完全蛋白与不完全蛋白

动物饲喂实验发现，当以单一的蛋白质饲喂受试动物时，不同的蛋白质在维持生命和保持动物生长方面表现的作用不同。例如：

① 酪蛋白　当以占总能量18%的酪蛋白饲喂大鼠时，鼠生长正常。故将酪蛋白称为完全蛋白；

② 麦醇溶蛋白　因为缺乏赖氨酸，虽然能维持生命，但动物生长缓慢，因此将之称为部分不完全蛋白；

③ 玉米醇溶蛋白　因为缺乏赖氨酸、色氨酸两种必需氨基酸，所以不能促进生长，甚至不能维持生命，所以称为不完全蛋白。

另外，当酪蛋白占总能量9%进行饲喂时，其在促进生长方面效率仅为以18%喂养时的一半。所以，对蛋白质来说，它的质和量都同样很重要。

日常生活中，动物蛋白（如肉、鱼、蛋、奶）基本上属于完全蛋白或叫优质蛋白；但由动物结缔组织制成的白明胶，因缺乏色氨酸，属于不完全蛋白。植物蛋白普遍大量缺乏赖氨酸、蛋氨酸、苏氨酸、色氨酸中的一种或多种，大都是不完全蛋白质。最好的植物蛋白是豆类蛋白，但其蛋氨酸含量不足，只有大豆蛋白可归为完全蛋白。

2. 蛋白质含量的测定

前面讲到，蛋白质的质和量都很重要，所以在评价特定食物蛋白质的营养价值时，不仅要考虑其"质"的好坏，还要考虑其"量"的多少。因为即使是质量很高的蛋白质，若其在食物中含量太低，也不能满足机体的需要，不能发挥出作为优质蛋白质应有的作用。

食物中蛋白质含量的测定，通常用凯式定氮法，先测定食物中的含氮量，再换算成蛋白质的含量。但凯氏定氮法测定的是总的含氮量，它不仅有蛋白质态的氮，还包括碱基氮（嘌呤、嘧啶）、游离氨基酸和肽、维生素、肌酸、肌酐和氨基糖等。如，肉类中含一部分游离态氨基酸和肽的氮。鱼类中还含挥发性碱基氮和甲氨基化合物等。某些海产软骨鱼类可能还含有尿素。这些非氨基酸和非肽类氮的存在，造成分析食物中的蛋白质含量会高于其实际蛋白质的含量。这需在蛋白质含量的测定中予以注意。

食物蛋白质的含氮量在15%～18%之间，一般取平均含氮量16%。所以在测定食物中的含氮量后，以含氮量×6.25（即1/16%），得到的是粗蛋白含量。再除以食物总量，即得到食物中蛋白质所占的百分比含量。若要计算不同食物蛋白质的准确含量，可以查阅相关的标准换算系数（见表7-7）。

表7-7 不同食物蛋白质的标准换算系数

食物类别	算成食物成分表中蛋白质含量时所用换算系数	将食物成分表中蛋白质含量换算为"粗蛋白"的校正系数
谷类		
小麦		
全麦	5.83	1.07
面粉(中或低出粉率)	5.70	1.10
通心粉、面条、面糊	5.70	1.10
麦麸	6.31	0.99
大米(各种大米)	5.95	1.05
裸麦、大麦和燕麦	5.83	1.07
豆类、硬果、种子		
花生	5.46	1.14
黄豆	5.71	1.09
木本硬果		
杏	5.18	1.21
椰子、栗子	5.30	1.18
种子:芝麻、花红、向日葵	5.30	1.18
乳类(各种乳类)与干酪	6.38	0.98
其他食物	6.25	1.00

二、蛋白质营养价值的评价方法

（一）蛋白质的消化率与利用率

1. 蛋白质的消化率

蛋白质的消化率是指该食物蛋白质被消化酶水解后，被机体吸收的程度。用吸收氮量和摄入总氮量的比值表示。显然，消化率越高，蛋白质被机体利用的可能性就越大。

（1）蛋白质消化率的表示方法 食物蛋白质的消化率，用该蛋白质中被消化、吸收的氮量占其蛋白质的总含氮量的比值表示。消化率在营养上分为两种，包括表观消化率和真消化率。

$$表观消化率＝(摄入氮－粪氮)/摄入氮$$

$$真消化率＝[摄入氮－（粪氮－粪代谢氮）]/摄入氮$$

其中，粪氮由未消化的食物氮、粪代谢氮构成。粪代谢氮指受试者在完全不吃含蛋白质食物时，粪便中的含氮量（即其排泄量与摄入的食物氮无关），它包括脱落的肠黏膜细胞、消化酶、肠道微生物中的氮。成人的粪代谢氮为 $12mg/(kg \cdot d)$。

若粪代谢氮忽略不计，即是表观消化率。显然，表观消化率＜真消化率，故采用表观消化率对蛋白质的营养价值估计偏低。这样计算的好处是对蛋白质的摄入量有较大的安全系数。

（2）影响蛋白质消化率的因素　蛋白质消化率受人体和食物两方面因素的影响。

① 人体因素　如全身状态、消化功能、精神情绪、饮食习惯、心理因素等。

② 食物因素　动物性蛋白质的消化率高，而植物性蛋白质由于在食物中被纤维素包围，不易被消化酶作用，所以植物性蛋白质的消化率较前者为低。例如，肉类蛋白质的消化率为 $92\%\sim94\%$，而整粒大豆的蛋白质消化率约 60%。不过，将植物性食物经适当地加工、烹调，使包裹植物蛋白的纤维素软化、去除，则可以提高其蛋白质的消化率。例如，将大豆加工成豆腐后，其蛋白质的消化率可提高到 92%。

另外，食物纤维、多酚化合物（包括单宁）等因素也会影响蛋白质的消化率。如，当大量摄取食物纤维时会增加粪氮的排泄，使蛋白质的表观消化率降低约 10%。

用通常的烹饪方法加工的食物蛋白质，其消化率分别为：奶类 $97\%\sim98\%$；肉类为 $92\%\sim94\%$；蛋类为 98%；大米为 82%；土豆 74%。人体对不同食物来源的蛋白质消化率见表 7-8。

表 7-8　人体对不同食物来源的蛋白质消化率

蛋白质来源	真消化率平均值±标准差	相当于参考蛋白质的消化率/%	蛋白质来源	真消化率平均值±标准差	相当于参考蛋白质的消化率/%
蛋	97±3		大豆粉	86±7	90
乳、干酪	95±3,95①	100	菜豆	78	82
肉、鱼	94±3		玉米＋菜豆	78	82
玉米	85±6	89	玉米＋菜豆＋乳	84	86
精白米	88±4	93	印度大米膳	77	81
整粒小麦	86±5	90	印度大米膳＋乳	87	92
精制小麦	96±4	101	中国混合膳	96	98
燕麦粉	86±7	90	巴西混合膳	78	82
小米	79	83	菲律宾混合膳	86	93
老豌豆	86	93	美国混合膳	96	101
花生酱	95	100	印度大米＋豆膳	78	82

① 前三项总体真消化率为95。

2. 蛋白质的利用率

蛋白质的利用率是指食物蛋白质被消化、吸收后，在体内被利用的程度。蛋白质营养价值的诸多评价方法，实际上都是以不同的指标来衡量蛋白质的利用率进行区分的。

（二）蛋白质营养价值的评价方法

膳食蛋白质的营养价值在很大程度上，取决于为合成机体自身蛋白质所能提供的必需氨基酸的数量和比例（氨基酸模式）。所有评价蛋白质质量的方法都是以此概念为基础。评价的方法有很多，但任何一种方法都是以一种现象作为指标，所以有一定的局限性，所表示的营养价值也是相对的。因此，在具体评价一种食物或混合食物的蛋白质时，需根据不同的评价方法进行综合考虑。

1. 蛋白质的生物学价值（biological value，BV）

蛋白质的生物学价值，简称生物价，指为维持机体的生长发育而在体内存留氮与吸收氮的比值。

测定方法以氮平衡为基础，以待测蛋白质作为唯一的氮源喂养动物。测定饲料氮、粪氮、尿氮；同时，给另一组动物无氮饲料，测定粪代谢氮和由组织蛋白质分解而来的尿内源氮。然后按此式计算。

$$蛋白质的生物价=\frac{存留氮量}{吸收氮量}\times100=\frac{摄入氮-(粪氮-粪代谢氮)-(尿氮-尿内源氮)}{摄入氮-(粪氮-粪代谢氮)}\times100$$

式中，尿内源氮指机体在无氮膳食条件下尿中所含有的氮。它来自体内组织蛋白质的分解。若忽略粪代谢氮、尿内源氮，则称为表观生物价。

常见食物蛋白质的生物价见表 7-9。

表 7-9 常见食物蛋白质的生物价

食物蛋白质	生物价	食物蛋白质	生物价	食物蛋白质	生物价	食物蛋白质	生物价
鸡蛋蛋白质	94	牛肉	76	熟大豆	64	玉米	60
鸡蛋白	83	猪肉	74	扁豆	72	白菜	76
鸡蛋黄	96	大米	77	蚕豆	58	红薯	72
脱脂牛奶	85	小麦	67	白面粉	52	马铃薯	67
鱼	83	生大豆	57	小米	57	花生	59

蛋白质的生物价与很多因素有关，即使是同一种食物的蛋白质，因测定时的实验条件不同也会出现不同的结果。如鸡蛋蛋白质的测定，当鸡蛋蛋白质提供的热能占总能量的 8% 时，BV 为 91；占 16% 时，BV 为 62。即当蛋白质含量低时，蛋白质的利用率会有所提高。所以当对不同蛋白质的生物价进行比较时，应将它们放在同样的实验条件下进行测定。

2. 蛋白质净利用率（net protein utilization，NPU）

蛋白质的生物学价值没有考虑在消化过程中未吸收而丢失的氮，所以有人建议将生物价乘以消化率，这就是蛋白质净利用率。蛋白质净利用率，指机体的氮贮留量与氮食入量之比。在蛋白质净利用率中，考虑了蛋白质的消化率。所以，它表示的是蛋白质的实际被利用程度。

$$蛋白质净利用率=存留氮/摄入氮\times100=生物价\times消化率$$

3. 蛋白质的功效比值（protein efficiency ratio，PER）

蛋白质的功效比值是最早采用、且简便的评价蛋白质质量的方法。它是用幼小动物体重的增加与所摄食的蛋白质质量之比，来表示将此蛋白质用于动物生长的效率。

$$蛋白质的功率比值=试验动物增加的体重（g）/摄入的蛋白质的质量（g）$$

本方法由于简便实用，已被美国公职分析化学家协会（AOAC）推荐为评价食物蛋白质营养价值的必测指标，并被其他国家包括中国广泛应用。但后来有人提出，由于试验所用大鼠的生长对含硫氨基酸的需要量较大，因此将受试蛋白质在促进大鼠生长方面的能力用于人体可能并不完全相符。比如，大豆蛋白质的第一限制氨基酸是含硫氨基酸甲硫氨酸，其用蛋白功效比值来衡量其在促进大鼠生长方面的效果时就会出现不如动物蛋白的情况，但对人体来说，大豆蛋白质却是可以与动物蛋白质相媲美的。

4. 蛋白质净比值（net protein ratio，NPR）与蛋白质存留率（protein retention efficiency，PRE）

若将受试动物（大鼠）分成 2 组，分别以受试食物蛋白质、等热值的无蛋白质膳食进行喂养，7～10 天后，记录其增加体重和降低体重的克数。然后按下式计算，再求得蛋白质存留率。

蛋白质净比值＝[平均增加体重(g)＋平均降低体重(g)]/摄入的食物蛋白质(g)

蛋白质存留率＝蛋白质净比值×(100/6.25)

5. 氨基酸分与蛋白质消化率修正的氨基酸分

(1) 氨基酸分（amino acid score，AAS）

由于 9 种必需氨基酸是蛋白质中的关键成分，所以蛋白质营养价值的高低也可根据其中必需氨基酸的含量及相互比例关系来评价。由于鸡蛋和人乳蛋白是已知的营养价值最好的蛋白质，因此最初将它们作为参考蛋白质进行比较。

1981 年，FAO/WHO/UNU 联合专家会议，对婴儿、学龄前儿童（2～5 岁）、学龄儿童（10～12 岁）和成人提出了新的必需氨基酸需要量模式（表 7-4），并在此基础上提出了氨基酸的计分模式为：

氨基酸分＝[1g 受试蛋白质中必需氨基酸的质量(mg)/必需氨基酸需要量模式中氨基酸的质量(mg)]×100

此氨基酸分一般指受试蛋白质的必需氨基酸中第一限制氨基酸的得分。例如，某种蛋白质的必需氨基酸中，第一限制氨基酸的含量，是婴儿氨基酸需要量模式中该种必需氨基酸需要量的 70%，则该蛋白质对婴儿来说其氨基酸分为 70 分。

由于婴儿、儿童的必需氨基酸需要量比成人的高，所以同一种蛋白质对他们来说所得的氨基酸分也不相同。因此，对于受试蛋白质中的任一种必需氨基酸，如果其对婴儿、儿童的氨基酸分很低，但对成人来说，其氨基酸分却并不一定就很低，对成人来说该蛋白质的质量也就不一定很差。

显然，一种食物蛋白质的氨基酸分越接近 100，则表明其越符合人体的必需氨基酸需要量模式，越能满足人体构建蛋白质的需要，其营养价值就越高。

(2) 蛋白质消化率修正的氨基酸分（protein digestibility corrected amino acid score，PDCAAS）

为了更加科学、准确地表示蛋白质的利用率，1990 年由 FAO/WHO 蛋白质评价联合专家委员会提出，以蛋白质的消化率修正的氨基酸分来评价食物蛋白质的质量。其计算公式为：

蛋白质消化率修正的氨基酸分＝氨基酸分×蛋白质的真消化率

由于氨基酸分和蛋白质的真消化率都是小于 1（100%）的，所以不难看出，蛋白质消化率修正的氨基酸分也在 0～1 之间。几种食物蛋白质的消化率修正的氨基酸分见表 7-10。

表 7-10　几种食物蛋白质的消化率修正的氨基酸分

食物蛋白质	PDCAAS	食物蛋白质	PDCAAS	食物蛋白质	PDCAAS	食物蛋白质	PDCAAS
酪蛋白	1.00	牛肉	0.92	斑豆	0.63	小扁豆	0.52
鸡蛋	1.00	豌豆粉	0.69	燕麦粉	0.57	全麦	0.40
大豆分离蛋白	0.99	菜豆	0.68	花生粉	0.52	面筋[①]	0.25

从表 7-10 中的数据可以看出，采用蛋白质消化率修正的氨基酸分来评价蛋白质质量时，大豆分离蛋白的质量几乎和酪蛋白、鸡蛋蛋白的质量一样好，还优于牛肉的蛋白质质量。

6. 可利用赖氨酸

赖氨酸是必需氨基酸，而且是一些食物蛋白质的限制氨基酸。由于赖氨酸的 ε-氨基非常活泼，在食品加工中可与还原糖反应发生羰氨反应，也可在分子中形成许多交联键，包括赖氨酸与其他氨基酸的交联键，这样就影响了蛋白酶对蛋白质的分解作用，降低了赖氨酸的可利用率，并影响到其他氨基酸的利用率，从而造成蛋白质的营养价值下降。这一点在用动物生长试验来评价其营养价值时，已经得到很好的验证。在食品加工时需引起注意，应选用合适的加工方法和条件以减少这种不利的变化。

第六节　食品加工对蛋白质营养价值的影响

在蛋白质分离和含蛋白食品的加工和贮藏中，常涉及到加热、冷却、干燥、化学试剂处理或其他各种处理，在这些处理中不可避免地将引起蛋白质的物理、化学和营养成分的变化，了解这些变化有利于科学地选择食品加工和贮藏的条件。

一、加热对蛋白质营养价值的影响

热处理是对蛋白质质量影响较大的处理方法，影响的程度与结果取决于热处理的时间、温度、湿度以及有无其他物质存在等因素。

（一）加热对蛋白质的有利影响

从有利方面看，绝大多数蛋白质加热后营养价值得到提高，因为加热使蛋白质发生变性，使肽和蛋白质原来折叠部分的肽链松散开，有利于蛋白酶的作用，从而提高蛋白质的消化率和必需氨基酸的生物有效性。例如，生鸡蛋的蛋白质消化率仅为50%，而煮熟后消化率几乎可达100%。经加热处理后的大豆，其营养价值明显高于生大豆。生大豆的生物价为64，而熟大豆的生物价提高到73。

食品中天然存在的大多数蛋白质毒素或抗营养因子均可通过加热使之变性和钝化，从而提高食品的营养价值。例如大豆中的胰蛋白酶抑制剂和植物红细胞凝集素都是蛋白质性质的物质，在一定条件下加热，可消除其毒性。据报道，当用生豆喂养实验动物时，因为胰蛋白酶抑制剂和植物红细胞凝集素（可凝集红细胞）的毒性作用，动物会全部死亡。而将生豆高温蒸煮后，由于这些抗营养因子的破坏，蛋白质的消化率提高，蛋白质的功效比值（PER）显著上升（见表7-11）。但加热时间超过40分钟以后，会造成其营养价值明显下降。

表 7-11　热加工对菜豆蛋白质质量的影响

蒸煮时间(121℃)/min	蛋白质功效比值	蒸煮时间(121℃)/min	蛋白质功效比值
0(生豆)	动物死亡	30	1.29
10	1.31	60	0.89
20	1.35	180	0.63

（二）加热对蛋白质的不利影响

但是，不适当的加热处理会对蛋白质的质量产生很多不利的影响，涉及到的化学反应有：氨基酸分解、蛋白质分解、蛋白质交联等。

1. 单纯热处理对蛋白质的不利影响

对食品进行单纯热处理，即不添加任何其他物质的条件下加热，食品中的蛋白质有可能发生各种不利的化学反应。最典型的是导致蛋白质中的氨基酸残基脱硫、脱氨、异构化及产生其他中间分解产物。

（1）氨基酸脱氨　热处理温度高于100℃就能使部分氨基酸残基脱氨，释放的氨主要来自于谷氨酰氨和天冬酰氨残基，这类反应不损失蛋白质的营养价值，但是由于氨基脱除后，在蛋白质侧链间会形成新的共价键，一般会导致蛋白质等电点和功能特性的改变。

（2）氨基酸脱硫　食品杀菌的温度在115℃以上时，在此温度下半胱氨酸及胱氨酸会发生部分不可逆的分解，产生硫化氢、二甲基硫化物、磺基丙氨酸等物质。如加工动物源性食品时，烧烤的肉类风味就是由氨基酸分解的硫化氢及其他挥发性成分组成。这种分解反应一方面有利于食品特征风味的形成，另一方面严重地损失含硫氨基酸。

（3）氨基酸异构化　高温（200℃）处理可导致氨基酸残基的异构化（图7-3），在这类反应中首先是 β-消去反应形成负炭离子，然后负炭离子的平衡混合物再质子化，在这一反应过程中，部分 L-构型氨基酸转化为 D-构型氨基酸，最终产物是内消旋氨基酸残基混合物，即 D-构型和 L-构型氨基酸各占 1/2，由于 D-氨基酸基本无营养价值，另外 D-构型氨基酸的肽键难水解，因此导致蛋白质的消化性和蛋白质的营养价值显著降低。此外，某些 D 型-氨基酸被人体吸收后还有一定毒性。因此在确保安全的前提下，食品蛋白质应尽可能避免高温加工。

图 7-3　氨基酸残基的异构化反应

（4）产生其他分解产物　色氨酸残基在有氧的条件下加热，也会部分结构破坏。色氨酸是一种不稳定的氨基酸，高于 200℃ 处理时，会产生强致突变作用的物质咔啉（Carboline）。从热解的色氨酸中可分离出 α-咔啉（$R_1=NH_2$；$R_2=H$ 或 CH_3）、β-咔啉（$R_3=H$ 或 CH_3）、γ-咔啉（$R_3=H$ 或 CH_3；$R_5=NH_2$；$R_6=CH_3$）。见图7-4。

α-咔啉　　β-咔啉　　γ-咔啉

图 7-4　色氨酸的热解产物

（5）蛋白质交联　高温处理蛋白质含量高而碳水化合物含量低的食品，如：畜肉、鱼肉等，会形成蛋白质之间的异肽键交联。异肽键是指由蛋白质侧链的自由氨基和自由羧基形成的肽键，蛋白质分子中提供自由氨基的氨基酸有：赖氨酸残基、精氨酸残基等，提供自由羧基的氨基酸有：谷氨酸残基、天冬氨酸残基等（图7-5）。从营养学角度考虑，形成的这类交联，不利于蛋白质的消化吸收，另外也使食品中的必需氨基酸损失，明显降低蛋白质的营养价值。

（6）蛋白质与碳水化合物的反应　蛋白质与碳水化合物的反应，即蛋白质或者氨基酸分子中的氨基与还原糖的羰基之间的反应，又叫羰氨反应或者 Maillard 反应。由于赖氨酸的 ε-氨基非常活泼，所以这种反应即使将食品在普通的温度贮藏时也可能发生。

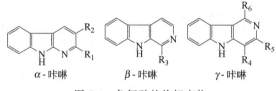

ε-N-(γ-谷氨酸残基)-L-赖氨酸残基

图 7-5　蛋白质分子中形成的异肽键

当含有还原糖和蛋白质的食品（如牛奶饼干等）被加热时，其蛋白质可先受到羰氨反应的损害，导致赖氨酸的可利用性降低；同时还可受到其他损害，如伴有蛋白质总氮消化性的降低，即其他大多数氨基酸利用率都降低了。在羰氨反应的初期，还原糖的羰基与赖氨酸的 ε-氨基缩合，经分子重排后，食品的营养价值受损；羰氨反应的中期，由还原糖形成许多不饱和多羰基化合物，它们可与不同肽链上的氨基结合，在羰氨反应的末期形成高分子量的褐色聚合物，食品发生褐变。这些聚合物溶解度较低，消化性、营养价值大为降低。最后导致整个蛋白质的消化性、营养价值降低。

2. 碱性条件下的热处理对蛋白质的不利影响

食品加工中碱处理常常与加热同时进行，蛋白质在碱性条件下处理，一般是为了植物蛋白的增溶，制备酪蛋白盐、油料种子除去黄曲霉毒素、煮玉米等。如若改变蛋白质的功能特性，使其具有或增强某种特殊功能如起泡、乳化或使溶液中的蛋白质连成纤维状，也要靠碱处理。

该种条件下处理食品，典型的反应是蛋白质的分子内及分子间的共价交联。这种交联的产生首先是由于半胱氨酸和磷酸丝氨酸残基通过 β-消去反应形成脱氢丙氨酸残基（dehydroalanine，DHA），见图 7-6。

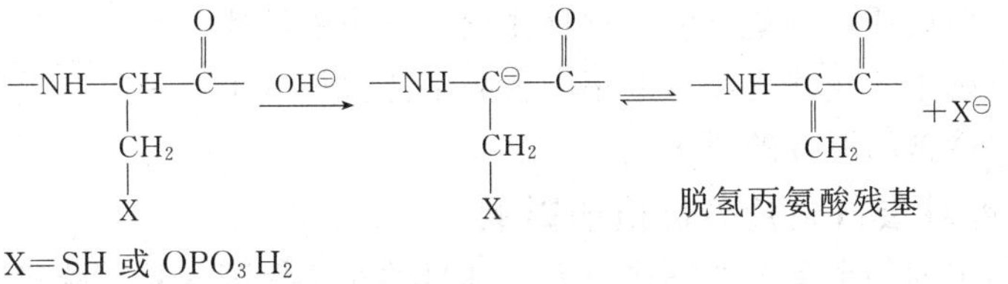

X＝SH 或 OPO_3H_2

图 7-6　脱氢丙氨酸的产生

该物质反应活性很高，易与赖氨酸、半胱氨酸、鸟氨酸、精氨酸、酪氨酸、色氨酸、丝氨酸等形成共价键，导致蛋白质交联。如产生的赖丙氨酸残基、鸟丙氨酸残基、羊毛硫氨酸残基见图 7-7。

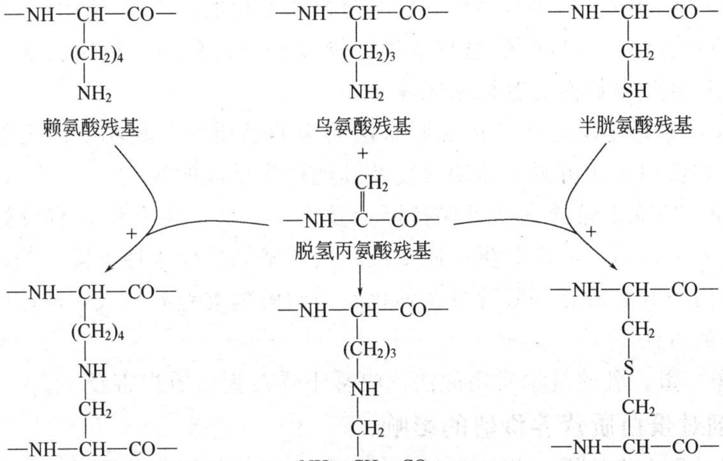

图 7-7　DHA 与几种氨基酸残基形成的交联

这类交联反应对食品营养价值的损坏也较严重，不光降低了蛋白质的消化吸收率，降低含硫氨基酸与赖氨酸，有些产物还危害人体健康。一项研究指出：小白鼠摄入含赖丙氨酸残基的蛋白质，出现腹泻、胰腺增生、脱毛等现象。如：制备大豆分离蛋白时，若以 pH 12.2，40℃处理 4

小时，就会产生赖丙氨酸残基，温度越高，时间约长，生成的赖丙氨酸残基就越多。

二、低温处理对蛋白质营养价值的影响

食品的低温贮藏可延缓或阻止微生物的生长并抑制酶的活性及化学变化。低温处理有：①冷却（冷藏）。即将温度控制在稍高于冻结温度之上，蛋白质较稳定，微生物生长也受到抑制。②冷冻（冻藏）。即将温度控制在低于冻结温度之下（一般为-18℃），对食品的风味多少有些损害，但若控制得好，蛋白质的营养价值不会降低。

肉类食品经冷冻、解冻、细胞及细胞膜被破坏，酶被释放出来。随着温度的升高酶活性增强致使蛋白质降解，而且蛋白质与蛋白质间的不可逆结合，代替了水和蛋白质间的结合，使蛋白质的质地发生变化，保水性也降低，但对蛋白质的营养价值影响很少。

鱼蛋白质很不稳定，经冷冻和冻藏后，使肌肉变硬，持水性降低。因此解冻后鱼肉变得干而强韧；而且，鱼中的脂肪在冻藏期间仍会进行自动氧化作用，生成过氧化物和自由基，再与肌肉蛋白作用，使蛋白聚合，氨基酸破坏。

关于冷冻使蛋白质变性的原因，主要是由于温度下降，冰晶逐渐形成，使蛋白质分子中的水化膜减弱甚至消失，蛋白质侧链暴露出来；同时加上冰晶的挤压，使蛋白质质点互相靠近而结合，致使蛋白质质点凝集沉淀。这种作用主要与冻结速度有关，冻结速度越快，冰晶越小，挤压作用也越小，变性程度就越小。食品工业根据这个原理，常采用快速冷冻法以避免蛋白质变性，保持食品原有的风味。

三、脱水处理对蛋白质营养价值的影响

脱水是食品加工的一个重要的操作单元，其目的在于保藏食品、减轻食品重量及增加食品的稳定性，但脱水处理也会给食品加工带来许多不利的变化。当蛋白质溶液中的水分被全部除去时，由于蛋白质与蛋白质的相互作用，引起蛋白质大量聚集，特别是在高温下除去水分时可导致蛋白质溶解度和表面活性急剧降低。干燥处理是制备蛋白质配料的最后一道工序，应该注意干燥处理对蛋白质功能性质的影响。

食品工业中常用的脱水方法有多种，引起蛋白质变化的程度也不相同：

① 传统的脱水方法　以自然的温热空气干燥脱水的畜禽肉、鱼肉会变得坚硬、萎缩且回复性差，烹调后感觉坚韧而无其原来风味。

② 真空干燥　这种干燥方法较传统脱水法对肉的品质损害较小，因无氧气，所以氧化反应较慢，而且在低温下还可减少非酶褐变及其他化学反应的发生。

③ 冷冻干燥　冷冻干燥的食品可保持原形及大小，具有多孔性，有较好的回复性，是肉类脱水的最好方法。但会使部分蛋白质变性，肉质坚韧、保水性下降。与通常的干燥方法相比，冷冻干燥肉类其必需氨基酸含量及消化率与新鲜肉类差异不大，冷冻干燥是最好的保持食品营养成分的方法。

④ 喷雾干燥　蛋、乳的脱水常用此法。喷雾干燥对蛋白质损害较小。

四、氧化剂对蛋白质营养价值的影响

在食品加工过程中常使用一些氧化剂，如过氧化氢、过氧化苯甲酰、次氯酸钠等。过氧化氢在乳品工业中用于牛乳冷灭菌；还可以用来改善鱼蛋白质浓缩物、谷物面粉、麦片、油料种子蛋白质离析物等产品的色泽；也可用于含黄曲霉毒素的面粉，豆类和麦片脱毒以及种子去皮。过氧化苯甲酰用于面粉的漂白❶，在某些情况下也可用作乳清粉的漂白剂。次氯酸

---

❶ 自2011年5月1日起，已禁止在面粉中添加过氧化苯甲酰。

钠具有杀菌作用，在食品工业上应用也非常广泛，例如肉品的喷雾法杀菌，黄曲霉毒素污染的花生粉脱毒等。

很多食品体系中也会产生各种具有氧化性的物质，如脂类氧化产生的过氧化物及其降解产物，它们通常是引起食品蛋白质成分发生交联的原因。很多植物中存在多酚类物质，在氧存在时的中性或碱性 pH 条件下容易被氧化成醌类化合物，这种反应生成的过氧化物属于强氧化剂。

蛋白质中一些氨基酸残基有可能被各种氧化剂所氧化，其反应机理一般都很复杂，对氧化最敏感的氨基酸残基是含硫氨基酸和芳香族氨基酸，易氧化的程度可排列为：甲硫氨酸＞半胱氨酸＞胱氨酸＞色氨酸，其氧化反应见图 7-8。

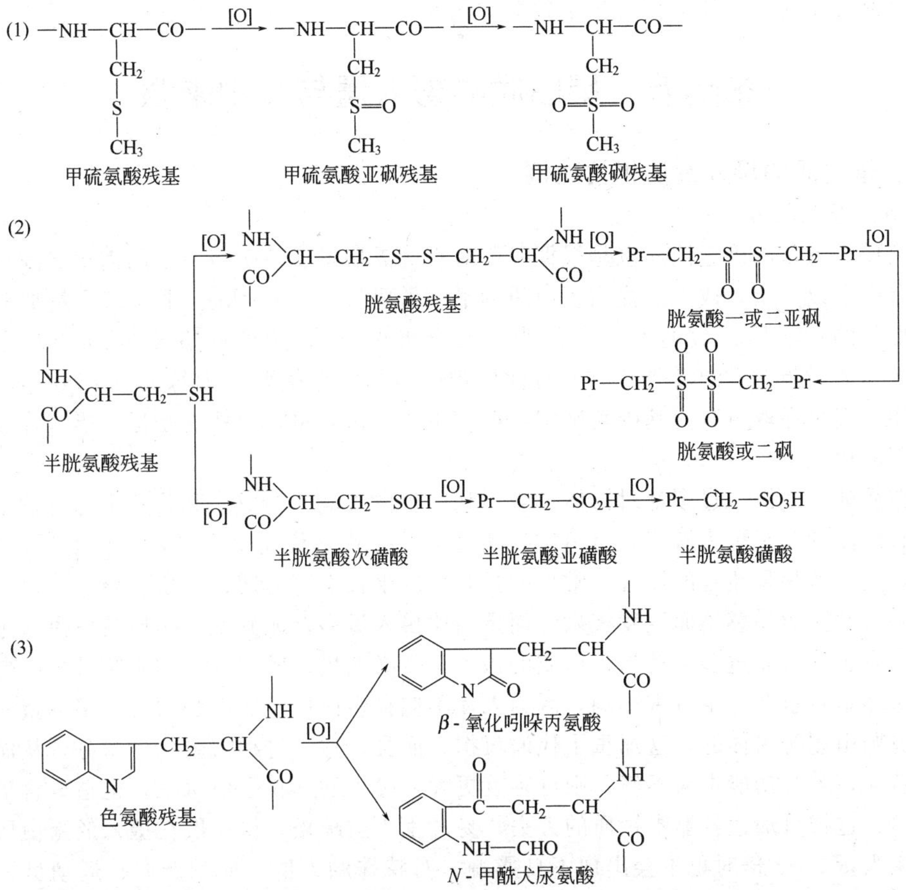

图 7-8 蛋白质中几种氨基酸残基的氧化反应

甲硫氨酸氧化的主要产物为亚砜、砜，亚砜在人体内还可以还原被利用，但砜就不能利用。

半胱氨酸的氧化产物按氧化程度从小到大依次为半胱氨酸次磺酸、半胱氨酸亚磺酸与半胱氨酸磺酸，以上产物中半胱氨酸次磺酸还可以部分还原被人体所利用，而后两者则不能被利用。胱氨酸的氧化产物亦为砜类化合物。

色氨酸的氧化产物由于氧化剂的不同而不同，其中已发现的氧化产物之一，甲酰犬尿氨酸是一种致癌物。

氨基酸残基的氧化明显地改变了蛋白质的结构与风味，降低蛋白质的营养价值，甚至形成有毒物质，因此显著氧化了的蛋白质不宜食用。

五、辐射对蛋白质营养价值的影响

食品在大气中受到辐射时，由于水的射解作用可产生过氧化氢（H_2O_2），对蛋白质、氨基酸产生破坏作用。γ 射线可引起食物蛋白质中某些含硫氨基酸、芳香族氨基酸的射解，形成挥发性含硫化合物，在被辐照过的乳、肉、蔬菜中产生异味。

但辐照剂量在 3Mrad 以下时，不会影响蛋白质的营养价值。

总之，食品加工对蛋白质既有有利的一面（如消化性升高、消除抗营养因子），又有不利的地方（如造成氨基酸的破坏、在多肽链间形成共价交联，引起营养价值降低，甚至产生有毒物质）。了解这些知识，有助于我们在食品加工时全面考虑食品的安全、营养价值等问题。将食品加工对蛋白质的损害减小到最低程度。

第七节　蛋白质的摄入量与食物来源

一、蛋白质的摄入量及相关比例

1. 蛋白质的摄入量

蛋白质摄入量的确定同样也是根据机体对它的需要量。关于蛋白质的需要量我们已在本章第二节中予以介绍，成人对优质蛋白质的平均需要量为 0.6g/kg。平均需要量加上成人蛋白质需要量的真变异系数的 2 倍，即为"安全摄取量"，达到此需要量即可满足人群中 97.5% 的个体对蛋白质的需要。成人对优质蛋白质的安全摄取量为每天 0.75g/kg，因此我们可以用"安全摄取量"为基础来确定人群的蛋白质摄入量，当然这是指在摄入优质蛋白质的情况下的摄入量。

蛋白质缺乏或摄入过多都对人体健康不利。蛋白质缺乏在成人和儿童中都有发生，但对处于生长阶段的儿童更为敏感。蛋白质的缺乏常见症状是代谢率下降，对疾病抵抗力减退，易患病，远期效果是器官的损害，常见的是儿童的生长发育迟缓、体质下降、贫血以及干瘦病或水肿，并因为易感染而继发疾病。而蛋白质摄入过多，尤其是动物性蛋白摄入过多，对人体同样有害。首先过多的动物蛋白质的摄入，就必然摄入较多的动物脂肪和胆固醇。其次蛋白质过多本身也会产生有害影响，因为人体不储存蛋白质，所以必须将过多的蛋白质脱氨分解，氮则由尿排出体外，这加重了代谢负担，而且，这一过程需要大量水分，从而加重了肾脏的负荷，若肾功能本来不好，则危害就更大。过多的动物蛋白摄入，也造成含硫氨基酸摄入过多，这样可加速骨骼中钙质的丢失，易产生骨质疏松。但一般在摄入的蛋白质量超过推荐的摄入量 2～3 倍时也不会出现不良影响，对特殊的人群，如孕产妇、运动员、青少年则可以摄入更多的蛋白质。只不过蛋白质在用于更新、修补组织和生长后，多余的部分即被用于供能。所以，摄取过量的蛋白质除在代谢上加重机体的负担外，在食物的经济性上也不合算（因为蛋白质食物本身价格较高）。

2000 年我国人均食物消费构成中，植物性食品占 83.8%，动物性食品占 14.1%。2002 年第四次全国营养调查显示：我国人均蛋白质摄入量为每日 66.1g，是推荐摄入量（RNI）80g 的 82.6%。

从 1982 年至 2002 年的 20 年间，城市居民蛋白质摄入总量一直没有增加，即 1982 年每人日均 66.7g，1992 年 68g，2002 年 66.1g。虽然蛋白质摄入总量徘徊不前，但由于动物性食物消费量明显增加，城乡居民摄入的优质蛋白比例上升。特别是农村居民膳食结构趋向合理，与 1992 年相比，优质蛋白质占蛋白质总量的比例，从 17% 增加到 31%。

《中国食物与营养发展纲要（2001—2010年)》提出：2010年我国食物与营养发展总体目标是，人均每日摄入能量中80％来自植物性食物，20％来自动物性食物。所以，在我国居民的膳食结构中，仍然是以植物性食物为主，动物、植物性食物搭配的膳食结构。在这种情况下，蛋白质的摄入量也可相对取高一些。2000年中国营养学会提出的"中国居民膳食营养素参考摄入量（DRIs）"里就提出了成人的蛋白质推荐摄入量为1.16g/(kg·d)。对于一个体重65kg的成人来说，正常状态下对蛋白质的需要量就是75g/d。不同年龄、性别、劳动强度、生理状态的人群，其蛋白质的推荐摄入量标准见表7-12。

表7-12 中国居民膳食蛋白质的推荐摄入量（RNI）

年龄/岁	蛋白质 RNI/(g/d)		年龄/岁	蛋白质 RNI/(g/d)	
	男	女		男	女
0～	1.5～3g/(kg·d)		14～	85	80
0.5～	1.5～3g/(kg·d)		18～	?	?
1～	35	35	体力活动		
2～	40	40	轻	75	65
3～	45	45	中	80	70
4～	50	50	重	90	80
5～	55	55	孕妇		
6～	55	55	早期		+5
7～	60	60	中期		+15
8～	65	65	晚期		+20
9～	65	65	乳母		+20
10～	70	65	老年	75	65
11～	75	75			

注：成年人按1.16g/(kg·d)计，老年人按1.27g/(kg·d)或按蛋白质占总热量的15％计。

2. 蛋白质摄入量的相关比例

一般，在确定蛋白质摄入量时，可根据中国营养学会2000年修订的中国居民膳食蛋白质推荐摄入量标准。也可按蛋白质提供的能量计算，以占总热能摄入量的11％～20％为好。《中国食物与营养发展纲要（2001—2010年)》提出，2010年我国食物与营养发展总体目标是人均每日摄入蛋白质77g，其中30％来自动物性食物。如果膳食中动物性食物蛋白质、大豆蛋白达到总摄入蛋白质量的40％以上，则蛋白质的摄入量可以减少一些。

成人的蛋白质摄入量占总热能摄入量的11％～12％时，即可保证正常生理功能的需要；老年人因年龄的原因，身体发生退行性疾病与影响代谢的疾病增加，故蛋白质的摄入量也需适当增加，可按总摄入能量的15％为限；儿童、青少年因处于生长发育期，摄入量可高一些，以蛋白质能量占总热能摄入量的15％～20％为宜，以保证膳食蛋白质中有足够的蛋白质供给生长、发育的需要。

当体力劳动强度增加时，其所消耗的热能增加，这时一般会通过增加谷物类食物的摄入来补充热能的供应。此时，蛋白质所占的热能比值变得相对较低，但由于摄入的提供热能的谷类食物的增加，其摄入的绝对蛋白质数量也相应增加了。

二、蛋白质的食物来源

目前我国居民所摄入的蛋白质主要来自植物性食物、大豆类和动物性食物。

1. 动物性食物及其制品

（1）各种肉类 猪肉（瘦肉含蛋白质 20.2％）、牛肉（20.2％）、羊肉（19％）、家禽（鸭 16％、烤鸡 22％）等，其蛋白质中的必需氨基酸模式接近于人体蛋白质的组成，容易被人体消化利用。

（2）鱼、贝类 鱼、贝类蛋白质也可与肉、禽相媲美，此两类食物都是我们膳食蛋白质的良好来源，蛋白质含量 10％～20％。

（3）乳类、蛋类 乳类其蛋白质含量很低，含蛋白质 1.5％～3.8％（mL），每 100g 乳粉含蛋白质 24％；蛋类含蛋白质 12％～14％。但因为其必需氨基酸模式类似于人体必需氨基酸需要量模式，所以其营养价值很高。

（4）肉、乳、蛋类的制品 如猪肉肉松（含蛋白质 23.4％）、乳粉（24％）、干酪（25.7％）等，都有很高的蛋白质含量。为满足婴、幼儿生长发育的需要，母乳化的配方奶粉进一步按照人乳的成分进行了调配，所以具有更高的营养价值。

在 2002 年开始的第四次也是最近一次的"全国营养与健康调查"的结果显示，我国居民肉、禽、蛋、奶消费出现大幅度增长。全国每标准人日摄入畜禽类食物 79.5g，比 1992 年增长 35.0％，其中农村增长 85.9％；摄入奶及其制品 26.3g，比 1992 年增长 76.5％，其中城市增长 82.2％，农村增长近两倍（194.7％）；摄入蛋及其制品 23.6g，比 1992 年增长 47.5％，其中农村增长一倍多（126.1％）；摄入鱼虾类食物 30.1g，比 1992 年增长 9.5％，其中农村增长 27.1％。可以看出近 10 年全国居民食物质量得到了大幅度提升，尤其是农村地区更是出现了飞跃。但人均蛋白质的摄入量还有待进一步提高。

2. 植物性食物及其制品

尽管我们的主食粮谷类所含蛋白质并不高，但从每天实际摄入的主食量计算，机体所需蛋白质的一半以上是由粮谷类提供的。所以植物性食物所含蛋白质尽管其质量不如动物性蛋白质好，但仍然是人类膳食蛋白质的重要来源。

（1）谷类 一般含蛋白 7％～15％，但因为其必需氨基酸中有一种或者多种限制氨基酸，所以蛋白质营养价值较差。

（2）薯类 含蛋白质 1％～3％。

（3）坚果类 如花生、核桃、杏仁、莲子等，含有较高的蛋白质（10％～30％）。

（4）豆科植物 干豆类一般含蛋白质 20％～25％，尤其是大豆，蛋白质含量高达 35％左右，而且质量好，是人类食物蛋白质良好来源。

（5）组织化植物蛋白制品 用棉籽、花生、芝麻、大豆等的蛋白质，经一系列加工处理后制成的。可以模仿鸡、肉、鱼、海味、干酪，以及碎牛肉、火腿等的外观、风味、质地，也可作成片、块、丁等不同的大小和形状，常作为肉的代用品。其中含有一定数量和质量的蛋白质，且还含有一定的维生素、矿物质。并且经相互配比后，可提高其营养价值。

（6）食用菌 如木耳、蘑菇等，因其具有较高的蛋白质含量〔干的蘑菇含蛋白质 38％（g）〕，现已引起人们高度重视，其还有其他营养保健作用（如：含多糖、微量元素等）。

从食品营养学的角度来考虑，单纯提供植物性蛋白质是很不合理的，应在这基础上增加动物性蛋白质和大豆蛋白质的摄入，以充分发挥蛋白质的互补作用，提高食物蛋白质的总体利用率。

3. 合理搭配

虽然动物性食物的蛋白质营养价值更高，但由于转化成 1kg 动物蛋白质要消耗 4～5kg 植物蛋白质，所以植物蛋白质比动物蛋白质更为经济。因此，可以选取适当的植物性蛋白质食品与动物性的优质蛋白质食品混合食用，来满足机体合成蛋白质的需要。

这里需要注意的是，参与蛋白质合成的多种氨基酸，应按比例同时存在，才能充分发挥互补作用。如果各类食物蛋白质不能被同时摄入，则各种食物中必需氨基酸的利用率将受到影响。因此，最好能使动物性蛋白质占食物总蛋白质的 20%～30%，并使动物性蛋白质合理地分配于各餐。这样，使一餐中尽可能包括更多的氨基酸，以充分提高蛋白质的利用率。这也正是饮食上要求不偏食、荤素搭配的科学道理所在。

三、蛋白质新资源

据联合国人口基金会的报告，世界人口已于 2011 年 10 月 31 日达到 70 亿。由于世界人口不断增加，因此，在世界的许多地区均有营养不足、尤其是蛋白质摄入不足的现象，故如何在经济的原则下产生大量可食性蛋白质，是目前研究发展的主要方向。

(一) 单细胞蛋白质

单细胞蛋白质是泛指微生物菌体蛋白质。到目前为止，能够用于生产微生物蛋白质的菌种还不多，主要是一些不会引起疾病的细菌、酵母和微型藻类。因为它们的结构非常简单，一个个体就是一个细胞，所以这样的蛋白又叫单细胞蛋白。它具有生长速率快、生产条件易控制和产量高等优点，是蛋白质良好的来源。

1. 酵母

其中的产朊假丝酵母（*Candida utilis*）及酵母菌属的卡尔斯伯酵母（*Saccharomyces carlesbergensis*）早被人们作为食品。前者以木材水解液或亚硫酸废液即可培养。后者是啤酒发酵的副产物。回收干燥后即可成为营养添加物。产朊假丝酵母中蛋白质含量约为 53%（干重），但缺含硫氨基酸，若能添加 0.3% 半胱氨酸，生物价会超过 90。但食用过量会造成生理上的异常。

2. 细菌

细菌可利用纤维状底物（农业产品或其他副产品）作为碳源，土壤丝菌属（Nocardia）、杆菌属（Bacilus）、细球菌属（Micrococcus）和假单胞菌属（Pseudomonas）等均已被研究来生产蛋白质。

3. 藻类

藻类多年来一直被认为是可利用的蛋白质资源，尤以小球藻（*Chlorlla scenedesmus*）和螺旋藻（*Spirulina*）在食用方面的研究很多。其蛋白质含量分别为 50% 及 60%（干重）。藻类蛋白含必需氨基酸丰富，尤以酪氨酸及丝氨酸较多，但含硫氨酸较少。以藻类作为人类蛋白质食品来源有以下两个缺点：①日食量超过 100g 时有恶心、呕吐、腹痛等现象。②细胞壁不易破坏，影响消化率（仅约 60%～70%）。若能除去其中色素成分，并以干燥或酶解法破坏其细胞壁，则可提高其消化率。

4. 真菌

蘑菇是人类食用最广的一种真菌。但蛋白质仅占鲜重的 4%，干重也不超过 27%。常用的霉菌如娄地青霉菌（*Peninicillium roqueforti*）、卡地干酪青霉菌（*P. camemberti*）等主要利用于发酵食品，使产品具有特殊的质地及风味，其他如米曲霉（*Aspergillus oryzae*）、酱油曲霉（*A. soyae*）、少孢根霉（*Rhizopusoligosporus*）等，则为大豆、米、麦、花生、鱼等的发酵菌种，能产生蛋白质丰富的营养食品。

(二) 叶蛋白质

植物的叶片是进行光合作用和合成蛋白质的场所，为一种取之不尽的蛋白质资源。许多禾谷类及豆类（谷物、大豆、苜蓿及甘蔗）作物的绿色部分含 80% 的水和 2%～4% 的蛋白质。取新鲜叶片切碎，研磨和压榨后所得绿色汁液中约含 10％的固形物，40％～60％粗蛋白，而且不含纤维素，其纤维素部分可由于压榨而部分脱水，可作为反刍动物优良的饲料。汁液部分含与叶绿体连接的不溶性蛋白和可溶性蛋白质等。设法除去其中低分子量的生长抑制因素，将汁液加热到 90℃，即可形成蛋白凝块，经冲洗及干燥后的凝块约含 60％的蛋白质、10％脂类、10％矿物质以及各种色素与维生素。由于叶蛋白适口性不佳，往往不为一般人接受。若作为添加剂将叶蛋白加于谷物食品中，将会提高人们对叶蛋白的接受性，且补充谷物中赖氨酸的不足。

（三）动物浓缩蛋白质

鱼蛋白不仅可作为食品，也可作为饲料。先将生鱼磨粉，再以有机溶剂抽提，除去脂肪与水分，以蒸气去除有机溶剂，剩下的即为蛋白质粗粉，再磨成适当的颗粒即成无臭、无味的浓缩鱼蛋白。其蛋白质含量可达 75％以上。而去骨、去内脏的鱼做成的浓缩鱼蛋白称去内脏浓缩鱼蛋白，含蛋白质 93％以上。浓缩鱼蛋白的氨基酸组成与鸡蛋、酪蛋白相似，所以这种蛋白质的营养价值很高。

（四）昆虫蛋白质

世界上的昆虫种类繁多，约有 100 多万种，其中有 500 余种可以食用。因为昆虫繁殖快，具有高蛋白质、低脂肪、低胆固醇的特点，且富含人体所需的各种必需氨基酸，又易于吸收，营养价值优于植物蛋白质，所以引起世界各国的广泛关注。据预测，21 世纪，昆虫将成为仅次于微生物和细胞生物的第三大类蛋白质来源。我国卫生部已正式将蚂蚁列为新资源开发项目。

昆虫食品开发起步较早的墨西哥、日本、德国、法国、美国、比利时等国，都已生产出多种昆虫食品。我国的昆虫资源种类特别丰富，食虫习俗历史悠久。从古至今，就有古希腊人吃蝉、古罗马人吃毛虫、中国人吃蚕蛹、北非人吃白蚁等习俗。在墨西哥，人们把蝇卵、蝗虫、蚂蚁、蟋蟀等昆虫作为美味的食物。我国云南有名的"跳跳菜"就是用蝗虫做的菜。其实，昆虫所含的蛋白质丰富，多在 50％以上。如，干的黄蜂含蛋白质约 81％，蜜蜂43％，蝉 72％，草蜢 70％，蟋蟀 65％，稻蝗 60％，柞蚕蛹 52％，蝇蛆 60％。有的昆虫活性蛋白质还含有对人体健康有益的功能成分。

第八章 维　生　素

第一节　维生素概述

作为传统营养素之一的维生素（vitamin），其不同于宏量营养素中的碳水化合物、蛋白质和脂肪的特点之一在于其在天然食物中含量极少，但却是人体必需的，维生素的名称也即含有"维持生命的要素"的含义。由于人体不能合成维生素，所以必须从食物中摄取。

一、定义及特点

维生素是维持人体正常生理功能所必需的一类低分子量的有机营养素。其种类繁多，化学结构、性质、生理功能也各不相同。但都有以下共同特点：

（1）维生素或者其前体都在天然食物中存在，但从未有一种天然食物含有人体所需的全部维生素。

（2）在体内既不供给热能，也不构成机体组织。

（3）每日需要量极少，通常以 mg，甚至 μg 计。但却是维持机体的正常生理功能所必需。

（4）在体内不能合成或者合成的数量不能满足机体的需要，必须由食物供给。

一般根据溶解性质，将维生素分为水溶性（如 VC 和 VB 族）和脂溶性（VA、VD、VE、VK 等）两大类。

二、维生素与健康

维生素参与机体重要的生理活动，是许多辅酶的组成成分或是酶的前体物质。每种维生素都履行着特殊的功能，缺乏时将引起相关的营养缺乏症。早期轻度缺乏，未产生明显的临床症状时，称为维生素不足；当食物中某种维生素长期缺乏或者不足，即可引起代谢紊乱和出现病理状态，此时称为原发性维生素缺乏症；由于机体对维生素的吸收障碍或机体的需要量增加而引起的维生素缺乏症，称为继发性维生素缺乏症。

按维生素缺乏病的程度，可分为临床缺乏和亚临床缺乏。前者指出现临床症状的维生素缺乏，后者又称边缘缺乏。所谓边缘缺乏是指长期轻度缺乏导致体内维生素营养水平及其有关生理功能处于低下状态，使机体工作效率和生活质量下降，出现不适症状，但症状还不太明显。

我国早在隋唐时代，孙思邈就利用谷物白皮熬米粥来预防脚气病（因缺乏 VB_1 而导致）。他还首先用猪肝治疗"雀目"，即现在所称的夜盲症（因缺乏 VA 引起）。

到了 18 世纪以后，人们才开始对食物中的某些因子缺乏与发病之间的关系有了深入的了解；进入 20 世纪，科学家才研究清楚这些因子的化学结构，并进行了人工合成。

维生素缺乏在历史上曾是引起疾病、造成死亡的重要原因之一。如：在 18 世纪的远洋航海中，海员携带干制、腌制肉类等常年食用，最后不断有人死去，但当时并不知道死亡原因。直到 1925 年，因缺乏 VB_{12} 引起的恶性贫血还在严重地影响着人类的健康。

即使在今天，虽然有各种维生素产品可供食用，但在世界各国仍然不同程度地存在着维生素缺乏的问题。究其原因，一是由于食品加工精度太高，造成食物中的维生素含量不足；二是由于机体出现消化吸收障碍或因机体处于特殊生理阶段对维生素的需要量增长所致。

根据 2002 年我国第四次全国营养调查的相关资料，维生素 A 缺乏的患病率，在我国处于相当高的水平，在某些高危地区的一些年龄组中，此比例可高达 60%。维生素 A（视黄醇当量）摄取量只有 DRI（中国居民膳食营养素参考摄入量）的 59.8%，缺乏程度严重。1992 年第三次全国营养调查时，2～5 岁儿童的维生素 A 摄入量为 RDA（每日膳食中营养素供给量，中国营养学会 1988 年 10 月修订）的 44.8%～68.7% 之间，但在一些最贫困的县，维生素 A 摄入量仅为 RDA 的 30%。2002 年全国第四次营养调查显示：3～12 岁儿童维生素 A 缺乏率为 9.3%，其中城市为 3.0%，农村为 11.2%；维生素 A 边缘缺乏率为 45.1%，其中城市为 29.0%，农村为 49.6%。10 年来，全国居民维生素 A 的摄入量几乎没有改善，1992 年标准人日为 476.0μg，2002 年仍只有 478.8μg。其中城市不升反降，农村略有增加。维生素 B_1、维生素 B_2 的情况也都不理想，2002 年第四次全国营养调查的资料显示，我国居民维生素 B_1、维生素 B_2 的摄取量分别是 DRI 的 76.9%、61.5%。这其中主要的原因之一是国民对维生素的知识缺乏所造成的，因此，普及营养学知识是非常重要的。

维生素主要存在于新鲜的动植物性食品中，目前发现有 20 多种维生素。一般来说，只要采用新鲜成熟的食物材料以及具有保护性的加工和贮存方法，食物中的维生素含量都会在较大的程度上得以保留。因此，对于健康的人群，只要注意选择适当的正常膳食，一般无须增补维生素。

第二节　水溶性维生素

既然是水溶性维生素，都是可溶于水的，经代谢后可通过肾脏由尿中排出，所以在体内不易贮存，每日必须由食物供给。除了 VC 外，其他的水溶性维生素总称为 B 族复合体（简称 B 族）。B 族维生素的化学结构各不相同，生理功能也各有所异，但它们中的大多数都是以辅酶或辅基的形式参与碳水化合物、脂类和蛋白质的中间代谢，并在肝脏和酵母中含量较丰富。

一、维生素 C（抗坏血酸）

维生素 C 又叫抗坏血酸（ascorbic acid），因能防治坏血病（Scurvy）而得名。它是一种不饱和的多羟基化合物，以内酯形式存在，因为烯醇羟基上的氢易解离，所以具有酸性，称之为抗坏血酸。植物和多数动物都可利用六碳糖合成 VC，但人体却不能合成它，另外，哺乳动物中的灵长类也不能合成它。如果食物中缺乏维生素 C，就会出现坏血病，表现为毛细管脆弱，皮肤上出现小血斑，牙龈发炎出血，牙齿动摇等。

（一）维生素 C 的结构与性质

VC 为无色或白色晶体，易溶于水，微溶于乙醇。固态的 VC 性质相对稳定，溶液中的 VC 性质不稳定，在有氧、光照、加热、碱性物质、氧化酶及痕量铜、铁存在时易被氧化破坏。在 2,3 位碳原子之间烯醇羟基上的氢可游离成氢离子（见图 8-1），所以具酸性和强还原性。

自然界中有还原型和氧化型 2 种抗坏血酸，都可被人体利用，可以相互转变。抗坏血酸易氧化脱氢而成 L-脱氢抗坏血酸，后者在体内又可还原成 L-抗坏血酸，所以仍然具有生物活性，其活性约为 L-抗坏血酸的 80%。但当氧化型的 L-脱氢抗坏血酸（DHVC）一旦生

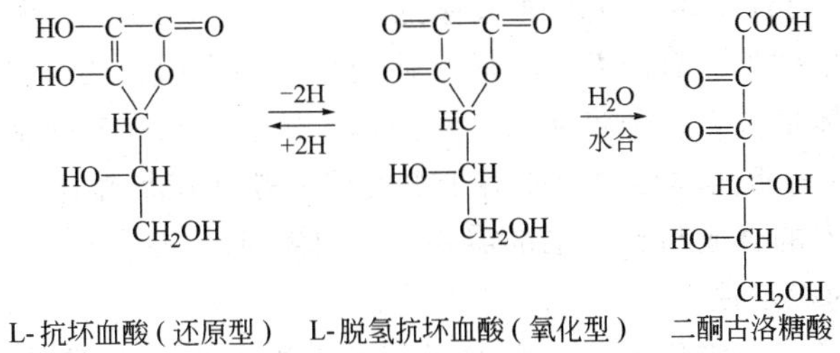

L-抗坏血酸(还原型)　　L-脱氢抗坏血酸(氧化型)　　二酮古洛糖酸

图 8-1　抗坏血酸的氧化过程

成二酮基古洛糖酸后，就不能再复原了，从而失去生物活性。抗坏血酸在细胞内的作用，很可能与氧化还原有关。

天然的抗坏血酸为 L-型。其异构体为 D-型抗坏血酸，其生物活性约是 L-型的 10%。所以一般 D-型不作为维生素使用，而是食品加工中作为抗氧化剂。

(二) 维生素 C 的吸收与生理作用

1. 维生素 C 的吸收

VC 在小肠以扩散或主动吸收的方式，通过血液循环供给机体组织需要。维生素 C 在摄取后 2～3h，血中浓度达最高；3～4h 后即可排出。一部分被代谢分解，一部分以抗坏血酸-α-硫酸酯的形式，多余部分以还原型或氧化型抗坏血酸的形式从尿中排出。

虽然 VC 是一种高水溶性维生素，并可经尿液排出，但近年来有报道，大剂量服用维生素 C 对机体有副作用。如，每日摄入 VC 2～8g，会出现恶心、腹泻、腹部痉挛、铁吸收过度、泌尿系统结石等症状。

2. 维生素 C 的生理作用

(1) 有助于人体创伤的愈合和维护皮肤、毛细血管的弹性　抗坏血酸因有抗坏血病的作用而得名，这是因为 VC 能激活羟化酶，从而促进组织中胶原蛋白的形成。胶原蛋白能将细胞连接在一起，就像灰浆将砖石粘连在一起一样。胶原纤维蛋白是主要的细胞外结构蛋白质，参与结缔组织和骨骼作为身体的支架，占体内蛋白质总量的 1/3。胶原蛋白为不溶性蛋白质，它完全由氨基酸组成，又称简单蛋白质。胶原于水中煮沸即转变为明胶。

胶原在氨基酸组成上，含有较多在其他蛋白质中少见的羟脯氨酸和羟赖氨酸残基。如脯氨酸和 4-羟脯氨酸 (4-hydroxyproline，Hyp) 含量高达 15%～30%。同时还含有少量 3-羟脯氨酸 (3hydroxyproline) 和 5-羟赖氨酸 (5-hydroxylysine，Hyl)。这种羟氨基酸在其他蛋白质中很少发现，它不是以现有的形式参与胶原蛋白的生物合成，而是从原胶原蛋白分子的肽链中的脯氨酸、赖氨酸经各自的羟化酶作用转化而来的。这个过程就需要有抗坏血酸参与，否则，胶原的合成就会受阻。皮肤中胶原蛋白占了 72%，真皮中 80% 是胶原蛋白，血管的主要成分也是胶原蛋白，所以当维生素 C 不足或缺乏时，会出现伤口的愈合减慢、皮肤结节、血管脆弱 (坏血病) 等现象。

(2) 防止维生素 A、E 及不饱和脂肪酸的氧化　VC 作为水溶性的还原剂 (抗氧化剂)，可与脂溶性抗氧化剂协同作用，防止维生素 A、E 及不饱和脂肪酸的氧化。

(3) 防止和改善贫血　VC 作为还原剂，可将铁蛋白 (结合蛋白质) 中辅基 $Fe(OH)_3$ 还原为 Fe^{2+}，增进铁等金属元素的吸收，对缺铁性贫血有一定辅助治疗作用。并促使运铁蛋白的铁转移到器官铁蛋白中，以利铁在机体内的贮存。

VC 还能促进叶酸在体内转化为活性形式，有助于防止巨幼红细胞性贫血，可用于防止婴幼儿患巨幼红细胞性贫血。

（4）VC 在体内有解毒功能，并增强人体抵抗力　VC 有助于一些脂溶性药物经羟基化及去甲基化代谢后排出体外；有阻断亚硝胺在体内形成的作用；还有清除体内过剩自由基的作用，所以能提高机体抵抗力、免疫能力，对防癌、抗衰老有重要功能。

（5）VC 可促进肝内胆固醇转化为能溶于水的胆酸盐而增加排出，从而降低血胆固醇的含量。肾上腺皮质激素的合成与释放也都需要 VC 的参与。

（三）维生素 C 的稳定性

抗坏血酸是最不稳定的维生素。影响其稳定性的因素很多，如温度、pH、氧、酶、金属离子、紫外线、X 射线和 γ 射线的辐射、抗坏血酸的初始浓度、糖和盐的浓度，以及抗坏血酸与脱氢抗坏血酸的比例等。一般温度高时，抗坏血酸的氧化降解程度大，酸性条件下稳定，碱性条件下易分解。糖和盐等其他物质对提高抗坏血酸的稳定性有一定作用。因为它们可降低氧在溶液中的溶解度，减少氧对抗坏血酸的氧化降解。

（四）维生素 C 的摄入量和食物来源

植物和多数动物可利用六碳糖合成 VC，人类是动物界中少数不能自己合成抗坏血酸的种类之一，必须由食物供给。在动物进化的历史中，最早从两栖类开始由肾来合成 VC，哺乳类可由肝脏合成 VC，到 2500 万年前，人类祖先发生基因突变，丧失 L-古洛糖酸内酯氧化酶，从而不能完成由 L-古洛糖酸内酯合成 VC。人类因而丧失了自身合成 VC 的能力。但这种突变并未给人类造成多大影响，因为自然界有大量可供食用的 VC 来源，所以，可认为这是人类自身在营养上获得的一种进化，即把不必要的功能去掉。

1. 维生素 C 的摄入量

人体内约含有 VC 1450mg，每日代谢消耗约 1/30，即 50mg 左右。WHO 建议的每日供给量为：儿童（＜12 岁）20mg；成人 30mg；孕妇、乳母 50mg。中国营养学会 2000 年提出的 VC 推荐摄入量（RNI）为：儿童（0～12 岁）40～90mg/d（依年龄可有所不同）；青少年、成人 100mg/d；孕妇早期 100mg/d，孕妇中晚期、乳母 130mg/d。见表 8-1。此摄入量比 1988 年的供给量标准有很大提高，主要是由于现在膳食中摄入的 VC 量有明显提高，同时兼顾 VC 的摄入对预防缺乏病和减少慢性病的作用。

表 8-1　中国居民膳食维生素 C 推荐摄入量（mg/d）

年龄/岁	推荐摄入量	年龄/岁	推荐摄入量
0～	40	14～	100
0.5～	50	18～	100
1～	60	孕妇	
4～	70	中期	130
7～	80	晚期	130
11～	90	乳母	130

此外，一些特殊的人群 VC 的摄入量也需要增加，如吸烟者 VC 的需要量比正常量增加约 50%；在寒冷与高温、急性应急状态下，VC 的需要量增加；服用避孕药会使血浆 VC 的浓度下降等，这些人群的 VC 摄入量均需适当增加。

不适当地大量服用 VC 可造成 VC 的依赖症。如，在大剂量服用 VC 后突然停服，由于此时体内代谢水平仍较高，便会很快消耗掉体内储存的 VC。所以在停服或降低 VC 剂量时，应当逐渐减少剂量，使机体有一个适应的过程。在大剂量服用维生素 C（每日摄入 VC 2～8g以上）时，可出现恶心、腹部不适，甚至腹部疼挛、铁吸收过度、破坏红细胞、削弱粒细胞杀菌能力，以及形成肾、膀胱结石等症状，对健康不利。中国营养学会提出的 VC 可耐受最高摄入量（UL）为成人每日不超过 1g。

2. 维生素C的食物来源

VC 广泛分布于新鲜的水果、蔬菜中，由于在蔬菜中存在含铜的酶，所以对抗坏血酸有一定的破坏。如蔬菜即使在常温下，也有相当量的 VC 损失；而在许多水果中，由于含有生物类黄酮（多酚类化合物），可抑制含铜酶的活性，所以水果中的 VC 相对稳定。

水果中，带酸味的水果（柑橘、柠檬等）VC 含量较高，一般 $40\sim50$mg/100g；红果、枣的含量更高，鲜枣的含量高达 240mg/100g，红果中含量 89mg/100g。

蔬菜中，大白菜 VC 含量为 $19\sim46$mg/100g；辣椒含量高达 100mg/100g；苦瓜中 VC 含量也很高，达 84mg/100g；卷心菜 60mg/100g。

果蔬制品，如红果酱、猕猴桃汁等也是 VC 的良好来源。

动物性食品中仅肝、肾中含少量 VC。猪肝中 18mg/100g，鸡肝 7mg/100g，猪、牛肉 2mg/100g，牛乳 1mg/100g。

（五）人体 VC 营养状况的评价

（1）尿负荷试验　这是评价 VC 营养状况的最常用指标。口服 50mg VC 后，收集机体在 4h 内的尿液，当尿中排出的 VC 量在 3mg 以上时，可认为体内 VC 充足；排出量在 $1\sim3$mg 为不足；1mg 以下为缺乏。

（2）测定血浆中 VC 的含量　在体内 VC 处于饱和的状态下，血浆中的 VC 浓度可达 $1.0\sim1.4$mg/100mL，但此指标只能反映机体近期的 VC 摄入情况，不能反映机体的储备水平。

更好的评价指标为测定粒细胞中 VC 的含量，它能反映身体组织中 VC 的储备水平，此指标不受 VC 暂时摄入量多少的影响。一般当每 10 亿个粒细胞含 VC 在 20μg 以上时，可认为 VC 营养充足。

二、VB$_1$（硫胺素）

（一）VB$_1$ 的结构与性质

VB$_1$ 即硫胺素（thiamine），又称抗神经炎维生素。存在于大多数天然食物中，并且可以以多种形式存在于食品之中，包括游离的硫胺素、焦磷酸硫胺素（羧化辅酶）。纯品为无色针状结晶，在酸性介质中不容易分解破坏，碱性条件下加热极易破坏，普通烹调可损失 25％的 VB$_1$。食品加工时，如果使用亚硫酸盐可以将 VB$_1$ 破坏。VB$_1$ 的化学结构包括嘧啶、噻唑两部分，VB$_1$ 分子用中性亚硫酸钠在室温下处理，即分解为嘧啶、噻唑两部分（图 8-2）。

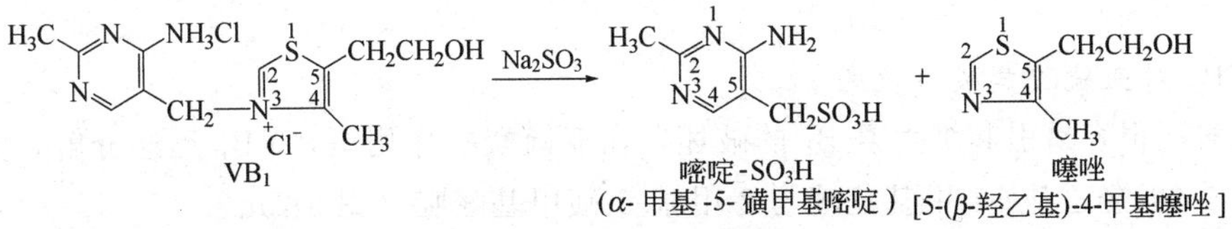

图 8-2　VB$_1$ 的化学结构

焦磷酸硫胺素（TPP）即羧化辅酶，其结构见图 8-3。

硫胺素＋三磷酸腺苷（ATP）→焦磷酸硫胺素（TPP）＋一磷酸腺苷（AMP）

（二）VB$_1$ 的吸收与生理作用

1. VB$_1$ 的吸收

VB$_1$ 容易被小肠吸收，但是此时不具有生物活性，运至肝脏中被进一步磷酸化，成为焦磷酸硫胺素时才具有生物活性。

高浓度时为被动扩散吸收，低浓度时为主动吸收。如肠道功能不好则吸收受影响，此时

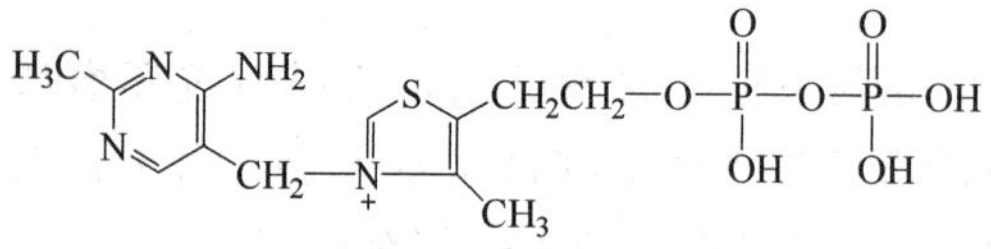

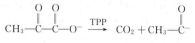

图 8-3 焦磷酸硫胺素 (TPP)

尽管摄入充足的 VB_1，仍然会出现明显的 VB_1 缺乏症。VB_1 在人体内贮留量很少，成人体内仅仅含有 $25 \sim 30mg$ 左右，肝、肾、心、大脑、肌肉以及骨髓中的浓度稍微高于血液。由于 VB_1 在体内不能大量贮存，摄食超过生理需要量时会由尿排出体外，所以需要每天从食物中摄取。

2. VB_1 的生理作用

（1）VB_1 与体内能量代谢密切相关　VB_1 是最早将其功能与中间代谢相联系的维生素。VB_1 以焦磷酸硫胺素的形式作为羧化酶的辅酶参与能量代谢。

丙酮酸、α-酮戊二酸等 α-酮酸，经过氧化脱羧，生成二氧化碳和酰基负碳离子时，需要羧化辅酶即焦磷酸硫胺素的参与。

若机体摄入 VB_1 不足，$1 \sim 2$ 个月以后体内 VB_1 的正常含量下降而影响健康，导致羧化辅酶活性降低，碳水化合物的代谢受到障碍，并且影响整个机体的代谢过

$$CH_3-\overset{O}{\underset{}{C}}-\overset{O}{\underset{}{C}}-O^- \xrightarrow{TPP} CO_2 + CH_3-\overset{O}{\underset{}{C}}-$$

图 8-4　α-酮酸的氧化脱羧

程。由于丙酮酸、α-酮戊二酸脱羧受阻（图8-4），不能进入三羧酸循环，不能继续氧化，造成丙酮酸在组织中积累，此时神经组织供能不足，蛋白质、脂类在体内的合成也将受影响，可出现相应的神经、肌肉症状，如多发性神经炎、肌肉萎缩及水肿。这说明 VB_1 还与机体的氮代谢和水盐代谢有关。

（2）焦磷酸硫胺素也直接影响体内核糖的合成　焦磷酸硫胺素还是转酮基酶的辅酶，转酮基酶是葡萄糖经磷酸戊糖途径代谢的重要酶之一，所以也直接影响体内核糖的合成。转酮基酶存在于红细胞、肝、肾等组织中。

（3）在神经生理中的作用　VB_1 还与体内胆碱酯酶活性有关，缺乏时会干预正常的神经传导，从而影响内脏及周围神经功能。

（4）与心脏功能有关　VB_1 缺乏引起心脏功能失调，可能是由于 VB_1 缺乏使血流入组织的量增多，使心脏输出负担过重；或由于心肌能量代谢不全而致。

（三）VB_1 的稳定性

VB_1 是所有维生素中最不稳定的维生素之一。其稳定性与温度、pH、离子强度、水分等有关。

1. VB_1 对亚硫酸盐极为敏感

亚硫酸盐很容易引起维生素 B_1 的破坏，在亚硫酸盐作用下，VB_1 迅速分解，并丧失活性，产生 5-(β-羟乙基)-4-甲基噻唑与 2-甲基-5-磺甲基嘧啶（图8-2）。

在果蔬加工中，常用亚硫酸盐来抑制褐变和进行漂白，所以在食品加工中需引起注意。此时，可以用可溶性淀粉对 VB_1 因亚硫酸盐引起的破坏起保护作用。

2. VB_1 可被亚硝酸盐破坏

肉制品加工中常加入亚硝酸盐作发色剂等用途，此时亚硝酸盐可与 VB_1 嘧啶环上的氨基反应。但此反应在肉制品中较弱，可能是蛋白质对 VB_1 有保护作用。

3. 温度是影响 VB_1 稳定性的重要因素

温度高时，VB_1 破坏多。如：青豆在 38℃ 时储存一年，其中的 VB_1 只留下 8%；而在 1.5℃ 时储存一年，其中的 VB_1 可保留 76%。谷类食物中的 VB_1 在蒸煮和焙烤过程中损失较大。

4．pH 与水分对 VB$_1$ 稳定性的影响

VB$_1$ 的盐酸盐、硝酸盐形式在干燥或酸性溶液中均稳定。例如，VB$_1$ 在低 pH 的水果饮料中很稳定，该水果饮料在室温下存放一年，VB$_1$ 仅减少 6%。但在碱性条件下，特别是在加热时，分解破坏加快。

（四）VB$_1$ 的摄入量和食物来源

VB$_1$ 的需要量与能量摄入量密切相关，所以，一般认为 VB$_1$ 的摄入量应按摄入的总能量来考虑，即能够满足能量代谢的需要。

1．VB$_1$ 的摄入量

人体对 VB$_1$ 贮存的能力很弱，体内总量约为 25mg。所以，即使平时一直摄入足够的 VB$_1$，但一旦缺乏几周后，即可发生脚气病（指营养学上因缺乏 VB$_1$ 而引起的以食欲不振、消化不良、生长迟缓、神经及肌肉组织损伤为特征的营养缺乏病）。

VB$_1$ 的摄入量一般以每 4.18MJ（1000kcal）热能所需的 VB$_1$ 量来表示。当膳食中 VB$_1$ 低于 72μg/MJ（0.3mg/1000kcal）时，可引起脚气病。1967 年，据 FAO/WHO 专家委员会建议，每日 VB$_1$ 的供给量标准为 96μg/MJ（0.4mg/1000kcal）。关于 VB$_1$ 的摄入量，现在一般用每天所需的摄入量（mg）来表示。2000 年中国营养学会提出的膳食中 VB$_1$ 的推荐摄入量（RNI）为：成年男性 1.4mg/d，成年女性 1.3mg/d，孕妇 1.5mg/d，乳母 1.8mg/d，儿童、青少年因年龄而不同，见附录一。可耐受最高摄入量（UL）为 50mg/d。

2．VB$_1$ 的食物来源

VB$_1$ 普遍存在于各种食物中，谷类、豆类、硬果、肉类、动物内脏、蛋类含量较高。酵母中含量也较丰富。而籽粒的胚也是 VB$_1$ 的良好来源。

通常，谷类含 VB$_1$ 约 0.2～0.3mg/100g，豆类 0.5～0.9mg/100g 不等。500g 糙米约含 1.7mg VB$_1$，500g 油菜约含 0.38mg VB$_1$，小麦胚粉含量 3.5mg/100g，干酵母中含量高达 6～7mg/100g。

动物性食品中，肝、肾、脑含量较多，500g 猪肝约含 2.0mg VB$_1$。

在某些食物成分中含有抗硫胺素因子，如在鱼类肠道、甲壳类体内有一种能破坏 VB$_1$ 的酶——硫胺素酶，它可通过氨基或巯基化合物与亚甲基发生置换反应，使硫胺素分子断裂，但此酶可由加热破坏。蕨类植物中也含有硫胺素酶。另外，一些蔬菜、水果（如红色甘蓝、菊苣、黑加仑等），以及茶、咖啡中含有多羟基酚类物质，它们可通过氧化还原反应过程，使硫胺素失活。

目前，谷物仍为我国传统膳食中摄取 VB$_1$ 的主要来源，过度碾磨的精白米、精白面会造成 VB$_1$ 的大量丢失，所以不宜多食。

（五）人体 VB$_1$ 营养状况的评价

1．尿中硫胺素排出量

可反映近期膳食 VB$_1$ 的摄入水平，常用的方法有以下两种。

（1）负荷实验　成人一次口服 5mg（儿童减半）VB$_1$ 后，收集测定 4h 尿中 VB$_1$ 的排出总量。判断标准：小于 100μg 为 VB$_1$ 缺乏；100～200μg 为不足；大于 200μg 为正常。

（2）任意一次尿硫胺素与肌酐排出量的比值　由于尿肌酐具有排出速度恒定，且不受尿量多少影响的特点，所以可用相当于 1g 肌酐的尿中 VB$_1$ 的排出量（μg）的多少反映机体的营养状况。此法由于尿样采集方便而广泛用于营养调查工作中，以 VB$_1$（μg）/肌酐（g）比值表示。

成人判断标准：小于 27 为 VB$_1$ 缺乏；27～65 为不足；66～129 为正常。

2. 红细胞转酮醇酶活力系数（ETK-AC）或 TPP 效应

血液中 VB_1 绝大多数以 TPP 形式存在于红细胞中，并作为转酮醇酶的辅酶发挥作用。该酶的活力大小与血液中 VB_1 的浓度密切相关。所以，可通过体外试验，测定加 TPP 与不加 TPP 时，红细胞中转酮醇酶活力的变化来反映 VB_1 的营养状况。

通常用二者的活力之差占基础活性的百分比，即 ETK-AC 或 TPP 效应来表示。ETK-AC 愈高，说明 VB_1 缺乏愈严重。一般认为，TPP 大于 16％为 VB_1 不足；TPP 大于 25％缺乏。

由于在 VB_1 缺乏的早期，转酮醇酶活性就已下降，所以测定 ETK-AC 或 TPP 效应是目前评价 VB_1 营养状况中的一个得到广泛应用的可靠方法。

核黄素
(6,7- 二甲基 -9- 核醇基异咯嗪)

异咯嗪　　　　咯嗪

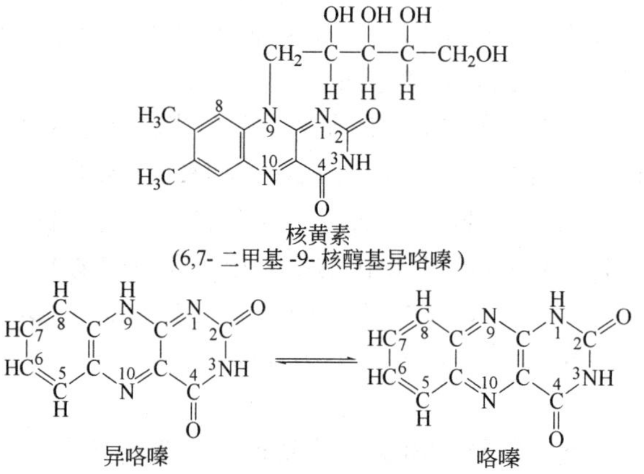

图 8-5　VB_2 的化学结构

三、VB_2（核黄素）

（一）VB_2 的结构与性质

VB_2 又叫核黄素（riboflavin），纯品为橙黄色针状结晶，带有微苦味，虽属于水溶性，但在水中溶解度很低（27.5℃ 时，每 100mL 仅能溶解 12mg）。其化学结构中含有二甲基异咯嗪和核醇两部分（图 8-5），所以，可以认为 VB_2 是由核醇与 6,7-二甲基异咯嗪缩合而成。

核黄素在自然界中主要以 2 种磷酸酯的形式存在，即黄素单核苷酸（FMN）和黄素腺嘌呤二核苷酸（FAD），结构式见图 8-6。它们可经共价或非共价键与酶蛋白结合，发挥辅酶的作用。与之相结合的酶称为黄酶或黄素蛋白。

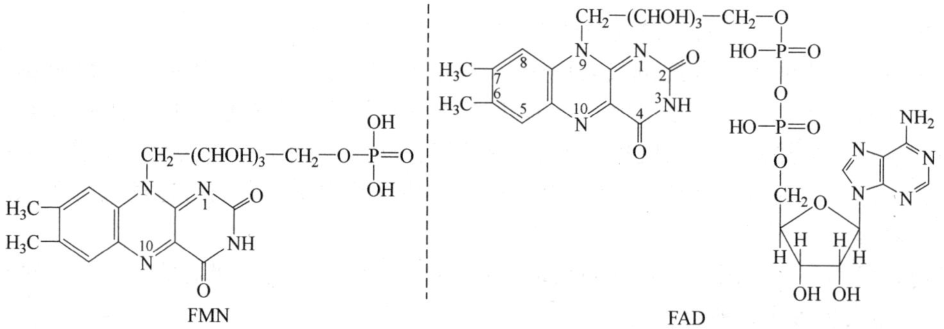

FMN　　　　　　　　　　　　　　FAD

图 8-6　VB_2 的两种辅酶形式

FMN 或 FAD 具有氧化还原能力，在氨基酸等的氧化中起递氢作用。当它们接受 2 个氢时，形成还原性的 $FMNH_2$ 或 $FADH_2$，两个氢分别进入异咯嗪部分的第 1、第 10 位氮原子上。核黄素本身呈黄色，加氢后还原型的核黄素为无色。见图 8-7。

例如：FMN 是 L-氨基酸氧化酶的组成成分，它将 L-氨基酸氧化为 α-酮酸。FAD 为琥珀酸脱氢酶、甘氨酸氧化酶、D-氨基酸氧化酶的组成部分。体内的 VB_2 主要以 FAD 的形式存在于组织细胞内。

（二）VB_2 的吸收与生理作用

1. VB_2 的吸收

（1）吸收　食物中的核黄素绝大多数以辅基 FMN、FAD 的形式存在，只有少量是以游

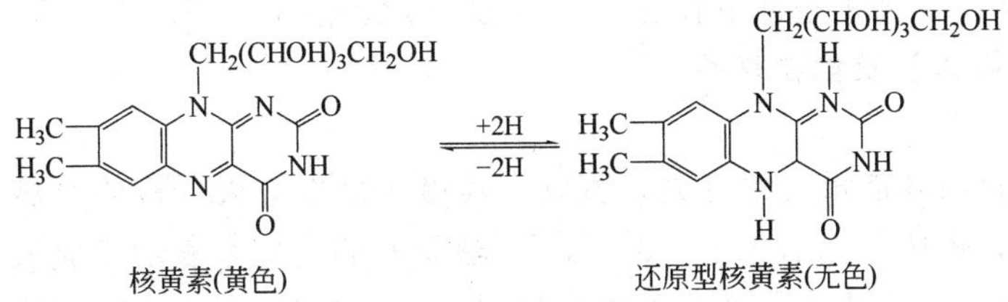

$$核黄素(黄色) \quad \xrightleftharpoons[-2H]{+2H} \quad 还原型核黄素(无色)$$

图 8-7　VB_2 的氧化与还原

离的核黄素和黄素酰肽类形式存在。辅基的形式在肠道经过非特异酶水解，从复合物中释放出来才能被吸收，并在小肠黏膜细胞中磷酸化后进入血液循环，再流到各组织利用，身体贮存核黄素的能力有限，可少量贮存于肝、肾、脾、心肌中，多余部分随尿排出。所以，必须每天从膳食中摄取一定量。当摄取量高时，排出也高，当摄取量少时，排出也少。在通常的膳食条件下，人的排出量为 $0.25 \sim 0.80 \text{mg/d}$。其中，一部分为游离核黄素，一部分为磷酸核黄素。

核黄素的吸收靠主动转运过程，需 Na^+ 和 ATP 参与；胃酸、胆盐有助于其释放，所以是有利的吸收因素；抗酸制剂、乙醇妨碍食物中核黄素的释放；某些金属离子（如：Zn^{2+}、Cu^{2+}、Fe^{2+} 等）以及咖啡因、茶碱和抗坏血酸等能与核黄素或 FMN 形成络合物，从而影响其生物利用率。

（2）转运　核黄素在血液中主要靠与白蛋白的松散结合以及与免疫球蛋白 IgG、IgM、IgA 的紧密结合完成其在体内的转运。近年来，在多种动物（包括牛、鼠、猴和人）妊娠期间的血液中，发现一种特殊的核黄素结合蛋白。即：由雌激素诱导的卵白蛋白，这种载体蛋白质可能有利于将核黄素转运给胎儿，对胎儿的正常发育起重要的作用。

2. VB_2 的生理作用

（1）与物质和能量代谢有关　核黄素是体内黄酶的辅基（FMN 或 FAD）的重要组成成分，黄素酶类是体内电子传递系统中重要的氧化酶或脱氢酶。若核黄素缺乏，黄酶形成受阻，将导致物质和能量代谢紊乱，从而引起多种病变。

（2）促进生长发育　核黄素也是蛋白质代谢过程中某些酶的组成成分。所以，对生长期的儿童、少年有重要的意义，严重缺乏时，生长停滞。

（3）与行为有关　核黄素与红细胞谷胱甘肽还原酶活性有关，缺乏时，该酶活性下降，精神抑郁，易感疲劳等。

（4）保护皮肤　核黄素有减弱化学致癌物对皮肤造成损伤的作用。

（三）VB_2 的稳定性

在水溶性维生素中，VB_2 是较稳定的一种。其在酸性或中性溶液中稳定；在碱性溶液中受热易分解；VB_2 易受可见光、特别是紫外光的破坏。在碱性溶液中，光照可引起核醇的光化学裂解，成为光黄素，并可催化破坏许多其他的维生素。在酸性、中性溶液中，光照可产生蓝色的荧光物质，即光色素，从而丧失生物活性。

例如，当牛奶用透明的玻璃瓶盛装时，因受到光的照射而产生光黄素，引起牛奶的营养价值下降。且牛奶中的 VB_2 大部分为游离型，更易发生光降解。当瓶装牛奶以日光照射 2 小时，其核黄素可破坏一半以上，并出现"日光异味"。甚至暴露在散射光下几小时，也会造成 VB_2 损失 $10\% \sim 30\%$。可改用不透明的纸质或塑料容器包装来防止 VB_2 的光降解问题。

核黄素在大多食品加工条件下较稳定，因为一般食品中的 VB_2 为结合型，对光较稳定。

（四）VB_2 的摄入量及食物来源

1. VB_2 的摄入量

因为 VB_2 与物质和能量代谢有关，所以，其摄入量也应根据机体对热能的摄入情况而定。同 VB_1 一样，也按每 4.18MJ（1000kcal）热量所需毫克数表示。成人核黄素每天摄入量小于 $120\mu g/MJ$ 时，连续四个月即可出现缺乏症，人体缺乏 VB_2 时，呈现口舌炎，眼球呈多血管等症状。FAO/WHO 专家委员会建议：VB_2 的每日供给量为 $130\mu g/MJ$（0.54mg/1000kcal）。

2000 年中国营养学会制定的膳食营养素参考摄入量中，提出的 VB_2 推荐摄入量（RNI）为：成年女性 1.2mg/d；成年男性 1.4mg/d；孕妇、乳母 1.7mg/d。与 VB_1 相似。

2. VB_2 的食物来源

VB_2 是我国膳食中易缺乏的营养素之一。良好的食物来源主要是动物性食物。

（1）动物性食品中 VB_2 含量高，其中又以内脏（肝、肾、心）含量最丰富。如：肝脏的含量高达 2mg/100g，肾脏约含 1mg/100g。500g 猪肝含 10.55mg VB_2，说明动物肝脏能储存 VB_2。此外，禽蛋类（蛋黄）含量也较多，为 0.3mg/100g 左右。乳品、瘦肉、鳝鱼等都是 VB_2 的良好来源。

（2）植物性食品以豆类含量较高（0.1～0.3mg/100g），如：500g 黄豆约含 VB_2 1.25mg。蔬菜、谷类含量较少，一般蔬菜和谷类多在小于 0.1mg/100g。绿叶蔬菜（如：菠菜、韭菜、油菜等）约含 0.1mg/100g，500g 糙米约含 VB_2 0.3mg，而研磨过精的粮谷含量很少。

所以，核黄素的最好来源为动物性食物，其次为豆类和绿叶蔬菜。

（五）人体 VB_2 营养状况的评价

1. 尿排出量

（1）负荷试验 原理、方法与硫胺素相同。口服 5mg 核黄素，测定服后 4h 尿中排出量：小于等于 $400\mu g$，则为 VB_2 缺乏；$400～799\mu g$ 为不足；$800～1300\mu g$ 为正常。

（2）任意一次尿核黄素/肌酐比值（$\mu g/g$）测定 小于 27 为 VB_2 缺乏；27～79 为不足；80～269 为正常。

2. 全血谷胱甘肽还原酶活力系数（GR-AC）

红细胞谷胱甘肽还原酶（GR）属于典型的黄素酶，其活力的大小可准确地反映组织中核黄素的状态。

实际测定中，可采用在 CoA Ⅱ 饱和的溶血试样中，加入一定量的底物谷胱甘肽（GSSG），测定加与不加 FAD 时，还原型谷胱甘肽（GSH）的生成量，以二者的比值，即谷胱甘肽还原酶活力系数（GR-AC）进行评价：小于 1.2 为充裕；1.2～1.5 为正常；1.51～1.80 为不足；大于 1.8 为缺乏。

四、烟酸（尼克酸、VB_3 或 Vpp）

（一）烟酸的结构与性质

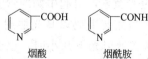

图 8-8 烟酸和烟酰胺的化学结构

烟酸即 Vpp，又称尼克酸（niacin, nicotinic acid），也被称作 VB_3 或抗癞皮病维生素。它是吡啶的衍生物，在体内以烟酰胺的形式存在。烟酰胺又称尼克酰胺。它们的结构式见图 8-8。烟酰胺是烟酰胺腺嘌呤二核苷酸（NAD^+）及烟酰胺腺嘌呤二核苷酸磷酸（$NADP^+$）的重要组成成分。

烟酸、烟酰胺都是无色或白色针状结晶，它们对热、光、酸、碱及在空气中都比较稳定，一般烹调中损失也较少。烟酸在水中的溶解度较小，但烟酰胺易溶于水，1g 可溶于 1mL 水或 1.5mL 乙醇中，但都不溶于乙醚。

其中，NAD^+ 也称为辅酶Ⅰ（CoⅠ）或二磷酸吡啶核苷酸（DPN）；$NADP^+$ 也称为辅酶Ⅱ（CoⅡ）或三磷酸吡啶核苷酸（TPN）。

（二）烟酸的吸收与生理作用

1. 烟酸的吸收

食物中的烟酸主要以辅酶形式存在，经消化酶作用释放出烟酰胺。烟酸、烟酰胺可在胃肠道迅速吸收，并在肠黏膜细胞内转化为辅酶形式 NAD^+ 和 $NADP^+$。

在浓度低时，靠有钠离子存在的易化扩散机制进行吸收；在浓度高时，靠被动扩散吸收。在血液中的主要转运形式为烟酰胺，来自于肠和肝中 NAD^+ 的酶水解。烟酰胺广泛分布于人体内，但不能贮存。在体内代谢后绝大部分以 N'-甲基烟酰胺（N'-MN）的形式随尿排出，尿中仅含少量的烟酸或烟酰胺。

有报道指出，肝中的 $NADP^+$ 系由色氨酸合成，而非来自食物中的烟酸。烟酸在肝内甲基化，成为 N'-甲基烟酰胺，并与 N'-甲基-2-吡啶酮-5-甲酰胺（简称 2-吡啶酮，2-pyridone）等代谢产物一起从尿中排出。成人代谢的烟酸中约有 2/3 来自色氨酸。

2. 烟酸的生理功能

（1）与能量和物质代谢有关　烟酸在体内以烟酰胺的形式构成辅酶Ⅰ或辅酶Ⅱ，它们都是脱氢酶的辅酶，是重要的递氢体，氢的传递反映在烟酰胺部位。所以，烟酸、烟酰胺在代谢中起到了重要的作用，特别是参与葡萄糖酵解、脂类代谢、丙酮酸代谢、戊糖合成以及高能磷酸键的形成等。一般认为 NAD^+ 与产能量的分解反应有关，$NADP^+$ 则较多的与还原性的合成有关。

（2）维护皮肤、消化系统及神经系统的正常功能。缺乏时发生皮炎、肠炎及神经炎为典型症状的癞皮病。

（3）降低血清胆固醇。烟酸具有降低血清胆固醇和扩张末梢血管的作用。临床上常用烟酸治疗高脂血症、缺血性心脏病等。

（4）非辅酶形式的烟酸作为葡萄糖耐量因子（GTF）的组成成分，可促进胰岛素的反应。

（三）烟酸的稳定性

烟酸是最稳定的维生素之一。可耐热 120℃ 20min；对光、氧气、酸、碱也很稳定。

一些植物中的烟酸可能与大分子结合，而不能被哺乳动物吸收。典型的例子是玉米。玉米中的烟酸含量并不低，但玉米中所含的烟酸大部分为结合型烟酸，约占总烟酸的 64%～73%，不能为人体利用。所以，以玉米为主食的人群，易发生癞皮病。结合型烟酸有两类：烟酸源和烟西汀。前者与分子量为 1.2 万～1.3 万的肽结合；后者与糖结合，分子量 2370。此结合型烟酸相当稳定，但在碱溶液中可以分解出游离烟酸。据此原理，可将玉米粉通过碱处理而增加其可利用烟酸的水平。如，玉米粉经加入 1.0% 的碳酸氢钠（小苏打）蒸熟后，其中游离的烟酸含量可达总烟酸的 93%。并且此游离烟酸可以被动物和人体正常利用，预防癞皮病的发生。

（四）烟酸的摄入量及食物来源

1. 烟酸当量（NE）

烟酸除了直接从食物中摄取外，还可在体内通过色氨酸的代谢来合成部分烟酸。平均约

60mg 色氨酸转化为 1mg 烟酸。所以，烟酸的总摄入量应包括外源性部分（食物）及内源性部分（色氨酸代谢）两方面，并用"烟酸当量"（NE）来表示。

$$烟酸当量(mgNE) = 烟酸(mg) + 色氨酸(mg)/60$$

2. 烟酸的摄入量

烟酸与硫胺素和核黄素一样，其摄入量也与热能的供给有关。根据 FAO/WHO 专家委员会建议：人体每日供给量按每 4.18MJ（1000kcal）供给 6.6mg。

2000 年中国营养学会在中国居民膳食营养素参考摄入量（DRIs）中，提出烟酸的推荐摄入量（RNI）为：成人每日约需 13～18mg 烟酸，其中男性为 14mgNE/d，女性为 13mgNE/d，孕妇 15mgNE/d，乳母 18mgNE/d。可耐受最大摄入量为 35mgNE/d。

3. 烟酸的食物来源

烟酸及其酰胺广泛存在于动、植物食物中，但一般含量较少。

植物性食物中烟酸较少。如，花生 10mg/100g，豆类、全谷等约几毫克/100g。500g 糙米含有 12.5mg，蚕豆（带皮）2.6mg/100g。但谷物中的烟酸大部分存在于种皮中，在碾磨过程中损失较多。

含量最多的是蘑菇、酵母等。如冬菇 23.4mg/100g，香菇 18.9mg/100g，干酵母 45.2mg/100g。

动物性食物中，以肝、肾、瘦肉含量最高。如，猪肝 16mg/100g，肾 4.5mg/100g。其次，乳中也含有相当的数量，鲜乳 0.2～0.3mg/100g，全脂乳粉 0.7mg/100g。牛奶、鸡蛋中的烟酸含量虽然很低，但因其中色氨酸含量高，所以其烟酸当量也高。一些食物的烟酸当量见表 8-2。

表 8-2 一些食物中的烟酸当量（mg/100g）

食物	烟酸	色氨酸	色氨酸的烟酸当量	总烟酸当量
牛肝	16.5	296	4.9	21.4
花生酱	15.7	330	5.5	21.2
熟鸡肉	7.4	250	4.1	11.5
牛肉	5.6	203	3.4	9.0
菠菜	0.3	37	0.6	0.9
全脂奶	0.1	49	0.8	0.9
鸡蛋	0.1	221	3.5	3.6

通常色氨酸在蛋白质中约占 1%，若膳食蛋白质达到或接近 100g/d，则相当于每天摄入烟酸 16.7mgNE，此时一般不会出现烟酸的缺乏。

（五）人体烟酸营养状况的评价

在正常情况下，成人尿中烟酸的代谢产物 N'-甲基烟酰胺占 20%～30%，2-吡啶酮占 40%～60%。当烟酸摄入不足时，2-吡啶酮在缺乏症出现之前便消失。所以，可据此以 2-吡啶酮和 N'-甲基烟酰胺的比值来反映机体的烟酸营养状况。

一般认为，比值在 1.3～4.0 之间为正常；小于 1.3 表明有潜在性缺乏。该指标受蛋白质摄入水平的影响较大，故用此指标评价机体营养状况时应同时考虑机体的蛋白质摄入水平。

我国多用尿负荷试验或任意一次尿 N'-甲基烟酰胺/肌酐比值（mg/g）作为评价指标。

采用尿负荷试验时，以口服 50mg 烟酸后，测定 4h 尿中 N'-甲基烟酰胺的排出量，小于 2.5mg 为不足。

采用尿 N'-甲基烟酰胺/肌肝比值（mg/g）时，以比值小于 0.5 为缺乏；0.5～1.59 为不足；1.6～4.2 为正常。

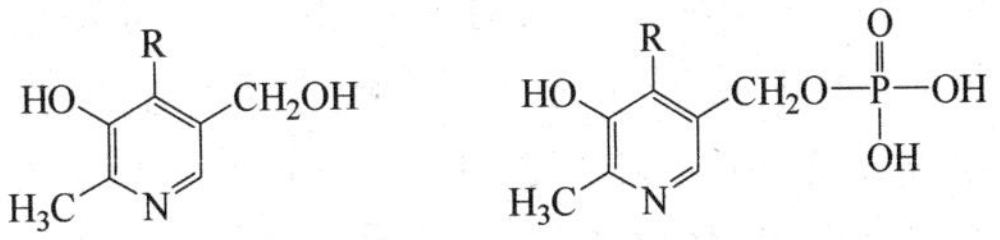

R: —CHO——吡哆醛
—CH$_2$OH —吡哆醇
—CH$_2$NH$_2$吡哆胺

R: —CHO磷酸吡哆醛
—CH$_2$NH$_2$磷酸吡哆胺

图 8-9 维生素 B$_6$ 的各种形式

五、VB$_6$（吡哆素）

（一）VB$_6$ 的结构与性质

VB$_6$ 是吡啶的衍生物，又称为吡哆素。VB$_6$ 包括：吡哆醇（pyridoxine，PN），主要存在于植物食品中；吡哆醛（pyridoxal，PL）和吡哆胺（pyridoxamine，PM），主要存在于动物食品中。此三种化合物都是白色结晶，易溶于水、乙醇，对光敏感，在酸性溶液中稳定，碱性下易破坏，它们可以相互转变，都具有 VB$_6$ 活性。此外，还有它们的辅酶形式：磷酸吡哆醛、磷酸吡哆胺，有时也称为脱羧辅酶。其结构式见图 8-9。

（二）VB$_6$ 的吸收与生理作用

1. VB$_6$ 的吸收

VB$_6$ 主要在空肠吸收。食品中 VB$_6$ 多以 5'-磷酸盐的形式存在，必须经非特异性磷酸酶水解后才能被吸收。吸收后再经磷酸化，以磷酸吡哆醛、磷酸吡哆胺的形式作为辅酶而具有生物活性，并随血液循环流到各组织中。

体内转运主要靠与血浆白蛋白结合。人体的总含量约 1000μmol，在肝脏、肌肉中含量较高。其中，肌肉中的 VB$_6$ 占总量的 80%～90%。血液中仅有约 1μmol。

在肝脏，三种非磷酸化形式，是通过吡哆醇激酶转化成各自的磷酸化形式，并参与多种酶的反应。其主要的代谢产物是 4-吡哆酸（4-PA），从尿中排出。

VB$_6$ 在体内不能贮存，当摄入量大时，几小时后多余的部分便由尿排出。所以需要每天供给。

2. VB$_6$ 的生理作用

（1）VB$_6$ 与蛋白质、氨基酸代谢有关 VB$_6$ 的辅酶形式磷酸吡哆醛、磷酸吡哆胺是体内蛋白质、氨基酸代谢中多种酶的辅酶，现已知有 60 多种酶需 VB$_6$，其中包括：脱羧酶、转氨酶、脱氢酶、合成酶、羟化酶等。它还参与色氨酸代谢、含硫氨基酸脱硫等。所以，VB$_6$ 是与蛋白质、氨基酸代谢关系密切的一种维生素。

（2）与辅酶 A 及花生四烯酸的生物合成有关。

（3）与肝糖原的分解及体内某些激素（胰岛素、生长激素）的分泌有关。

（4）某些疾病（皮炎、贫血等）的辅助治疗剂 VB$_6$ 在临床上与不饱和脂肪酸合用可治疗脂溢性皮炎；还可治疗由于 VB$_6$ 缺乏引起的贫血。另外，治疗和预防妊娠反应以及由药物、放射线等引起的恶心、呕吐等，使用 VB$_6$ 也有一定的疗效。由于 VB$_6$ 在体内有多种功能，所以，也有人称它为"主力维生素"。

（三）VB$_6$ 的稳定性

VB$_6$ 的三种形式都有很好的热稳定性，其中以吡哆醇最为稳定。VB$_6$ 在酸性溶液中稳定性也很好。但在碱性条件下易分解，尤其是易被紫外光分解。在有氧及紫外线的照射时，分解为 4-吡哆酸（无生物活性）。

（四）VB$_6$ 的摄入量及食物来源

1. VB$_6$ 的摄入量

由于 VB$_6$ 与氨基酸代谢关系密切，所以膳食蛋白质摄入量的多少将直接影响 VB$_6$ 的摄入量。通常认为，成人对 VB_6 的最低需要量为 1.25mg/d，低于此量可能产生缺乏症（产生皮炎）。美国关于 VB_6 的供给量基本上依据 0.016mg/g 蛋白质制定，成年男子 2.0mg/d，成年女子 1.6mg/d，孕妇 2.2mg/d，乳母 2.1mg/d。2000 年中国营养学会制订的中国居民膳食营养素参考摄入量中，提出 VB_6 的适宜摄取量（AI）为：成人 1.2～1.5mg/d。

2. VB_6 的食物来源

VB_6 广泛存在于各类动、植物食品中，人体肠道细菌也可合成一部分，含 VB_6 丰富的食物有动物内脏、蛋黄、瘦肉、鱼、乳，以及种子皮、谷类、蔬菜、豆类（黄豆、鹰嘴豆）、坚果（葵花籽、核桃）等。如，全麦粉中含 VB_6 0.4～0.7mg/100g，菠菜中 0.22mg/100g，胡萝卜中 0.7mg/100g。所以，通常情况下，成人不会缺乏。

在某些特殊情况下，如：怀孕、受电离辐射照射、高温下生活、服用雌激素类避孕药物等情况下，可能引起 VB_6 缺乏。体内缺乏 VB_6 会引起蛋白质及氨基酸代谢异常，表现为：贫血、抗体减少、皮肤损害（特别是鼻尖），小儿还会出现惊厥、生长不良等。临床上治疗 VB_1、VB_2、烟酸缺乏症时，同时给以 VB_6 可增加疗效。

（五）人体 VB_6 营养状况的评价

1. 色氨酸负荷试验

因为色氨酸在体内转变为烟酸时，需要磷酸吡哆醛参与，而当 VB_6 不足或缺乏时，色氨酸的转化受阻，其自身的代谢产物黄尿酸排出增加，据此设计色氨酸负荷试验如下：按 0.1g/kg 体重口服色氨酸，测定 24h 尿液中黄尿酸的排出量，计算黄尿酸指数（Xantharenic acid index，XI）。即：

XI＝24h 尿中黄尿酸排出量（mg）/色氨酸给予量（mg）

XI 值在 0～1.5 之间为 VB_6 营养状况正常，大于 12 为不足。

2. 血浆磷酸吡哆醛（PLP）含量

正常情况下，血浆磷酸吡哆醛含量在 14.6～72.9nmol/L（3.6～18ng/mL）。若低于下限值，则有不足的可能。但由于蛋白质摄入增加、碱性磷酸酶升高、吸烟以及随着年龄的增长，都可导致该指标降低。所以，在解释测定结果时，应考虑这些因素的影响。

六、叶酸（维生素 M 或 VB_{11}）

（一）叶酸的结构与性质

叶酸（folic acid，FA），最早由肝脏中分离出来，后发现在植物的绿叶中含量丰富，因此得名，称为叶酸。也被称作维生素 M 或 VB_{11}。叶酸为深黄色晶体，不易溶于水，其钠盐溶解度较大。在中性及碱性溶液中对热稳定；在酸性溶液中，温度大于 100℃ 时，即被分解破坏。

叶酸由蝶酸与谷氨酸组成，因此又叫蝶酰谷氨酸（pteroylglufamic acid，PGA）。其结构见图 8-10。

叶酸上的蝶呤环可被还原，生成二氢叶酸（FH_2）或四氢叶酸（FH_4）。四氢叶酸是一种辅酶。由于结构上谷氨酸残基数的不同，以及 N_5、N_{10} 位上有不同的取代基，所以叶酸有很多种。

（二）叶酸的吸收与生理作用

1. 叶酸的吸收

膳食中的叶酸需经小肠黏膜刷状缘上的蝶酰多谷氨酸水解酶（PPH）作用，以单谷氨酸盐的形式在小肠吸收。肠道转运是一个载体主导的主动过程，并对 pH 要求严格，最适 pH 为 5.0～6.0。当以单谷氨酸盐形式大量摄入时，则以简单扩散为主。

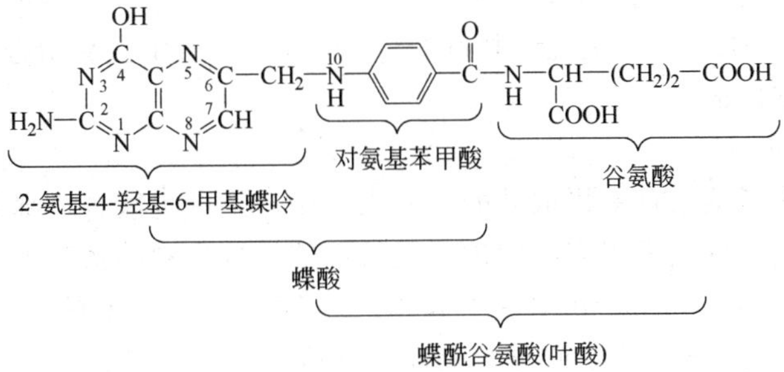

图 8-10 叶酸的结构

叶酸的生物利用率在不同食物中相差很大。如：莴苣仅为 25%，而豆类高达 96%，一般在 40%～60% 之间。这种差距可能与食物内中叶酸的存在形式和 PPH 抑制因子存在与否有关。一般来说，还原型叶酸（FH_2、FH_4）吸收率高；谷氨酸配基越多，吸收率越低；酒精、抗癫痫药物可抑制 PPH，使叶酸不能转化为单谷氨酸盐形式，从而影响叶酸的吸收。

人体内的叶酸总量为 5～6mg，约一半贮存在肝脏中，且 80% 以 5-甲基 FH_4 的形式存在。成人叶酸丢失量平均为 $60\mu g/d$，主要通过胆汁和尿排出体外。

2. 叶酸的生理作用

食物中的叶酸绝大部分为多谷氨酸化合物，且谷氨酸对叶酸的生物活性至关重要，去掉谷氨酸则生理作用丧失。

叶酸吸收后，在 VC、还原性 CoⅡ 参与的条件下，生成具有生物活性的四氢叶酸（FH_4 或 THFA），并多以甲基四氢叶酸的形式贮存于肝脏。

FH_4 为多种酶的辅酶，主要功能是作为体内一碳单位（包括：甲基、羟甲基、甲酰基等）的载体参与代谢，所以对甲硫氨酸（含甲基）、丝氨酸（含羟甲基）、甘氨酸（含甲酰基）等氨基酸的代谢、核酸及蛋白质的生物合成都有重要影响，为各种细胞生长所必需。

由于叶酸在核酸合成中的重要性，当叶酸缺乏时，将引起红细胞中核酸的合成受阻，使红细胞的发育、成熟受到影响。红细胞比正常的大而少，称为巨幼红细胞性贫血。此类贫血以婴儿、妊娠期妇女较多见，可用叶酸治疗，所以，叶酸又称为抗贫血维生素。目前常在妈咪奶粉和婴幼儿奶粉中予以强化叶酸。

其实，叶酸不仅对于孕妇非常重要，对于男性来说，由于叶酸能够促进红细胞的合成，提高血携氧量，从而能为肌肉生长提供所需的能量，还可使肌肉对胰岛素更敏感。同时也有利于降低患心脏病、中风的风险。

（三）叶酸的稳定性

叶酸在无氧的条件下，对碱稳定。有氧时，碱水解为对氨基苯甲酰谷氨酸和蝶呤-6-羧酸；酸水解为 6-甲基蝶呤和对氨基苯甲酰谷氨酸。FH_2、FH_4 在空气中易氧化，但在有半胱氨酸、抗坏血酸盐共存时，氧化作用大大降低。FH_4 在中性液中也易氧化为对氨基苯甲酰谷氨酸和蝶呤，FH_2 比 FH_4 要稳定一些，但在酸性液中比在碱性液中易氧化，氧化为对氨基苯甲酰谷氨酸和 7,8-二氢蝶呤-6-羧醛。叶酸对光敏感，被日光分解为对氨基苯甲酰谷氨酸和蝶呤-6-羧醛，后者经辐射产生 6-羧酸，再经脱羧而成为蝶呤。

（四）叶酸的摄入量及食物来源

1. 叶酸当量（DFE）

食物中的叶酸含量较少，且其生物利用率约 50%。当用叶酸补充剂加入膳食中混合食用时，则其生物利用率可提高至 85%，是食物中叶酸利用率的 1.7 倍。因此，此时可用叶酸当量来表示混合膳食中的总叶酸水平：

膳食叶酸当量(DFE,μg)＝天然食物叶酸(μg)＋1.7×强化食品中合成叶酸(μg)＋2×空腹服用的补充剂叶酸(μg)

2. 叶酸的摄入量

正常情况下，除了从膳食中摄取叶酸外，人体肠道细菌也能合成部分叶酸，所以，一般不易缺乏，但当吸收不良或组织需要增加、或长期使用抗生素等情况下，也会造成缺乏。

成人叶酸最低需要量为60μg/d。FAO/WHO专家委员会建议的标准为：成人200μg/d；孕妇400μg/d；乳母300μg/d。均以游离叶酸计，以总叶酸计要加倍。

2000年中国营养学会在中国居民膳食营养素参考摄入量中，提出叶酸的推荐摄入量（RNI）见表8-3。

表8-3　中国居民膳食叶酸参考摄入量　（μg/d）

年龄/岁	推荐摄入量[1]（膳食叶酸当量）	可耐受最高摄入量[2]	年龄/岁	推荐摄入量[1]（膳食叶酸当量）	可耐受最高摄入量[2]
0～	65	—	11～	300	600
0.5～	80	—	14～	400	800
1～	150	300	18～	400	1000
4～	200	400	孕妇	600	1000
7～	200	400	乳母	500	1000

[1] 推荐摄入量以膳食叶酸当量表示，其中1岁以前婴儿为适宜摄入量；

[2] 可耐受最高摄入量指合成叶酸补充剂或食品强化剂的摄入量上限，不包括食物。

大剂量服用叶酸会产生一定的副作用，如影响锌的吸收、导致锌缺乏，以及掩盖维生素B_{12}缺乏的早期表现等。因此，规定成人摄入量的安全上限为1mg/d。

3. 叶酸的食物来源

叶酸广泛分布于自然界。含量最多的是动物肝、肾、小麦胚芽、豆类、绿叶蔬菜、水果等。如，猪肝含叶酸236μg/100g，水果约含30～50μg/100g。菠菜含叶酸347μg/100g，名列蔬菜之首。其次为谷类、肉类、蛋类、鱼；较少的为乳类，所以需要在乳品中添加叶酸予以强化。

（五）人体叶酸营养状况的评价

测定血清叶酸水平是评价叶酸营养状况普遍采用的方法。但血清叶酸水平也受叶酸摄入量变化以及影响叶酸代谢的其他因素的干扰。例如：VB_{12}缺乏时，血清叶酸可能升高，但也会导致红细胞中叶酸水平下降；当红细胞中叶酸含量大于血清中10倍以上时，在一定程度上可反映出体内叶酸的储备水平。所以，最好同时测定血清、红细胞中叶酸含量，以及反映VB_{12}营养状况的指标，进行综合分析（见表8-4）。

表8-4　叶酸、VB_{12}营养状况评价

叶酸含量	正常	不足	缺乏
血清叶酸/(nmol/L)	＞15	7.5～15	＜7.5
红细胞叶酸/(nmol/L)	＞362	318～362	＜318
血清 VB_{12}/(pmol/L)	104～664	74～103	＜74

注：据报道，根据对我国婚检妇女的叶酸营养状况监测，结果发现妇女血清叶酸总缺乏率为23.6‰，红细胞叶酸总缺乏率为298.1‰。红细胞叶酸缺乏率高于血清叶酸缺乏率；南方妇女叶酸缺乏率低于北方妇女；城市妇女叶酸缺乏率低于农村。

七、VB_{12}（钴胺素）

（一）VB_{12}的结构与性质

VB_{12}分子中含有金属钴元素而呈红色，所以又称为钴胺素。它是唯一含有金属的维生素，也是在化学结构上最大、最复杂的一种维生素，其化学分子式为：$C_{63}H_{90}O_{14}N_{14}PCo$，分子中有有氰、钴，还有一个"咕啉"环状系统，其所含金属Co，只有以VB_{12}的形式才能发挥必需微量元素的作用。

钴胺素为粉红色针状结晶，溶于水、乙醇。在pH4.0～6.0的水溶液中稳定，在强酸、强碱和光照条件下不稳定，易于分解。在中性和微酸性条件下对热稳定。

VB_{12}在组织中的天然存在形式为VB_{12}辅酶和甲基VB_{12}。VB_{12}辅酶即5′-脱氧腺苷钴胺素，是将钴胺素中的氰换成5′-脱氧腺苷；甲基VB_{12}即甲基钴胺素。

非天然形式有：

VB_{12a}——药用VB_{12}，钴原子上结合有氰化物，所以又叫氰钴胺素；

VB_{12b}——含羟基的钴胺素，又叫羟钴胺素；

VB_{12c}——含亚硝基的钴胺素，又叫亚硝钴胺素。

它们都具有VB_{12}的活性。

（二）VB_{12}的吸收与生理作用

1. VB_{12}的吸收

食物中的VB_{12}通常以蛋白质复合物的形式进入体内，所以，VB_{12}的吸收需要有胃酸和消化酶的作用，将与蛋白质结合的VB_{12}分解释放出来；之后与胃贲门和胃底的黏膜分泌的一种称为"内因子"的糖蛋白结合，这样可以抵抗肠道细菌的破坏，到达回肠时被吸收，已知钙离子参与上述过程。因此，若胃黏膜出现病变或损伤，使"内因子"分泌不足或缺乏，就会引起VB_{12}的吸收障碍甚至完全不能被吸收，出现VB_{12}缺乏症"恶性贫血"。此时，治疗所用的VB_{12}必须用注射，口服无效！

另外，胰液、重碳酸盐可促进其吸收。维生素B_{12}一旦被吸收，便进入血液，再度同特异性蛋白质结合，由血液循环送到体内各组织。

2. VB_{12}的生理作用

VB_{12}也参与体内一碳单位的代谢，所以其生理作用往往与叶酸联系在一起。VB_{12}的生理作用主要有以下几个方面：

（1）促进红细胞的发育、成熟，防止巨幼红细胞性贫血　例如：VB_{12}可将5-甲基-FH_4的甲基移走，生成甲基钴胺素和FH_4。FH_4参与嘌呤、嘧啶的合成，而甲基钴胺素成为活泼甲基的转运者，将甲基转给高半胱氨酸生成蛋氨酸、由乙醇胺合成胆碱等。所以，VB_{12}可通过促使无活性的叶酸变为有活性的FH_4来增加叶酸的利用率，并促进核酸、蛋白质的合成，从而有利于促进红细胞的发育、成熟。因此，体内缺乏辅酶VB_{12}，同样引起巨幼红细胞性贫血，且很难与缺乏叶酸引起的贫血相区别。

（2）辅酶B_{12}对维持神经系统的正常功能有重要的作用　这是由于辅酶B_{12}参与神经组织中髓磷脂的合成，缺乏VB_{12}可引起神经障碍，年幼患者还会出现精神抑郁，智力减退等。

（3）VB_{12}能使谷胱甘肽保持还原型（—SH），有利于碳水化合物的代谢。给予肝病患者VB_{12}还可防止发生脂肪肝。

（三）VB_{12}的稳定性

VB_{12}水溶液在室温下稳定；pH在4.5～5间最稳定（即使高压灭菌也很少损失），但

pH 小于 2 或 pH 大于 9 时即分解；强光、强紫外线可使之破坏；氧化剂（如亚硫酸盐）、还原剂（如抗坏血酸）对 VB_{12} 有破坏作用。VB_1、烟酸（VB_3）与 VB_{12} 共存时，对 VB_{12} 有缓慢破坏作用，但单独一种并不会造成破坏。

食品一般都在中性或偏酸性范围，所以，VB_{12} 在通常的烹调加工时，一般损失不多。如，肝在 100℃煮 5min，VB_{12} 损失约 8%；肉 170℃煮 45min，VB_{12} 损失约 30%；牛奶煮沸 2～5 分钟，VB_{12} 损失约 30%，但如果用巴氏消毒 2～3s，VB_{12} 损失约 7%。

（四）VB_{12} 的摄入量及食物来源

1. VB_{12} 的摄入量

维持成人正常功能的最低需要量为 $0.1\mu g/d$。由于 VB_{12} 半衰期长（1360 天，约 3 年半多），所以，即使摄入量很少，也要很久以后才会发生贫血。当体内 VB_{12} 含量降至 0.5mg 时，便会出现所谓的"恶性贫血"。

人体内约含 VB_{12} 2～10mg，其中约 1.7mg 贮存于肝脏。人体 VB_{12} 的排出量约 5mg/d。

FAO/WHO 专家委员会建议的 VB_{12} 供给量为：婴儿 0.3mg/d；青少年、成人 2.0mg/d；孕妇后半期 3.0mg/d；乳母 2.5mg/d。

2000 年中国营养学会制订的中国居民膳食营养素参考摄入量中，提出我国居民 VB_{12} 的适宜摄取量（AI）为：婴儿 $0.4\mu g/d$，青少年、成人 $2.0\mu g/d$，孕妇 $2.6\mu g/d$，乳母 $2.8\mu g/d$。

2. VB_{12} 的食物来源

自然界中的 VB_{12} 都是由微生物合成的，动物瘤胃和结肠中的细菌也可合成，所以，只有动物性食品才含有 VB_{12}。

（1）动物内脏，特别是草食动物的肝、心、肾，是 VB_{12} 主要来源，在动物内脏含量高达 $20\mu g/100g$；

（2）其次为肉类、鱼类、蛋类、禽类、乳类等，约 $1\mu g/100g$；

（3）豆制发酵食品含有少量，如豆豉、腐乳等食物；

（4）植物性食品一般不含有 VB_{12}，若有微生物与之共生，则可有微量存在。如：一些豆类的根瘤部分，会有 VB_{12} 的存在；人体的结肠细菌也可合成部分 VB_{12}，但人体吸收极微。

所以，长期素食者、动物性食品一直摄入很低的人群，以及营养供给不充足的孕妇、乳母等，可能有患 VB_{12} 缺乏症的危险。

八、泛酸（遍多酸或 VB_5）

（一）泛酸的结构与性质

泛酸在自然界分布十分广泛，故又称遍多酸，也有称之为 VB_5，为黄色黏稠油状液体，溶于水，耐热，在酸性、碱性溶液中易被破坏。泛酸的结构是由 β-丙氨酸与 α,γ-二羟基-β,β-二甲基丁酸缩合而成（图 8-11）。

泛酸分子中的 β-丙氨酸羧基与巯基乙胺的氨基缩合后，成为泛酰巯基乙胺。泛酰巯基乙胺是辅酶 A 分子中的组分，泛酸在动、植物组织中全部用来构成辅酶 A 和酰基载体蛋白，这两种都是泛酸的生理活性形式。

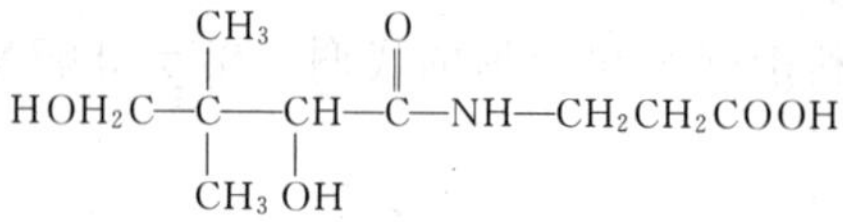

$$HOH_2C-\overset{\overset{\displaystyle CH_3}{|}}{\underset{\underset{\displaystyle CH_3}{|}}{C}}-\overset{\overset{\displaystyle}{|}}{\underset{\underset{\displaystyle OH}{|}}{CH}}-\overset{\overset{\displaystyle O}{\|}}{C}-NH-CH_2CH_2COOH$$

图 8-11 泛酸的结构式

（二）泛酸的生理作用

泛酸的生理作用主要是辅酶 A 的作用。辅酶 A

是酰基转移酶的辅酶，在碳水化合物、脂类和蛋白质的代谢中起传递酰基的作用，所以对于代谢过程具有重要的意义。

（三）泛酸的稳定性

泛酸在中性溶液中耐热，在 pH5～7 时最稳定；在酸、碱条件下都易发生水解；但对氧化剂、还原剂均稳定。

（四）泛酸的摄入量及食物来源

泛酸广泛存在于动植物食品中，且肠内细菌亦能合成一部分供人利用，所以很少出现缺乏症。人体每天泛酸的需要量约为 2～7mg。

2000 年中国营养学会在中国居民膳食营养素参考摄入量标准中，建议泛酸的适宜摄取量（AI）为：青少年、成人 5mg/d，孕妇 6mg/d，乳母 7mg/d。

富含泛酸的食物有酵母、肝脏、肾脏、卵黄、牛肉、牛乳、花生、红薯、玉米、豌豆、蘑菇等。如，肝、肾、酵母、卵黄中的含量均大于 50μg/g 干重，牛乳中为 48～245μg/100mL。

泛酸最丰富的天然来源是蜂王浆和金枪鱼、鳕鱼的鱼子酱，如蜂王浆中含量可达 511μg/g，而这两种鱼子酱中的含量更是高达 2.32mg/g。

九、生物素（VB$_7$）

（一）生物素的结构与性质

生物素又称为维生素 B$_7$，维生素 H 或辅酶 R。生物素在自然界有 2 种天然存在并有生物活性的形式：D-生物素（存在于肝脏中）、生物胞素（生物素衍生物，存在于蛋黄中）。

生物素的化学结构是由 2 个并合的杂五元环及一个不同的五碳羧酸侧链组成。见图 8-12。

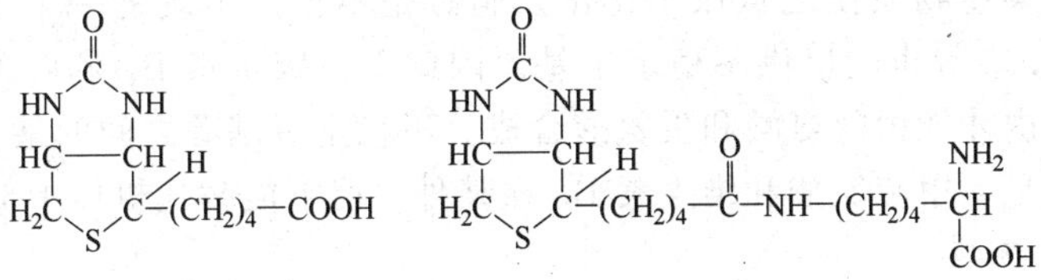

图 8-12 生物素与生物胞素的结构式

生物素为无色针状晶体，可溶于温水和稀碱溶液、微溶于冷水、不溶于有机溶剂。

（二）生物素的生理作用

生物素是羧化酶和脱羧酶辅酶的组成成分。参与体内 CO_2 的固定（羧化）和转羧基作用，对碳水化合物、脂类、氨基酸的代谢有重要意义，因此在机体内的物质代谢和能量代谢中非常重要。

（三）生物素的稳定性

纯生物素对加热、光照、氧气、中等程度的酸都很稳定。所以，生物素在食品加工、家庭烹调的过程中非常稳定。在碱性溶液中，直到 pH9 都稳定。

（四）生物素的摄入量及食物来源

人体生物素的需要量约为 10μg/d。2000 年中国营养学会提出的生物素适宜摄取量（AI）为成人 30μg/d。

生物素在动植物性食品中广泛存在，但浓度大多比较低。常见的含生物素较高的食物有：肝、肾、酵母。如，鸡蛋中的生物素含量为 20μg/100g，酵母 80μg/100g。谷物中的生物素不多且几乎不能利用。机体内的肠菌丛也可合成出少量的生物素。人体缺乏生物素时，引起皮炎、毛发脱落。

在生鸡蛋的蛋清中，有一种蛋白质，称为抗生物素蛋白。它可与生物素紧密结合，使生物素不被吸收。所以要慎吃生鸡蛋。但它是一种糖蛋白，可经加热而失去作用。

十、胆碱

（一）胆碱的结构与性质

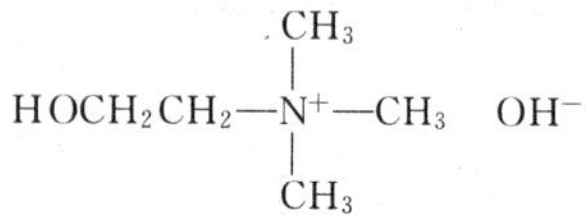

$$HOCH_2CH_2-\overset{\overset{\displaystyle CH_3}{|}}{\underset{\underset{\displaystyle CH_3}{|}}{N^+}}-CH_3 \quad OH^-$$

图 8-13　胆碱的结构式

胆碱（Choline）是一种强有机碱，结构上是 β-羟乙基-三甲基氨的氢氧化物（图 8-13）。胆碱是卵磷脂的组成成分，也存在于神经鞘磷脂之中，是机体甲基的来源，同时又是乙酰胆碱的前体。胆碱是季胺碱，为无色结晶，吸湿性很强；易溶于水和乙醇，不溶于氯仿、乙醚等非极性溶剂。

（二）胆碱的生理作用

1. 胆碱是构成生物膜的重要组成成分

胆碱是卵磷脂的重要组成部分。在生物膜中，磷脂排列成双分子层构成膜的基质。

2. 促进脂肪代谢

胆碱对脂肪有亲合力，可促进脂肪以磷脂形式由肝脏通过血液输送出去、或改善脂肪酸在肝中的利用，并防止脂肪在肝脏里的异常积聚。如果没有胆碱，脂肪聚积在肝中出现脂肪肝。临床上，可用胆碱治疗肝硬化、肝炎和其他肝疾病。

3. 促进体内转甲基代谢

在机体内，能从一种化合物转移到另一种化合物上的甲基称为不稳定甲基，该过程称为酯转化过程。体内酯转化过程参与肌酸的合成（对肌肉代谢很重要）、肾上腺素之类激素的合成、并可甲酯化某些物质使之从尿中排出。胆碱是不稳定甲基的一个主要来源，甲硫氨酸、叶酸和维生素 B_{12} 等也能提供不稳定甲基。因此，在维生素 B_{12} 和叶酸作为辅酶因子的帮助下，胆碱在体内才能由丝氨酸和蛋氨酸合成。不稳定甲基源之间的某一种，可代替或部分补充另一种的不足，甲硫氨酸和维生素 B_{12} 在某种情况下能替代机体中部分胆碱。

4. 预防心血管疾病

随着年龄的增大，胆固醇在血管内沉积引起动脉硬化，最终诱发心血管疾病的出现。胆碱和磷脂具有良好的乳化特性，能阻止胆固醇在血管内壁的沉积并清除部分沉积物，同时改善脂肪的吸收与利用，因此具有预防心血管疾病的作用。

5. 促进脑发育和提高记忆能力

卵磷脂即是磷脂酰胆碱，在动物的脑中含量尤多。羊水中胆碱浓度为母血中 10 倍，新生儿阶段大脑从血液中汲取胆碱的能力极强。另外，人类乳汁可为新生儿提供大量胆碱，可以保证胎儿和新生儿获得胆碱。

6. 保证信息传递

膜中存在少量磷脂，特别是磷脂酰胆碱和神经鞘磷脂。当膜受体接受刺激后可激活相应的磷脂酶而导致分解产物的形成，这些产物本身即是信号物分子，或者被特异酶作用而再转变成信号物分子。

（三）胆碱的稳定性

胆碱容易与酸反应生成更稳定的结晶盐（如氯化胆碱），在强碱条件下也不稳定，但对热和储存相当稳定。由于胆碱耐热，因此在加工和烹调过程中的损失很少，干燥环境下即使长时间储存食物中胆碱含量也几乎没有变化。

（四）胆碱的摄入量及食物来源

2000年中国营养学会制订的中国居民膳食营养素参考摄入量中，建议胆碱的适宜摄取量（AI）为：成人500mg/d；可耐受最高摄入量（UL）为：成人3.5g/d。

胆碱广泛存在于动植物食品中，如蛋类、动物的脑、动物心脏与肝脏、绿叶蔬菜、啤酒酵母、麦芽、大豆卵磷脂等。在动物的脑、禽卵卵黄中的含量最为丰富，达干重的8%～10%。花生中992mg/100g，莴苣中586mg/100g，牛肝中1166mg/100g。一般的蔬菜、水果中含量较低，如黄瓜中44mg/100g，橘子中40mg/100g。人体也能合成胆碱，所以不易造成缺乏病，但婴幼儿合成能力低。

第三节　脂溶性维生素

一、维生素 A（抗干眼醇）

（一）VA 的结构与性质

当人体缺乏VA时，就会得干眼病，而VA从结构上看是一种醇，所以VA又称为抗干眼醇。VA由β-紫罗酮环与不饱和一元醇组成。它既能以游离醇的形式存在，也可与脂肪酸酯化，或以醛、酸的形式出现。

VA的基本形式是全反式视黄醇，即VA_1，通常以棕榈酸酯的形式存在于哺乳动物和咸水鱼的肝脏，以及乳脂、蛋黄、血液、眼球视网膜中。

此外，还有3-脱氢视黄醇，即VA_2，只存在于淡水鱼肝脏中。VA_2的生理活性仅为VA_1的40%。见图8-14。

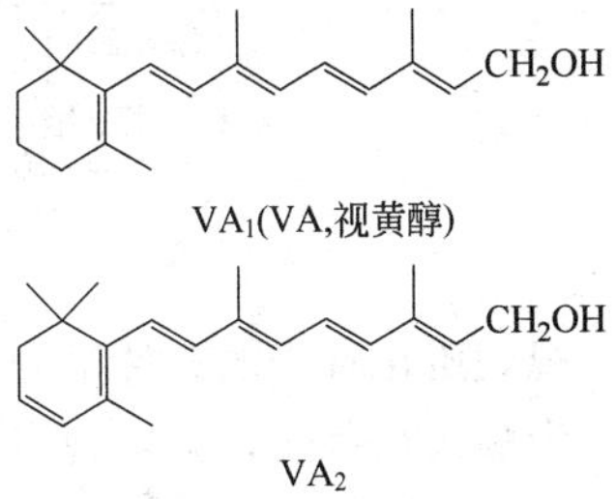

纯净的VA_1为淡黄色结晶，VA均不溶于水而溶于有机溶剂或脂肪内。由于分子结构中双键较多，所以VA的化学性质比较活泼，易被空气中的氧气氧化，并受紫外线照射而破坏。但食物中的VA多以酯的形式存在，一般加工、烹调对其影响很小。

图8-14　VA_1与VA_2的结构

植物和真菌中有许多类胡萝卜素，被动物摄食后，转变为VA_1，通常称它们为VA原。目前已发现植物体内存在数百种类胡萝卜素，一部分具有VA活性，以α-胡萝卜素、β-胡萝卜素、γ-胡萝卜素、玉米黄素等四种特别重要。其中β-胡萝卜素活性最高，在人类营养中是VA的重要来源。1分子β-胡萝卜素和2分子水在氧化酶的作用下，可生成2分子的VA_1。

（二）VA 的吸收与生理作用

1. VA 的吸收

食物中VA以酯的形式进入小肠后，被水解为视黄醇和脂肪酸，在胆汁的协助下被吸收，在小肠黏膜细胞内又迅速与脂肪酸酯化，并掺入乳糜微粒经淋巴系统进入血液，被肝脏摄取并贮存。在肺、肾及体脂组织中只贮留少量。

摄入的β-胡萝卜素转化为VA的过程，主要在小肠黏膜进行，其次是肝和其他组织中的转化。β-胡萝卜素在人体内吸收率平均为摄入量的1/3；在体内转化为VA的转换率约为吸收量的1/2；其他的类胡萝卜素仅有1/4能被转化。所以，β-胡萝卜素的利用率平均为摄入量的1/6，即6μg β-胡萝卜素才具1μg VA的生理活性。

当机体需要VA时，肝内储存的VA酯先被水解为游离的视黄醇，与一种特异的转运蛋白——视黄醇蛋白（RBP）结合后，再与前白蛋白（PA）结合，形成VA-RBP-PA复合体后离开肝脏，通过血液循环运到需要的组织利用。

2. VA 的生理作用

VA 具有促进正常生长与繁殖，维持上皮组织与视力正常的生理功能。

（1）VA 可促进人和动物的正常生长　试验表明，幼年动物，膳食中如缺乏 VA，待体内贮存 VA 耗尽后生长停止。这是因为：一方面，由于缺乏 VA，味蕾角质化，引起食欲减退；另一方面，VA 能促进骨骼细胞的分化和成熟，缺乏时骨骼生长将停止。因此，VA 是儿童生长、胎儿正常发育必不可少的重要营养物质。

（2）VA 与视觉有关　VA 是视色素的组成成分，人体眼球里的视网膜上有 2 类感觉细胞，按其形状、功能可分为：圆锥细胞和杆状细胞。圆锥细胞在强光下接受不同波长的可见光刺激，能感觉到颜色，即与明视觉有关；杆状细胞只在微明的光线下有暗视觉，VA 即与暗视觉有关。

在杆状细胞中，含有视紫质，它是 11-顺视黄醛和视蛋白质结合在一起的一种结合蛋白，而视黄醛则是 VA 的氧化产物。视紫质在光中分解，在暗中再合成。在乙醇脱氢酶作用下，视黄醛和 VA 相互转化。关于视网膜杆状细胞中视紫质的转化，如图 8-15 所示。

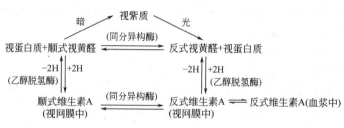

图 8-15　视网膜杆状细胞中视紫质的转化

视紫质在有光的条件下分解，产生反式视黄醛、视蛋白质；在暗的条件下，反式视黄醛转化为顺式视黄醛，并与视蛋白质结合形成视紫质，从而出现暗视觉，即在微弱光线下可看到事物的轮廓、形状。

在以上转化过程中，可损失掉一部分视黄醛，需要从膳食或从肝脏贮存的 VA 库中得到补充。若 VA 供应不足，即导致视紫质恢复的延缓和暗视觉的障碍，即出现夜盲症。

通过测量暗视觉恢复的时间，可以诊断 VA 的营养状况。VA 缺乏的人，从明亮处进入暗处，须经较多的时间（分钟）后，才能看清事物；供给足够的 VA 或某几类胡萝卜素时，视紫质的再生快而完全，暗适应时间短，从而使夜盲症得到纠正。

（3）维持上皮组织健全　当人体的 VA 营养良好时，上皮组织黏膜细胞中糖蛋白的生物合成正常，可以正常分泌黏液，这对维护上皮组织的健全十分重要。

（4）增强免疫力和预防癌症　膳食中 VA 充足，在预防癌症方面能发挥一定的有益作用。因为它可以促进上皮细胞的正常分化并控制其恶变。流行病调查说明：VA 充足的人，其癌症发病率明显小于摄入不足的人。近年研究发现，类胡萝卜素能增强人体的免疫机能，并能清除自由基的影响。

（三）VA 的稳定性

VA 易受空气、紫外线、氧化剂的破坏而失活；高温和金属离子的催化作用，都可加速其分解。在低 pH 条件下，VA 可发生异构化，产生部分顺式异构体。因 VA 的顺式异构体的活性比反式异构体的低，所以会造成 VA 活性降低。在有光、酶、脂类氢过氧化物共存时，类胡萝卜素因发生共氧化而造成大量损失。

（四）VA 的摄入量及食物来源

1. 视黄醇当量（RE）

VA 的活性过去用"国际单位"（IU）表示，近年建议改用"视黄醇当量"（retinol equivalent，RE）更为合理。

1μg 视黄醇＝1μg RE；

1 国际单位(IU)的 VA＝0.3μg RE；

1μg β-胡萝卜素＝(1/6)μg RE；

1μg 其他类胡萝卜素＝(1/12)μg RE。

因此，在计算膳食中 VA 含量时，应把动物性食品中的视黄醇含量以及植物性食品中的 β-胡萝卜素含量，都用视黄醇当量（RE）表示。即：

膳食中总的视黄醇当量(μg)＝视黄醇(μg)＋(1/6)β-胡萝卜素(μg)

2. VA 的摄入量

2000 年中国营养学会制订的中国居民膳食营养素参考摄入量中，提出我国成人的 VA 推荐摄入量（RNI）为：男性 800μg RE/d，女性 700μg RE/d。孕妇、乳母分别为 800～900μg RE/d 和 1200μg RE/d（详见表 8-5）。另外，VA 的可耐受最高摄入量（UL）为：儿童 2000μg RE/d，成人 3000μg RE/d，孕妇 2400μg RE/d。

表 8-5　中国居民膳食维生素 A 推荐摄入量（RNI）

年龄/岁	推荐摄入量[①]/μg RE·d^{-1}	年龄/岁	推荐摄入量[①]/μg RE·d^{-1}
0～	400	14～	男 800　女 700
0.5～	400	18～	男 800　女 700
1～	500	孕妇：初期	800
4～	600	中期	900
7～	700	后期	900
11～	700	乳母	1200

① 建议儿童及成人膳食维生素 A 有 1/3～1/2 以上来自动物性食物；但孕妇膳食维生素 A 来源应以植物性食物为主。

注：RE 为视黄醇当量。

我国膳食结构中植物性食品占比较大，所以 VA 的主要来源为胡萝卜素，但不同来源的胡萝卜素其利用率变化较大，所以摄入量中至少应有 1/3 来自视黄醇。按 800μg RE/d 计，则来自动物性食品的 VA 应有 266μg RE/d。其余的 2/3 若全部用 β-胡萝卜素来补充，据其吸收率 1/3、转换率 1/2 来计算，则来自植物性食品的 β-胡萝卜素应达到 3204μg RE/d。

由 VA 缺乏而引起的干眼病曾被认为是世界上四大营养缺乏病之一，也是我国目前膳食中比较容易缺乏的营养素，特别是北方冬季蔬菜的种类单调，胡萝卜素的含量很低，造成 VA 季节性不足加剧，出现血清 VA 含量不足、暗适应时间延长等。

2002 年全国第 4 次营养调查显示，我国居民维生素 A 的摄取量（视黄醇当量）只是推荐摄入量的 59.8%，缺乏程度严重。我国 3～12 岁儿童维生素 A 缺乏率为 9.3%，城市为 3.0%，农村为 11.2%。全国居民维生素 A 的摄入量，在 1992 年为每人 476.0μg/d，10 年后几乎没有改善，2002 年仍然只有 478.8μg/d。其中城市居民的 VA 摄入量不升反降。

对于孕妇、乳母和儿童来说，更应该注意 VA 的供给，如果每人每天摄食一个鸡蛋，或者每周食用一次猪肝，再加上每日 250g 富含胡萝卜素的黄绿色蔬菜，就可使我们膳食中的 VA 摄入量得到较好的满足。

3. VA 的食物来源

VA 只存在于动物性食品中，含 VA 最丰富的食物是各种动物的肝脏，其次为肾、蛋黄、鱼卵、全奶等。如猪肝含 VA 4972μg RE/100g，鸡肝 10414μg RE/100g，羊肝 20922μg RE/100g；奶油 1042μg RE/100g；蛋黄粉 776μg RE/100g。鱼肝油中的 VA 含量也很高，可作为婴幼儿的营养增补剂。植物性食物中含有可作为 VA 原的类胡萝卜素或胡萝卜素，如有色蔬菜、深绿色的叶菜类（菠菜、韭菜、芹菜叶、油菜等）都含有丰富的胡萝卜素；橙黄色的根茎（胡萝卜、红心甘薯等）、水果（杏、柿子、柑橘、芒果等）中也都有较丰富的含量。如，胡萝卜中含胡萝卜素 668μg RE/100g，菠菜则为 487μg RE/100g。

（五）人体 VA 营养状况的评价

1. 测定血清 VA 含量

成人血清 VA 的正常值为 20～50μg/100mL，若＜10μg/100mL，即可出现明显的 VA 缺乏症。

2. 暗适应功能测定

使用暗适应计，测定人体暗适应力，方法简便易行。但也有人认为，某些其他因素，如：眼部某些疾患、睡眠不足或血糖过低，也能降低人的暗适应力。

3. 痕迹细胞学方法

即从眼球结膜上获取眼睛上皮细胞，并通过镜检观察上皮球状细胞黏蛋白的形态和数量来评价 VA 水平。这是近年来，美国、法国等国采用的一种快速、准确的方法。

二、VD（钙化醇）

（一）VD 的结构与性质

VD 是一组存在于动植物组织中的类固醇的衍生物，由 VD 原经过紫外光激活后形成。

植物油或酵母中的麦角固醇（erosterol）在日光或紫外线照射下，转化为 VD_2（图 8-16）。所以，麦角固醇称为 VD_2 原，VD_2 又称为麦角钙化醇。

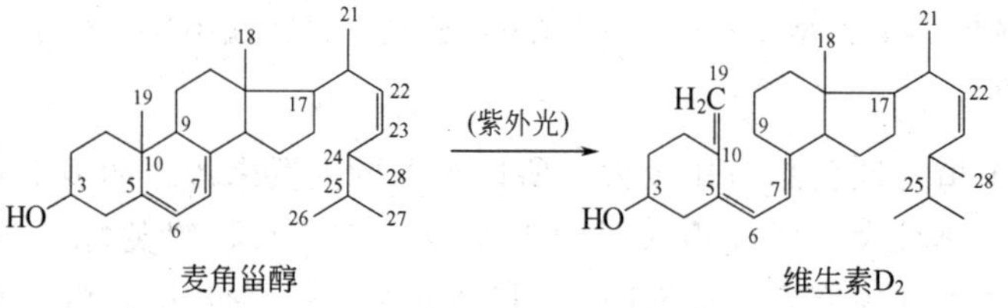

图 8-16　麦角固醇转化为 VD_2

动物和人体皮下的 7-脱氢胆固醇（7-dehydrocholesterol）可在日光或紫外线照射下，转化为 VD_3（图 8-17），所以，7-脱氢胆固醇称为 VD_3 原，VD_3 又称为胆钙化醇。可见，多晒太阳有利于防止 VD 的缺乏。

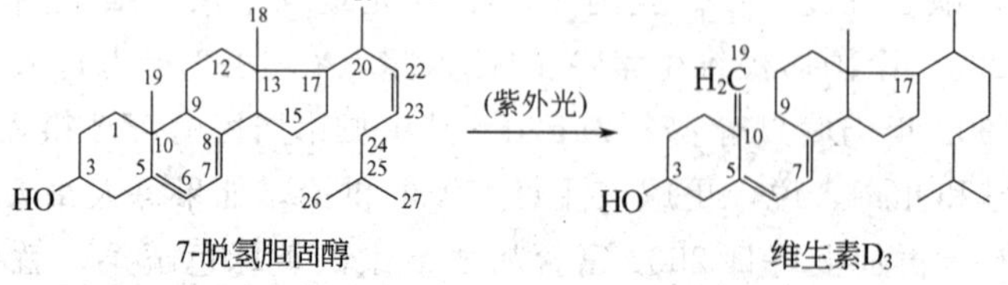

图 8-17　7-脱氢胆固醇转化为 VD_3

VD 为无色针状结晶，VD_2 熔点为 $115\sim116℃$，VD_3 $82\sim84℃$，不溶于水而易溶于有机溶剂或脂肪溶剂中。VD 性质稳定，通常的烹调加工不会引起 VD 的缺乏。VD_3 和 VD_2 在人体内效用相同，VD_2 比 VD_3 在侧链上多一个甲基和双键。

（二）VD 的吸收与生理作用

1. VD 的吸收

VD 在小肠吸收（需胆汁参与）后，随乳糜微粒经淋巴进入血液，被运送到肝脏，在肝脏经 25-羟化酶的作用下，生成 25-羟基胆钙化醇，再运至肾脏，在肾脏 1-羟化酶的作用下，生成 1,25-二羟基胆钙化醇，这才是 VD_3 在体内的活性形式。然后经血液循环，运至小肠黏膜、骨、肌肉、脂肪组织等呈现生理作用。体内贮存的 VD 比 VA 少，血液中 VD_3 的半衰期为 $20\sim30$ 小时，少量（$1.7\%\sim3.6\%$）代谢物从尿中排出，其余的从肠道排出。

2. VD 的生理作用

VD 与动物骨骼的钙化有关，所以被命名为钙化醇。骨骼的正常钙化必须有足够的钙和磷，还必须有 VD 的存在，因为 VD 有促进小肠吸收钙、磷的功能。所以，VD 的生理功能主要是促进小肠对钙、磷的吸收，调节钙、磷的代谢，维持血浆钙、磷的正常值，以利于骨骼的不断更新，为骨骼的正常生长发育所必需。缺乏 VD 时，儿童生长发育停顿，并可能患佝偻病，下肢成 "X" 或 "O" 形腿，胸骨外凸呈 "鸡胸"，肋骨与肋软骨连接处形成 "肋骨串珠"。成人缺乏 VD 和钙、磷时易发生骨质软化症或骨质疏松症。此外，VD 还有免疫调节功能，可改变机体对感染的反应。

（三）VD 的稳定性

VD 的稳定性很高。既耐高温、又不易氧化，$130℃$ 加热 90min，仍有生理活性。所以，通常的贮藏、加工、烹调均无影响。但 VD 对光敏感，经紫外线照射易受破坏！

（四）VD 的摄入量及食物来源

1. VD 的摄入量

人体的 VD 虽然可来自食品，但主要来源是由皮下的 7-脱氢胆固醇在紫外线照射下转变而来。所以对成人来说，若不是长期处于不能接触阳光的环境中，则无须补充 VD。但婴幼儿因户外活动少，特别是冬天日照时间短，当不能获得充足的日照时，易出现 VD 缺乏症（佝偻病）。另外，VD 的摄入量应与 Ca、P 的供给量相适应。

FAO/WHO 专家委员会建议的供给量标准：6 岁以内的儿童、孕妇、乳母为 $10\mu g$ VD_3/d；其他人为 $2.5\mu g$ VD_3/d。

2000 年中国营养学会制订的中国居民膳食营养素参考摄入量（DRIs）中，提出我国 VD 的推荐摄入量（RNI）为：10 岁以内及 50 岁以上人群、孕妇、乳母，$10\mu g/d$；其他人，$5\mu g/d$。

婴儿最易发生 VD 中毒，有报道显示每天摄入 $50\mu g$ VD 可引起高 VD 血症。因过量摄入 VD 有潜在的毒性，所以中国营养学会建议 VD 的可耐受最高摄入量（UL）为 $20\mu g/d$。

VD 的量可用国际单位（IU）或微克（μg）表示，二者的换算关系为：

$1\mu g$ 维生素 D_3 = 40 国际单位（IU）维生素 D_3

或 1IU 维生素 D_3 = $0.025\mu g$ 维生素 D_3

2. VD 的食物来源

VD 主要存在于动物性食品中，尤以含脂肪丰富的海水鱼（鲱鱼、沙丁鱼、金枪鱼等）的肝脏含量最为丰富。如，比目鱼肝脏 VD 含量 $500\sim1000\mu g/100g$；禽畜肝脏、鸡蛋黄类、奶中 VD_3 含量很少，仅 $1\mu g/100g$ 以下；鱼肝油制剂（VD_3 含量 $210\mu g/100g$）是 VD 最丰富的来源（但不是日常食物）。以奶类为主食的婴儿需适量补充鱼肝油，但切不可过量，每日超过 20μg 可引起中毒，表现为：食欲下降、恶心、呕吐、多尿、腹泻等。鱼肝油也可用作婴幼儿配方食物中 VD 强化剂。由于单靠从食物中取得足够的 VD 不太容易达到，尤其是对婴幼儿来说，主要应注意采用适当的方法经常进行日光浴，以尽量让机体自身多合成 VD_3。

（五）人体 VD 营养状况的评价

1. 血中 25-OH-D_3 水平

目前国内用测试血中 25-OH-D_3 的水平来评价 VD 的营养水平。血中 25-OH-D_3 的正常值为 25～150nmol/L，小于 25nmol/L 时，为明显的 VD 缺乏。采用高效液相色谱法，测定血浆中 25-OH-D_3 可获取准确可靠的结果。但夏天在日光下暴露较久时，血中 25-OH-D_3 的水平达到 250nmol/L 也是正常的，即其浓度与皮肤产生的 VD 和膳食摄入量有关。

2. 血清碱性磷酸酶活性

由于缺乏 VD 引起血清无机磷酸盐含量下降，血清碱性磷酸酶活性往往上升。儿童的正常值为 5～15 布氏单位，佝偻病患儿则超过 20 布氏单位。但其结果受很多因素影响，因此并不作为判定 VD 营养状况的良好指标。

三、VE（生育酚）

（一）VE 的结构与性质

维生素 E，又称生育酚（tocopherols），它是一系列具有 α-生育酚生物活性的生育酚、三烯生育酚及其衍生物的总称。VE 有 8 种，其中生育酚、三烯生育酚各有 α-、β-、γ-、δ- 4 种。4 种之间不同之处在于苯并二氢吡喃环上甲基的数目和位置，见图 8-18。

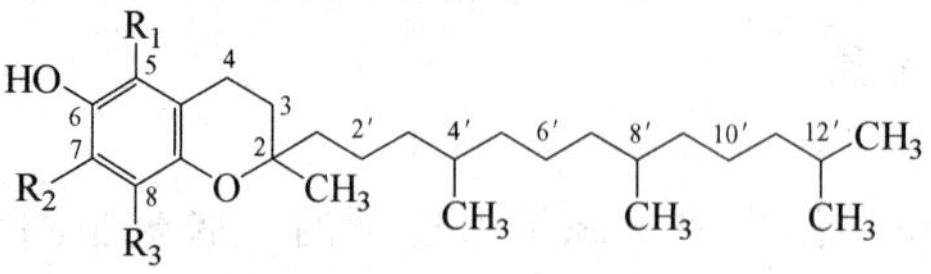

生育酚

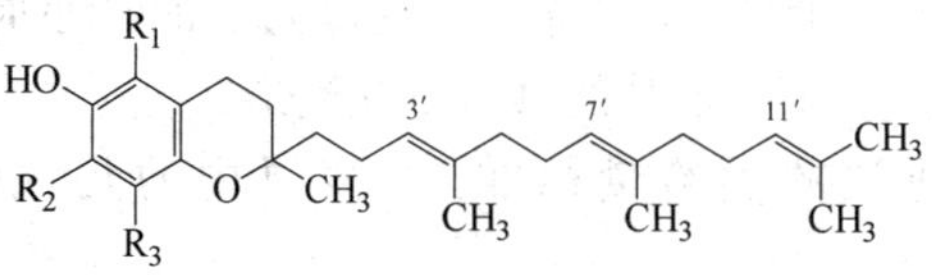

三烯生育酚

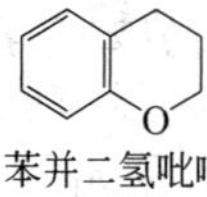

苯并二氢吡喃

	R_1	R_2	R_3	相对生物活性
α-生育酚	CH_3	CH_3	CH_3	1
β-生育酚	CH_3	H	CH_3	0.5
γ-生育酚	H	CH_3	CH_3	0.1
δ-生育酚	H	H	CH_3	很小

图 8-18 生育酚和三烯生育酚

生育酚、三烯生育酚在结构上的相同之处是都含有一个 16 碳侧链。不同之处是生育酚的侧链是饱和 16 碳侧链；而三烯生育酚则是在 16 碳侧链上的 3′、7′、11′位上有三个不饱和双键。

α-生育酚有两个来源，即天然的 α-生育酚和人工合成的 α-生育酚。天然的 α-生育酚以 *RRR*-α-生育酚表示，因为其三个旋光异构体的构型均为 R 型。人工合成的 α-生育酚是 8 种 VE 的混合物，称为全消旋-α-生育酚（*dl*-α-生育酚）。

VE 的活性以 $RRR\text{-}\alpha$-生育酚当量（α-TE）表示。1mg 天然 α-生育酚相当于 1mg $RRR\text{-}\alpha$-生育酚的活性。VE 的活性还可用国际单位（IU）表示，1IU 的 VE 等于 1mg $dl\text{-}\alpha$-生育酚乙酸酯的活性。各种形式生育酚的活性换算见表 8-6。

表 8-6　各种形式生育酚的活性单位换算

名　称	$RRR\text{-}\alpha$-生育酚当量（α-TEs）/mg	国际单位/IU
α-生育酚	1.00	1.49
α-生育酚乙酸酯	0.91	1.36
α-生育酚琥珀酸酯	0.81	1.21
$dl\text{-}\alpha$-生育酚	0.74	1.10
$dl\text{-}\alpha$-生育酚乙酸酯	0.67	1.00
$dl\text{-}\alpha$-生育酚琥珀酸酯	0.60	0.89
β-生育酚	0.50	0.75
γ-生育酚	0.10	0.15
α-三烯生育酚	0.30	0.45

天然的 α-生育酚的生物活性最高。如以天然的 α-生育酚的生理活性为 100，则 β-生育酚、γ-生育酚的生理活性分别为 50、10，α-三烯生育酚活性约为 α-生育酚的 0.3，其他形式的活性很小。人工合成的 α-生育酚（$dl\text{-}\alpha$-生育酚）活性为天然 α-生育酚的 74%。

VE 是黄色油状液体，溶于乙醇、脂肪和脂溶剂。食物中的 VE 在一般的烹调温度下破坏不大，但长期高温油炸，则活性大量丧失。

（二）VE 的吸收与生理作用

1. VE 的吸收

VE 与其他脂溶性维生素一样，也需胆汁的协助才能被吸收，吸收率为 20%～30%，进入体内的 VE 附着在血液 β-脂蛋白上进行运输，经淋巴系统入血，贮存于肝脏、心脏、脂肪、肌肉中（当膳食中缺 VE 时，可供使用），身体的其他组织含 VE 很少。排泄途径主要是粪便，少量由尿中排出。

2. VE 的生理功能

VE 在体内具有多种功能，主要为抗氧化功能，由于 VE 碳环上的羟基易被氧化，对氧气极为敏感，所以常可保护比它稍难氧化的物质。

（1）保护生物膜，并利于营养素的安全吸收　一方面，VE 在体内有保护生物膜的作用。VE 通过抑制细胞膜、细胞器膜内的多不饱和脂肪酸的过氧化反应，减少过氧化脂质的形成；并与硒协同维护细胞膜和细胞器膜的完整性、稳定性。另一方面，VE 可保护 VA、VC 及不饱和脂肪酸免受氧化，有利于营养素的安全吸收

（2）对某些酶活性的保护　VE 能保护某些含硫基的酶不被氧化，从而保持了许多酶系统的活性，因而认为 VE 能参与调节组织呼吸及氧化磷酸化过程。

（3）与动物生育有关　动物实验发现，VE 与性器官的成熟以及胚胎的发育有关，并可延缓性腺的萎缩。因为人类食物中的 VE 来源比较充裕，所以，尚未发现因为 VE 缺乏引起不育的。

（4）防癌、抗衰老　动物实验表明：VE 对多种化学毒物，特别是空气污染物具有防护作用。此外，对老年动物给予 VE 后，可以消除脑组织等细胞中的过氧化脂质色素，并且可以改善皮肤的弹性，阻断致癌的自由基反应（抗癌）。因此，VE 在预防癌症和抵抗衰老上具有重要意义。

（三）VE 的稳定性

各种形式的生育酚在酸性环境中比在碱性环境中稳定。在无氧条件下，它们在热、光及碱性环境下都相对较为稳定；但 VE 对氧气十分敏感，易被氧化破坏，在有氧时，可因光照（紫外线）、热、碱，以及一些微量元素（如铁、铜等）的存在而加速氧化破坏。

（四）VE 的摄入量及食物来源

1. VE 的摄入量

人体在正常情况下，很少发生 VE 的缺乏。有的小肠吸收不良患者或者膳食因素造成长期 VE 摄入不足，可引起溶血性贫血，即红细胞脆性增加、寿命缩短，给予 VE 可延长红细胞寿命。早产婴儿或用配方食品喂养的婴儿，由于体内缺乏 VE 易患前述的溶血性贫血，可用 VE 治疗，使血红蛋白回复到正常水平。

关于 VE 的摄入量，FAO/WHO 并未制订相应的标准。2000 年中国营养学会在中国居民膳食营养素参考摄入量标准中提出，我国 VE 的适宜摄取量（AI）为：14 岁以上男女均为 14mg α-生育酚当量（α-TE）/天。并建议 VE 的可耐受最高摄入量（UL）为：成人 800mg α-TE/天；儿童可能对副作用更为敏感，其 UL 为 10mg α-TE/kg 体重。

2. VE 的食物来源

VE 广泛存在于动、植物性食物中。动物性食物，如肉、鱼、禽、蛋黄、乳等均有一定的 VE 含量，但与 VA、VD 等不同，VE 不集中于肝脏，而在脂肪组织中存在较多，如猪油、奶油等。

植物性食物为 VE 的主要来源，如谷类胚芽、植物油、蔬菜等。其中，各种植物油是 VE 的良好来源，如小麦胚芽油中含 VE 1000～3000μg/g、花生油 260～420μg/g、大豆油 930μg/g、棉籽油 600～900μg/g。各类食物中的 VE 含量见表 8-7。

表 8-7　各类食物维生素 E 含量（mg/100g 食物）

食物组	总生育酚	α-生育酚	$\beta+\gamma$ 生育酚	δ-生育酚
谷类	0.96	0.495	0.180	0.154
豆类	4.92	0.717	2.631	1.303
蔬菜	0.75	0.466	0.102	0.156
水果	0.56	0.381	0.130	0.030
肉类	0.42	0.308	0.097	0.010
乳类	0.26	0.087	0.112	0.021
蛋类	2.05	1.637	0.409	0
水产类	1.25	0.817	0.190	0.248
食用油脂	72.37	8.17	28.33	9.739

（五）人体 VE 营养状况的评价

1. 血清 VE 水平

血浆中 VE 的参考平均值为 (784±91)μg/100mL，VE 在血浆内的水平若低于 0.5mg/100mL，可认为是人体 VE 缺乏。

血液 VE 与总血脂水平有密切关系，如：低血脂的人，血浆 VE 低，不一定是真正的缺乏；相反，高血脂的人，常有假性 VE 增高（即有可能实际上缺乏）。所以合理的方法是采用血中 VE 与血脂的比值来表示 VE 的营养状况，以比值 0.8mg：1g 作为 VE 营养状况正常的界限，低于此界限，为缺乏。

2. 红细胞溶血试验

红细胞与 2%～2.4% 的过氧化氢溶液保温后出现溶血，测得的血红蛋白量（H_1）占红细胞与蒸馏水保温后，测得的血红蛋白量（H_2）的百分比，可反映 VE 的营养状况。

VE 水平偏低时比值为 $10\%\sim20\%$，缺乏时 $>20\%$。这是由于当 VE 缺乏时，红细胞膜上的部分脂质失去抗氧化剂的保护作用，从而使红细胞膜的完整性受到破坏，对过氧化氢溶血作用的耐受能力下降。

以血清 VE 水平和红细胞溶血试验评价机体 VE 营养状况的标准，见表 8-8。

表 8-8　VE 营养状况的评价

状况	血清 VE/$(\mu mol/L)$	红细胞过氧化氢溶血实验/%
缺乏	<12	>20
偏低	$12\sim17$	$10\sim20$
正常	>17	<10

四、VK（凝血维生素）

（一）VK 的结构与性质

VK 是所有具有叶绿醌（即 VK_1）生物活性的 α-甲基-1,4 萘醌衍生物的统称。天然 VK 有两种：

① VK_1 存在于绿叶植物中，称为叶绿醌，最早是在苜蓿中分离提纯，为鲜黄色油状物质，熔点为 $-20℃$。

② VK_2 存在于发酵食品中，由细菌合成，最早是在腐烂的鱼粉中分离提纯，为鲜黄色结晶，熔点为 54℃。

此外，还有人工合成的 VK_3 和 VK_4。VK_3 即 2-甲基-1,4-萘醌，为黄色结晶，熔点 $105\sim107℃$。VK_3 在体内可以转化为 VK_2，其生物活性比 VK_1、VK_2 都高（是它们活性的 $2\sim3$ 倍）。VK_4 即二乙酰甲萘醌。VK 的结构见图 8-19。

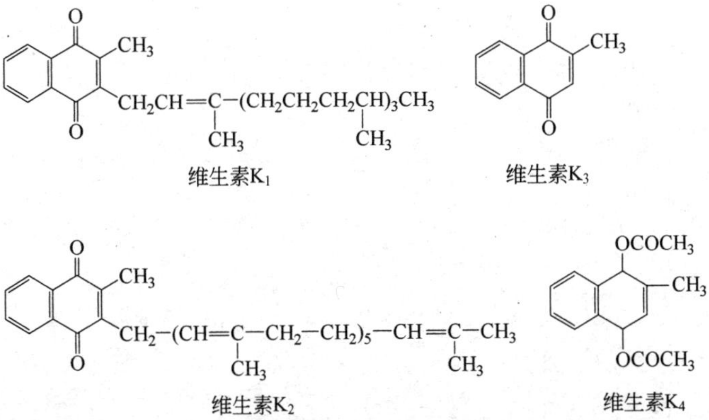

图 8-19　几种 VK 的结构

VK 均不溶于水，而溶于有机溶剂或脂肪溶剂中。具有耐热性，但对光和碱均不稳定。

（二）VK 的吸收及生理作用

VK 的吸收需要胆汁、胰液的协助，正常人 VK 的吸收率约 80%，吸收后经淋巴进入血液，摄入后经过 $1\sim2h$ 在肝内大量出现，其他组织（肾、心、皮肤、肌肉组织）中也有增加，24h 后下降。人体肠道微生物可以合成 VK，并且部分被人体利用。

VK 是一个和血液凝固有关的维生素，具有促进血液凝固的作用，所以，又称为凝血维生素。VK 的作用主要是促进肝脏生成凝血酶原。即肝脏中的凝血酶原前体（无凝血作用），在 VK 的作用下转化为凝血酶原，后者在凝血致活酶及钙离子的作用下变成凝血酶，从而具有促进凝血的作用。VK 缺乏时，将出现皮下、骨肉、胃肠出血，以及血液凝固的时间延长。

（三）VK 的稳定性

VK 具耐热性，在空气中也很稳定；但容易被光线和碱破坏。

（四）VK 的摄入量及食物来源

人体 VK 的需要量约 $0.5 \sim 1.0 \mu g/(d \cdot kg$ 体重）。FAO/WHO 专家委员会未提出 VK 的供给量标准。2000 年中国营养学会制订的中国居民膳食营养素参考摄入量中，提出我国的 VK 适宜摄取量（AI）为：成年男性 $120 \mu g/d$，成年女性 $106 \mu g/d$。

VK 在食物中的分布广泛，尤以绿叶蔬菜和植物油中含量较多。如，绿叶蔬菜中含 VK 约 $50 \sim 800 \mu g/100g$；蛋黄、大豆油、猪肝等也是 VK 的良好来源。

第九章　水和矿物质

第一节　水

一、水的功能

（一）水是机体的重要组成成分

水是人体含量最大的组成成分。人体含水量约占体重的 $50\%\sim80\%$。其中，细胞内液约占体重 40%；细胞外液（如细胞间液和血浆）约占体重 20%。

不同组织器官的含水量也不相同，肌肉、薄壁组织器官（如肝、肾、脑等）：含水 $70\%\sim80\%$；皮肤含水 $60\%\sim70\%$；骨骼含水约 10%；血液含水约 85%。

人体的含水量可因随年龄、性别而异，并随年龄增大而逐渐降低。如：成年男子含水 60%，成年女子约 $50\%\sim55\%$，而胚胎含水 98%，新生儿含水 $75\%\sim80\%$。所以婴幼儿体内因含水量大而显得皮肤饱满富有弹性，并需经常性地饮水；老年人由于体内水分（特别是细胞外液）含量的下降，皮肤不再紧绷而出现皱纹。现在一些广告语宣称"女人是由水做成的"，给人一种误解，即与男性相比女性体内的水分含量更大。其实，从人体内的水分组成来看，男性体内的水分含量高于女性。从这个角度来说，"男人是由水做成的"应该更符合科学道理。

人体内水的含量与体内的脂肪含量也有一定关系。由于脂肪组织含水很少，所以胖人体内的水分含量一般相对较少。从水对生命体的重要性来讲，同样体重的瘦人和胖人，如果丢失同样重量的水分，则对胖人的损害将更大。因此，胖人在运动出汗后应注意及时补充水分。

同时，水分也是人体最重要的组成成分。水分对人的重要性甚至高于食物，一般绝食 $1\sim2$ 周，只要有水还可以维持生命；但如果断水 3 天或丢失体内水分的 20%，将会很快导致死亡。没有哪类营养物如此重要！这就是为什么把灾后 72h 作为抢救的黄金时间的原因之一。

（二）水是营养素消化吸收的良好介质

食物中的大分子营养素被消化为能被机体吸收、利用的小分子，需要经过以水为介质的水解过程。即使是不溶于水的脂类物质也是借助于胆汁分散、乳化于水中，成为乳浊液或胶体溶液后，被消化、吸收、代谢和排泄。

此外，水分本身也可作为体内某些代谢反应的反应底物，参与体内多种生化反应（如水合反应等）。

（三）维持体温恒定

因为水的比热大，所以水能够吸收较多的热量，然后通过血液循环把物质代谢产生的热量迅速均匀地分布到全身各处，这样就能有利于维持体温的恒定。如：人在高温环境或激烈活动时可以通过出汗来散发体内产生的大量热量。

（四）对机体提供润滑保护

水还具有润滑作用。如：组织间液的存在，可以减少体内脏器的摩擦，防止损伤，并可使关节运动灵活。泪液可防止眼球的干燥，口腔、食道分泌的唾液、消化液有利于食物进入消化道。

二、水分的需要量及来源

（一）影响水分需要量的因素

水分的需要量与年龄、体力活动、环境温度及膳食摄入量等因素有关。

1. 与年龄有关

每千克体重需要的水量随年龄而有很大不同。如，婴儿（小于 1 岁）需水 120～160mL/kg 体重；成人仅约 40mL/kg 体重。需水量随年龄的增长而逐渐下降。

2. 与环境温度或体力活动有关

在炎热的夏季或在高温条件下劳动、运动，都会增加出汗量，一天内甚至达到 5L 以上，所以需要大量补充水分。但需注意不要一次大量补充，应采用多次适量饮水以防止冲淡胃液及加重代谢负担。

3. 与膳食摄入量有关

成人每摄取 4.184kJ（1kcal）能量约需 1mL 水，婴儿和儿童可提高到 1.5mL/kcal。若按照中等体力活动的日能量摄入量 2500kcal 计，则成人每日需水 2.5L；若婴儿每日需能 700kcal 时，需水约 1.05L/d。

4. 与体型大小有关

体型高大的人，暴露在空气中的身体表面积相对增加，水分的蒸发也相对更多，因此比普通的人需要的水分更多。

（二）水的摄入量

之前我国并没有制订关于水的需要量标准。2007 年，中国营养学会在修订后新提出的中国居民平衡膳食宝塔中，建议水的摄入量为：在温和气候条件下生活的、轻体力活动成年人，每日至少饮水 1200mL（约 6 杯）；在高温或强体力劳动条件下，应适当增加。

（三）水分的来源

体内水分的来源有三类：饮料、食物、代谢水（生物氧化水）。

1. 饮料水

包括每天饮用的茶、汤、牛乳、各种软饮料等，这些都含大量的水，可以及时补充机体所需的水分。

2. 食物水

来自半固体食物（各种粥、米糊）、固体食物（米饭、馒头等）及水果中的水。

3. 代谢水

营养素经消化、吸收，在体内氧化或代谢过程中可产生一定的水分。不同成分在氧化过程中生成的水量不同，每 100g 营养素在体内产生的水量分别为：碳水化合物 60mL、蛋白质 41mL（最少）、脂肪 107mL。每日摄入 10.5MJ（2500kcal）的混合膳食约产生 300mL 的氧化水。

第二节 矿 物 质

一、矿物质的定义和分类

（一）矿物质的定义

人体内所含有的元素，目前已知的达到 60 多种。人体质量的 96% 是碳、氢、氧、氮等构成的有机化合物和水分，其余 4% 则由各种不同的无机元素构成，它们是机体灰分的组成成分，统称为矿物质，又称为无机盐。

（二）矿物质的分类

按在体内的含量和每日的需要量不同，矿物质可分为两类。

1. 大量元素或常量矿物质

这是指含量占人体质量的 0.01% 以上，需要量 100mg/d 以上的矿物质元素。共有 7 种：钙、磷、硫、钾、钠、氯、镁。

2. 微量（痕量）元素

指含量占人体质量的 0.01% 以下，或日需要量在 100mg/d 以下的其他元素，叫微量元素或痕量元素。其中一些为人体必需由食物摄入的，称为必需微量元素。1973 年 WHO 认为必需微量元素有 14 种：铁、锌、铜、碘、锰、钼、钴、硒、铬、镍、锡、硅、氟、钒。1995 年，FAO/WHO 再次界定必需微量元素为三类：

（1）必需微量元素（10 种）　铜、钴、铬、铁、氟、碘、锰、钼、硒、锌；

（2）可能的必需微量元素（4 种）　硅、镍、硼、钒；

（3）有潜在毒性，但在低剂量下可能有人体必需功能的元素（7 种）：铅、镉、汞、砷、铝、锡、锂。

需要注意的是，所有必需元素，摄入过量时都会有毒！特别是必需微量元素，在它的生理作用浓度和中毒剂量之间差别很小，补充过量容易出现中毒！这在进行食品营养强化或服用矿物质补充剂时需特别引起注意。

二、矿物质的来源

矿物质是来自土壤的无机化学元素。植物从土壤中获得矿物质；动物由食用植物等而摄入矿物质。人体内的矿物质一部分来自于所摄入的动、植物食物，另一部分则来自于饮料、食盐、食品添加剂等。

矿物质和维生素一样，是人体必需的元素，即与有机营养素的不同之处在于，矿物质是无法自身产生、合成的，也不会在体内代谢过程中消失，只是每天会随着机体的代谢过程而排泄损失掉一部分的矿物质。每天矿物质的摄取量也是基本确定的，但随年龄、性别、身体状况、环境、工作状况等因素有所不同。所以，必须由膳食中不断予以补充。

三、矿物质的功能

人体矿物质的总量不超过体重的 4%，每日进出人体的矿物质总量约为 20～30g，对机体起着重要的作用。人体内约有 50 多种矿物质，其中有 20 种左右元素是构成人体组织、维持生理功能、生化代谢所必需的。矿物质的主要功能有以下几点。

1. 是构成人体组织的重要成分

骨骼、牙齿中含大量的钙、磷、镁，对维持其刚性起着关键的作用，缺乏钙、镁、磷、锰、铜，可能引起骨骼或牙齿不坚固。骨骼、牙齿中集中了体内 99% 的钙；蛋白质中含硫、磷；细胞内液含有钾，细胞外体液含有钠。

2. 维持体内正常的酸碱平衡及渗透压

酸性矿物质（如氯、硫、磷）和碱性矿物质（如钾、钠、镁）的合理配合，以及与碳酸盐、磷酸盐及蛋白质组成一定的缓冲体系，可维持机体的酸碱平衡。无机盐与蛋白质一起，使细胞内外液间保持一定的渗透压，从而有助于体液的贮留和移动。

3. 维持神经、肌肉的兴奋性和细胞膜的通透性

钾、钠、钙、镁在维持神经肌肉兴奋性和细胞膜通透性方面发挥着重要作用。如：钾、

钠离子可提高神经、肌肉的兴奋性，这就是为什么不吃盐人没劲的原因；钙、镁离子可降低其兴奋性，所以缺钙时神经、肌肉兴奋性得不到调节，易出现抽筋。

4. 是机体某些具有特殊生理功能物质的组分

如：血红蛋白中含有的铁对呼吸作用是必需的；甲状腺中的甲状腺素含碘；胰岛素含锌；铬是葡萄糖耐量因子的组分等。

5. 是多种酶的组成成分或活化剂

许多酶均含有微量元素，如碳酸酐酶含有锌；谷胱甘肽过氧化物酶含有硒等。钙是凝血酶的活化剂。

6. 参与核酸代谢

核酸是遗传信息的携带者，需铬、锰、钴、铜、锌等维持核酸的正常功能。

总之，每一种必需矿物质至少有一种特殊的生理作用。一些常量矿物质，如钙、磷、钾、镁等常常具有多种功能，如钙是骨骼的组分、又可降低神经肌肉兴奋性、并参与凝血。若膳食中长期缺乏或由于其他原因引起摄入不足，可引起相应的营养缺乏症。

四、食品的成酸与成碱作用

食品的成酸与成碱作用是指摄入的某些食物经过消化、吸收、代谢后，最终在体内变成酸性或碱性的"残渣"。

成酸性食品，通常含有丰富的蛋白质、脂肪、碳水化合物，由于它们含有氯、硫、磷等成酸性元素，所以在体内代谢后形成酸性物质。如：鱼、肉、蛋类及其制品，可以降低血液pH值。

成碱性食品，通常含有丰富的钾、钠、钙、镁等元素，在体内代谢后生成碱性物质。如蔬菜、水果等，可以升高血液的pH值。

体内的成碱物质只能从食物中直接获取；而体内的成酸物质既可来自食物，也可来自于食物在体内代谢后形成的中间产物和终产物。成碱性食品通常都是植物性食品，而成酸性食品通常都是动物性食品，但牛奶是个例外，它是成碱性食品。

因此，若膳食中摄入鱼、肉、蛋等成酸性食品过多，会使体内生成的酸性物质增多，消耗体内的固定碱而使机体内pH环境有成为酸性的可能；而多食植物性食物，如蔬菜、柑橘、马铃薯等，由于其成碱性作用，可以中和体内过多的酸，从而有利于减少矿物质在体内与酸形成结石的可能性。所以，多吃水果、蔬菜有益。

现在有些人往往以酸性食品和碱性食品来称呼成酸性食品和成碱性食品，这是不恰当的。因为酸（味）性食品如柠檬、葡萄、醋等，都是成碱性食品。像酸味极强的柠檬中含有的柠檬酸及其钾盐，在体内可彻底氧化，生成二氧化碳和水，最后留下碱性元素钾，所以，它其实是成碱性食品。所以，酸性的食品并非就是成酸性食品！

从维持机体适宜的酸碱平衡状态的角度来说，适当摄入富含蛋白质、碳水化合物、脂肪的鱼、肉、蛋类等动物性食品，而以谷类为主，多食蔬菜水果的膳食结构是非常有利于机体健康的。

五、重要的矿物质元素

（一）大量元素

1. 钙

（1）钙的存在与功能

① 钙在体内的存在　钙的含量在人体中居第5位（前四位为氧、碳、氢、氮），同时，钙也是人体中含量最丰富的矿质元素。成人体内含钙总量约1200～1300g，占体重1.5%～

2％，其中：体内99％的钙集中于骨骼、牙齿等硬组织中，存在的主要形式为羟基磷灰石结晶 $[3Ca_3(PO_4)_2 \cdot Ca(OH)_2]$——称为骨骼钙，也有部分是非晶形的磷酸钙。幼年时期非晶形的磷酸钙所占的比例较大，成年后结晶形的羟基磷灰石占优势。

体内其余1％的钙以离子钙或蛋白质结合状态存在于软组织及细胞外液、血液中，这部分钙统称为混溶钙池。骨骼中的钙与混溶钙间进行着缓慢的交换，维持着动态平衡。即：骨骼中的钙不断从破骨细胞中释放，进入混溶钙池。而混溶钙池中的钙又不断沉积于成骨细胞中。血液中的钙的浓度比较恒定，平均为10mg（2.5mmol）/100mL。

② 钙的生理功能　体内99％的钙主要是构成骨骼、牙齿的组成成分，并对骨骼、牙齿起支持、保护作用。生长期的儿童和少年由于体重的增加，骨骼的形状、重量也在不断地变化。钙的需要量随着骨骼的生长速度而异，13～14岁时需要量最大。

其余1％的钙也在很多方面发挥着重要作用。钙参与凝血过程，降低毛细血管以及细胞膜的通透性；降低神经、肌肉的兴奋性，钙与钾、钠、镁等离子保持一定比例，对维持神经肌肉的应激性有重要的意义，如血钙浓度下降，则神经、肌肉的应激性上升，易出现手足抽搐；对多种酶有激活作用，如钙离子激活ATP酶、脂肪酶、淀粉酶、蛋白酶等。

（2）钙的吸收与排泄

① 吸收　人体对钙的吸收是主动的，即逆浓度梯度进行；摄入量大时，也可通过被动的扩散吸收。但其生物有效性（指食品中矿物质实际被机体吸收、利用的可能性）很低，约70％～80％的钙不被吸收而经由粪便排出。所以，正常情况下，膳食中钙的吸收率约20％～30％。

影响钙吸收的因素有以下几个方面：

a. 钙与植物性食物中的植酸、草酸等形成不溶性的钙盐，不利于钙的吸收。有的蔬菜（如：苋菜、圆叶菠菜等）草酸含量甚至高于钙含量。

b. 大量摄入脂肪时，其中的脂肪酸与钙结合生成不溶性皂化物，并造成脂溶性维生素的丧失。

c. 食物纤维中的糖醛酸残基与钙结合，生成不溶物，影响钙的吸收。

d. 钙的吸收与年龄、个体机能状态有关。生长期儿童、少年、孕妇或乳母对钙的需求量大，他们对钙的吸收率也较大，有时吸收率高达40％～50％；年龄大，钙吸收率低；胃酸缺乏、腹泻可降低钙的吸收。机体缺钙时，吸收率会增加。

另外，一些因素可促进钙的吸收。适当供给VD有利于小肠黏膜对钙的吸收；乳糖与钙螯合成低分子量可溶性络合物，有利于钙透过肠壁以增进吸收；蛋白质消化后释放出的氨基酸与钙形成可溶性钙盐，利于钙的吸收；钙、磷比例适宜，有利于钙的吸收。

② 排泄　机体通过粪、尿、汗三条途径排出不需要的钙。

每天由食物摄入钙约1000mg，钙的排泄大部分由粪排出，粪钙占850mg，包括膳食中未吸收的钙（约700mg/d）和内源性粪钙（约150mg/d），后者来自脱落的上皮细胞和消化液。每日由小肠分泌液排入肠道的钙约200mg，其中一部分（50mg）被重吸收，另外一部分作为内源性粪钙随粪排出。由尿排出的钙比较稳定，约150mg/d。

每日从汗排出的钙较少，仅15mg/d，但高温、强体力劳动大量出汗时可能达到100mg/d。乳母泌乳时，通过乳汁排出钙100～300mg/d。

（3）钙的摄入量及食物来源

2000年中国营养学会制订的中国居民膳食营养素参考摄入量中，提出的钙的适宜摄取量（AI）为：成人及孕妇早期800mg/d；50岁以上及孕妇中期1000mg/d；孕妇晚期、乳母 1200mg/d。可耐受最高摄入量（UL）为 2000mg/d。钙的食物来源主要有以下几种（以含量分）。

① 乳、乳制品是钙的最好来源，其中的钙不仅含量丰富，而且吸收率较高，是婴幼儿、老人最理想的钙源。如，牛奶含钙 120mg/100g；全脂乳粉 1030mg/100g。

② 小虾、发菜、海带等含钙丰富。如，虾皮中含钙 2000mg/100g；海带 1177mg/100g；发菜：2560mg/100g。发菜又叫江蓠、竹筒菜、龙须菜、头发菜、发藻、地毛，是蓝藻门念珠藻科念珠藻属中的陆生藻类。生长在沙漠和贫瘠土壤中，因其色黑而细长，如人的头发而得名（图 9-1）。

图 9-1　发菜

③ 蔬菜、豆类、蛋类、油料种子含钙也较多。如，芹菜中含钙 160mg/100g，荠菜 420mg/100g，雪里红 235mg/100g，苋菜 200mg/100g，黄豆 367mg/100g，青豆 200mg/100g，花生仁（生）67mg/100g，葵花籽（生）42mg/100g。

蛋类中的钙主要存在于蛋黄中，因有卵黄磷蛋白，所以吸收不好（抑制铁、钙吸收）。鸡蛋黄含钙 134mg/100g，鸭蛋 71mg/100g。

④ 谷类、肉类、水果含钙较少。如，稻米中含钙 13mg/100g，玉米 22mg/100g。肉类中猪肉含钙 6mg/100g，牛肉 7mg/100g，鸡肉 11mg/100g。水果中苹果 11mg/100g，桃 8mg/100g，西瓜 6mg/100g。谷类等植物性食品中植酸、草酸较多，所以钙不易吸收。

（4）钙缺乏与过量的危害

小儿缺钙会引起生长迟缓，骨骼钙化不良易变形引发佝偻病；牙齿易患龋齿。成人缺钙时，可引起骨骼软化、骨质疏松。一般男性在 60 岁以后，女性在 40 岁以后都不同程度地出现随年龄增长而导致钙质流失增加的现象。老年人及绝经后期妇女较易发生骨质疏松症。

但如果钙摄入过量，又有增加体内患结石的危险。高钙尿是肾结石的危险因素；草酸、蛋白质等摄入过多也是肾结石的相关因素。钙过量也会影响必需微量元素的生物利用率，如影响机体对铁、锌的吸收和利用等。

2. 磷

磷在生理上和生化上是人体最必需的常量矿物质之一，但因一切动植物食品都含有磷，所以人体一般不会缺磷。

（1）磷的存在与功能

磷在成人体内总量约为 660g，约占体重的 1%。

① 磷在体内的存在　约 85% 的磷与钙一起作为骨骼和牙齿的组成成分，其中钙/磷比例约 2:1。10% 的磷与蛋白质、脂肪等有机物结合参与构成软组织。如：细胞膜的脂质含磷、核酸含磷等。其余部分广泛分布于体内多种含磷的化合物中。

② 磷的生理功能　磷主要与钙一起形成难溶性盐，构成骨骼和牙齿；磷酸盐可借共价键与胶原纤维结合，在骨的沉积、溶出中起决定性作用；磷参与机体的能量代谢，如形成高能磷酸键；磷是很多酶系统的辅酶或辅基的组成成分。如，焦磷酸硫胺素是羧化酶的辅酶；黄素腺嘌呤二核苷酸（FAD）是黄酶的辅酶，对酶的活性起重要作用。磷参与体内遗传信息的传递。因为磷是核苷酸的基本组成成分，核苷酸在体内传递遗传信息并调节细胞的代

谢。磷以磷酸盐的形式组成缓冲系统，维持机体的酸碱平衡。

（2）磷的吸收与排泄

通常磷比钙容易吸收，吸收的部位是在小肠，其吸收率为食物磷的 50%～70%。婴儿对牛乳中磷的吸收高达 65%～75%；母乳中磷的吸收更高，约 85%。

食品中的磷大多以有机物（磷脂、磷蛋白）的形式存在，经肠道磷酸酶的分解，以无机盐的形式吸收。但是，谷物中的磷以植酸形式存在，不能被机体充分吸收、利用。但面团可经酵母发酵后降低植酸盐的含量，从而提高磷的利用率。

磷的排泄主要经肠道和肾脏。未被吸收的磷随着粪便排出，而参与代谢的磷主要是经过肾脏排泄。VD 可以促进磷的吸收并增加肾小管对磷的重吸收，从而减少尿磷的排泄。

（3）磷的摄入量与食物来源

关于磷的摄入量，一般认为成人按 Ca/P 比为（0.08∶1）～（2.40∶1）的比例摄入磷均可。婴儿以母乳中的 Ca/P 比例（1.5∶1）～（2.40∶1）为好。

2000 年中国营养学会制订的中国居民膳食营养素参考摄入量中，提出磷的适宜摄取量（AI）为：11～18 岁 1000mg/d；成人、孕妇、乳母均为 700mg/d。

磷的可耐受最高摄入量（UL）：11 岁以上青少年、成人、乳母 3500mg/d；孕妇、11岁以下人群、60 岁以上老人为 3000mg/d。

磷的食物来源以肉、鱼、蛋、奶、禽及其制品中含磷较为丰富。如，牛肉含磷 170mg/100g、鲫鱼 203mg/100g、全脂奶粉 883mg/100g。谷物中含磷较多，但以植酸形式存在而难以充分利用。如，稻米 285mg/100g。蔬菜、水果含磷较少，如韭黄 14mg/100g、莴笋31mg/100g、菠菜 28mg/100g、柑橘 15mg/100g。

我国居民在钙磷摄入方面的问题在于，常常磷偏高，而钙不足。

（4）磷缺乏与过量的危害

如果磷不足，会出现低磷血症，红细胞、白细胞和血小板会发生异常，同时影响钙的吸收引起软骨病。缺乏症有发育不良、体重下降、疲倦、精神紧张、神经障碍。

如果人体内的磷超标，就会在体内合成磷酸钙，导致钙的流失，长期这样会引起骨质疏松、牙齿有问题等。因此，过量的磷酸盐可引起低血钙症，并导致神经兴奋性增强，手足抽搐和惊厥。过量的磷还会影响其他矿物质的平衡。

（二）微量元素

1. 铁

（1）铁的存在与功能

铁是人体必需的微量元素，也是体内含量最多的微量元素。

成人体内含铁约 3～5g，约占体重的 0.004%，60%～70% 存在于血红蛋白中，其余26%～30% 作为机体的储备铁。体内没有游离的铁离子存在，各种形式的铁都与蛋白质结合在一起（如血红蛋白、肌红蛋白、铁传递蛋白等），这是体内铁存在的特点。

铁的生理功能主要有：

① 在机体中作为血红蛋白、肌红蛋白的组成成分，参与氧气的运输、组织呼吸；

② 作为过氧化氢酶的组成成分，清除体内过氧化氢，保护机体细胞免受氧化。

（2）铁的吸收与排泄

食物中的铁有血红素铁和非血红素铁两种形式，其中血红素铁的吸收率达 25%，而非血红素铁的吸收率仅 5%。食物铁主要是 Fe^{3+} 的无机或有机物，在胃酸的作用下，生成Fe^{2+} 与肠道中的 VC 等结合，以溶解状态进行吸收。VC 是铁吸收的良好促进剂，会增加非血红素铁的吸收。谷类等中的植酸会降低铁的吸收。茶中的鞣酸可降低非血红素铁的吸收约60%，咖啡约降低铁吸收的40%。

人体约有200～1500mg的铁贮存在体内，其中约30%在肝脏，30%在骨髓，其余在脾和肌肉中。机体对铁的利用吸收非常有效，即体内的铁可以反复利用，排出量很小。如，人体每天参加转换的铁约27～28mg，其中由食物吸收来的仅0.5～1.5mg（约占5%），大部分为体内铁的利用。

铁的损失主要通过出血，经粪便、汗液、皮肤脱落所排出的量非常少。大多数从粪便排出的铁是食物中未被吸收的铁，其余是来自胆汁和胃肠上皮细胞脱落的铁。尿中几乎无铁排出。

（3）铁的摄入量与食物来源

2000年中国营养学会提出我国居民膳食中铁的适宜摄取量（AI）为：成年男子15mg/d；成年女子20mg/d；孕妇15mg/d、25mg/d、35mg/d（早中晚期）；乳母25mg/d。可耐受最高摄入量（UL）为：11岁以上青少年、成人、乳母50mg/d，孕妇60mg/d。

铁的食物来源以动物血和肝为好，其次是肾、心、肉、禽、鱼类及其制品。肝脏（猪肝25mg/100g，鸡肝8.2mg/100g）含铁量高，利用率好。猪血的含铁量更高，达到44.9mg/100g，并且生物有效性也好。奶类含铁量较低，只有0.2mg/100g。铁在食品中的含量通常不是很高，尤其是植物性食品中的铁，因为有植酸的作用，吸收较难。为提高铁的吸收率，可以用一定的动物食品来加强植物性食品中非血红素铁的吸收。如：蛋类中的铁因有卵黄磷蛋白的存在，吸收率只有3%。当用畜肉、鸡、鱼来代替鸡蛋的时候，铁的吸收会提升2～4倍。

（4）铁缺乏与过量的危害

当机体缺铁时，可导致体内无足够的铁来合成血红蛋白等，继而体内血红蛋白和红细胞比容低于正常值，最终出现缺铁性贫血。表现为面色苍白、口唇红色变淡、发无光泽、失眠多梦、四肢乏力等。

但长期摄入高水平的铁，可能引起铁在肝脏中的异常蓄积。并出现含铁血黄素，它类似于铁蛋白，但含铁更高，极不容易溶解。因此出现含铁血黄素沉着症，引起过量铁的吸收，易引起肝硬化等。如含铁血黄素沉着症伴有组织损伤，则形成血色素沉着症。

2. 锌

（1）锌的存在与功能

人体含锌约1.4～2.3g（约为铁含量的一半），在微量元素中含量仅次于铁，主要集中于肝脏、肌肉、骨骼、视网膜、前列腺、皮肤、头发中；血液中的锌75%～85%分布于红细胞中；头发中的锌含量可以反映出食物中锌的供应水平。测定发锌取样方便，经常被用来了解儿童锌的营养状况。

锌是很多酶的组成成分或激活剂。人体内约有200多种酶含有锌，并且是酶的活性所必需。锌与蛋白质的合成，以及核酸的代谢有关。所以锌与机体的生长发育、组织再生、保护皮肤健康有关。

锌对促进食欲有重要作用。如，锌是一种与味觉有关的蛋白质——味觉素的结构成分，有支持营养和分化味蕾的作用；同时，锌也帮助呈味物质结合到味蕾的特异性膜受体上，从而影响味觉和促进食欲。

锌与胰岛素的活性有关，每分子胰岛素中有2个锌原子，并且与其活性有关。

（2）锌的吸收与排泄

锌的吸收与铁相似，吸收率也较低，生物利用率 10％～40％。锌浓度低时，以与肽形成复合物的形式主动吸收，浓度高时，以被动扩散吸收为主。锌的吸收受多种因素的影响。植酸、鞣酸和铁的存在都会影响锌的吸收；大量摄入钙时，会形成不溶解的锌、钙、植酸盐复合物，影响锌的吸收；但是 VD_3（胆钙化醇）、葡萄糖、乳糖、半乳糖、柠檬酸等有机酸、肉类等有利于锌的吸收。

锌的排泄主要是由肠道排出，少量是从汗、尿排泄。

（3）锌的摄入量与食物来源

2000 年中国营养学会提出我国居民每日膳食中锌的推荐摄入量（RNI）为：成年男性 15.0mg/d，成年女性 11.5mg/d。成人的锌可耐受最高摄入量（UL）为：男性 45mg/d，女性 37mg/d。

锌的食物来源很广，普遍存在于动、植物组织中。

动物性食品含锌较丰富，如猪、牛、羊肉等含锌 20～60mg/kg；鱼类和其他海产品含锌在 15mg/kg 以上；牡蛎、鲱鱼含锌高达 1000mg/kg 以上。动物性食品中锌的生物利用率为 35％～40％，所以当摄入充足的动物性食物时，可以保证机体锌的需要量。

许多植物性食品含锌也较高。如，豆类、小麦含锌 15～20mg/kg，但因其与植酸结合吸收率低；谷类经碾磨后含锌量减少 80％。而蔬菜、水果含锌较少，只有约 2mg/kg。植物性食品中锌的生物利用率只有 1％～20％。混合食物中锌的吸收率为 20％～30％。

（4）锌缺乏的危害

轻度的慢性锌缺乏，可引起生长发育迟缓、性器官发育不良、性功能障碍、情绪冷漠、味觉异常、异食癖及厌食、皮肤易感染、伤口愈合变慢及胎儿畸形等。

急性锌缺乏一般因采用静脉营养或利尿剂等药物，导致锌不足或排出过多而引起。患者出现味觉异常、厌食、兴奋或嗜睡、皮肤痤疮等，常有急性感染、明显的神经精神症状和免疫功能损伤等。

3. 碘

（1）碘的存在与功能

成人体内含碘总量约 25～50mg，其中约 15mg 存在于甲状腺中。甲状腺素包括四碘甲状腺原氨酸（T_4）、三碘甲状腺原氨酸（T_3），二者都在代谢上具有重要作用。

甲状腺碘聚集能力很强，其碘的浓度可比血浆高 25 倍（甲状腺机能增进时，甚至可高达数百倍）。

碘的功能是参与甲状腺素的合成并调节机体的代谢。主要活性形式为三碘甲状腺原氨酸（T_3）。主要可促进儿童的生长、发育和调节基础代谢，特别是通过能量代谢、蛋白质、脂肪、碳水化合物等营养素的代谢调节，影响个体的体力与智力发展，以及神经、肌肉组织等的活动。机体缺碘会产生甲状腺肿。幼儿缺碘引起先天性心理、生理变化，导致呆小症。

（2）碘的吸收与排泄

食物中的碘进入消化道后，约 1 小时内大部分被吸收，以碘离子的形式进入血液循环，血液中的碘主要与球蛋白结合运输，并在肾脏、唾液腺、胃黏膜及甲状腺等处浓集，但只有甲状腺能利用碘合成甲状腺素。食物中的有机碘需在消化道消化脱碘后，以无机碘的形式吸收。胃肠道中的钙、氟、镁等可阻碍碘的吸收。

碘的排泄主要经肾脏排出，尿碘占碘总排泄量的 80％以上。粪中主要是未被吸收的有机碘。此外，皮肤也可排出少量碘。

（3）碘的摄入量与食物来源

成人用于满足机体合成甲状腺素所需碘的最低生理需要量为 $60\mu g/d$，平均需要量为其 2 倍，即 $120\mu g/d$。WHO 建议正常人碘的安全剂量为 $1000\mu g/d$ 以下。

2000 年中国营养学会提出我国居民膳食碘的推荐摄入量（RNI）为：14 岁以上青少年、成人 $150\mu g/d$，孕妇、乳母 $200\mu g/d$。可耐受最高摄入量（UL）为：7 岁以上儿童、青少年 $800\mu g/d$，成人、孕妇、乳母 $1000\mu g/d$。

碘的食物来源主要是海盐和海产品。

① 含碘量最丰富的食物是海产品。如，干海带含碘量 $240mg/kg$，干紫菜中 $18mg/kg$，鲜海鱼中约 $800\mu g/kg$。因此经常食用含碘丰富的海产品，可预防甲状腺肿的发生。远离海洋的内陆山区，其土壤、水和空气中含碘含较少，食物中含碘量也不高，而靠近海洋的地区，食物中含碘量相对较高。

② 海盐中的含碘量一般为 $30\mu g/kg$ 以上，可通过在食盐中强化碘的办法来提高膳食中碘的摄入量。

2011 年 9 月 15 日，中华人民共和国卫生部发布食品安全国家标准《食用盐碘含量 GB 26878—2011》，其中规定食用盐中碘强化剂应主要使用碘酸钾，在食用盐中加入碘强化剂后，食用盐产品（碘盐）中碘含量的平均水平（以碘元素计）为 $20\sim30mg/kg$。新国标于 2012 年 3 月 15 日实施。

（4）碘缺乏与过量的危害

膳食中摄入的碘不足或长期食用含致甲状腺肿原物质可导致碘缺乏而引起甲状腺肿大。致甲状腺肿原又称硫苷，主要存在于甘蓝、萝卜等十字花科蔬菜及葱、大蒜等植物中。但存在于这类蔬菜或植物的可食性部分的致甲状腺肿原成分很少，绝大部分致甲状腺肿原物质往往贮存于它们的种子中。过多的摄食此类物质可引发甲状腺肿大。儿童及成人体内碘缺乏时，即发生甲状腺肿；发病与地域有关的称地方性甲状腺肿（简称地甲肿）。其特征是甲状腺肿大而使颈部肿胀，这是因为膳食中碘供给不足，甲状腺细胞代偿性增大以从血液中吸取更多的碘。若碘缺乏发生于胚胎脑发育的关键时期（怀孕六个月至出生后一年），则会对婴幼儿的智力、体格发育产生严重影响，导致患儿智力低下、身材矮小、生长发育停滞等，称为呆小症，也即是所谓的地方性克汀病（简称地克病）。

碘摄入过多，同样会引起高碘性甲状腺肿。2010 年卫生部在《食用盐碘含量（征求意见稿）》编制说明中，对碘过量对健康的潜在危害作如下说明：在实施食盐加碘的 10 年内，碘过量可使甲亢的危险性提高；可使隐性的甲状腺自身免疫性疾病转变为显性疾病；长期碘过量可使甲减或亚甲减患病的危险性提高。甲减是指"由于甲状腺激素合成和生理效应不足引起的全身性疾病"。亚甲减，即亚临床甲减，以血中促甲状腺激素（TSH）水平升高为基本特征，促甲状腺激素过多会导致甲状腺组织增生、腺体肿大，但甲状腺激素在正常范围。亚临床甲减大多没有明显临床表现，但可进一步演变为临床甲减。2005 年的全国碘营养监测结果显示，尿碘 $200\sim300g/L$（大于适宜量）的有 16 个省区市，为北京、天津、河北、山西、内蒙古、辽宁、吉林、江苏、江西、山东、湖南、重庆、四川、贵州、陕西、宁夏；尿碘大于 $300g/L$（碘过量）的有 5 个省区，为安徽、河南、湖北、广西、云南。

4. 硒

（1）硒的存在与功能

成人体内含硒约 $14\sim21mg$，多分布于指甲、头发、心、肝、肾（肝、肾浓度最大）中；肌肉中含量占体内总量的 $1/2$，血液含量较少。硒半胱氨酸和硒甲硫氨酸是膳食硒的主要形式，也是生物体内存在的主要形式。

硒的生理功能主要有：①硒主要以谷胱甘肽过氧化物酶组分的形式，发挥抗氧化作用，保护细胞膜和血红蛋白免受氧化、破坏。②硒与 VE 有协同作用，二者都有抗氧化的作用。VE 是防止不饱和脂肪酸生成氢过氧化物；硒是促进氢过氧化物迅速分解生成醇和水；VE 可促进六价硒形成二价硒，提高其活性。③硒与机体免疫功能有关，具有促进免疫球蛋白生成和保护吞噬细胞完整的作用。④降低有害元素的毒性。硒化物可拮抗重金属的毒性，如，硒能降低汞、镉在体内的毒性。⑤调节甲状腺激素代谢。如，硒是碘甲腺原氨酸脱碘酶的组分，通过脱碘酶调节甲状腺激素来影响机体的全身代谢。缺硒可造成生长迟缓及神经性视觉损害。⑥硒能保护心血管和心肌健康，降低心血管病的发病率。机体缺硒会引起以心肌损害为特征的克山病。还可导致心肌纤维坏死、心肌小动脉和毛细血管损伤。

（2）硒的吸收与排泄

硒主要在小肠吸收，人体对食物中硒的吸收率为 $60\%\sim100\%$。进入人体内的硒大部分与蛋白质结合，称为"含硒蛋白"。硒蛋氨酸来自植物性食物，硒半胱氨酸来自动物性食物。影响硒吸收的因素很多，包括膳食中硒的化学形式和量、人的性别、年龄等。另外，食物中是否存在硫、重金属等化合物也会对硒的吸收产生一定影响。当食物中的硒以硒甲硫氨酸形式存在时，可完全吸收，而无机形式的硒因受到肠内因素的影响，吸收率变化较大。

硒在体内代谢后，大部分经肾脏由尿排出，约占总排出量的 $50\%\sim60\%$。由粪排出的占 $40\%\sim50\%$，而由汗液排出的量很少。

（3）硒的摄入量与食物来源

通常人体血硒含量小于 $0.03\mu g/mL$，或头发硒含量小于 $0.12\mu g/g$ 时，属克山病易感人群（因最先在黑龙江省克山县发现，故命名）。患者出现心肌坏死，并造成心源性休克死亡。解放前，我国 10 岁儿童发病率 1%，重病死亡率 80%。易感人群必须补充硒。

2000 年中国营养学会制订的中国居民膳食营养素参考摄入量（DRIs），其中建议成人的硒摄入量标准为：平均需要量（EAR）为 $41\mu g/d$；推荐摄入量（RNI）为 $50\mu g/d$；可耐受最高摄入量（UL）为 $400\mu g/d$。

食物和饮水是硒的主要来源，动物内脏和海产品富含硒。硒的食物来源有：①海产品及肉类为硒的良好来源。一般含硒量均超过 $0.2mg/kg$，且肝、肾比肌肉组织的含量高 $4\sim5$ 倍；如，鱿鱼、海参、内脏含硒在 $100\mu g/100g$ 以上，贝类、鱼类约 $30\sim85\mu g/100g$，肉类 $10\sim40\mu g/100g$。②沿海地区的食物品种中含硒量较高，其他地区随土壤和水中硒含量的不同有很大差异。如，低硒地区的大米含硒在 $0.2\mu g/100g$ 以下，而高硒地区大米中可达 $2000\mu g/100g$。现也有人工生产的富硒大米、富硒食用菌等。③蔬菜、水果中含硒量较低。蔬菜中大蒜含硒较丰富，其他蔬菜水果通常小于 $1.5\mu g/100g$。

（4）硒缺乏与过量的危害

硒缺乏地区人们易得克山病，这是一种在我国部分地区流行的以心肌坏死为特征的地方性心脏病。主要易感人群是 $2\sim6$ 岁儿童和育龄妇女。主要症状有：心脏扩大，心功能代偿减弱，发生心源性休克或心力衰竭。我国学者于 1973 年首次提出并证明硒是人类的必需微量元素，发现克山病与硒的营养缺乏有关，并用亚硒酸钠预防此病取得好的效果。

另外，大骨节病也与缺硒有关，其主要特征是骨端软骨细胞变性坏死，肌肉萎缩、发育障碍，多发生在青春前期和青春期的青少年。

硒摄入过量可造成慢性或急性中毒。引起慢性硒中毒的平均摄入量为 $4.99mg/d$。美国曾发生因食用硒补充剂而导致 13 人中毒的事件，其摄入的硒总量约在 $27\sim2387mg$ 之间。我国 20 世纪 60 年代也曾发生过因吃高硒玉米而急性中毒的事件，患者摄入的硒量达 $38mg/d$。

硒中毒常见症状有：恶心、呕吐、脱发、指甲变形、烦躁、疲劳等。

5. 铬

（1）铬的存在与功能

人体内含三价铬总量约 $5\sim10mg$，但分布广泛，其中在骨、大脑、肌肉、皮肤和肾上腺中的铬含量相对较高。铬有三价铬和六价铬的不同形态，但六价铬有毒，需要将其转化为三价铬后才能利用。一般组织中的铬含量随年龄增长而下降。

铬在体内最重要的生理功能为，三价铬是体内葡萄糖耐量因子（GTF）的重要组成成分，此因子可能是胰岛素的辅助因素，可以增强胰岛素的作用，促进机体对葡萄糖的耐受和利用并将之转化为脂肪。三价铬与遗传物质脱氧核糖核酸（DNA）结合，可增加其启动的数目，从而增强核酸的合成。另外，铬具有提高高密度脂蛋白和降低血清胆固醇的作用。

（2）铬的吸收与排泄

食物中的铬一般为无机的三价铬，铬在小肠吸收，但吸收率较低，通常吸收率在 3% 以下。铬可与有机物结合为具生物活性的复合物，促进其吸收；VC 也能增加铬的吸收。草酸盐、植酸盐会影响铬的吸收。进入血液的铬主要以运铁蛋白结合的形式转运到全身组织。

摄入体内的铬可通过粪便和尿液排出，少量从胆汁、毛发和皮肤排出。

（3）铬的摄入量与食物来源

成人每天约需要 $20\sim50\mu g$ 铬可以满足维持机体健康的需要。2000 年中国营养学会提出的我国居民膳食铬的适宜摄取量（AI）为：成人 $50\mu g/d$。可耐受最高摄入量（UL）为：成人 $500\mu g/d$。

铬广泛分布于食物中，其中含量较高的有：啤酒酵母、海产品、肉与肉制品、乳酪，以及植物性食品中的全谷、豆类、坚果类、黑木耳、紫菜等。如，肉类含铬 $187\mu g/kg$，海产品 $458\mu g/kg$，谷类 $340\mu g/kg$。其中啤酒酵母和动物肝脏中的铬以具活性的葡萄糖耐量因子形式存在，吸收率较高，可达 $10\%\sim25\%$。食品加工精制可使某些食品中铬含量大大降低，如红糖中的含铬量比白糖要高 $3\sim12$ 倍；精白粉含铬量比全麦要低很多。一般的蔬菜和薯类含铬约 $140\mu g/kg$。

（4）铬缺乏与过量的危害

机体缺乏铬可引起生长停滞、血脂升高、葡萄糖耐量下降，出现高血糖和尿糖的症状。老年人、蛋白质-能量营养不良的婴儿和糖尿病患者易出现铬缺乏的现象。

通常的食物中含铬量不高且吸收利用率较低，因此尚未发生过由于膳食摄入而引起铬过量并中毒的。但由于六价铬为吸入性剧毒物，化工特殊行业若皮肤接触六价铬化物，可能导致过敏性皮炎，更可能造成遗传性基因缺陷，吸入可能致肺癌，并对环境有持久危险性。另外，六价铬水溶性很强，若不慎饮用被铬废渣污染的水或食用被污染土壤上的食物，则铬过量并中毒的危险很大。

6. 氟

（1）氟的存在与功能

氟化物与人体生命活动及牙齿、骨骼组织代谢密切相关。氟是牙齿及骨骼不可缺少的成分，成人体内含氟约 0.007%，主要以无机盐的形式存在于骨骼、牙齿等组织中，少量分布在毛发、指甲等组织中。体内的氟含量还与环境和膳食中氟的水平有关，高氟地区人体内氟含量高于一般地区的人体氟含量。

氟对于维持骨骼和牙齿的结构稳定性非常重要。氟对骨骼来说，可促进钙、磷的利用，并部分取代骨盐（主要是羟磷灰石结晶）表面的羟离子，形成更为稳定的氟磷灰石而成为骨盐的组成成分，因而可以加速骨骼生长，使骨质更加坚硬。对牙齿来说，适量的氟可以促进牙齿珐琅质对细菌酸性腐蚀的抵抗力，主要是氟可取代牙釉质表面羟磷灰石中的羟基，在牙齿表面形成一层更为坚硬、抗酸性腐蚀的氟磷灰石保护层；此外，氟还可抑制口腔细菌产酸，改变口腔内的细菌适于生存的环境。因此氟可用于防治龋齿。

（2）氟的吸收与排泄

从食物中摄入的氟经胃肠道迅速吸收进入血液，吸收率约 75%～90%，但饮水中的氟可完全吸收。吸收后在体内以氟离子的形式组成氟磷灰石沉积在骨骼和牙齿中。脂肪可促进氟的吸收，摄入的钙较多时会抑制氟的吸收。

氟的排泄主要经由肾脏，每日摄入的氟约 75% 由尿排出，另有部分经粪便、毛发、汗液排出。尿氟的排泄量与氟的摄入量之间存在显著的正相关性，可作为判定地方性氟中毒的指标。

（3）氟的摄入量与食物来源

2000 年中国营养学会制订的中国居民膳食营养素参考摄入量标准中，提出的氟的适宜摄取量（AI）为：成人 1.5mg/d，可耐受最高摄入量（UL）为：3.0mg/d。

氟在一般食物中含量较低，并与地域有关。如，大米中含氟 0.19mg/kg，大豆 0.21mg/kg。我国大米中的氟含量是南方高于北方。茶叶中的氟含量很高，可达 37.5～178.0mg/kg，也是南方茶叶中的氟含量较北方高。

由于生物富集作用的原因，动物性食品中的氟含量高于植物性食品。如，猪肉中含氟 1.67mg/kg。

海洋动植物中的氟，高于淡水及陆地动植物食品。如，大马哈鱼为 5～10mg/kg，罐头沙丁鱼则可高达 20mg/kg 以上。海生植物含氟量平均约为 4.5mg/kg。调味剂中以海盐的原盐含氟量最高，一般为 17～46mg/kg，精制盐为 12～21mg/kg。

（4）氟缺乏与过量的危害

体内氟的缺乏会影响骨骼的形成，增加牙齿患龋齿的几率或导致牙齿发育不全。

氟摄入过量会中毒。高氟地区的人群长期摄入含氟高的饮水和食物，易发生慢性中毒。氟中毒的危害是造成氟斑牙或斑釉牙，并引起氟骨症。氟的防龋作用与产生毒性之间的界限很小，摄入过量的氟会使牙齿产生一些斑点，这就是氟牙症（氟斑牙，图 9-2）。其症状为恒牙无光泽，呈白垩色；若中度中毒会出现黄色、棕黑色或黑色斑点；若深度氟中毒则会出现牙齿表面粗糙，容易凹陷剥落。

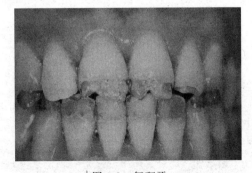

图 9-2 氟斑牙

氟对成人主要是骨骼的影响，因为成人的牙齿形成后，氟对牙齿的作用就不大了。成人主要是口腔黏膜吸收牙膏中的氟，所以通过含氟牙膏摄入的氟是极少的，不会造成太大的影响。但需注意的是，在高氟地区不需要推广含氟牙膏，尤其是儿童不要使用含氟牙膏。因为儿童自制力差，容易出现吞咽牙膏现象，容易通过牙膏出现氟中毒。因此建议，3 岁以前的儿童应禁止使用含氟牙膏，4～6 岁儿童应在大人指导下慎重使用，7 岁以上儿童可以使用，但不得将牙膏吞进体内。

氟骨病是慢性氟中毒引起的骨质异常致密、硬化，并出现四肢或脊柱疼痛与变形的一种慢性骨骼疾患。主要症状是骨头表面出现多处突起，腰腿及关节疼痛。一些老年人生骨刺有可能就是氟中毒引起的，所以老年人要慎用含氟牙膏。高氟地区几乎所有的年轻人都有氟斑牙，手臂的桡骨上都有突起。高氟区如果再通过其他途径摄入氟，就有可能加重氟中毒的程度。防治氟骨病和氟斑牙的主要措施是控制高氟地区饮水中氟的含量在 $0.7 \sim 1.0 \mathrm{mg/L}$ 之间。

第十章 不同人群的营养需要

第一节 婴幼儿营养与膳食

一、婴幼儿的生理特点

(一) 婴幼儿的生长发育

婴儿指从出生到满 1 周岁。在这个阶段，婴儿需经过从母体内生活到母体外生活；从完全依赖母乳营养，到依赖母乳外食物营养的转变。婴儿期是人生中生长发育的第一高峰期，其身高、体重都呈迅猛增长状态。在 0～6 个月阶段，婴儿的体重平均每月增加 0.6kg；6～12 个月阶段，体重平均每月增加 0.5kg；到 1 岁时，婴儿体重将增加至出生时的 3 倍（9kg 以上）；身长将增加至 1.5 倍（平均 75cm）。

婴儿的大脑也快速发育。在婴儿期的前 6 个月，脑细胞数目快速增加，到 6 个月时，脑重已达出生时的 2 倍（600～700g）；在婴儿期的后 6 个月，主要是脑细胞的体积增大，树突增多、延长，神经髓鞘形成，脑组织进一步发育。到 1 岁时，婴儿的脑重达 900～1000g，重量接近成人脑重的 2/3。

幼儿期指 1 周岁到 3 周岁。此阶段生长发育没有婴儿迅猛，但仍然是人生中生长旺盛的时期。体重每年增加约 2kg，身长第二年增长 11～13cm，第三年增长 8～9cm。同时有智力和语言能力的发展。

(二) 婴幼儿的消化能力

婴幼儿的消化系统处于发育的初始阶段，各项功能还不完善，因此对食物的消化、吸收和排泄能力均不强，不恰当的喂养易致功能紊乱和营养不良。

(1) 感官功能 新生儿有嗅觉和味觉，但味觉到 3 个月时才灵敏，在这 3 个月中，婴儿很容易习惯各种口味。但婴儿的口腔黏膜非常柔嫩，应注意不能进食过热过硬的食物。

(2) 唾液 唾液淀粉酶在喂奶期是不需要的，一旦添加了谷物，该酶会急剧增加。到 3～4 个月时，唾液腺逐渐发育完善，所以在 4 个月以前，最好不添加谷类辅食。

(3) 胃容量 新生儿胃容量小，且贲门功能还不健全，括约肌关闭不紧；再加上婴儿有生理性吞气，所以吃奶后稍有震动，容易发生吐奶现象。婴幼儿的胃容量变化为：新生儿 25～50mL，1 个月 90mL，6 个月 160～200mL，12 个月 300～500mL，2 岁 600～700mL。

(4) 牙齿及消化功能 幼儿在 2 岁半前出齐全部 20 颗乳牙，但牙齿仍然处于生长阶段，咀嚼功能还未完全形成。婴儿胃液分泌量比成人少，胃液中胃酸和胃蛋白酶含量均不及成人，婴儿对蛋白质要分解成多肽吸收，所以过早补充食物蛋白，容易发生过敏。胰淀粉酶在 5～6 个月时达成人水平，给予淀粉食物后，胰淀粉酶迅速增加。幼儿在 1 岁后，消化液中的胰蛋白酶、糜蛋白酶、脂肪酶等活性接近成人水平，1 岁半时，胃蛋白酶分泌达成人水平。故对婴幼儿来说，最好每日饮食上采用少量多次的方式。

二、婴幼儿的能量和营养素摄入量

(一) 婴幼儿的能量摄入量

婴儿的能量消耗，主要用于五个方面：①基础代谢能量消耗约占 60%；②食物特殊动力作用能量消耗约占 7%～8%；③1 岁以内婴儿活动所需能量较少，约每日 63～84kJ/kg 体重（15～20kcal/kg 体重）；④出生后前几个月，生长所需能量约占总能量的 25%～30%，每增加 1g 新组织约需能量 18.4～23.8kJ（4.4～5.7kcal）；⑤排泄能量（未消化吸收的）约占基础代谢能量消耗的 10%。

2000 年中国营养学会《中国居民膳食营养素参考摄入量》中，提出 0～6 个月婴儿的能量适宜摄取量（AI）为 0.40MJ（95kcal）/（kg 体重）可满足需要。幼儿能量的每日推荐摄入量（RNI）为：1～2 岁为男童 4.60MJ（1100kcal）/d，女童 4.40MJ（1050kcal）/d。2～3 岁为男童 5.02MJ（1200kcal）/d，女童 4.81MJ（1150kcal）/d。

能量摄入不足会导致婴幼儿生长发育迟缓、消瘦、抵抗力下降，严重时危及生命；能量摄入过多则会导致婴幼儿肥胖。1 周岁时体重超过 12kg 的，成年后肥胖的可能性高于普通婴儿。

(二) 婴幼儿的蛋白质摄入量

婴幼儿时期生长快速，所以对蛋白质的需要量较高。如婴幼儿喂养不当，蛋白质摄入不足，会影响其生长发育，表现出生长发育迟缓、抵抗力下降、消瘦、贫血、水肿等症状，而且智力发育也受影响。

然而蛋白质摄入过多，对婴幼儿健康同样有害，因为婴幼儿的消化功能和肾功能还未发育完善，过多的蛋白质代谢产物会加重肾溶质负荷，从而加重婴幼儿未成熟的肾脏负担。并可出现便秘、肠胃不适、口臭、舌苔增厚等症状。

2000 年中国营养学会制订的《中国居民膳食营养素参考摄入量》中，提出的婴幼儿蛋白质推荐摄入量（RNI）为：婴儿 1.5～3.0g/（kg•d）；1～2 岁幼儿为 35g/d；2～3 岁幼儿为 40g/d。在婴幼儿膳食中，要求优质蛋白质达到总量的 1/2～2/3。

(三) 婴幼儿的脂肪摄入量

脂肪不仅是婴幼儿的重要能量物质，而且还提供其所需的必需脂肪酸，同时又是脂溶性维生素吸收的载体，能帮助维生素 A、D、E、K 的吸收。当婴幼儿缺乏必需脂肪酸时，会出现体重下降、皮肤干燥、鳞角化以及维生素 A、D 的缺乏症状。但摄入脂肪太多，又会影响婴幼儿对蛋白质和碳水化合物的需要，并影响钙的吸收。2000 年中国营养学会制订的《中国居民膳食营养素参考摄入量》中，提出的婴幼儿膳食中脂肪摄入量占总能量的百分比为：6 个月以内 45%～50%，6 月龄～2 岁为 35%～40%，2 岁以上为 30%～35%。

(四) 婴幼儿的碳水化合物摄入量

碳水化合物也是婴儿能量的主要来源，适量的碳水化合物可以预防低血糖或酮症。婴儿在出生头几个月能消化乳糖、蔗糖、果糖、葡萄糖，但缺乏淀粉酶，不能消化淀粉，4 个月后，随着消化系统各种酶的完善而能消化淀粉类物质，适时地添加淀粉食物可以促进淀粉酶的分泌。婴儿碳水化合物所供热能应占总热能的 40%～50%，随年龄的增长，可提高至 50%～60%。

(五) 婴幼儿的无机盐摄入量

钙、铁、锌是婴幼儿较容易缺乏的元素，不仅影响婴幼儿的体格发育，还可影响婴幼儿的行为及智力发育。

(1) 钙　刚出生时婴儿体内的含钙量约占体重的 0.8%（25g），至成年时含钙量可达体重的 1.5％～2.0％（900～1200g），钙在体内主要是作为骨骼和牙齿的主要成分。如果婴幼儿期缺钙，会导致生长发育迟缓、牙齿不整齐、低钙性抽筋以及出现软骨病。2000 年中国营养学会提出婴幼儿钙的适宜摄取量（AI）为：0～6 个月 300mg/d，6～12 个月 400mg/d，1～3 岁 600mg/d。

（2）铁　铁是构成血红蛋白、肌红蛋白、细胞色素及过氧化氢酶等重要成分。乳类含铁极少，不能满足婴儿的需要。婴儿体内约有 280mg 铁的储备，可供出生后 4～6 个月所用。之后婴儿体内贮存的铁逐渐耗尽，此时需要及时添加含铁丰富的食物，如肝泥、肉泥、血旺、蛋黄或铁强化米粉等，人工喂养的婴儿从 3 个月起就要注意补充铁，否则易导致缺铁性贫血，并可影响婴幼儿行为和智力的发育。2000 年中国营养学会推荐婴幼儿铁的适宜摄入量（AI）为：6 个月以内 0.3mg/d；6～12 个月 10mg/d；1 岁以上幼儿 12mg/d。

（3）锌　锌是蛋白质、核酸合成代谢过程中重要酶的组成成分。婴幼儿缺锌会出现生长迟缓、性发育不全、脑发育受损，还可出现食欲不振、味觉异常、异食癖等。2000 年中国营养学会提出锌的每日推荐摄入量（RNI）为：6 个月以内为 1.5mg，6～12 个月为 8mg，1～3 岁为 9mg。

（六）婴幼儿的维生素摄入量

（1）维生素 A　与婴幼儿的视觉形成、上皮生长分化、骨骼发育等有关。如维生素 A 缺乏，会影响婴幼儿的体重增长，出现上皮组织角化、免疫功能低下、夜盲症及干眼病等。动物性食品如肝、蛋黄、乳制品等是婴幼儿维生素 A 的良好来源。如果使用维生素 A 制剂，应注意使用量，每日剂量不要超过 $900\mu g$，以免过量中毒。过量摄入中毒时会引起呕吐、头痛、皮疹、昏睡等症状。2000 年中国营养学会推荐婴幼儿维生素 A 的适宜摄取量（AI）为：每日 $400\mu g$ 视黄醇当量。

（2）维生素 D　可促进钙、磷的吸收，与婴幼儿骨骼及牙齿的形成有关。由于维生素 D 几乎不能通过乳腺，故婴儿出生 2～4 周后应开始适量补充维生素 D 制剂（鱼肝油）并经常晒太阳，婴幼儿缺乏 VD 会引起佝偻病图 10-1，但也要注意不能过量以免导致中毒。动物肝、蛋黄、强化维生素 D 的牛奶等都是 VD 的良好来源。2000 年中国营养学会推荐婴幼儿维生素 D 的适宜摄取量（AI）为：每日 $10\mu g$（400IU）。

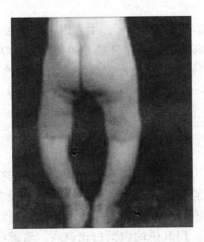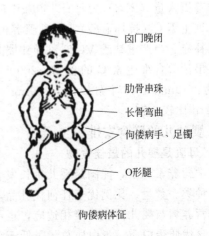

囟门晚闭

肋骨串珠

长骨弯曲

佝偻病手、足镯

O形腿

佝偻病体征

图 10-1　佝偻病体貌、体征

（3）维生素 E　由于胎盘转运维生素 E 的效率较低，所以新生儿尤其是早产儿体内的 VE 储备很少，导致细胞膜上的不饱和脂肪酸易被氧化破坏而发生溶血性贫血、水肿、皮肤损伤等。故早产儿和低出生体重儿应适当补充维生素 E。母乳中维生素 E 的含量较高，约为牛奶的 5 倍。2000 年中国营养学会提出的婴幼儿 VE 适宜摄取量（AI）为：1 岁以内 3mg α-生育酚当量（α-TE）/d；1～3 岁 4mg α-生育酚当量（α-TE）/d。

（4）维生素 K　新生儿和婴儿尤其是单纯母乳喂养儿较易出现维生素 K 缺乏，导致新生儿患低凝血酶原血症。这是一种由于凝血酶原缺乏而引起的凝血障碍性疾病，主要表现为全身任何部位的出血。常见的有：牙龈，胃肠，皮下等出血。如果孕妇及小儿，因疾病而使用抗凝药、大量抗生素时，或单纯母乳喂养、而母亲又较少食用含维生素 K 丰富的食物，或双胎、早产及患有慢性肝胆疾病的小儿，则易导致维生素 K 缺乏。因此，应注意及时给婴儿添加含维生素 K 丰富的辅食（如猪肝、菜汁、菜泥）及强化维生素 K 的食品。为防止新生儿发生低凝血酶原血症，可肌肉注射 1mg VK。

（5）B 族维生素　婴幼儿生长发育迅速，对 B 族维生素的需要量随热能摄入量的增加而增多。

硫胺素：如乳母经常食用精制米面，则可能发生维生素 B_1 缺乏，并导致婴儿发生脚气病，其症状为影响食欲，严重时出现抽搐、心力衰竭、昏迷等。2000 年中国营养学会提出婴儿的 VB_1 适宜摄取量（AI）为：0.2mg/d（6 个月内）；0.3mg/d（6～12 个月）。1～3 岁幼儿的推荐摄入量（RNI）为 0.6mg/d。

核黄素：婴儿很少有核黄素缺乏。2000 年中国营养学会提出的婴儿适宜摄取量（AI）为：0.4mg/d（6 个月内）；0.5mg/d（6～12 个月）。1～3 岁幼儿的推荐摄入量（RNI）为 0.6mg/d。

VB_6：用母乳、牛乳和乳制品喂养婴儿，未发现 VB_6 缺乏。2000 年中国营养学会提出的婴幼儿适宜摄取量（AI）为：0.1mg/d（6 个月内）；0.3mg/d（6～12 个月），0.5mg/d（1～3 岁幼儿）。

叶酸：与 RNA、DNA 及蛋白质合成有关，一般母乳与牛乳中叶酸丰富，能满足生长需要，但早产儿、低出生体重儿叶酸的贮备低，要适量补充，牛乳加热可破坏叶酸（85%），故人工喂养儿也要适量补充。2000 年中国营养学会推荐婴儿每日膳食中叶酸的适宜摄取量（AI）为：65μg 膳食叶酸当量（DFE）（0～6 个月），80μg DFE（6～12 个月），对 1～3 岁幼儿的推荐摄入量（RNI）为每日 150μg DFE。

（6）维生素 C（抗坏血酸）　母乳喂养的婴儿一般不缺 VC。牛乳因杀菌时破坏了 VC，需要适当补充。当严重缺乏 VC 时可导致婴儿患坏血病。故牛乳喂养的婴幼儿，应注意补充如菜汤、果汁等含维生素 C 的食物。2000 年中国营养学会提出婴幼儿 VC 的推荐摄入量（RNI）为：40mg/d（6 个月以内），50mg/d（6～12 个月），60mg/d（1～3 岁）。早产儿：给 100mg/d 比较适宜。

三、婴幼儿的膳食安排

（一）母乳是婴儿的最佳食物

母乳中营养素齐全，能满足婴儿生长发育的需要。充足的母乳喂养所提供的热能及各种营养素的种类、数量、比例优于任何代乳品，并能满足 4～6 月龄以内婴儿生长发育的需要。母乳中的营养素与婴儿消化功能相适应，也不会增加婴儿肾脏负担，是婴儿的最佳食物。

（1）含优质蛋白质　蛋白质总量虽低于牛乳，但其中的白蛋白比例高，酪蛋白比例低，在胃内形成较稀软之凝乳，易于消化吸收。另外含有较多的牛磺酸，利于婴儿生长发育需要。

（2）含丰富的必需脂肪酸　母乳中所含脂肪高于牛乳，且含有脂酶而易于婴儿消化吸收。母乳含有大量的亚油酸（LA）及 α-亚麻酸（ALA），可防止婴儿湿疹的发生。母乳中还含有花生四烯酸（AA）和二十二碳六烯酸（DHA），可满足婴儿脑部及视网膜发育的需要。

（3）含丰富的乳糖 乳糖有利于"益生菌"的生长从而有利于婴儿肠道的健康。

（4）无机盐 母乳中钙含量低于牛乳，但利于婴儿吸收并能满足其需要。母乳及牛乳铁均较低，但母乳中铁可有 75％ 的吸收。母乳中钠、钾、磷、氯均低于牛乳，但足够婴儿的需要。

（5）维生素 乳母膳食营养充足时，婴儿头 6 个月内所需的维生素如硫胺素、核黄素等基本上可从母乳中得到满足。VD 在母乳中含量较少，但若能经常晒太阳亦很少发生佝偻病。每 100mL 母乳中含 VC 4mg，可满足婴儿的需要，而牛乳中的 VC 因加热常被破坏。

另外，母乳中丰富的免疫物质还可增加母乳喂养婴儿的抗感染能力：

（1）母乳中特异性免疫物质 母乳尤其是初乳中含多种免疫物质，其中特异性免疫物质包括细胞与抗体，以 T 淋巴细胞为主，B 淋巴细胞产生的分泌型 IgA 性质稳定，不受消化酶及肠道 pH 的影响。

（2）母乳中的非特异性免疫物质 包括吞噬细胞、乳铁蛋白、溶菌酶、乳过氧化氢酶、补体因子 C3 及双歧杆菌因子等。

（二）婴儿配方奶粉

婴儿配方奶粉是依据母乳的营养素含量及其组成模式进行调整而生产的。如，调整乳清蛋白与酪蛋白之比为 8：2；添加与母乳同型的活性顺式亚油酸，增加适量 α-亚麻酸；或直接添加花生四烯酸（AA）和二十二碳六烯酸（DHA）；添加乳糖至 7％；调整牛奶中钾/钠、钙/磷的比例；强化 VD、VA、牛磺酸、肉碱、及适量其他维生素等，以使其尽量接近母乳。

对不能用母乳喂养者可完全用配方奶粉替代。6 个月前选用蛋白质 12％～18％、6 个月后选用蛋白质含量大于 18％ 的配方奶粉。对牛乳蛋白质过敏的婴儿，可选用以大豆蛋白作为蛋白质来源的配方奶粉。

对母乳不足者，可用婴儿配方奶粉作为部分替代物。每日喂 3 次以上，最好在每次哺乳后加喂一定量。

（三）婴儿期的辅助食品

随着婴儿的生长发育，活动量日益增加，此时单纯靠母乳喂养已不能满足婴儿对能量和各种营养素的需求。因此在婴儿的消化功能有了明显提高的时候，可以添加适当的辅食。辅助食品（complementary food）是指除了母乳以外给婴儿添加的任何含有营养素的食物或液体。它是属于从单纯的母乳到普通家庭食物之间的过渡食品（transitional food）。联合国儿童基金会没有使用"断奶食品（weaning food）"这种名称，就是为了强调所添加的辅助食品还不宜完全替代母乳或牛乳喂养。

婴儿辅食添加的时间应从 4～6 个月龄开始，至 8～12 月龄完全取代母乳较为适宜。过早添加辅食可能会增加婴儿消化系统的负担，引起腹胀、腹泻等。过晚添加辅食，又会导致婴儿生长发育减慢，甚至出现贫血等营养素缺乏症。

婴儿辅助食品一般可分为 4 类：

（1）淀粉类辅助食品 一般在 4 个月以后，可补充强化铁的米粉；6 个月后可喂食米粥、烂面；7 个月起可用饼干或面包训练婴儿的咀嚼能力；10 个月后可喂食稠粥和烂饭。

（2）蛋白质类辅助食品 蛋类是补充蛋白质的最好辅食，但有的婴儿会对鸡蛋蛋白过敏，故 4～5 个月的婴儿可先补充蛋黄。5～6 个月后可添加鱼肉和禽肝；7～8 个月可添加肉末。另外，豆浆、嫩豆腐等也是较好的蛋白质类辅食。10 个月后可添加全蛋。

（3）维生素和矿物质类辅助食品　4～5 个月婴儿可先补充菜汁、果汁，然后逐渐过渡到菜泥、果泥。6～7 个月后可喂食切的细碎的蔬菜。

（4）纯能量类辅助食品　对于食量过少的婴儿，可适量补充植物油和食糖以补充能量摄入的不足。

添加辅食的原则：从少到多、从稀到稠、从细到粗、从软到硬，一般使其适应一周左右再增加新的品种；1 周岁以前应避免给婴儿提供含盐量或调味品多的家庭膳食。

婴儿随着月龄增大，逐渐添加其他食物，至 6 个月时减少哺乳量及喂哺次数，至 8～12 个月时完全停止母乳喂养而过渡到幼儿膳食的过程称为断乳（ablactation）。

（四）幼儿的膳食安排

幼儿膳食是从婴儿期以乳类为主，过渡到以奶、蛋、鱼、禽、肉及蔬菜、水果为辅的混合膳食，最后达到谷类为主的平衡膳食。其烹调方法应与成人有别，以与幼儿的消化、代谢能力相适应，故幼儿膳食以软饭、碎食为主。根据营养需要，膳食中需要增加富含钙、铁的食物及增加维生素 A、D、C 等的摄入，必要时补充强化铁食物、水果汁、鱼肝油及维生素片。2 岁后，如身体健康且能得到包括蔬菜、水果在内的较好膳食，则不需额外补充维生素。

幼儿的膳食安排可遵循以下的基本原则：

（1）平衡膳食，保证充足的能量和优质蛋白质　幼儿膳食在以谷类为主的基础上，还应包括肉、蛋、禽、鱼、奶类和豆类及其制品，各种水果和蔬菜，以达到平衡膳食的要求。每日奶或奶制品不少于 200～400mL，每周应提供动物肝、血及海产品，优质蛋白质应占蛋白质的一半以上。

（2）合理烹调　幼儿的食物应尽量采用软、烂、碎等形式以利消化，蔬菜应切碎煮烂，硬果及种子应磨碎制成泥糊状。宜采用清蒸、水煮，避免油炸食物和刺激性强的食物。不宜添加味精。

（3）合理安排各餐　早餐占能量 25%，午餐占能量 35%，晚餐占能量 30%～35%，零食或点心占 5%～10%。1～2 岁幼儿每日进食 5 次，即三餐加两次点心。逐渐过渡到三餐加下午点心。

（4）培养良好的饮食习惯　应引导和教育孩子自己进食，培养孩子吃饭时集中精力进食的良好习惯，不挑食、不偏食。对纯糖（如糖果）和高糖高脂肪食品（如巧克力、冰淇淋）不宜多吃，否则会造成幼儿食欲下降。并让孩子每日有一定的户外活动。

第二节　学龄前儿童营养与膳食

一、学龄前儿童的生理特点

学龄前儿童是指 4～6 岁的阶段，此阶段的生理、心理特点有：①身高、体重仍呈较快增长：与婴幼儿期相比，体格发育速度相对减慢，但仍处于较快增长的时期。身高每年约增长 5cm，体重约每年增加 2kg。②消化系统功能仍不完善：虽然 2 岁半时乳牙已经出齐，6 岁时也可出现第一颗恒牙，但此时儿童的咀嚼及消化能力仍然有限，尤其是对固体食物还需一段较长时间的适应。③注意力分散，进食不专心：此阶段儿童模仿力强，应注意培养良好的饮食习惯和卫生习惯。

二、学龄前儿童的能量和营养素摄入量

(一) 学龄前儿童的能量摄入量

学龄前儿童摄入的能量除用于基础代谢、食物特殊动力作用及日常活动所需以外，还要有较多能量用于满足生长发育的需要。2000 年中国营养学会《中国居民膳食营养素参考摄入量》中，提出学龄前儿童能量的推荐摄入量（RNI）为：5.85～7.1MJ/d（1400～1700kcal/d），男童高于女童。详见附录一之附表 1-1。

(二) 学龄前儿童的营养素摄入量

学龄前儿童处于生长发育的旺盛期，其摄入的蛋白质主要是用于满足体内细胞组织和器官的生长，每增加 1kg 体重约需 160g 蛋白质。其他的宏量营养素和微量营养素也都应保持适宜的数量和比例关系。

2000 年中国营养学会《中国居民膳食营养素参考摄入量》中，提出学龄前儿童蛋白质的推荐摄入量（RNI）为：50～55g/d，其中来源于动物性食物的蛋白质应占一半。脂肪提供的能量占总能量的比例为 30%～35%，建议选用含亚油酸和 α-亚麻酸的植物油，配合选用含 n-3 多不饱和脂肪酸的鱼类等水产品的动物性脂肪。

钙的适宜摄取量（AI）为 800mg/d。铁的适宜摄取量（AI）为 12mg/d。碘的推荐摄入量（RNI）为 90μg/d。锌的推荐摄入量（RNI）为 12mg/d。维生素 A 的推荐摄入量（RNI）为 500μg 视黄醇当量（RE）/d，为此，每周可食用一次动物肝脏，每天应摄入适量的鸡蛋、牛奶及深色蔬菜。维生素 D 的推荐摄入量（RNI）为 10μg（400IU）/d，并注意经常晒太阳。维生素 B_1、维生素 B_2、烟酸和 VC 的推荐摄入量（RNI）分别为 0.7mg/d、0.7mg/d、7mg 烟酸当量（NE）/d、70mg/d。更多的矿物质和维生素参考摄入量见附录一之附表 1-2、附表 1-3。

三、学龄前儿童的膳食

(1) 保证充足的热能和各种营养素的平衡　学龄前儿童膳食中应有一定量的牛奶或相应的奶制品；谷类为主，配以适量的肉、禽、鱼、蛋、豆类及豆制品；应注意新鲜蔬菜和水果的摄入；每周一次肝或血、海产品。

(2) 合理烹调　烹调时应考虑学龄前儿童的生理、心理特点，食物要易于消化，食物的温度适宜、软硬适度，并色香味俱佳以促进食欲、吸引进食。

(3) 膳食制度合理　采用定时、定量进食。建议每日的食物通过三餐二点制供给，即三次正餐加二次点心。并配以一定的牛奶。三餐能量分配为：早餐占能量 30%，午餐占能量 35%，晚餐占能量 25%，零食或点心占 10%。

(4) 养成良好的饮食习惯　不偏食、不挑食，不暴饮暴食，不宜多吃高糖，高脂膳食。

第三节　学龄儿童营养与膳食

一、学龄儿童的生理特点

学龄期是指 7～12 岁的阶段。处于此阶段的儿童生长快速，每年身高增长约 5～6cm，并且在此阶段的后期身高增长快于前期；体重每年增加 2～3kg。肌肉组织开始加速发育。

二、学龄儿童的能量和营养素摄入量

学龄儿童活泼好动，体力和脑力消耗较大。2000 年中国营养学会《中国居民膳食营养素参考摄入量》中，提出学龄儿童能量的推荐摄入量（RNI）为 7.10～10.04MJ/d（1700～

2400kcal/d），男童高于女童。详见附录一之附表 1-1。

学龄期儿童的学习任务和活动日渐增多，思维活跃，并处于机体新组织合成的旺盛期，因此，应保证能量和各营养素的充足和均衡，并有足量的优质蛋白质，否则易出现生长迟缓、体质虚弱、成绩不良等现象。

2000 年中国营养学会《中国居民膳食营养素参考摄入量》中，提出学龄儿童蛋白质的推荐摄入量（RNI）为：60～75g/d，其中来源于动物性食物的蛋白质应占一半。脂肪提供的能量占总能量的比例为 25%～30%，并适当配比含 n-6 多不饱和脂肪酸的植物油和含 n-3 多不饱和脂肪酸的鱼类等水产品的动物性脂肪，使二者比例在（4～6）∶1。

钙的适宜摄取量（AI）为 800～1000mg/d。铁的适宜摄取量（AI）为 12～18mg/d，11 岁以上女童高于男童。碘的推荐摄入量（RNI）为 90～120μg/d。锌的推荐摄入量（RNI）为 13.5～18mg/d，11 岁以上男童高于女童。维生素 A 的推荐摄入量（RNI）为 700μg 视黄醇当量（RE）/d，注意补充动物肝脏、鸡蛋、牛奶及深色蔬菜。维生素 D 的推荐摄入量（RNI）为 5～10μg/d，11 岁以上儿童户外活动增多，可通过阳光在体内产生更多 VD，故 VD 摄入量可取 5μg/d。维生素 B_1、维生素 B_2、烟酸和 VC 的推荐摄入量（RNI）分别为 0.9～1.2mg/d、1.0～1.2mg/d、9～12mg 烟酸当量（NE）/d、80～90mg/d。更多的矿物质和维生素参考摄入量见附录一之附表 1-2、附表 1-3。

三、学龄儿童的膳食

学龄儿童膳食上应吃粗细搭配的多种食物，取得平衡膳食。早餐要吃好，占全日能量的 1/3 为宜，以保证上午学习所需的充足能量。每日至少饮 300mL 牛奶，吃 1～2 个鸡蛋，动物性食物 100～150g，谷类及豆类 300～500g。注意控制零食和食糖的摄入。

第四节　青少年营养与膳食

青少年期是指 12～18 岁阶段，包括少年期（juvenile）及青春发育期（adolescence），相当于初中和高中时期。

一、青少年的生理特点

（1）年龄跨度大　男女生的青春期在年龄上略有差别，女性略早一些，从 11～12 岁开始到 17～18 岁；男性从 13～14 岁开始至 18～20 岁。

（2）生长发育速度加快　青春期是人生的第二个生长高峰期。身高可每年增加 5～7cm，体重每年增加 4～5kg。

（3）对能量和营养素的需要量增加　由于活动量大，学习任务重，所需能量和营养素超过成年人。

（4）生殖系统发育，第二性征逐步明显。

二、青少年的能量和营养素摄入量

（一）青少年的能量摄入量

青少年对能量的需要与其生长发育的速度成正比，一般来说青少年期的能量需要超过成人。2000 年中国营养学会《中国居民膳食营养素参考摄入量》中，提出青少年的能量推荐摄入量（RNI）为 9.20～12.00MJ/d（2200～2900kcal/d）。详见附录一之附表 1-1。

（二）青少年的营养素摄入量

青少年生长发育迅速，合成新组织多，加上学习任务繁重，思维活跃、认识新事物多，故青少年的营养素需要量，超过成年的轻体力劳动者。青春期前营养不足的儿童，在青春期供给充足的营养，可使其赶上正常发育的青年。青少年中，缺铁性贫血、锌缺乏、和缺碘较为常见。如果热能、蛋白质摄入不足，可出现疲劳、消瘦、抵抗力降低和影响学习效率。

2000 年中国营养学会《中国居民膳食营养素参考摄入量》中，提出青少年的蛋白质推荐摄入量（RNI）为 75～85g/d。青少年必须保证摄入充足的蛋白质，其中来源于动物性食物和大豆的蛋白质最好占到 50%。脂肪提供的能量占总能量的比例为 25%～30%，并适当配比含 n-6 多不饱和脂肪酸的植物油和含 n-3 多不饱和脂肪酸的鱼类等水产品的动物性脂肪，使二者比例在（4～6）：1。

青少年期身体骨骼迅速生长发育，需每日储备钙 200mg 左右，因此钙的适宜摄取量（AI）提高至 1000mg/d。

女性月经初潮，铁的供给不足可引起青春期缺铁性贫血，铁的适宜摄取量（AI）为：女性 18～25mg/d，男性 16～20mg/d。

锌是生长必需的营养素，并影响蛋白质的合成，锌的适宜摄取量（AI）为：男性 18～19mg/d，女性 15～15.5mg/d。锌的推荐摄入量（RNI）为 15～19mg/d，12 岁以上男生高于女生。

青春期发育对碘的需要量增加。地方性甲状腺肿在青春期的发病率最高，青春期应增加碘的摄入。碘的推荐摄入量（RNI）为 120～150μg/d。

维生素 A 对视觉、生长、组织分化和生殖生育、免疫等十分重要，但青少年维生素 A 的实际摄入远远低于推荐量。维生素 A 的推荐摄入量（RNI）为 700～800μg 视黄醇当量（RE）/d，适量增加动物肝脏、鸡蛋、牛奶及深色蔬菜的摄入。维生素 D 的推荐摄入量（RNI）为 5μg/d。

维生素 B_1、维生素 B_2、烟酸和 VC 的推荐摄入量（RNI）分别为 1.2～1.5mg/d、1.2～1.5mg/d、12～15mg 烟酸当量（NE）/d、90～100mg/d。

更多的矿物质和维生素参考摄入量见附录一之附表 1-2、附表 1-3。

三、青少年膳食

青少年处于身体快速发育时期，同时又是学习负担日益加重、活动量明显增大的阶段，必须保证所需的能量和各种营养素的摄入。但在此阶段，青少年心理、生理上的意识也逐渐增强，可能因为不正确的审美观而盲目节食。因此，树立科学、合理的膳食理念至关重要。总体上说，青少年膳食可遵循以下几个原则。

（1）保证能量摄入，粗细搭配　能量摄入以谷类为主，粗粮可保留大部分 B 族维生素；或选择强化 B 族维生素的谷类。适当配合食用杂粮及豆类。谷类的推荐量为 400～500g/d。

（2）保证膳食中有足量的优质蛋白质　鱼、肉、禽、蛋、奶及大豆是膳食中优质蛋白质的主要来源。鸡蛋除含优质蛋白质外还含有维生素 A、核黄素及卵磷脂；奶类除含优质蛋白质外，还是维生素 A 及钙的良好来源。鱼、禽、肉、蛋每日摄入量不小于 200～250g，奶不低于 300mL/d。并保证来源于动物性食物和大豆的蛋白质至少占到蛋白质摄入总量的 50%。

（3）多食新鲜的蔬菜水果　新鲜的蔬菜水果含有胡萝卜素、维生素 C、矿物质及膳食纤维，其中有色蔬菜尤其是绿叶蔬菜更是富含胡萝卜素、维生素 C，可多摄入一些。每日蔬菜的总供给量约为 500g，其中绿叶蔬菜类不低于 300g。

（4）多参加体力活动，避免盲目节食　青少年合理参加体力活动，可促进身体的体格发育和身心健康。对那些超重或肥胖的儿童，应通过调节能量摄入量和能量消耗量（合理的饮食和体育锻炼）来适当控制体重，不宜采用过分节食、药物或手术的减肥方式，以免影响身体的正常生长发育和身体健康。

第五节　老年人营养与膳食

1982年联合国在奥地利维也纳召开世界人口老龄问题大会，会上确定60岁及以上人口称为老年人口。2011年8月24日，在全国人大常委会执法检查组关于《中华人民共和国老年人权益保障法》执法检查的报告中，所列举的数字表明：截至2010年11月1日，中国60岁以上的老年人达1.78亿，占总人口的13.26%，其中65岁以上老年人为1.19亿，占总人口的8.87%。中国成为世界上唯一老年人口超过1亿的国家。按照国际通用的划分标准，60岁及以上人口占总人口的比重超过10%或65岁及以上人口占总人口的比重超过7%，即进入老龄化社会。其实，中国早在1999年就开始迈入老龄化社会，而且老龄化还在加速。报告提供的预测分析指出，2014年中国老年人口将超过2亿，2025年达到3亿，2042年老年人口比例将超过30%。因此，保护好老年人的健康，对于国家的安定、人民的幸福和经济的发展具有重大意义。而老年人作为一个特殊的群体，有着许多自身的特定营养需要，所以，合理的营养和膳食安排将有助于老年人维护健康、延缓衰老、预防疾病。

一、老年人的生理特点

1. 器官功能减退

主要表现为：老年人由于牙齿脱落而影响到对食物的咀嚼，使得其物理消化能力下降；消化液、消化酶及胃酸分泌量减少，使其对食物的消化和吸收功能下降；胃肠蠕动及排空速度也减慢，容易出现便秘；肝功能下降，糖原贮存减少；肾细胞数量减少，肾单位再生力下降，肾小球滤过率降低，糖耐量下降；肾功能下降，羟化25-羟基胆钙化醇的能力下降，从而影响1,25-二羟基胆钙化醇的生成（这是VD_3在体内的活性形式），并进一步影响到钙、磷的代谢；心脏功能降低，心律减慢，心搏输出量减少，血管逐渐硬化。

2. 身体成分出现不利变化

随着年龄的增长，人体的细胞量开始下降，肌肉逐渐萎缩；体内水分减少，主要为由于瘦体组织的减少而引起细胞内液的减少，使老年人在应激状态下（如出汗）易出现脱水和电解质紊乱；骨矿物质开始流失，出现骨质疏松症状等。

3. 代谢功能降低

基础代谢比中年人下降15%～20%；合成代谢降低，分解代谢增高，合成与分解代谢失去平衡，引起细胞功能下降；老年人对葡萄糖的耐量下降，体内胰岛素的分泌也减少，胰岛素受体敏感性下降；组织对胆固醇的利用减少，脂类在体内积累增多；由于随着年龄增长瘦体组织慢慢减少，故体内的氮平衡处于氮的负平衡状态。

4. 体内抗氧化能力下降

老年期体内的抗氧化能力减弱（包括体内的抗氧化物质减少、抗氧化酶活性降低），导致脂质在体内的氧化产物丙二醛以及脂褐素在组织内堆积，如沉积于脑和脊髓神经细胞会引起神经功能的障碍；甚至因氧化而造成某些酶蛋白质活性降低，从而影响身体的机能。

5. 免疫功能下降

老年阶段体内的胸腺萎缩、T淋巴细胞数量减少，机体免疫功能下降，因此对疾病的抵抗力也开始下降。

二、老年人的能量和营养素摄入量

(一) 老年人的能量摄入量

由于老年人的基础代谢下降、体力活动减少和体内脂肪组织比例增加,因此对热能的需要量随年龄的增长也在逐渐减少,故其在每日膳食中的总热能摄入量应适当降低,以免热能摄入过多后在体内转变为脂肪而引起肥胖,对健康造成不利影响。2000 年中国营养学会《中国居民膳食营养素参考摄入量》中,提出老年人的能量推荐摄入量 (RNI) 为:50～60 岁为 8.00～13.00MJ/d (1900～3100kcal/d);60～70 岁为 7.53～9.20MJ/d (1800～2200kcal/d);70 岁以后为 7.10～8.80MJ/d (1700～2100kcal/d)。

(二) 老年人的蛋白质摄入量

一方面,老年人对摄入的蛋白质利用率较低,蛋白质合成能力差,且分解代谢大于合成代谢,造成体内蛋白质不断损失。另一方面,老年人肝、肾功能下降,摄入过多的蛋白质又会加重肝、肾的代谢负担。因此老年人应摄入足量的优质蛋白质,如鱼、虾、禽、蛋、奶、肉等动物蛋白 (但不宜过多),以尽量维持机体的总氮平衡。豆腐、豆制品等大豆蛋白质也是较好的蛋白质来源。一般认为老年人的蛋白质摄入量为每天 1.27g/kg 体重。2000 年中国营养学会制订的《中国居民膳食营养素参考摄入量》中,对 60 岁以上老年人膳食蛋白质的推荐摄入量 (RNI) 为:男性 75g/d,女性 65g/d。

(三) 老年人的脂肪摄入量

由于老年人的胆汁酸分泌减少,脂酶活性降低,因此对脂肪的消化能力下降。在膳食上,一方面应适当控制脂肪的摄入量;另一方面,应控制含饱和脂肪酸 (SFA) 多的动物脂肪的摄入量,如猪油、牛油及奶油等,可主要食用富含多不饱和脂肪酸 (PUFA) 的植物油。且最好能使多不饱和脂肪酸、单不饱和脂肪酸与饱和脂肪酸之间的比值在 1:1:1 (P:M:S=1:1:1)。2000 年中国营养学会制订的《中国居民膳食营养素参考摄入量》中,对老年人建议的脂肪摄入量为:脂肪提供能量占总能量的 20%～30% 为宜。

(四) 老年人的碳水化合物摄入量

由于老年人糖耐量低,胰岛素分泌减少,易发生血糖增高。另外,摄入过多的碳水化合物在体内还会转变为脂肪,引起肥胖,并使血脂增高。因此老年人应降低食糖和甜食的摄入,以谷类中的淀粉为宜,并增加多糖 (如香菇多糖,可提高机体免疫力) 以及膳食纤维的摄入。膳食纤维的摄入量以每天 20～30g/d 为宜。碳水化合物的适宜摄入量应占每日摄入总能量的 55%～65% 为宜。

(五) 老年人的矿物质摄入量

1. 钙

老年人一方面胃肠功能降低,胃酸分泌减少,影响钙的吸收,同时肾功能降低使得形成 1,25-二羟基胆钙化醇 (维生素 D_3) 的功能下降,不利于钙的吸收;另一方面老年人的户外活动减少和缺乏日照,使皮下 7-脱氢胆固醇转变为维生素 D 的来源减少,也会影响钙的吸收,故容易出现骨质疏松和骨折。老年人对钙的吸收率一般在 20% 以下。2000 年中国营养学会制订的《中国居民膳食营养素参考摄入量》中,推荐老年人钙的适宜摄入量 (AI) 为 1000mg/d。

2. 铁

老年人对铁的吸收利用能力下降,造血功能减退,血红蛋白含量减少,导致缺铁性贫血的发生率增加;另外,老年人体内蛋白质合成减少,维生素 B_6、维生素 B_{12}、叶酸等缺乏,也是导致贫血的原因。因此铁的摄入量应充足,可选择动物性食品为主要来源 (肝脏、血液、瘦肉等），同时注意摄入含 VC 丰富的蔬菜、水果等。2000 年中国营养学会制订的《中国居民膳食营养素参考摄入量》中，老年人铁的适宜摄入量（AI）为 15mg/d。

3. 硒

硒是构成谷胱甘肽过氧化物酶的重要成分，在体内抗氧化酶防御系统中具有消除脂质过氧化物，保护细胞膜免受过氧化损伤的重要作用，并可增强机体免疫功能。而体内硒缺乏已证明可导致心肌损伤。老年人硒的膳食供给量与青年相同，2000 年中国营养学会制订的《中国居民膳食营养素参考摄入量》中，老年人硒的推荐摄入量（RNI）为每日 50μg。含硒丰富的食物有：内脏、海产品（海带、紫菜、海鱼等）。

其他微量元素，如锌、铬、碘、钼等，每日膳食中亦应有一定的摄入量以满足老年人身体的需要。详见附录一之附表 1-2。

（六）老年人的维生素摄入量

老年人由于进食量减少，牙齿咀嚼功能下降，摄入蔬菜有限，且消化吸收能力下降，因此对维生素的摄入和吸收减少，容易出现 VA、VD、叶酸、VB$_{12}$、B$_6$ 等缺乏。

VA 只存在于动物性食品中，如肝脏、肾、蛋黄、鱼卵、全奶等；胡萝卜素也是重要来源。老年人进食量少，牙齿咀嚼功能下降，摄入蔬菜有限，易出现 VA 缺乏。胡萝卜素在玉米（黄、干）中的含量为 100μg/100g。沙棘中 3840μg/100g，豆瓣菜中 9550μg/100g（图 10-2、图 10-3）。

图 10-2　沙棘

图 10-3　豆瓣菜

由于户外活动减少，由皮肤合成维生素 D 的量减少，加之肝、肾功能衰退，致使活性维生素 D 的转化量下降。缺乏维生素 D 会影响钙、磷吸收及骨骼矿质化，老年人出现腰腿疼及骨质疏松。

老年人贫血，除铁摄入量不足、对铁的吸收利用差及蛋白质的合成减少外，还与维生素 B$_{12}$、B$_6$ 及叶酸缺乏有关。维生素 B$_{12}$、叶酸缺乏可致巨幼红细胞贫血。而相关研究也表明，维生素 B$_{12}$、叶酸缺乏还与老年性痴呆、心血管疾病及神经系统损害的发生有关。

此外，维生素 E 有抗动脉粥样硬化和防癌的作用，老年人应注意适当补充具有抗氧化性的维生素 E。维生素 C 具有促进胶原蛋白合成，保持毛细血管的弹性，防止血管的硬化，降低胆固醇，增强免疫和发挥抗氧化的作用。老年人应保证充足的 VC 摄入量。

2000 年中国营养学会制订的《中国居民膳食营养素参考摄入量》中，老年人维生素 A、D、C 及叶酸的推荐摄入量（RNI）分别为：800μgRE/d、10μg/d、100mg/d、400μgDFE（膳食叶酸当量）/d；老年人维生素 E、维生素 B$_{12}$ 的适宜摄取量（AI）分别为：14mg α-生育酚当量（TE）/d、2.4μg/d。详见附录一之附表 1-3。

三、老年人的膳食原则

（1）保持平衡膳食　老年人应多食优质蛋白质，奶类以低脂、无糖的为宜。碳水化合物以淀粉为主，可配合食用粗杂粮，以摄入膳食纤维。摄入的脂肪能量应占总能量的 20％～30％，其中饱和脂肪酸：单不饱和脂肪酸：多不饱和脂肪酸为（6～8）：10：（8～10）；多不饱和脂肪酸中（n-6）：（n-3）应为 4：1；少吃动物内脏，以减少胆固醇的摄入量。多吃新鲜的蔬菜和水果，以获取老年人所必需的维生素、膳食纤维，以及包括类胡萝卜素在内的抗氧化物质。

（2）合理烹调以适合老年人进食　考虑到老年人咀嚼功能、消化功能下降，所烹调的食物要硬度适中、易于消化；不吃或少吃油炸、烟熏、腌制的食物；每天食盐用量控制在 6g 以内；并注意食物的良好色、香、味以利于吸引老人进食。

（3）建立合理的膳食制度　老年人饮食上要有规律，切忌暴饮暴食。民谚说："吃饭留一口，活到九十九"、"大饥不大食，大渴不大饮"；清代诗人袁枚也说："多寿只缘餐饭少，不饱真是却病方"，意思是节制饮食，对于身体长寿和健康非常有益。这些都说明有节制的饮食对健康的重要性。也可少量多餐，在餐间适当增加点心、牛奶等食物。

（4）积极参加适度体力活动，保持良好心态　适量的活动和锻炼有助于老年人保持食欲、维持机体的正常机能以及延缓骨质疏松的发生。民谚说："老年勤锻炼，拐杖当宝剑"，意为老年人勤锻炼就会身体健康，不用拐杖了；再如"手舞足蹈，九十不老"，意为"经常运动，可推迟衰老"。同时，保持乐观的心态对健康也非常重要。《荀子·荣辱》中说："乐易者常寿长"，意为乐观的人长寿；民谚也说："多愁必多病，多病必短寿；若要想长寿，切莫多忧愁"，意思是愁、病和寿命之间有因果关系。老年人并且要注意戒烟、不过度饮酒。

第六节　孕妇营养与膳食

一、孕妇的生理特点

1. 内分泌系统显著变化

妊娠期间，孕妇的内分泌系统发生很大变化，主要表现为机体的某些激素如：绒毛膜促性腺激素（human chorionic gonadotropin，HCG）、绒毛膜生长催乳激素（human chorionic somatomammotropin，HCS）、雌激素（雌酮、雌二醇、雌三醇）、孕酮等分泌增多，从而促进胎盘形成和胎儿生长、刺激子宫和乳腺发育、乳汁分泌，并刺激母体脂肪分解为游离脂肪酸、将葡萄糖转运给胎儿，实现母体内的营养物质向胎儿体内的转移。另外，孕妇甲状腺功能增强，体内的合成代谢加速。

2. 基础代谢率升高

从妊娠中期开始，孕妇的基础代谢率逐渐升高；到了妊娠晚期，基础代谢率约增加 15％～20％。这样就需消耗更多的能量和各种营养素。

3. 血液相对稀释

自怀孕 6～8 周开始，血容量开始增长，且增速大于红细胞的增长。其中血浆容积增加 45％～50％，而红细胞数只增加 15％～20％，因此出现血液的相对稀释现象，孕妇血红蛋白浓度下降，这样就容易产生生理性贫血。一般在怀孕 20～30 周时最易发生。

4. 消化功能下降

孕期肠道蠕动变慢，消化液分泌减少，故孕妇常常出现腹胀，消化不良和便秘；妊娠早期会发生恶心、呕吐、择食等早孕反应，这些变化可妨碍某些营养素的摄入。但是随着妊娠的进展，胃肠道对钙、铁、维生素 B_{12} 及叶酸等营养素的吸收能力有所增强。

5. 体重增加

妊娠早期（1～12 周）体重变化不大，妊娠中期（13～27 周）逐渐增加，至妊娠晚期（28～40 周）体重呈直线增加。因此，在妊娠的中后期进行大量的合成代谢，需提供充足的营养素。健康孕妇妊娠足月时体重约增加 12kg，增加的部分包括胎儿、胎盘、羊水、乳房、血液、组织间液及脂肪贮备等。

6. 肾脏负担加重

妊娠期间，孕妇肾脏除承担自身的代谢排放以外，胎儿的代谢产物也要经此排出。这样就会加重肾脏的负担，表现为：有效肾血浆流量和肾小球滤过率增高。但肾小管的再吸收能力并未发生相应增加，因此出现尿中排出的尿素、尿酸、肌酐、葡萄糖、氨基酸、叶酸以及其他水溶性维生素的量增加的现象。

二、孕妇的能量和营养素摄入量

（一）孕妇的能量摄入量

孕早期能量摄入量与非孕妇女相同，孕期的中晚期总热能需要量增加，但也应注意保持热能的摄入与消耗之间的平衡。2000 年中国营养学会制订的《中国居民膳食营养素参考摄入量》中，对孕妇每日能量的推荐摄入量（RNI）为：自妊娠第 4 个月起较非孕时增加热能摄入 0.83MJ（200kcal）。

（二）孕妇的蛋白质摄入量

妊娠期间合成代谢快速增加，以适应胎盘、胎儿和母体组织生长的需要，因此对蛋白质的需要量也增多。2000 年中国营养学会制订的《中国居民膳食营养素参考摄入量》中，对孕妇膳食蛋白质的推荐摄入量（RNI）为：在非孕妇女每日蛋白质推荐摄入量的基础上，孕早、中、晚期分别增加摄入 5g、15g、25g。其中优质蛋白质最好应占蛋白质总量的二分之一以上。

（三）孕妇的脂肪摄入量

胎儿的脑细胞和视网膜发育需要花生四烯酸（ARA）和二十二碳六烯酸（DHA），它们可由膳食中的必需脂肪酸亚油酸和 α-亚麻酸在体内转化而来。因此孕妇膳食中应含有足够的脂肪，以提供饱和与多不饱和脂肪酸，保证胎儿神经系统的发育和成熟，并促进脂溶性维生素的吸收。但妊娠期如脂肪摄入过多，又会引起孕妇血脂升高，容易发生孕妇肥胖和妊娠高血压综合征等并发症，所以膳食中脂肪总量及饱和脂肪酸总量不宜过多。2000 年中国营养学会制订的《中国居民膳食营养素参考摄入量》中，建议孕妇的膳食脂肪供能比以占总热能的 20％～30％为宜。

（四）孕妇的矿物质摄入量

1. 钙

妊娠期间胎儿从母体获取大量的钙用于骨骼生长的需要，胎儿约需储存 30g 的钙。同时母体也需要储存部分钙以备泌乳的需要，因此妊娠期妇女需大量增加钙的摄入。如钙的摄入不足，血钙浓度下降，孕妇会出现小腿抽筋或手足抽搐，严重时导致骨质软化症，并引起胎儿的先天性佝偻病。2000 年中国营养学会制订的《中国居民膳食营养素参考摄入量》中，提出孕妇膳食钙的适宜摄取量（AI）为：孕早期 800mg/d，孕中期 1000mg/d，孕晚期 1200mg/d。

2. 铁

妊娠期由于血容量的迅速增加，易出现生理性贫血；加之机体需贮备一定量的铁以应对以后分娩失血和胎儿所需，因此铁的需要量大大增加。孕妇在妊娠期间和分娩时共需铁约为1040mg，几乎是非妊娠妇女铁贮备量的 2 倍。食物中的铁吸收率很低，尤其是我国膳食中铁的来源多数为植物性食物，所含的铁为非血红素铁，其中铁的吸收率约为 10%。因此孕妇应主要选择摄入含有生物利用率较高的血红素铁的动物肝脏、血液、瘦肉等食物。2000年中国营养学会制订的《中国居民膳食营养素参考摄入量》中，提出孕妇膳食铁的适宜摄取量（AI）为：孕早期 15mg/d，孕中期 25mg/d，孕晚期 35mg/d。

3. 碘

妊娠期间，母亲和胎儿的新陈代谢旺盛，孕妇甲状腺功能活跃，合成、分泌甲状腺素增加。孕期母体缺碘，会导致胎儿甲状腺功能低下，进而引起以智力低下和发育迟缓为特征的呆小症，因此孕妇应增加碘的摄入量。2000 年中国营养学会制订的《中国居民膳食营养素参考摄入量》中，提出孕妇膳食碘的推荐摄入量（RNI）为：$200\mu g/d$。

4. 锌

适量锌摄入对正常胎儿生长和防止胎儿畸形有着非常重要的作用，特别是对妊娠早期胎儿器官的形成极为重要。孕妇体内的锌比成年妇女增加约 400mg，总量达 1700mg。2000 年中国营养学会制订的《中国居民膳食营养素参考摄入量》中，提出孕妇膳食锌的推荐摄入量（RNI）为：孕早期 11.5mg/d，孕中、晚期 16.5mg/d。

（五）孕妇的维生素摄入量

孕期需特别考虑的维生素为维生素 A、D 及 B 族维生素。

1. 维生素 A

维生素 A 可经胎盘转运至胎儿。妊娠期间缺乏维生素 A 可能导致胎儿早产、生长迟缓、低体重。但在妊娠的早期，过量补充维生素 A 又可能导致流产和先天性畸形的发生。胡萝卜素在体内可转化为维生素 A，且不会产生不良副作用。因此，中国营养学会及世界卫生组织（WHO）均建议由富含胡萝卜素的食物来补充孕妇的维生素 A。2000 年中国营养学会制订的《中国居民膳食营养素参考摄入量》中，提出孕妇膳食维生素 A 的推荐摄入量（RNI）为：孕早期 $800\mu g$ 视黄醇当量（RE）/d，孕中、晚期 $900\mu g$ 视黄醇当量（RE）/d。孕妇每日维生素 A 可耐受最高摄入量（UL）为 $2400\mu g$ RE。

2. 维生素 D

维生素 D 促进肠道对钙、磷的吸收和钙在骨骼中的沉积，与甲状腺素、降钙素等共同调节钙磷代谢。孕妇缺乏维生素 D，会引起母体骨质软化、胎儿骨骼和牙齿发育不良、新生儿出现手足抽搐和低钙血症。但过量摄入维生素 D 可引起中毒反应，导致婴儿出现高钙血症。需要指出的是：维生素 D 主要来自紫外线照射下皮肤的转化。但对于北方高纬度日照不足的地区，在冬季可适当补充强化维生素 D 的乳制品。2000 年中国营养学会制订的《中国居民膳食营养素参考摄入量》中，提出孕妇膳食维生素 D 的推荐摄入量（RNI）为：孕早期 $5\mu g$（200IU）/d，孕中、晚期 $10\mu g$（400IU）/d。可耐受最高摄入量（UL）为 $20\mu g/d$。

3. 维生素 B_6

维生素 B_6 与体内氨基酸、脂肪酸和核酸代谢有关，孕期核酸和蛋白质合成旺盛，故维生素 B_6 缺乏会导致母体出现多部位皮肤炎症、贫血和神经精神症状。临床上常用维生素 B_6 辅助治疗早孕反应，还可与叶酸、维生素 B_{12} 合用来预防妊娠高血压病的发生。2000 年中国营养学会制订的《中国居民膳食营养素参考摄入量》中，提出孕妇膳食维生素 B_6 的适宜摄取量（AI）为：1.9mg/d。

4. 叶酸

叶酸与核酸、蛋白质的合成有关。妊娠期间缺乏叶酸，影响到红细胞的发育成熟，出现所谓的巨幼红细胞贫血；并可引起胎儿生长迟缓、婴儿低体重、胎盘剥离。妊娠前几周缺乏叶酸将导致胎儿出现神经管畸形，但一般要到怀孕 6 周才会发现是否有孕，而此时神经管可能已经闭合，神经管畸形可能已发生。在孕前 1 个月和孕早期每天补充 $400\mu g$ 叶酸可有效预防大多数神经管畸形的发生。但摄入大剂量的叶酸（＞1mg）可能掩盖维生素 B_{12} 缺乏的血液学指征，需引起注意。2000 年中国营养学会制订的《中国居民膳食营养素参考摄入量》中，提出孕妇膳食叶酸的推荐摄入量（RNI）为：$600\mu g$DFE（膳食叶酸当量）/d。可耐受最高摄入量（UL）为：$1000\mu g$DFE/d。

5. 维生素 B_{12}

妊娠期妇女缺乏 VB_{12} 同样会发生巨幼红细胞贫血，也可导致胎儿神经系统受损。B_{12} 主要储存在肝脏。2000 年中国营养学会制订的《中国居民膳食营养素参考摄入量》中，提出孕妇 VB_{12} 的适宜摄取量（AI）为：$2.6\mu g$/d。

6. 维生素 B_1

妊娠期维生素 B_1 的需要量随摄入能量的增加而增加。如果妊娠期间膳食中 VB_1 摄入不足，孕妇血清维生素 B_1 含量往往下降，常常出现便秘、呕吐、倦怠、肌肉衰弱无力，并由于子宫收缩缓慢而增加分娩时的困难；尤其对胎儿影响较大，可致出生时出现先天性脚气病。2000 年中国营养学会制订的《中国居民膳食营养素参考摄入量》中，提出孕妇膳食 VB_1 的推荐摄入量（RNI）为：1.5mg/d。

7. 维生素 B_2

维生素 B_2 也与能量代谢有关，妊娠期维生素 B_2 的需要量随着能量摄入的增加而增加。摄入不足时会出现维生素 B_2 的缺乏症，出现口角炎、舌炎、唇炎以及早产儿发生率增高；还与胎儿生长发育迟缓、缺铁性贫血有关。2000 年中国营养学会制订的《中国居民膳食营养素参考摄入量》中，提出孕妇膳食 VB_2 的推荐摄入量（RNI）为：1.7mg/d。

8. 维生素 C

维生素 C 可有利于胎儿的骨骼和牙齿正常发育、造血系统的健全，并提高胎儿的抵抗力。妊娠期间，维生素 C 以主动运输的方式进入胎盘，胎儿血浆中的维生素 C 水平比母体高出一半，因此孕妇的维生素 C 需要量有所增加。妊娠时母体由于血液稀释和胎儿需要的原因，可出现维生素 C 的缺乏症，表现为：孕妇坏血病、胎膜早破、新生儿死亡率增加。如 VC 摄入过多，则会出现轻微不良反应（腹泻、腹胀）。2000 年中国营养学会制订的《中国居民膳食营养素参考摄入量》中，提出孕妇维生素 C 的推荐摄入量（RNI）为：孕早期 100mg/d，孕中、晚期 130mg/d。可耐受最高摄入量（UL）为 1000mg/d。

三、孕妇的合理膳食

孕期的合理膳食是指通过合理的膳食调配、膳食制度和烹调方法，提供能满足孕妇所必需的能量和各种营养素的平衡膳食，以实现孕妇合理营养的需要。孕妇膳食的合理安排，是实现合理营养的重要保证。

（1）供给足够的热能和营养素，食物选择多样化　孕期在保证足量的热能摄入的情况下，要尽量选择多种食物。多吃富含铁的食物（瘦肉、鱼、菠菜等）；多吃新鲜的蔬菜、水果以获取维生素和矿物质；多吃奶类和豆制品。

（2）具有合理的膳食制度　既不偏食，也不暴饮暴食。孕早期 3 个月，胎儿生长较慢，膳食可与平时相似。注意保证优质蛋白质的摄入即可，如有早孕反应，可少量多餐。怀孕

4～7个月，胎儿生长加快，下午可加一餐。怀孕晚期是胎儿生长最快的时期，应增加蛋白质和钙、铁的摄入。控制食盐的摄入量在每天 5g 以内，以免出现水肿。每日可进餐 4～5 次。

（3）合理烹调，注意膳食的感官性状　孕早期可能会有早孕反应，此时应注意烹调方法，尽量做到清淡、易消化、增加食欲。孕晚期应注意限制高能量食物的摄入，以免造成孕妇过重、胎儿过大。尽量选择体积小而营养价值高的食物。

（4）不吃辛辣刺激的食物　妊娠晚期避免食用浓茶、咖啡、酒、辛辣食物等，这会引起大便干燥，还可引起子宫收缩。吸烟和饮酒还对胎儿的健康有害。

（5）注意饮食卫生　不洁的食物不仅会引起食物中毒，诱发胃肠道疾病，一些化学污染物还会导致胎儿畸形。因此，孕妇尤其应注意选择新鲜、卫生的食物。

具体的孕期合理膳食组成，可参考表 10-1，并做到食物来源多样化。

表 10-1　孕期合理膳食构成（g/d）

食物类别	孕早期	孕中期	孕晚期	食物类别	孕早期	孕中期	孕晚期
粮谷类	200～300	400～500	400～500	水果	50～100	100～200	100～200
大豆及制品	50～100	100	150	牛奶	200～250	250	250
肉蛋禽鱼	150～200	150～200	150～200	植物油	20	25	25
蔬菜（绿叶）	300～400	500	500				

第七节　乳母营养与膳食

一、乳母的生理特点

随着胎儿的娩出，产妇即进入以乳汁哺育婴儿的哺乳期。哺乳期妇女表现出以下生理特点。

1. 激素水平改变

哺乳期妇女血中雌激素、孕激素、胎盘生乳素水平急剧下降；垂体分泌的催乳激素水平持续升高，导致乳汁的分泌。

2. 乳汁分泌量逐渐增多

新生儿在出生 8h 后应开始得到母乳的哺育，即摄入初乳。初乳为浅黄色，呈较稠状态，产后第一天泌乳约 50mL，第二天约泌乳 100mL。产后第一周分泌的乳汁都是初乳，富含钠、氯和免疫球蛋白，但乳糖和脂肪含量较成熟乳少，故易消化。产后第二周分泌的乳汁为过渡乳，此时泌乳量增加到 500mL/d 左右，其中的蛋白质含量有所下降，但乳糖和脂肪含量逐渐增多。产后第三周开始分泌的乳汁为成熟乳，呈白色，富含蛋白质、乳糖和脂肪等，一般分泌量在 750～850mL/d。随着婴儿摄食母乳的逐渐增多，乳母对能量和各种营养素的需要量也应逐渐增加。

3. 哺乳有利于母体的健康

哺乳有利于母体生殖器官（子宫）及有关器官和组织（乳房、乳腺）更快的恢复，降低母体以后发生乳腺癌和卵巢癌的危险性。另外，乳母在哺乳期间会消耗孕期贮存的脂肪，利于母体的减肥和体型的恢复。

4. 体内钙大量消耗

哺乳 6 个月，乳母通过乳汁丢失的钙量约为 50g，约占母体总钙量的 5%。因此，若钙的摄入量不足，易发生乳母的骨质疏松问题。

二、乳母的能量和营养素摄入量

乳母在哺乳期间的乳汁分泌量持续增加，因此乳母在此阶段的营养需要比妊娠期有所增加。由于乳汁中各种营养成分全部来自母体，若乳母营养素摄入不足则需动用母体内的营养素储备，甚至牺牲母体组织来补充营养素的不足，以维持乳汁中营养成分的恒定，因此会影响母体的健康。如乳母长期营养不良，则乳汁分泌量减少，质量下降，不能满足婴儿生长发育的需要，甚至导致婴儿营养缺乏病。所以，乳母的营养素摄入量直接关系到乳汁的数量和质量，对婴儿的健康生长至关重要。

（一）乳母的能量摄入量

乳母所需的能量应能满足自身需要和乳汁分泌需要。每 100mL 乳汁热能含量为 280～320kJ（67～77kcal），而乳母膳食热能转换为乳汁热能的有效转换率约为 80%，因而每产生 100mL 乳汁需要膳食热能 350～400kJ（84～96kcal）。哺乳前 6 个月平均每天分泌乳汁 800mL，故每日需额外增加热能平均约为 3000kJ（717kcal），而乳母在孕期贮存的脂肪（3～4kg）可在哺乳期间被消耗用来提供热能，每日约可提供 628～837kJ（150～200kcal），故每日膳食中可额外增加供给能量 2092kJ（500kcal）即可。2000 年中国营养学会制订的《中国居民膳食营养素参考摄入量》中，提出乳母能量的推荐摄入量（RNI）为：比正常妇女增加 2.09MJ（500kcal）/d，达到 11.71MJ（2800kcal）/d。

乳母摄入的能量是否适宜，可以通过泌乳量和母亲体重来判断。泌乳量应使婴儿感到饱足，能安静熟睡，生长良好；乳母的体重应逐步恢复至孕前体重。如乳母较孕前消瘦或孕期贮存的脂肪不见减少，分别表示乳母摄入的热能不足或过多。

（二）乳母的蛋白质摄入量

乳母膳食中蛋白质的质和量将直接影响到乳汁的质和量，故乳母应摄入优质、足量的蛋白质。母乳蛋白质含量平均为 1.2g/100mL，则每天分泌的 800mL 乳汁中含蛋白质 9.6g。而乳母摄入的蛋白质转变为乳汁蛋白质的转换率约为 70%，故产生 800mL 乳汁需膳食蛋白质 13.7g；如果膳食蛋白质的质量差，转换率会更低，则所需的蛋白质量也要更大。2000 年中国营养学会制订的《中国居民膳食营养素参考摄入量》中，提出乳母蛋白质的推荐摄入量（RNI）为：比正常妇女增加 20g/d，达到每日 90g。其中最好保证 1/3～1/2 以上为优质蛋白质。

（三）乳母的脂肪摄入量

人乳中脂肪含量约为 34g/L。脂肪是婴儿热能的重要来源；同时对婴儿中枢神经系统的发育和脂溶性维生素的吸收也必不可少。因为脂类与婴儿的脑发育有密切关系，尤其是脂类中的多不饱和脂肪酸，例如二十二碳六烯酸（DHA），对婴儿中枢神经的发育特别重要。故母乳中应含有适量的脂类，并含有适量的多不饱和脂肪酸。为此，乳母在膳食脂肪的摄入上应有动、植物性脂肪的适当搭配；有条件时应多吃些海产品，因海鱼尤其是深海鱼类的脂肪富含 22 碳六烯酸（DHA）。2000 年中国营养学会制订的《中国居民膳食营养素参考摄入量》中，提出乳母脂肪的供能比与成人相同，每日膳食脂肪提供能量占全日总热能的20%～30%为宜。

（四）乳母的无机盐摄入量

乳汁中的主要矿物质钙、磷、镁、钾、钠的浓度不受母体膳食的影响，微量元素中，碘、锌和硒的摄入量与乳汁中的含量呈正相关。但乳母膳食对乳汁中其他微量元素的影响还不确定。

1. 钙

母乳中钙的含量较高，为 340mg/L，以每日泌乳 850mL 计，乳母每天通过乳汁分泌的钙大约为 290mg。虽然哺乳期间，母体对钙的吸收增加，尿中排出减少，但仍需额外补充，以防止母体的骨质软化。因为当膳食中钙不足时，将通过消耗母体的钙贮存而维持乳汁中的钙水平。故为了满足婴儿对钙的需要量而又不动用母体的钙储备，应增加钙的摄入量。2000年中国营养学会制订的《中国居民膳食营养素参考摄入量》中，提出乳母钙的适宜摄取量（AI）为：1200mg/d。乳母应注意摄入含钙丰富的食物，如牛乳及乳制品、骨粉等。还应注意多晒太阳或补充维生素 D，以促进钙的吸收。

2. 铁

母乳中铁的含量很低，仅为 1mg/L，故通过泌乳损失的铁含量较少，每日由乳汁损失的铁约为 0.8mg。但母体分娩时的失血很多。由于铁不能通过乳腺输送到乳汁，所以增加乳母膳食中铁的摄入量，对乳汁中铁含量基本没有影响。但可以补充乳母分娩时的铁损失，纠正或预防乳母贫血。2002 年全国第四次营养调查显示，我国乳母的贫血患病率为 24%。2000 年中国营养学会制订的《中国居民膳食营养素参考摄入量》中，提出乳母铁的适宜摄取量（AI）为：25mg/d。

3. 碘、锌和硒

乳汁中碘、锌和硒的含量与膳食摄入量呈正相关。碘可促进婴幼儿的生长、发育和调节机体的代谢；锌可促进婴儿生长发育，增强婴儿的免疫功能，提高母体对蛋白质的利用；硒可提高机体的免疫力、调节甲状腺激素代谢（缺硒可造成生长迟缓及神经性视觉损害）和保护心肌健康。2000 年中国营养学会制订的《中国居民膳食营养素参考摄入量》中，提出乳母碘、锌和硒的推荐摄入量（RNI）分别为：$200\mu g/d$、21.5mg/d、$65\mu g/d$。其中，锌、硒的推荐摄入量比孕妇还要高。

（五）乳母的维生素摄入量

1. 脂溶性维生素

维生素 A 可以少量通过乳腺进入乳汁，因此，乳母维生素 A 的摄入量会影响乳汁中维生素 A 的含量，但会有一定的限度。维生素 D 几乎不通过乳腺，因此母乳中维生素 D 含量很低，婴儿必须通过多晒太阳、补充鱼肝油、其他 VD 制剂来满足需要；而母体需要增加 VD 的摄入，以促进钙的吸收。维生素 E 有促进乳汁分泌的作用。2000 年中国营养学会制订的《中国居民膳食营养素参考摄入量》中，提出乳母维生素 A、D 和 E 的推荐摄入量（RNI）分别为：$1200\mu g$ RE（视黄醇当量）/d、$10\mu g$（400IU）/d、14mg α-TE（α-生育酚当量）/d。

2. 水溶性维生素

水溶性维生素可以通过乳腺随乳汁分泌出来，并能自动调节其在乳汁中的浓度。当乳汁中达到一定水平时，增加膳食中的水溶性维生素并不增加乳汁中的相应含量。VB_1 能促进食欲和乳汁分泌，膳食中缺乏，可导致乳汁缺乏，严重时，引起婴儿脚气病；膳食中维生素 B_1 转化为乳汁中 VB_1 的转化率只有 50%，所以乳母对 VB_1 的摄入量应予提高。2000 年中国营养学会制订的《中国居民膳食营养素参考摄入量》中，提出乳母维生素 B_1、B_2、PP、C 和叶酸的推荐摄入量（RNI）分别为：维生素 B_1 1.8mg/d，维生素 B_2 1.7mg/d，烟酸（维生素 PP）18mgNE（烟酸当量）/d，维生素 C 130mg/d，叶酸 $500\mu g$DFE（膳食叶酸当量）/d。

（六）乳母的水分摄入量

乳母摄入的水分量将直接影响乳汁的分泌量，因此在乳母的膳食中，需增加必要的水分。因为从乳汁中排出的水分约为 800mL，故乳母每天应比一般成人多摄入约 1L 水。可通过多饮水和进食流质食物来达到补充水分的目的。

三、乳母的合理膳食

（一）产褥期（月子）的合理膳食

产褥期是指自胎儿及附属物分娩出，到全身器官（乳房除外）恢复到妊娠前状态所经历的时间，也就是我国俗称的坐月子。一般 6～8 周时间（40～60 天）。产后 1h 可进流质、半流质食物，如蒸鸡蛋羹、蛋花汤、甜藕粉、糖水荷包蛋、面条卧鸡蛋等。产后次日可进食普通食物，注意补充充足的能量；优质蛋白质（肉、鱼、禽、蛋等）；丰富的矿物质（钙：奶类、豆类、芝麻酱；铁：瘦肉、血旺、肝；碘：海带、紫菜）；维生素（A、D、B、C）；水分（多吃鲫鱼汤、排骨汤、鸡汤等）。每日 4～5 餐。

（二）乳母的合理膳食

1. 粗细粮搭配，膳食多样化

乳母应注意不要偏食，做到主食多样化、多食杂粮，增加 B 族维生素的供给；并有利于谷类蛋白质的互补作用，提高蛋白质的生物学价值。

2. 供应充足的优质蛋白质

乳母每天摄入的蛋白质应保证 1/3 以上来自动物性食物，如蛋、禽、肉类、鱼类。大豆类食品也能提供质量较好的蛋白质和钙，经济条件有限的乳母可充分利用大豆及其制品来补充蛋白质。

3. 多摄入新鲜的蔬菜和水果

新鲜的蔬菜和水果富含多种维生素和矿物质，并含有纤维素、果胶和有机酸，可增进食欲、防止便秘、促进乳汁分泌，应保证每天摄入 500g 以上，并多选用深绿色、黄红色蔬菜和水果。

4. 多食含钙、铁丰富的食物

乳母对钙的需要量增加，应保证钙的摄入。奶和奶制品是钙的最好来源，应多食用，每天应保证 200mL 以上的奶；不喝牛奶或少喝牛奶者可适量补充 VD，并注意多晒太阳；经常食用含钙丰富的食物，如食入连骨带壳的小鱼、小虾、虾皮，以及豆类和深绿色蔬菜；必要时可适当补充优质的钙制剂，但避免过分补充。

为预防乳母贫血，应多食含铁丰富的食物。如瘦肉、血旺、肝脏等。

5. 增加水分的摄入

乳母每天摄入的水量与乳汁量密切相关。为了促进乳汁分泌，乳母应多喝水或多吃流质的食物。可尽可能提供各种乳母喜爱的汤，包括鱼汤、鸡汤、猪蹄汤、骨头汤或以蔬菜、水果混合煮的肉汤以及豆汤（甜味的）等。用豆、花生、肉类做成的粥也可。此外，牛乳也是较好的补充水分的食品之一。

6. 烹调方法科学，少吃盐、腌制品和刺激性食物

合理的烹调方法应为炖、煮、炒，少用油炸。如，畜、禽肉类和鱼类，以煮、煨为最好，并连汤食用；蔬菜要防止 VC 等水溶性维生素的损失；可适当增加木耳、蘑菇、紫菜等菌、藻类食物，补充钙、铁、碘、锌、硒等微量元素。

不吃或少吃刺激性食物和饮料，如辣椒、大蒜、酒、咖啡等。注意饮食卫生和乳头卫生，情绪乐观，休息充分。

乳母每日的合理膳食构成可参考表 10-2。

表 10-2　乳母合理膳食的构成（g/d）

食物种类	数量	食物种类	数量
粮谷类	500	蔬菜（绿叶）	500
大豆及制品	50～100	水果	100～200
畜禽鱼肉	150～200	食糖	20
蛋类	100～150	烹调油	20～30
牛奶	200～500	水或汤	+1000

第八节　运动员营养与膳食

一、运动员的生理特点

运动员训练和比赛时，机体的能量消耗增多，代谢旺盛。此时体内的代谢产物堆积，使身体发生特殊的内环境改变。运动员的心血管系统容量也明显增大，以适应呼入大量氧气和提供大量能量以及代谢产物排泄的需要。心输出量水平升高，可达到最大输出量的 85%。

二、运动员的能量和营养素摄入量

（一）运动员的能量摄入量

运动员的能量需要量主要取决于运动强度、频度和持续时间。不同运动项目的能量代谢特点不同，见表 10-3。

表 10-3　不同运动项目的能量消耗 $[kJ/(m^2 \cdot min)]$

项目	能量消耗	项目	能量消耗
骑自行车(平地一般速度)	12.577	篮球	
体操		练习	13.862
臂部运动	6.540	比赛	24.188
背部运动	8.970	棒球	
腿部运动	7.975	接球	8.812
腹部运动	6.983	击球	13.573
上肢、跳跃等运动	15.117	男子网球	
男子吊环规定动作	87.178	单打比赛	23.594
男子双杠规定动作	98.763	多球训练	33.229
男子单杠规定动作	135.152	女子网球	
男子自由体操	41.141	单打比赛	25.171
男子跳马	199.309	移动技训	27.167
男子鞍马	164.410	游泳	
女子平衡木	35.037	仰泳	13.443
女子自由体操(全套规定动作)	42.183	自由泳	16.970
女子自由体操(技巧动作)	103.148	蛙泳	22.050
女子高低杠	44.848	侧泳	21.129
女子跳马	214.848	摔跤	21.338
滑雪(平地硬滑,中速)	28.974	越野赛跑	24.920
室外混合运动	8.945	男子自行车(中速)	29.455
排球		女子自行车(中速)	27.229
练习	7.899	划船	
比赛	17.050	51m/min	9.648
足球	20.108	69m/min	15.037
		97m/min	26.359

我国一般项目运动员的能量需要量约为 209～250kJ/kg 体重，国家体育总局在运动员饮食标准中提出运动员的能量摄入量为 18.4MJ/d。

（二）运动员的蛋白质摄入量

运动员在大运动量的情况下，不仅消耗大量能量，而且体内的蛋白质分解加速，为补充其损耗、促进血红蛋白的合成及增强肌肉力量，应保证足量优质的蛋白质摄入。运动员的蛋白质参考摄入量约为：每天 1.5～2.5g/kg 体重。

（三）运动员的脂肪摄入量

脂肪是运动员理想的能量来源，但代谢时耗氧量大，膳食中脂肪比例过高会影响氧的供应；且脂肪代谢后的产物多为酸性，对运动员的耐力及运动后的体力恢复不利。故一般运动员膳食中脂肪的供能以占总能量的 25%～30% 为宜。

（四）运动员的碳水化合物摄入量

碳水化合物是运动员的主要能量来源。碳水化合物在体内的主要存在形式是贮存于肝脏和肌肉中的糖原，当大强度运动时，首先消耗糖原来供能。体内贮存的糖原将直接影响到运动员的体力和耐力。而影响体内糖原恢复的因素主要是时间和碳水化合物的摄入量，因此运动员对碳水化合物的需要量增加。一般运动员对碳水化合物的摄入量以占总能量的 55%～60% 为好，大运动量时可按每日 9～10g/kg 体重摄入碳水化合物，以淀粉类食物为主。

（五）运动员的水、矿物质和维生素摄入量

运动员在高温或大运动量时，机体以大量出汗来散发体内产生的大量热量，出汗量甚至可达 2L/h 以上。导致体内大量失水，并随之丢失大量矿物质、维生素（尤其是水溶性维生素），使得体液的电解质平衡失调，损害健康并影响运动成绩。因此，及时补充水分和矿物质对于恢复水和电解质平衡，促进体力恢复非常重要。水的补充以含无机盐（钾盐、钠盐等）的低糖、低盐水为好，并注意进行及时少量多次补充，不宜一次补充大量的水分。另外，大运动量时体内新陈代谢增加，参与调节代谢活动的矿物质和维生素也应相应地增加摄入量，特别是 VA、B 族维生素、钙、铁等。

三、运动员的合理膳食

合理膳食对于运动员增强体质、消除疲劳、加速体力恢复具有非常重要的作用。运动员的合理膳食基本原则有以下几点。

1. 饮食均衡，食物多样

运动员膳食构成应多样化，并进行合理搭配，以做到均衡营养。食物应包括：粮食、油脂、食糖及薯类；乳及乳制品；动物性食品；豆类及豆制品；新鲜蔬菜和水果；菌藻类；坚果类。

2. 提供充足的碳水化合物

摄食高碳水化合物膳食有助于运动员增加体内的糖原贮备和加快运动后糖原贮备的恢复，从而提高运动员的持久力。运动前后补充时以复合碳水化合物为主，运动中可用含葡萄糖、果糖等的复合糖液。

3. 优选高能量密度和高营养素密度的食物

为适应高强度的运动，可选用能量密度和营养素密度高的食物，以便以较少的食用量获得较多的能量和营养素。从能量密度的角度考虑，可适当增加含一定量脂肪的食品。

4. 注意食品的色、香、味、形状和硬度

运动员在高强度、大运动量之后，可能会影响食欲。因此，应结合运动员的营养需要特

点，提供色、香、味、形、硬度良好的食物，以吸引进食和利于消化。

5. 采用少量多餐制

运动员膳食中碳水化合物的比例较高，这样食物在胃中的排空速度相对较快，在大运动量时易产生饥饿感。因此，应注意采用少量多餐的进食方式，如三餐二点制或三餐三点制，以及时补充所需的能量和各种营养素。

第十一章　膳食指南与膳食营养素
参考摄入量（DRIs）

第一节　膳食类型与膳食结构

一、膳食类型及评价

（一）膳食类型的定义及分类

膳食类型是指一个人在长期时间里，经常进食的食物组成及其烹调方式的类型。

在食物的组成中，包括质的构成和量的构成。质的构成，即食物种类和食物成分；量的构成，是指对应于机体生长、发育，对外做功和治疗时期所需要加以满足的能量数量。

而膳食类型中的烹调方式，则是千差万别，多种多样。其中一些是在长期的历史、地域特点或宗教文化等背景下形成的公共饮食业和特别饮食业中的各种有名的类型，如我国的八大菜系和清真膳食等；还有数以亿计的家庭中的各种各样的烹调类型，这种个人式的烹调类型，大多是适应家庭成员自身的饮食习惯和饮食观点。

一般，膳食类型分类可以从膳食构成及饮食对象两方面进行。

（1）按膳食构成，可将膳食类型分为两大类：素膳和组合膳食。

素膳是指完全或主要由植物性食物构成的膳食，因此又可分为纯素膳和广义素膳。纯素膳是完全不含动物性食品的膳食。其缺点是显而易见的，即缺乏动物性的优质蛋白质，易导致蛋白质缺乏性营养不良和贫血。广义素膳虽然主要成分是植物性食物，但还可摄入蛋类和乳类，故又有乳素膳和蛋乳素膳之分。由于蛋类和乳类含有人体所需的各种必需氨基酸，因此广义素膳比纯素膳对人体的营养作用要好。

组合膳食是指由植物性食品和动物性食品共同组成的膳食。植物性食品可提供丰富的碳水化合物、脂类、维生素、矿物质、膳食纤维，动物性食品可提供优质的蛋白质、脂溶性维生素、矿物质（生物有效性更好）等，二者合理的组合可实现对人体均衡的营养作用，因此是一种科学、合理的膳食类型。

（2）按饮食对象，又可大体将膳食类型区分为健康人膳食和病弱者膳食。健康人膳食，包括：婴幼儿膳食、儿童膳食、青少年膳食、老年人膳食、孕妇和乳母膳食等。至于病弱者膳食，根据不同的对象其种类十分丰富，一般可将其分为保护性膳食和治疗膳食。保护性膳食又可分为一般保护性膳食和特殊保护性膳食（如：胃肠道疾病保护性膳食、肝胆疾病保护性膳食、心血管疾病保护性膳食等）；治疗膳食，如糖尿病患者膳食等。

（二）膳食类型的评价

各种膳食类型，或是无意地在漫长的社会历史发展中建立起来的；或是在各种营养学、食品科学、医学知识的基础上有意识地创造的；还有一部分则是在宗教及民族背景下所产生的。因此，对各种膳食类型进行评价，实际上就是从食品科学和营养学的角度对各种膳食类型对人体所提供的营养作用的一种鉴别。

一般，对于膳食类型的评价可从两方面来进行综合分析，即膳食构成的质量分析和具体烹调方式的分析。其最高的评价准则应是由某种膳食类型所制作出来的膳食必须是容易消化的，并有完全营养价值的安全食品。再加上对其他方面的分析考虑，则对膳食类型的评价原则可归纳为以下几个方面。

（1）膳食构成中，食物成分对机体生长、发育以及其他特殊要求的满足程度，包括质和量两方面的满足；

（2）膳食类型中所用的烹调方式制作出来的食物，在吸引人们进食方面的效果；

（3）膳食的饱腹程度和消化的难易程度；

（4）膳食类型对特定区域人群的饮食习惯、宗教信仰及气候等因素的吻合程度。

二、膳食结构

膳食结构是指人们消费的食物的种类、数量及其在膳食中所占的比重。膳食结构中的这些因素可随营养教育、营养政策的干预和食物供应水平的提高而逐渐向更有利于健康的方向变化，但这些变化一般是很缓慢的，所以一个国家、民族或人群的膳食结构具有一定的稳定性。

根据膳食中动物性、植物性食物所占的比重，以及人群对能量、蛋白质、脂肪和碳水化合物的摄入量，当今世界不同地区大致存在以下四种类型的膳食结构模式。

（一）经济发达国家膳食模式

也称富裕型模式。是主要以动物性食物为主的膳食结构，以提供高能量、高蛋白质、高脂肪、低纤维为主要特点。通常粮食的消费量较少，人均每年只不过 60～75kg，而动物性食品年人均消费达 200 多千克，其中肉类约 100kg，奶及奶制品 100～150kg，蛋类 15kg。另外，人均消费食糖 40～60kg。结果人均每日摄入能量高达约 13807～14644kJ（3300～3500kcal），而正常的能量摄入应在 11297kJ（2700kcal），高出 22%～30%；蛋白质与脂肪人均摄入量分别高达 100g 和 150g。结果导致出现严重营养过剩，造成肥胖症、冠心病、高脂血症、高血压、糖尿病一类"文明病"显著增加。心脏病、脑血管病和恶性肿瘤成为西方人的三大死亡原因，尤其是心脏病死亡率明显高于发展中国家。因而，这些国家政府和营养学家不得不大声疾呼，制订膳食指导方针，劝导人们减少膳食中能量和动物性食品比重，增加植物性食品。

（二）发展中国家膳食模式

也称温饱型模式。主要以植物性食物为主，一些经济不发达国家，年人均消费谷类与薯类达 200kg，肉、蛋、鱼不过 10～20kg，奶类也不多。居民中存在营养不良，主要是蛋白质不足，有的能量也不足，以致体质较弱、健康状况不良、劳动能力降低等。这种以植物性食物为主的膳食结构，膳食纤维充足，动物性脂肪较低，有利于冠心病和高脂血症的预防；但这类国家急待发展食物生产，尤其是优先开发廉价的植物蛋白资源，并尽可能地提高动物性食品的供应。

（三）日本膳食模式

也称营养型模式。日本膳食模式结合了东西方膳食结构的优点，膳食中动物性食物与植物性食物比例比较适当。人均年摄取粮约 94kg；动物性食品约 63kg，其中海产品约占一半。动物蛋白占总蛋白的 42.8%；能量和脂肪的摄入量低于动物性食物为主的国家，每天能量摄入量在 8368kJ（2000kcal）左右。大量营养素的供能比例为：碳水化合物 57.7%，脂肪 26.3%，蛋白质 16%。这种膳食结构基本合理，膳食能量能够满足人体需要，又不至于过剩；蛋白质、脂肪和碳水化合物的供能比例合理；来自于植物性食物的维生素、矿物质、膳食纤维和来自于动物食物的优质蛋白质、生物有效性高的矿物质（如铁、钙等）、脂溶性维生素等营养素均比较充足，同时动物性脂肪又不高，有利于避免营养缺乏病，促进健康。故此类膳食结构已经成为世界各国调整膳食结构的参考。近年来由于动物性食品的摄入偏高，"文明病"也有增加的趋势，但总体上营养失调的现象轻微。

（四）地中海国家膳食模式

这是指居住在地中海地区的居民所采用的膳食结构，如意大利、希腊等国。其膳食结构特点有以下几点。

（1）膳食中富含植物性食物：包括水果、蔬菜、土豆、谷类、豆类、果仁等；

（2）食物的加工程度低，新鲜度高：居民生活中主要选择食用当季、当地的食物；

（3）膳食含大量复合碳水化合物，每周只食用几次甜食；

（4）橄榄油是主要的食用油：该油脂提供的脂肪酸比例较为合理，饱和脂肪酸占 7%～8%；脂肪提供能量占总能量的 25%～35%；均较合理；

（5）每周食用适量的鱼、禽、少量蛋；每月只食用几次红肉（猪、牛和羊肉及其产品）；

（6）每天食用适量的奶酪和酸奶；

（7）以新鲜水果为餐后食品；

（8）大部分成年人有饮用葡萄酒的习惯。

此膳食结构的突出特点是饱和脂肪摄入量低，蔬菜、水果摄入量高，畜肉以外的动物性食物摄入充足。由于地中海地区的居民心脑血管疾病发生率很低，这已引起了西方国家的注意，并研究其膳食结构，继而参照这种膳食模式来改进它们的膳食结构。

第二节　中国居民膳食指南与平衡膳食宝塔

一、膳食指南的概念

膳食指南（dietary guideline，DG），又称膳食指导方针或膳食目标，是根据营养学原则，结合国情，指导人民群众采用平衡膳食，以达到合理营养促进健康目的的指导性意见。膳食指南所用的语言一般通俗易懂，简明扼要，便于普及和宣传，以达到帮助人们合理选择食物的目的。

合理营养是保证健康的重要基础，而平衡膳食是合理营养的唯一途径。根据膳食指南的原则来安排日常饮食就可达到平衡膳食、促进健康的目标。

二、中国居民膳食指南的发展过程和内容

（一）中国居民膳食指南的发展过程

中国营养学会于 1989 年制订了我国第一个膳食指南，共有 8 条内容：食物要多样；饥饱要适当；油脂要适量；粗细要搭配；食盐要限量；甜食要少吃；饮酒要节制；三餐要合理。

1997 年 4 月由中国营养学会常务理事会通过并发布修订后的《中国居民膳食指南》，包括以下 8 条内容：①食物多样，谷类为主；②多吃蔬菜、水果和薯类；③常吃奶类、豆类或其制品；④经常吃适量的鱼、禽、蛋、瘦肉，少吃肥肉和荤油；⑤食量与体力活动要平衡，保持适宜体重；⑥吃清淡少盐的膳食；⑦如饮酒应限量；⑧吃清洁卫生、不变质的食物。

与原指南相比，修订后的《中国居民膳食指南》强调"常吃奶类、豆类或其制品"以弥补我国居民膳食钙严重不足的缺陷；提倡居民注意食品卫生，强调自我保护意识。

近年来我国城乡居民的膳食状况明显改善，但贫困农村人群营养不足的问题仍然存在，而一些城市人群又存在营养过剩的问题，导致肥胖、高血压、糖尿病、血脂异常等慢性非传

染性疾病患病率增加，已成为影响国民健康的突出问题。

为帮助和指导居民合理营养、促进健康，受卫生部委托，中国营养学会于2006年成立了《中国居民膳食指南》修订专家委员会，对1997年中国营养学会发布的《中国居民膳食指南》再次进行修订，并于2007年9月，最终修订完成了《中国居民膳食指南（2007）》。

（二）2007版《中国居民膳食指南》的内容

《中国居民膳食指南（2007）》是根据营养学原理，紧密结合我国居民膳食消费和营养状况的实际情况，特别是最新一次的2002年全国第四次营养调查中居民营养与健康调查的数据及资料而制定的。其目的是帮助我国居民科学、合理地选择食物，并进行适量的身体活动，以改善人群的营养和健康状况，减少或预防慢性疾病的发生，从而有效地提高国民的健康素质。

《中国居民膳食指南（2007）》继承和发展了《中国居民膳食指南（1997）》的主要内容，并进一步完善和发展了一般人群膳食指南和特定人群膳食指南的内容，理顺了条目顺序，在坚持科学性的基础上，突出了针对性和实用性；所表述的内容更加丰富通俗，表现形式更为新颖，科学地诠释了当前我国居民在合理膳食上的误区和难题。

《中国居民膳食指南（2007）》由一般人群膳食指南、特定人群膳食指南和平衡膳食宝塔三部分组成。

一般人群的膳食指南共有10条，适合于6岁以上的正常人群。这十条内容是：①食物多样，谷类为主，粗细搭配；②多吃蔬菜水果和薯类；③每天吃奶类、大豆或其制品；④常吃适量的鱼、禽、蛋和瘦肉；⑤减少烹调油用量，吃清淡少盐膳食；⑥食不过量，天天运动，保持健康体重；⑦三餐分配要合理，零食要适当；⑧每天足量饮水，合理选择饮料；⑨如饮酒应限量；⑩吃新鲜卫生的食物。

每个条目下均设有对条目中心内容进行阐述的提要和对条目涉及的有关名词、概念以及常见问题进行科学解释的说明。部分条目还附有参考资料。

特定人群膳食指南是根据各人群的生理特点及其对膳食营养需要而制定的。特定人群包括孕妇、乳母、婴幼儿、学龄前儿童、儿童青少年和老年人群。其中6岁以上各特定人群的膳食指南是在一般人群膳食指南10条的基础上进行增补形成的。

修订专家委员会还对1997年的《中国居民平衡膳食宝塔》进行了修订。

1. 《中国居民膳食指南（2007）》的新增内容

与1997版相比，2007版《中国居民膳食指南（2007）》在以下6个方面做了增补和改进。

（1）新增加了"三餐分配要合理，零食要适当"和"每天足量饮水，合理选择饮料"两条内容，首次在中国居民膳食指南中引入了零食、饮水及饮料这些与健康密切相关的膳食内容。

（2）首次明确提出居民天天运动的参照标准："建议成年人每天进行累计相当于步行6000步以上的身体活动"，这在"食不过量，天天运动，保持健康体重"条目下和膳食宝塔中都有说明。

（3）新增了一些具体的膳食量化指标。如在第一条里"粗细搭配"的内容中具体提出"建议每天最好能吃50g以上的粗粮"；在第九条"如饮酒应限量"的内容中具体提出"建议成年男性一天饮用酒的酒精量不超过25g，成年女性一天饮用酒的酒精量不超过15g"。

（4）新增了针对慢性病预防的内容。在一般人群膳食指南中，第五条"减少烹调油用量，吃清淡少盐膳食"和第六条"食不过量，天天运动，保持健康体重"是针对慢性病的预防的内容。其他 8 条的内容中也有相关慢性病预防的内容。

（5）新增了不同的表现形式。在形式上增加了说明和参考资料，对条目涉及的有关名词、概念以及常见问题进行科学的解释，有助于居民对条目的深入理解和实践；采用问答的形式，对居民膳食中的常见问题和对营养认识的误区进行解答；配备了更多信息丰富的图表；对于营养学界的最新研究成果，列出了其依据的参考资料。这样，既能满足营养专业人士对"指南"的理解，又能满足广大居民在生活应用中的需要。

（6）新增了不同月龄段的婴儿喂养指南。在 1997 年的婴儿膳食指南中，只有"鼓励母乳喂养"和"母乳喂养 4 个月后逐步添加辅助食品"及不足 900 字的描述。在 2007 年《指南》中，婴儿又细分为 0～6 月龄婴儿和 6～12 月龄婴儿。0～6 月龄婴儿膳食指南条目增加到 6 条，有近 7000 字的描述，并提供了身长和体重增长参考曲线。此外，对其他特定人群膳食指南的内容也都进行了丰富和具体化。

2.《中国居民膳食指南（2007）》主要内容的具体阐述

（1）食物多样，谷类为主，粗细搭配

除母乳外，任何一种天然食物都不能提供人体所需的全部营养素。平衡膳食必须由多种食物组成，才能满足人体各种营养需要。

多种食物应包括以下五大类：

第一类为谷类：谷类是面粉、大米、玉米粉、小米、高粱等等的总和，它们是膳食中能量的主要来源，在农村中也往往是膳食中蛋白质的主要来源。多种谷类掺着吃比单吃一种好，特别是以玉米或高粱为主要食物时，应当更重视搭配一些其他的谷类或豆类食物。加工的谷类食品，如：面包、烙饼、切面等，应折合成相当的面粉量来计算。主要提供：碳水化合物、蛋白质、膳食纤维及 B 族维生素。

第二类为动物性食物：包括肉、禽、鱼、奶、蛋等，主要提供蛋白质、脂肪、矿物质、维生素 A 和 B 族维生素。

第三类为豆类及其制品：包括大豆及其他干豆类，主要提供蛋白质、脂肪、膳食纤维、矿物质和 B 族维生素。

第四类为蔬菜水果类：包括鲜豆、根茎、叶菜、茄果等，主要提供膳食纤维、矿物质、维生素 C 和胡萝卜素。

第五类为纯热能食物：包括动植物油、淀粉、食用糖和酒类，主要提供能量。植物油还可提供维生素 E 和必需脂肪酸。

（2）多吃蔬菜水果和薯类

蔬菜与水果含有丰富的维生素、矿物质和膳食纤维。蔬菜和水果经常放在一起，因为它们有许多共性，但蔬菜和水果终究是两类食物，各有优势，不能完全相互替代。尤其是儿童，不可只吃水果不吃蔬菜。蔬菜、水果的重量按市售鲜重计算。一般说来，红、绿、黄色较深的蔬菜和红黄色水果含营养素比较丰富（尤其是富含胡萝卜素，是维生素 A 的主要来源），所以应多选用深色蔬菜和水果。

蔬菜的种类繁多，包括：植物的叶、茎、花、苔、茄果、鲜豆、食用蕈、藻等。红、黄、绿等深色的蔬菜中，维生素含量超过浅色蔬菜和一般水果，是胡萝卜素、维生素 B_2、维生素 C、叶酸、矿物质（钙、磷、钾、镁、铁）、膳食纤维和天然抗氧化物的主要或重要来源。每天吃蔬菜 300～500g，"深色蔬菜"最好约占一半。

有些水果，维生素及一些微量元素的含量不如新鲜蔬菜；但水果含有的葡萄糖、果酸、果胶等物质又比蔬菜丰富。红黄色水果，如：鲜枣、柑橘、柿子和杏等，是维生素 C 和胡萝卜素的丰富来源。

薯类含有丰富的淀粉、膳食纤维，以及多种维生素和矿物质。我国居民近年来吃薯类较少，应当鼓励多吃些薯类。

我国近年来开发的野果，如：猕猴桃、刺梨、沙棘、黑加仑等，也是维生素 C、胡萝卜素的丰富来源。

含丰富蔬菜、水果和薯类的膳食，对保持心血管健康、增强抗病能力、减少儿童发生干眼病的危险及预防某些癌症等方面，起着十分重要的作用。

（3）每天吃奶类、大豆或其制品

我国居民膳食提供的钙质普遍偏低，2002 年第四次全国营养调查结果显示，我国城乡居民钙摄入量为 390.6mg/d，不足推荐摄入量 800mg/d 的一半。

奶类除含丰富的优质蛋白质和维生素外，含钙量较高，且利用率也很高，是天然钙质的极好来源。

豆类含大量的优质蛋白质、不饱和脂肪酸，钙及维生素 B_1、维生素 B_2、烟酸等。

为提高农村人口的蛋白质摄入量，防止城市中过多消费肉类带来的不利影响，应大力提倡豆类，特别是大豆及其制品的生产和消费。

（4）常吃适量的鱼、禽、蛋和瘦肉

鱼、禽、蛋、瘦肉等动物性食物，是优质蛋白质、脂溶性维生素和矿物质的良好来源。

动物性蛋白质的氨基酸组成，更适合人体需要，且赖氨酸含量较高，有利于补充植物蛋白质中赖氨酸的不足，且肉类中铁的利用较好。动物肝脏含维生素 A 极为丰富，还富含维生素 B_{12}、叶酸等。但肝、脑、肾等所含胆固醇相当高，对预防心血管系统疾病不利。蛋类含胆固醇相当高，一般每天不超过一个为好。

鸡、鱼、虾、兔、牛肉等动物性食物，含蛋白质较高，脂肪较低，产生的能量远低于猪肉。应大力提倡吃这些食物，适当减少猪肉的消费比例。

鱼类，特别是海产鱼所含不饱和脂肪酸，有降低血脂和防止血栓形成的作用。

我国相当一部分城市和绝大多数农村居民，平均吃动物性食物的量还不够，应适当增加摄入量。但部分大城市，居民食物动物性食物过多，吃谷类和蔬菜不足，这对健康不利。

（5）减少烹调油用量，吃清淡少盐膳食

吃清淡膳食有利于健康，即：不要太油腻，不要太咸，不要吃过多的动物性食物和油炸、烟熏食物。

目前，城市居民油脂的摄入量越来越高，这样不利于健康。中国营养学会推荐，每人每天油脂摄入量最好应少于 25g。2002 年全国第四次营养调查资料显示，我国城市居民实际平均每日摄入油脂量为 44g（供能比 35％），超标 76％。

我国居民食盐摄入量过多，平均值是世界卫生组织建议值的两倍以上。世界卫生组织建议每人每日食盐用量不超过 6g 为宜。流行病学调查表明，钠的摄入量与高血压发病呈正相关，因而食盐不宜过多。膳食钠的来源，除食盐外，还包括酱油、咸菜、味精等高钠食品，及含钠的加工食品等。应从幼年就养成吃少盐膳食的习惯。

（6）食不过量，天天运动，保持健康体重

进食量与体力活动，是控制体重的两个主要因素。

食物提供人体能量，体力活动消耗能量。进食量过大而活动量不足，多余的能量就会在体内以脂肪的形式积存即增加体重，久之发胖；食量不足，劳动或运动量过大，可由于能量不足引起消瘦，造成劳动能力下降。

脑力劳动者和活动量较少的人，应加强锻炼，开展适宜的运动，如：快走、慢跑、游泳等。

消瘦的儿童，则应增加食量和油脂的摄入，以维持正常生长发育和适宜体重。

体重过高或过低都是不健康的表现，可造成抵抗力下降，易患某些疾病，如老年人的慢性病或儿童的传染病等。

通过合理膳食、适量运动，约80%的心血管疾病、糖尿病和40%的肿瘤是可以预防的。

（7）三餐分配要合理，零食要适当

一般早、中、晚餐的能量，分别占总能量的30%、40%、30%为宜。零食可以合理选用，但应计入全天的能量摄入之中。

（8）每天足量饮水，合理选择饮料

饮水不足或过多都对健康不利，应采用少量、多次的方法；并主动饮水，不要等到口渴时再喝水。最好选择白开水。有的饮料添加了矿物质和维生素，适合运动后或热天户外活动后适量饮用。儿童、青少年应避免以喝大量的含糖饮料来代替饮水。

（9）如饮酒应限量

高度酒含能量（乙醇）高，不含其他营养素。无节制地饮酒，会使食欲下降、食物摄入减少，以致发生多种营养素缺乏，严重时还会造成酒精性肝硬化。过量饮酒会增加患高血压、中风等危险，并可导致事故及暴力的增加，对个人健康和社会安定都是有害的。

应严禁酗酒，若饮酒可少量饮用低度酒，孕妇、儿童和青少年则不应饮酒。建议成年男性，一天饮用酒的酒精量不超过25g，成年女性，一天饮用酒的酒精量不超过15g。

（10）吃新鲜卫生的食物

在选购食物时应当选择外观好，没有泥污、杂质，没有变色、变味并符合卫生标准的食物，严把病从口入关。进餐要注意卫生条件，包括进餐环境、餐具和供餐者的健康卫生状况。集体用餐要提倡分餐制，减少疾病传染的机会。

三、2007版《中国居民平衡膳食宝塔》

为了使一般人群在日常生活中便于按《中国居民膳食指南（2007）》的要求进行操作，修订专家委员会还对1997年的《中国居民平衡膳食宝塔》进行了修订。它以图形加数字的方式直观展示了每日应摄入的食物种类、合理数量及适宜的身体活动量。膳食宝塔的使用说明中增加了同类食物互换的品种以及各类食物的图片，为居民合理调配膳食提供了可操作性指导。

中国居民平衡膳食宝塔是根据中国居民膳食指南，结合中国居民的膳食情况，把平衡膳食的原则形象、直观地转化成了各类食物的重量，以便于大家在日常生活中实行。2007版《中国居民平衡膳食宝塔》见图11-1。

（一）2007版《中国居民平衡膳食宝塔》主要内容

平衡膳食宝塔共分5层，标出了每天应吃的主要食物种类和数量。宝塔各层的位置和面积不同，在一定程度上反映出各类食物在膳食中的地位和应占的比重。

2007版和1997版相比，在食物的位置和数量上有调整，同时也有新增内容。

1. 食物的位置和数量上的调整

按宝塔从下往上的顺序，对2007版《中国居民平衡膳食宝塔》中对食物的位置和数量上的调整分析如下。

底层：为谷类、薯类及杂豆，每人每天应摄入250～400g。而1997版的内容是：谷类食物位于低层，每人每日应吃300～500g。因此，2007版宝塔在底层增加了薯类和杂豆，并

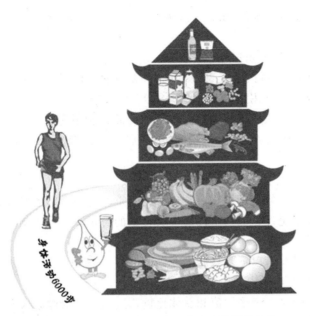

油25～30g
盐6g

奶类及奶制品300g
大豆类及坚果30～50g

畜禽肉类50～75g
鱼虾类50～100g
蛋类25～50g

蔬菜类300～500g
水果类200～400g

谷类薯类及杂豆
250～400g
水1200mL

身体活动6000步

图 11-1　中国居民平衡膳食宝塔（2007 年）

把总的摄入量予以适当降低，同时在宝塔的底层还增加了饮水的建议量为 1200mL。

　　第二层：蔬菜和水果，每天应摄入 300～500g 和 200～400g。而 1997 版的内容是：蔬菜和水果居第二层，每天分别应吃 400～500g 和 100～200g。可见，2007 版宝塔适当降低了蔬菜摄入量的低推荐值，并将水果的摄入量增加了一倍。

　　第三层：鱼、禽、肉、蛋等动物性食物，每天应摄入 125～225g（鱼虾类 50～100g，畜、禽肉 50～75g，蛋类 25～50g）。而 1997 版的内容是：鱼、禽、肉、蛋等动物性食物位于第三层，每天应吃 125～200g（鱼虾类 50g，畜、禽肉 50～100g，蛋类 25～50g）。可见，2007 版宝塔提高了动物性食物摄入量的高推荐值，并对所摄入的不同动物性食物的数量进行了调整，将鱼虾类摄入量的最高推荐值提高一倍，适当下调了畜、禽肉类的摄入量。

　　第四层：奶类、大豆类及坚果，每天应吃相当于鲜奶 300g 的奶类及奶制品，大豆类及坚果 30～50g。而 1997 版的内容是：奶类和豆类食物占第四层，每天应吃奶类及其制品 100g 和豆类及其制品 50g。可见，2007 版宝塔大幅提高了奶类的摄入量，着重强调了大豆在膳食中的地位，并增加了坚果。

　　第五层：塔顶是烹调油和食盐，每天烹调油不超过 25g 或 30g，食盐不超过 6g。而 1997 版的内容是：第五层塔尖是油脂类，每天不超过 25g。可见，2007 版宝塔对烹调油用量适当放宽上限，并新增了对食盐摄入量的限量值。

　　2007 版《中国居民平衡膳食宝塔》同样没有建议食糖的摄入量，因为我国居民现在平均吃食糖的量还不多，适当吃些对健康的影响不大。但多吃糖有增加龋齿的危险，尤其是儿童、青少年不应吃太多的糖和含糖食品。饮酒的建议量已在《中国居民膳食指南（2007）》中予以说明。

　　2. 新增内容

　　① 饮水：在温和气候条件下生活的轻体力活动成年人，每日至少饮水 1200mL（约 6 杯）；在高温或强体力劳动条件下应适当增加。

　　② 运动：建议成年人每天至少进行累计相当于步行 6000 步以上的身体活动（每天基本

活动量相当于 2000 步, 自行车 7min、拖地 8min、太极拳 8min、中速步行 10min 各相当于 1000 步)。

③ 食盐: 建议每人每日食盐用量不超过 6g。

④ 坚果: 虽与大豆类放在一起, 每天摄入 30~50g, 却是首次明确提出坚果的摄入。由于坚果的脂肪含量比较高, 建议每天食用坚果 5~10g。

另外, 新增关于饮酒的内容: 建议成年男性一天饮用酒的酒精量不超过 25g, 成年女性一天饮用酒的酒精量不超过 15g。此项新增内容放在《中国居民膳食指南 (2007)》的内容说明中。

(二) 平衡膳食宝塔的应用

宝塔建议的各类食物的摄入量一般是指食物可食部分的生重。各类食物的组成, 是根据全国营养调查中居民膳食的实际情况计算的, 所以每一类食物的重量, 不是指某一种具体食物的重量, 而是一类食物的总量。

在应用平衡膳食宝塔时, 还可参考以下几条基本原则。

1. 宝塔的建议量可根据各人的具体情况适当调整

宝塔所建议的各类食物摄入量是一个平均值和总体比例, 适用于一般健康人群, 在具体应用时, 可根据个体的年龄、性别、体重、劳动强度、季节等做适当的调整, 以适应自己对食物的需要。并且也无需天天都照着宝塔的推荐量吃, 只要注意遵循宝塔中各层各类食物的大体比例即可, 即在一段时间内 (比如一周), 各类食物摄入量的平均值应当符合建议量。

2. 将同类食物中的不同品种经常互换, 以制作不同花色品种的膳食

为丰富膳食的花色品种, 兼顾营养均衡与膳食的感官吸引性, 可借助同类互换原则, 尽量把一日三餐安排得丰富多彩。具体来说, 就是以粮换粮、以果蔬换果蔬、以豆换豆、以肉换肉等。例如, 大米与面粉或杂粮互换; 青菜与韭菜、菠菜、生菜等叶菜互换; 苹果与香蕉、梨、桃等互换; 大豆与相当数量的豆制品互换 (可分别选择豆腐干 80g、北豆腐 120g、南豆腐 240g 或豆浆 650g 食用); 猪肉与等量的牛肉、羊肉、鸡肉、鸭肉、兔肉等互换; 鱼和虾、蟹等水产品互换; 牛奶与酸奶、奶酪等互换。并经常变换烹调方法, 以制作出不同形态、颜色、口感、风味的食物。

3. 摄入适宜能量, 合理分配三餐

能量摄入方面, 体重是最重要的标准。体重是否正常可以判断自己的能量摄入是否合适。一般可将每天的食物按早、晚餐各占 30%, 午餐占 40% 的比例合理分配于各餐, 特殊情况下也可做适当地调整, 以适应自己的劳动强度和作息安排。

4. 充分利用当地食物资源进行同类互换

各地的饮食习惯及物产种类不尽相同, 所以可尽量充分利用当地的优势食物资源进行食物的同类互换, 这样就能既经济又有效地应用平衡膳食宝塔。如江南水乡和沿海地区可多摄食鱼、虾等水产品; 牧区可多摄取牛肉、羊肉、乳类及乳制品; 山区则可每日适量食用核桃、松子、榛子; 农村可用豆类、蛋类、花生等来替代肉、鱼、奶等动物性食品。

5. 养成良好的膳食习惯

合理的膳食组合对于促进身体健康是有益且必需的, 因此在日常生活中, 应有意识地对照平衡膳食宝塔的要求, 逐步培养成良好的膳食习惯, 使其成为一种自觉的行为。再加上适当的体力活动, 这样自身的健康状况必将受益良多。

平衡膳食宝塔所提出的是一种比较理想的膳食模式。它所建议的食物量, 特别是奶类、鱼虾类等动物性食物的量, 大多数人目前在膳食中可能还达不到, 对某些贫困地区的人群来

讲困难更大，但可以把它作为一个膳食目标，争取逐步达到，这对于改善中国居民的膳食营养状况是非常重要的。

第三节　中国居民膳食营养素参考摄入量（DRIs）

一、膳食营养素参考摄入量（DRIs）的概念和内容

膳食营养素参考摄入量（dietary reterence intakes，DRIs），是一组每日平均膳食营养素摄入量的参考值。DRIs 是在推荐的膳食营养素供给量（recommended dietary allowance，RDA）的基础上发展起来的，RDA 是由各国政府或营养权威团体根据营养科学的发展，结合各自具体情况，提出的对社会各人群一日膳食中应含有的能量和各种营养素种类、数量的建议，作为一种膳食质量标准，曾对指导合理营养，保障居民健康发挥了重要的作用。但随着营养科学的发展，RDA 日益显出其在使用上的不足。1995 年 8 月，美国国家科学院（NAS）食物与营养委员会（FNB）提出：以膳食营养素参考摄入量（DRI）来代替 RDA。中国营养学会及时研究了这一领域的新进展，并结合我国的具体情况，于 2000 年 10 月提出了《中国居民膳食营养素参考摄入量（Chinese DRIs)》"。见附录一。

DRIs 包括 4 个营养水平指标：

（一）估计的平均需要量（estimated average requirement，EAR）

EAR 是根据个体需要量的研究资料制订的，是某一特定性别、年龄及生理状况群体中对某种营养素需要量的平均值。达到这一水平，可以满足某一特定性别、年龄及生理状况群体中，50％个体需要量的摄入水平。这一摄入水平不能满足群体中另外 50％个体对该营养素的需要。

（二）推荐摄入量（recommended nutrient intake，RNI）

RNI 相当于传统的 RDA。RNI 是指可以满足特定性别、年龄及生理状况群体中，绝大多数（97.5％）个体需要量的摄入水平。RNI 不仅可以满足机体的需要，而且在组织中有适当的储备。

RNI 是在 EAR 的基础上制订的，如果个体摄入量呈正态分布，则人群的 $RNI=EAR+2SD$；SD 是 EAR 的标准差。若人群需要量的资料不充分，不能计算 SD 时，一般设 EAR 的变异系数为 10％，此时 $RNI=1.2\times EAR$。

（三）适宜摄入量（adequate intake，AI）

当个体需要量的研究资料不足，不能计算 EAR，因而不能求得 RNI 时，可用 AI 来代替 RNI。AI 是通过观察或实验，获得的健康人群某种营养素的摄入量。AI 应能满足目标人群中几乎所有个体的需要。

例如：纯母乳喂养的足月产健康婴儿，从出生到 4~6 个月，他们的营养素全部来自母乳。母乳中供给的营养素量，就是他们的 AI 值。

AI 和 RNI 都是满足人群中几乎所有个体的需要，但是 RNI 要比 AI 准确。根据营养"适宜"的人制定的 AI，一般都超过 EAR，也可能超过 RNI。因而使用 AI 时要比使用 RNI 时更加小心。

（四）可耐受最高摄入量（tolerable upper intake level，UL）

UL 是平均每日可以摄入某种营养素的最高限量。这个量对于一般人群中的几乎所有个体似不致引起不利于健康的作用。UL 不是一个建议的摄入水平。UL 主要是针对强化食品中的强化成分和膳食中的补充剂。许多营养素目前还没有足够的资料来制定其 UL 值。但这

并不意味着过多摄入该营养素没有潜在的危害。

一般情况下，当人群对某种营养素的平均摄入量达到 EAR 水平时，可以满足人群中 50％个体的需要量；当摄入量达到 RNI 水平时，可以满足人群中绝大多数个体的需要量；摄入量在 RNI 和 UL 之间是一个适宜和安全的摄入范围，既不会发生缺乏也不会出现中毒；但当摄入量超过 UL 并进一步增加时，则损害健康和发生中毒的危险性随之增大。见图 11-2。

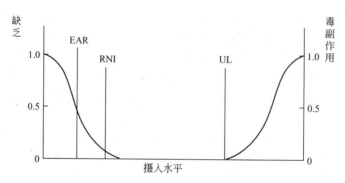

图 11-2　营养素摄入不足和过多的危险性

二、膳食营养素参考摄入量（DRIs）的应用

（一）平均需要量（EAR）

EAR 是制订 RNI 的基础。对于人群，EAR 可用于评价人群中摄入不足的发生率。对于个体，可以检查其摄入不足的可能性。

（二）推荐摄入量（RNI）

RNI 的主要用途是作为个体每日摄入该营养素的目标值。当某个体的营养素摄入量达到或超过了 RNI，可以认为其没有摄入不足的危险；但当某个体的营养素摄入量低于 RNI 时，却并不一定就表明该个体没有达到适宜的营养状态。摄入量经常低于 RNI 时还需进一步用生化试验或临床检查的方法来评价其营养状况。

（三）适宜摄入量（AI）

AI 主要是作为个体营养素摄入量的目标，同时作为限制过多摄入的标准。当健康个体对某种营养素的摄入量达到 AI 时，出现营养缺乏的可能性很小；但如摄入量长期超过 AI，则有可能产生毒副作用。

（四）可耐受最高摄入量（UL）

UL 主要是用于检查个体对某种营养素摄入量过多的可能，以避免发生中毒。当摄入量超过 UL 时，则发生毒副作用的危险性随之增加。在多数情况下，UL 包括膳食、强化食物和营养补充剂等各种来源的营养素之和。

三、膳食营养素参考摄入量（DRIs）和推荐的膳食营养素供给量（RDA）的区别

虽然 DRIs 是在 RDA 的基础上发展而来，但其所包含的内容和应用范围都已有了极大的拓展。二者之间的区别主要表现在以下几个方面：

（1）DRIs 不仅考虑到防止营养不足的需要，同时还考虑到降低慢性退行性疾病风险（如冠心病、脑血管病、肿瘤等）的需要；

（2）营养素摄入不足或过多的概率是制订 DRIs 的基础性概念，这一概念贯穿 DRIs 在评价膳食质量和计划膳食中的应用；

（3）当有可靠的资料说明过量摄入某种营养素对健康有不利影响时，DRIs 就会建立该

营养素的 UL，以防止某些营养素的毒副作用发生的危险性；

（4）食物中有些成分可能不符合传统营养素的概念，在以前的 RDA 中没有被纳入。但后来发现这些成分与健康有关，就可建立它的 DRIs；

（5）以前的 RDA 是所有的营养素都讨论，意见一致后再统一发表。但并非所有营养素都需要重新修订，因此这会造成 RDA 的更新迟缓。而 DRIs 不需将全部营养素同时发表，而是可以将几个相关的营养素分批发表。

最近的资料显示，在 2010 年 12 月 31 日中国营养学会制订的"十二五"发展规划中，又提出对 2000 年版《中国居民膳食营养素参考摄入量（DRIs）》进行修订的工作任务，且修订工作已经于 2010 年 11 月份正式启动，计划于 2013 年 3 月正式出版。

第十二章　膳食营养与健康

第一节　营养与亚健康

一、亚健康的概念及产生原因

（一）亚健康的概念

现代医学研究发现，人体除了健康状态和疾病状态之外，还存在着一种非健康又非疾病的中间状态，称为亚健康（sub-health）状态。又称第三状态，也称灰色状态、病前状态、亚临床期、临床前期、潜病期等，包括无临床疾病或症状感觉轻微，但已有潜在的病理信息。包括了身体成长亚健康、心理素质亚健康、情感亚健康、思想亚健康、行为亚健康等。

（二）亚健康产生的原因

社会因素：经济、制度、竞争导致的过度紧张，压力太大，长久的不良情绪影响。特别是 IT 白领人士，身体运动不足，体力透支。

心理因素：消极、悲哀、愤怒以及恐惧的心理因素也常常会影响健康状态。

不健康的生活方式与不良习惯和行为：①营养失衡。当机体摄入热量过多或营养贫乏时，都可导致机体失调。②生活失节律。起居无规律、过量吸烟、酗酒、作息不正常已经成为常见现象。③睡眠障碍。睡眠不足、缺少运动也可出现这种状态。④疲劳过度或运动不足、不当。休息不足，特别是睡眠不足。过度疲劳造成的精力、体力不足。由于竞争的日趋激烈，人们用心、用脑过度，身体的主要器官长期处于入不敷出的非正常负荷状态。

遗传因素：体型特征、生理特征、代谢类型、行为本能等受到遗传因素的影响，这些与人体生理状态有密切的关系。

环境因素：气候变化，大气污染、长期接触有毒物品等也可能引发亚健康状态。

二、亚健康的表现及营养调理

（一）亚健康的表现

亚健康状态形成原因主要是机体各器官生理功能减退和新陈代谢降低，由此可以发生许多症状。这些症状的表现，可以是典型的，也可以是非典型的；亚健康状态表现在人体各系统生理、心理精神、社会人际交往等方面。

1. 躯体性亚健康状态

人体各系统亚健康状态，一般表现为生理功能紊乱或功能减退，综合体能下降、精力不足，经常疲劳，体力透支等，其具体表现为：循环系统表现为心悸、胸闷、胸部隐痛等；呼吸系统表现为憋气气短、喉部干涩等；消化系统表现为食欲不振、胃部隐痛、腹部膨胀、消化不良等；神经系统表现为头晕、头痛、失眠、多梦、记忆力减退等；另外，感官系统、内分泌代谢系统、免疫系统等都有不同的不适反应。

2. 心理性亚健康状态

心理性亚健康者经常处在焦虑、忧郁、失落、沮丧等恶劣的情绪之中。

3. 社交性亚健康状态

在人际交往中，需要一种健康心理状态，良好道德风范。但是，随着社会发展，社交频繁，竞争激烈，越来越多的人在人际交往中出现各种各样的问题，即称为社交性亚健康状态。主要与以下因素有关：需求得不到满足，欲望无法实现，人际关系不良，竞争、自卑等。

（二）亚健康的营养调理

1. 合理食物搭配，均衡补充营养

食品的选择应依据《中国居民膳食指南》和《平衡膳食宝塔》来进行。尽量选用无公害食品，多吃绿色的新鲜蔬菜，水果和粗粮：蔬菜水果类能提供膳食纤维、矿物质、维生素 C 和胡萝卜素；谷类及薯类能提供碳水化合物、蛋白质、膳食纤维及 B 族维生素。

常吃奶类、豆类或其制品：奶类除含丰富的优质蛋白质和维生素外，含钙量较高，给儿童、青少年补钙可以提高其骨密度，从而延缓其发生骨质丢失的速度；豆类是我国的传统食品，含大量的优质蛋白质、不饱和脂肪酸，钙及维生素 B_1、维生素 B_2、烟酸等。

经常吃适量鱼、禽、蛋、瘦肉，少吃肥肉和荤油：鱼、禽、蛋、瘦肉是优质蛋白质、脂溶性维生素和矿物质的良好来源。肥肉和荤油为高能量和高脂肪食物，摄入过多往往会引起肥胖，并是某些慢性病的危险因素。

2. 注意补充维生素和矿物质

有些食物包含许多非营养成分的功能因子，既营养身体又防止肥胖，既美容益智又延缓衰老。如番茄中的番茄红素、茶叶中的茶多酚、黄豆中的大豆异黄酮等。

3. 提倡自然饮食，注意饮食结构

注意饮食有节，即一日三餐做到"早吃好、午吃饱、晚吃少"。另外，饮食量要讲究适量，细嚼慢咽，切忌暴饮暴食。定时定量是同等重要的。

饮食结构要多元化，包括蔬菜、水果、蛋奶等，营养均衡不能偏食，改变不良习惯，讲究饮食科学。讲究清淡饮食，以素为主，粗细搭配，少油少盐。

第二节　营养缺乏病

一、蛋白质能量营养不良

（一）病因

蛋白质能量营养不良症（PEM）是膳食中蛋白质和热能摄入不足引起的营养缺乏病。是世界范围内最常见的营养缺乏病之一。

根据营养不良的原因可分为原发性和继发性。原发性由食物不足引起，主要见于经济落后的国家和地区，以婴儿和儿童发病为发展中国家最重要的健康问题之一。继发性由各种疾病造成营养物质耗损增加，能量和蛋白质摄入减少，或对营养物的需要量增加而引起。主要病因有：

（1）消化吸收障碍　见于各种胃肠道疾病，如各种慢性腹泻、小肠吸收不良综合征、胃肠道手术后、慢性胰腺炎等。

（2）分解代谢加速　发热、感染、创伤、恶性肿瘤、白血病、艾滋病，重度甲状腺功能亢进症，糖尿病等。

（3）蛋白质合成障碍　主要见于弥漫性肝病如肝硬化。

（4）蛋白质丢失过多　肾病综合征、大面积烧伤、蛋白质损耗性胃病、大出血、长期血液或腹膜透析、胃肠道抽吸减压、多次大量抽腹水或胸水，均可丢失大量蛋白质。

（5）进食障碍或不足　口腔或食管疾病可引起进食、咽下困难、神经性厌食或精神障。

（二）临床表现

（1）血尿常规检查　血细胞比容减少，轻至中度贫血，多为正常细胞型正常色素性。白细胞计数可减少，淋巴细胞绝对数常低于$1.2 \times 10^9/L$，反应 T 淋巴细胞低下。尿密度偏低，浓缩能力降低。有饥饿性酮症时尿酮体试验阳性。

（2）生化检验　血清必需氨基酸和非必需氨基酸浓度常降低，以色氨酸、胱氨酸等浓度降低为首。血浆总白蛋白和白蛋白水平降低，血清淀粉酶和碱性磷酸酶水平降低，血清转铁蛋白降低，如同时有缺铁，则可正常或轻度升高，常有水、电解质平衡失调，尤其低钾血症、低磷血症、高氮血症、代谢性酸中毒。消瘦症的实验室检查异常较蛋白质营养不良综合征少。

（3）其他检查　心电图显示窦性心动过缓，低电压等改变，超声心动图显示心脏缩小和低排血量。脑电图显示低电压和慢活动等病变。X线检查可见心脏缩小、骨质疏松等改变。

（三）预防措施

（1）合理喂养　大力提倡母乳喂养，对母乳不足或不宜母乳喂养者应及时给予指导，采用混合喂养或人工喂养并及时添加辅助食品；纠正偏食、挑食、吃零食的不良习惯，小学生早餐要吃饱，午餐应保证供给足够的能量和蛋白质。

（2）合理安排生活作息制度　坚持户外活动，保证充足睡眠，纠正不良的卫生习惯。

（3）推广应用生长发育监测图　定期测量体重，并将体重值标在生长发育监测图上，如发现体重增长缓慢或不增，应尽快查明原因，及时予以纠正。

二、维生素 A 缺乏病

（一）病因

维生素 A 缺乏会造成一系列影响上皮组织正常发育的症状，如皮肤干燥、脱屑，头发干枯，头皮增多等总称为毛囊角化过度症；上皮细胞的角化还可发生在呼吸道、消化道、泌尿生殖器官的黏膜以及眼的角膜及结膜上出现相应的症状，如干眼病，呼吸道炎症，女性白带增多，身体部分形成囊肿等。

VA 缺乏病可以由于饮食中维生素 A 原和预形成的维生素 A 不足（原发性维生素 A 缺乏）或因为其生理学利用障碍（继发性维生素 A 缺乏）。

（二）主要病症及临床表现

干眼病：VA 缺乏引起结膜角化，结膜细胞变性、死亡、脱落。脱落的上皮细胞将泪管阻塞，对结膜的湿润作用降低，出现结膜的油脂性干燥。

鸡皮病：皮肤干燥变粗，脱屑，全身出汗减少，继而发生丘疹，丘疹多见于上臂和大腿的后外侧，开始为针尖大小，触之稍硬，以后丘疹变黑，变大，呈簇状排列，状似鸡皮，故称鸡皮病或蟾皮病。

（三）预防措施

为了预防干眼病的发生，特别是在一个普遍存在 VA 缺乏的社区，维生素 A 可以一次口服较大剂量，在第二天服用补充剂量，几个星期后再第三次补充。VA 缺乏还可以导致夜盲症，在服用 VA 的几小时到几天内，就可以使夜盲症的症状减轻，但视觉功能的恢复要花费几周时间，而视网膜损坏的修复要用三个月。服用 VA 可迅速改善活跃的比托斑及伴随的干燥病症状，因此可以有效治疗鸡皮病。

三、维生素 B$_1$ 缺乏病

(一) 病因

维生素 B$_1$ 缺乏病与易消化碳水化合物的高消耗和微量营养素的低摄入有关。如长期以精白米面为主食,缺乏其他副食补充;机体处于特殊生理状态而未及时补充;或者由于肝损伤,酒精中毒等疾病,都可以导致脚气病。

(二) 主要病症及临床表现

维生素 B$_1$ 缺乏症全身症状表现为:食欲严重下降、生长缓慢、皮肤水肿、胃肠炎症、溃疡、肝脂肪变、周围神经病变、角弓反张。

严重的 VB$_1$ 缺乏会导致神经和心脏疾病——脚气病;脚气病分三种类型:干性、湿性、婴儿脚气病。轻微的缺乏会出现非特异症状:不舒适感,体重减轻,易怒,意识错乱。

(三) 预防措施

预防此病的措施有努力减少对精米的需求,多食用粗粮可以有效抑制脚气病的发生,此外猪肉、牛肉、动物肝脏、全麦、糙米、新鲜蔬菜、豆类中也富含维生素 B$_1$。

四、维生素 B$_2$ 缺乏病

(一) 病因

VB$_2$ 缺乏病的病因主要是机体摄取维生素 B$_2$ 量不足。因为维生素 B$_2$ 是参与、构成细胞氧化还原作用所需各种黄酶的辅酶,并且在生物氧化过程中发挥递氢作用,也与糖、脂肪蛋白质的生物氧化也有密切的关系,也容易影响到神经细胞与视网膜代谢、垂体促皮质激素释放以及胎儿的生长发育。因此当机体缺乏核黄素的时候,细胞新陈代谢就会发生障碍,从而引起一系列的皮肤黏膜症状。

(二) 主要病症及临床表现

主要症状表现为导致口腔、唇、皮肤、生殖器的炎症和机能障碍,导致脂溢性皮炎,嘴唇发红、口腔炎、口唇炎、口角炎、舌炎;会使眼睛充血、易流泪、易有倦怠感、头晕,口腔溃疡,结膜炎。

(三) 预防措施

(1) 注意集体饮食的烹调法,如蔬菜先洗后切,以免核黄素丢掉。并多吃富含核黄素和其他 B 族维生素的食物如豆类、绿叶菜、牛奶等。

(2) 维生素 B$_2$(商品名:核黄素),每日 3 次,口服,也可肌肉注射,或给长效维生素 B$_2$,肌内注射 1 次,同时给予复合维生素 B 或酵母片。

(3) 局部根据皮损对症处理。如阴囊炎可给予复方康纳乐霜剂等外搽。口角炎难愈时可给 1‰硝酸银溶液外搽。

五、维生素 C 缺乏病

(一) 病因

VC 的缺乏可由低膳食摄入量,及抗坏血酸代谢的需求超出了其内源性生物合成率,增加了身体中维生素 C 的转换率所致。后一种情况包括吸烟、环境、生理压力、慢性疾病以及糖尿病。儿童暴露在吸烟环境下,其血浆抗坏血酸浓度会降低。

(二) 主要病症及临床表现

维生素 C 的缺乏症很多,较为典型的是坏血病,这种疾病的症状主要表现在间质组织中,主要表现为伤口愈合不良,水肿,皮肤、黏膜、内脏、肌肉出血,骨骼、软骨、牙齿、结缔组织胶原结构强度减弱。

患坏血病的成年人可能表现为牙龈肿胀、出血，伴随牙齿缺失；他们也通常表现为嗜睡、疲劳、腿部风湿痛、肌肉萎缩、皮肤病损，大腿部大面积的血肿和淤血，以及多处器官出血和瘀斑，这些病症时常伴随着心理变化：癔症，忧郁症和抑郁症。儿童通常会跛行或走路吃力，下肢触痛，出现牙龈出血及瘀斑性出血。使用 VC 效果是显著的，治疗一周内临床症状改善。另外 VC 缺乏还可以造成无原因的疲劳。

（三）预防措施

补充 VC 的方法主要是多食用新鲜的蔬菜水果，如猕猴桃、酸枣、西红柿等。

六、维生素 D 缺乏病

（一）病因

维生素 D 缺乏源于皮肤阳光照射不足、饮食中摄取不足量或维生素 D 代谢活性受损。虽然日照可以提供生物合成维生素 D_3 的途径，但已经证实，很多人在冬天的几个月不能享受充足的阳光照射以维持正常的维生素 D 水平，这主要是由于非缺失性的原因，包括胃肠道疾病，肝脏疾病，肾脏疾病，接触了某些药物，基因突变等，这些因素导致了即使在阳光充足的地方，如果人们由于生活模式或身体状况待在屋里，或者因为空气污染或衣服阻挡了紫外线的照射，那么他们也不会产生足够的维生素 D。

（二）主要病症及临床表现

（1）佝偻病（儿童）　早期症状主要表现为精神症状，如多汗，夜间睡眠不安，易激动，惊哭、枕秃，对周围事物不感兴趣，如不治疗，可出现骨骼改变。

（2）骨骼症状　多见于活动期，可出现如下表现：①颅骨软化，以枕骨和顶骨最明显。手指压迫颅骨会出现凹陷，去掉压力即恢复原状，称乒乓球颅。②囟门闭合延迟。③胸骨两侧有肋骨串珠畸形，由于膈肌牵拉，其附着处肋骨内陷形成所谓赫氏沟。④四肢远端骨样组织增生，腕及踝部膨大似手镯，脚镯。⑤一岁以后小儿开始行走，下肢长骨因负重而弯曲成"O"形或"X"，统称罗圈腿。⑥齿质不坚，排列不整，易患龋齿。

（3）其他　可有肌肉无力，关节松懈，腹大（蛙腹），肠胃扩张等，患儿动作发育迟缓，独立行走开始较晚，血钙降低，出现肌肉神经兴奋性增高，如面部肌肉颤动，手足抽搐，呈内旋外翻状（舞蹈足），爆发性哭泣，蝉鸣性痉挛，全身性惊厥——婴儿手足抽搐症。

（4）成人可发生骨质软化症与骨质疏松症

骨质软化症：由于骨骼中矿物质减少，无机物与有机物比例下降，骨骼弹性上升，硬度下降，早期腰腿酸疼，以后可延及胸肋及上肢，甚至全身，并出现肋骨等部位压痛，重者疼痛难以忍受。多发生在多次生育的妇女。

骨质疏松症：骨体积基本正常，骨组织减少，骨骼无机物与有机物一起失去，比例无明显变化，骨重量减轻。表现：疼痛，易发生骨折，更年期后女性多见。

（三）预防措施

预防措施有保证充足的日光浴，定期摄取含 VD 丰富的食物，治疗某些影响 VD 吸收的疾病等。对于老年人来说，单纯靠晒太阳并不能获得足够的 VD，尤其是在冬季，需要注意饮食的补充。建议多食用 VD 含量丰富的食物，如海鱼、动物肝脏、蛋黄以及强化了维生素 D 的鱼肝油及奶制品及钙制剂等，同时注意摄取充足的钙质，必要时可以在医生的指导下应用维生素 D 进行治疗。

佝偻病通常与饮食中低钙有关，如不使用牛乳制品，因此需要调整饮食结构，多食用牛乳制品。

七、钙缺乏病

(一) 病因

矿质元素钙缺乏症与神经及骨骼的生长有密切的关系。钙缺乏症的产生原因与钙元素的生理功能有关，钙能维持神经与肌肉活动调节离子的跨膜运输，尤其在神经传导方面钙与钾，钠、镁等离子保持一定比例，因而可维持神经肌肉的应激性。并且，钙元素还能维持体液酸碱平衡以及细胞内胶质稳定性及毛细血管渗透压等。

(二) 临床表现

钙元素缺乏引起的缺乏病症多样，包括：老年人、孕妇、绝经后妇女缺钙为骨质疏松症（骨小梁钙流失为主，和激素水平有关）；孕妇缺钙常在夜间发生小腿抽筋或痉挛；皮层骨：类似牙的骨质外层，形成一个包围在骨小梁外面的壳；骨小梁是由钙晶体形成的网状结构，为骨髓提供强度，并且是钙质的储备库。

Ⅰ型骨质疏松症：骨质迅速损失，主要是骨小梁的损失；Ⅱ型骨质疏松症：骨质丢失缓慢，包括骨小梁和皮层骨的损失。其他临床表现参见维生素 D 缺乏症。

(三) 预防措施

我国居民钙的 AI（mg/d）分别定为：11～50 岁为 1000，孕妇后期和乳母为 1200。1岁以上各人群钙的 UL 为 2000mg/d。预防骨质流失的最好办法就是在成年前摄取大量的钙，大约 26 岁以后骨密度就不会再有明显的增加了；到了 40 岁以后，骨质开始逐渐丢失，骨密度也开始下降。妇女绝经以后，雌激素分泌减少，骨质丢失速度加快。另外，2 岁以下婴幼儿，孕中期、孕晚期孕妇，乳母等都是钙易缺乏的人群。因此，对于钙易流失阶段的人群以及钙需要量增加的人群，都应注意及时补充钙质及维生素 D。

钙在虾皮、海带中含量最为丰富，奶类制品中的钙吸收率最高，水产品、豆制品和许多蔬菜含钙也较丰富。西方膳食中，钙的摄入一半来自牛奶，1/3 来自自来水。其他含钙丰富的食品包括：发菜 767mg/100g，奶酪 590mg/100g，豆腐 240～277mg/100g，蛋黄 134mg/100g，牛奶 120mg/100g，人奶 34mg/100g，羊肉 13mg/100g，瘦猪 11mg/100g，瘦牛肉 6mg/100g。

八、贫血（缺铁性贫血、巨幼红细胞性贫血）

(一) 病因

铁参与氧运输，主要构建红细胞中的血红蛋白和肌肉细胞中的肌红蛋白，血红蛋白把氧从肺泡送至组织，肌红蛋白为肌肉细胞运输和储存氧。另外，参与机体生物氧化细胞色素、脱氢酶等中都含有铁。铁缺乏的主要原因有：食物中非血红素铁的吸收率低（<10%）；植物性食品中的草酸、膳食纤维及茶、咖啡和牛奶中的钙、磷等均可抑制铁的吸收；人体特殊生理状况下对铁的需要量增加等。女性最容易缺铁的时期为月经期、妊娠期、哺乳期。其他如疾病失血、铁吸收不良、消化系统疾病等亦会造成铁缺乏的病症。

(二) 临床表现

铁缺乏症通常表现为缺铁性贫血、巨幼红细胞性贫血等。轻微缺铁时，由于供给身体的能量减少，导致活动减少，小孩会脾气暴躁或异食癖。严重缺铁时，出现缺铁性贫血，表现为疲惫、怕冷，苍白，并增加机体对铅的吸收。

(三) 预防措施

预防缺铁性贫血应在饮食方面应注意：要多吃新鲜蔬菜、水果，蔬菜、水果等富含维生素 C，有助于食物中铁的吸收；食物中血红素铁（10%～25%）比非血红素铁（<10%）吸收率要高，且不受其他膳食因素的干扰，可多选择动物性食物中含血红素铁丰富的品种；若

存在 VC、赖氨酸、葡萄糖及柠檬酸等，能与铁整合成可溶性络合物，对植物性铁的吸收有利。由于每一种食物都不能供给人们所必需的全部营养成分，所以膳食的调配一定要平衡。饮食营养要合理，食物必须多样化，食谱要广，不应偏食。忌食辛辣、生冷不易消化的食物。平时可配合滋补食疗以补养身体。饮食应有规律、有节制，严禁暴饮暴食。劳逸结合，进行适当的体育活动。

九、碘缺乏病

（一）病因

碘缺乏症是动物机体摄入碘不足引起的一种以甲状腺机能减退、甲状腺肿大、流产和死产为特征的慢性疾病，又称甲状腺肿。成人碘推荐摄入量为 $150\mu g/d$；可耐受最高摄入量为 $1000\mu g/d$。

（二）主要病症及临床表现

碘缺乏会导致一系列的疾病产生。胎儿期：流产、死胎、先天畸形、围生期死亡率增高；新生儿期：新生儿甲状腺功能减退、新生儿甲状腺肿；婴幼儿期：死亡率增高、产生地方性克汀病、神经运动功能发育落后；儿童期和青春期：甲状腺肿、青春期甲状腺功能减退、亚临床型克汀病、智力发育障碍、体格发育障碍、单纯聋哑；成人期：甲状腺肿及其并发症、甲状腺功能减退、智力障碍、碘致性甲状腺功能亢进。

（三）预防措施

日常预防碘缺乏症应注意摄入加碘食用盐。2011 年 9 月 15 公布的最新食品安全国家标准《食用盐碘含量》（GB 26878—2011）中规定，食用盐产品（碘盐）中碘含量的平均水平（以碘元素计）为 $20\sim30mg/kg$。全民可通过食用加碘盐这一简单、安全、有效和经济的补碘措施，来预防碘缺乏病。像海带、紫菜、海白菜、海鱼、虾、蟹、贝类等含碘丰富的食物，也可以多食。考虑到婴幼儿时期的饮食主要是乳制品，我国政府同时还规定在婴幼儿奶粉中也必须加碘，因此婴幼儿可食用加碘奶粉。

十、硒缺乏病

（一）病因

硒是谷胱甘肽过氧化物酶的重要组成成分，并与维生素在抗脂类氧化中起协同作用。硒能保护心血管和心肌健康（1/3 的硒在肌肉尤其是心肌上），降低心血管病的发病率。硒还能减轻体内重金属的毒害作用，在生物体内与汞、镉、铅等结合形成金属-硒-蛋白质复合物，而使这些金属得到解毒和排泄。

（二）主要病症及临床表现

硒缺乏可导致克山病，一种以心肌坏死为特征的地方性心脏病。有研究发现，克山病病区的水和粮食中硒含量明显降低，病区人群的血硒和头发硒含量亦低；而水土含硒较高地区，其粮食中硒的含量升高，本病亦减少。这可能是因为适量的硒对缺硒造成的心肌损害有明显保护作用及抗氧化能力，且可改善机体抗感染的能力。

（三）预防措施

注意环境卫生和个人卫生。保护水源，改善水质。改善营养条件，防止偏食，尤其对孕妇、产妇和儿童更应加强补充蛋白质，各种维生素及人体必需的微量元素，包括镁、碘等，并防治大骨节病、地方性甲状腺病。流行区推广预防性服药：采用硒酸钠作为预防性服药，经多年推广，证明可明显降低发病率。通常采用每 10 天口服一次，$1\sim5$ 岁 1mg，$6\sim10$ 岁 2mg，$11\sim15$ 岁 3mg，16 岁以上 4mg。非发病季节可停服 3 个月。此外，流行区推荐使用含硒食盐。农村使用含硒液浸过的种子种植。植物根部施加含硒肥料以提高农作物中含硒量。

十一、锌缺乏病

(一) 病因

锌可帮助 200 多种酶合成部分细胞遗传物质，合成血红蛋白中的血红素，帮助胰腺发挥消化功能，参与蛋白质、脂肪、糖的代谢，释放肝脏中存储的 VA，激活视紫红质中的 VA，对儿童生长发育、味觉、精子的形成皆有影响。防脱发、治疗"青春痘"效果好。预防癌症、降血糖。通过恢复胸腺来恢复免疫功能。

(二) 主要病症及临床表现

锌的缺乏症状包罗万象。锌在人体组织内普遍存在，特别是皮肤、眼睛和精液中的含量最多。缺乏时，对这些组织的影响最大（表 12-1）。

表 12-1 锌缺乏的临床表现

体征	临 床 表 现
味觉障碍	偏食、厌食或异食
生长发育不良	矮小、瘦弱、脱发
胃肠道疾病	腹泻
皮肤疾病	干燥、炎症、伤口愈合不良,反复性口腔溃疡
眼科疾病	白内障和夜盲
免疫力减退	反复感染、感冒次数多
性发育或功能障碍	男性不育
认知行为改变	认知能力不强,行为障碍
妊娠反应加重	呕吐、嗜酸
胎儿发育迟缓	低体重儿
分娩合并症多	产程长,早产、流产
胎儿畸形多	神经系统畸形

(三) 预防措施

母乳中含锌量较高，范围为 3～23mg/L，应提倡母乳喂养婴儿，母乳喂养对预防锌缺乏性疾病有益。锌在鱼类、肉类、动物肝肾中含量较高。多食用含锌高而且容易吸收的食物。牡蛎、可可、鲱鱼中含量最高且易吸收；奶品及蛋品次之；水果、蔬菜等含量一般较低。在看一种食物中锌的营养时，不仅要看其含量而且要考虑被机体实际利用的可能性。一般食物中的锌吸收率为 40%，青少年每天锌更新量为 6mg，所以每天锌需求量为 15mg。

青少年的生长发育十分迅速，各个器官逐渐发育成熟，思维活跃，记忆力最强，是一生中长身体长知识的重要时期，故营养一定要供应充足。随着我国经济发展，人们生活水平已经有了很大改善，矿质元素中的铁、钙等已经引起了人们的重视，但对于锌缺乏还没有足够的认识。

第三节 营养过剩性疾病

一、肥胖

肥胖（obesity）是指人体脂肪的过量储存，表现为脂肪细胞增多和（或）细胞体积增大，即全身脂肪组织块增大，与其他组织失去正常比例的一种状态。常表现为体重增加，超过了相应身高所确定的标准体重。判定肥胖的方法常用的有身高标准体重法（weight for height standard）和体质指数（body mass index，BMI）方法。身高标准体重法的公式为：肥胖度（%）＝[实际体重(kg)－身高标准体重(kg)]/身高标准体重(kg)×100%。其中标准体重计算方法为：男性标准体重(kg)＝[身高(cm)－100]×0.9；女性标准体重(kg)＝[身高(cm)－105]×0.95。肥胖判断标准：肥胖度≥10%为超重；>20%～29%为轻度肥胖；>30%～49%为中度肥胖；≥50%为重度肥胖。体重指数（body mass index，BMI）公式为：体重指数＝体重(kg)/[身高(m)]^2，单位为 kg/m^2。亚洲成年人的 BMI<18.5 为体重过低；18.5～22.9 为正常范围；≥23 为超重（其中 23～24.9 为肥胖前期，25～29.9 为一度肥胖，≥30 为二度肥胖）。

（一）病因

肥胖发生的根本原因是，机体的摄入能量长期大于机体的能量消耗，从而使多余的能量以脂肪的形式贮存，并最终导致肥胖。目前绝大部分人的超重和肥胖是由于生活方式错误造成的，主要包括饮食、运动及进食习惯等三方面因素。饮食因素：食物摄入过量，膳食结构不合理，特别是膳食脂肪过多，使摄入的能量超过身体需要，多余的能量以脂肪的形式储存，导致超重和肥胖。运动量少：目前大部分职业的体力活动很小，如果缺乏体育锻炼，极易导致肌肉力量下降，基础代谢降低，一日能量消耗减少。此时，即使饮食并未过量，也容易导致缓慢的体重增加。而体重增加和体能下降又令人不愿意活动，形成恶性循环。进食习惯不良：由于工作压力或生活习惯不良，饮食不能定时定量，不吃早餐，贪吃夜宵，过多零食，大量甜饮料，都容易导致肥胖。在父母均为肥胖者的家庭中，子女肥胖比例高达70%，但其中除遗传因素之外，家庭饮食和生活习惯也是重要的影响因素。研究表明，出生体重过高，婴幼儿肥胖者，成年后的肥胖发生率明显高于出生体重正常的人。此外，压力、抑郁、睡眠障碍等也是导致肥胖的诱因。

（二）临床表现

肥胖对儿童健康的危害：肥胖具有心血管疾病的潜在危险，能导致混合型肺功能及糖代谢障碍，引起免疫功能明显紊乱，对儿童智力、心理行为也有不良影响。肥胖对成年人健康的危害：肥胖与死亡率有明显的关系。美国癌症学会提供的资料表明，男性和女性的最低死亡率相当于 BMI 为 22～25kg/m^2。当 BMI 接近 40kg/m^2 时，死亡率达到最高峰。肥胖与高血压、糖尿病等有关，极度肥胖者肺功能可能发生异常。

（三）饮食营养防治措施

第一，控制总热能摄入量。限制每天的食物摄入量和摄入食物的种类，以便减少摄入的热能。一般成人每天摄入热能控制在 1000kcal（4184kJ）左右，最低不应低于 800kcal（3347.2kJ）。第二，控制三大生热营养素的生热比。蛋白质占总热能的25%，脂肪占热能的10%，碳水化合物占总热能的65%。因此在选择食物种类上，应多吃瘦肉、奶、水果、蔬菜和谷类食物，少吃肥肉等油脂含量高的食物，一日三餐食物总摄入量应控在500g以内。第三，为防止饥饿感，可吃纤维含量高的食品，或市场上出售的纤维食品。第四，注意保证蛋白质、纤维素、无机盐和微量元素的摄入量达到供给量标准，以便满足机体正常生理需要。第五，改掉不良的饮食习惯，如暴饮暴食、吃零食、偏食等。

合理的膳食调整和控制能量摄入，是预防和控制肥胖的基本措施，只要持之以恒，长期坚持，一定能收到良好效果。

二、高血压

高血压（hypertension）是一种以动脉血压升高为主要表现的心血管疾病，无论在发达国家还是在发展中国家都是一种常见病，患病率一般在 10%～20%。高血压是一种由遗传多基因与环境多危险因子交互作用而形成的慢性全身性疾病，一般认为遗传因素大约占40%，环境因素大约占 60%，在环境因素中，主要与营养膳食有关。原发性高血压是一种以血压升高为特征，原因不明的独立疾病，占高血压的 95% 以上。继发性高血压的血压升高是某些疾病的一部分表现，其中肾疾病占 70% 以上。本节仅对原发性高血压加以介绍，简称高血压。

（一）营养因素与高血压

（1）超重和肥胖　大量研究证实，肥胖或超重是血压升高的重要危险因素，特别是向心性肥胖则是高血压的重要指标。体重指数与血压水平有着明显的正相关关系。

（2）盐（氯化钠）　食盐摄入与高血压显著相关。食盐摄入高的地区，高血压发病率也高，限制食盐摄入可降低高血压。

（3）钾盐　膳食钾有降低血压的作用，在高钠引起的高血压患者，补充膳食钾降血压更为明显。

（4）钙　膳食中钙摄入不足可使血压升高，膳食中增加钙可引起血压降低。一般认为膳食中每天钙的摄入量少于 600mg 就有可能导致血压升高。

（5）镁　镁与血压的研究较少。一般认为低镁与血压升高相关。摄入含镁高的膳食可降低血压。

（6）脂类　增加多不饱和脂肪酸的摄入和减少饱和脂肪酸的摄入都有利于降低血压，在这一方面 n-3 多不饱和脂肪酸的作用近年来受到较多的关注。

（7）蛋白质　关于蛋白质与血压关系的资料较少，但一些研究报道某些氨基酸与血压的关系。如外周或中枢直接给予色氨酸和酪氨酸引起血压降低。

（8）碳水化合物　在动物实验研究发现简单碳水化合物，如葡萄糖、蔗糖和果糖，可升高血压，然而在人群缺乏不同碳水化合物对血压的调节作用的资料。

（9）酒精　大多研究发现饮酒和血压呈"J"型关系，少量饮酒（每天 14～28g 酒精）者的血压比绝对禁酒者还要低，但每天超过 42g 酒精以上者的血压则显著升高。

（二）饮食营养防治措施

1. 控制体重，避免肥胖

控制体重可使高血压的发生率减低 28%～40%，减轻体重的措施，一是限制能量的摄入，二是增加体力活动。对超重的患者，总能量可根据患者的理想体重。每日每千克给予20～25kcal，或每日能量摄入比平时减少 500～1000kcal，若折合成食物量，则每日约减少主食 100～200g，及烹调油 15～30g，或主食 50～100g 及瘦肉 50～100g 和花生、瓜子等50～100g。能量减少可采取循序渐进的方式。在限制的能量范围内，应做到营养平衡，合理安排蛋白质、脂肪、碳水化合物的比例，蛋白质占总能量的 15%～20%，脂肪 20%～25%，碳水化合物 45%～60%。无机盐和维生素达到 DRIs 标准。适量的体育活动，既能增加能量的消耗，又能改善葡萄糖耐量，增加胰岛素的敏感性，还能提高 HDL 的水平，对控制高血压有力。

2. 改善膳食结构

（1）限制膳食中的钠盐　钠盐对高血压的反应性存在个体差异，约有 30%～50% 的患者对食盐敏感。限盐前的血压越高，限盐降压的作用越明显。有时血压下降不明显，但可减轻头痛、胸闷等症状，或可减少血压的不稳定性。适度地减少钠盐的摄入，还可能减少降压药的剂量，减少利尿药物导致的钾排出，改善左心室肥大，并通过降低尿钙的排出从而对骨质疏松与肾结石有利。在正常情况下人们对钠盐的需要量为 0.5g/d，但在日常生活中，人们膳食含钠盐为 10～15g，远远超过机体的需要量。因此建议正常人每天摄盐量应该在 6g 以内。高血压患者钠的每天摄入量应该在 1.5～3.0g。除了食盐外，还要考虑其他钠的来源，包括盐腌制的食品以及食物本身含有的钠盐。

（2）增加钾的摄入　钾能对抗钠的不利作用，高血压患者应摄入含钾高的食物，如新鲜绿色叶菜、豆类和根茎类、香蕉、杏、梅等。

（3）增加钙、镁的摄入　多摄入富含钙的食品，如牛奶、豆类等。镁含量较高的食物：各种干豆、鲜豆、香菇、菠菜、桂圆、豆芽等。

（4）保持良好的脂肪酸比例　高血压患者脂肪摄入量应控制在总热能的 25% 或更低，应限制饱和脂肪酸和脂肪酸提高的热能，其中饱和脂肪酸、单不饱和脂肪酸和多不饱和脂肪酸为 1:1:1。

（5）增加优质蛋白　不同来源的蛋白质对血压的影响不同，鱼类蛋白可使高血压和脑卒中的发病率降低，酪氨酸也有降低血压的功效；大豆蛋白虽无降血压作用，但也有预防脑卒中发生的作用。

（6）其他　祖国医学推荐高血压患者食用芹菜、洋葱、大蒜、胡萝卜、荠菜、刺菜、菠菜等蔬菜。还可选用山楂、西瓜、桑葚、香蕉、柿子、苹果、桃、梨等水果，以及菊花、海带、木耳、草菇、玉米等。这些食物的高血压防治作用可能与其含有植物化学物质、微量元素和维生素有关。

3. 限制饮酒

酒精是高血压和脑卒中的独立危险因素，建议高血压患者不宜饮酒，应限制酒量在 25g/d 以下，必要时完全戒酒。

三、冠心病

冠状动脉粥样硬化性心脏病（coronary atherosclerotic heart disease）简称冠心病，又称缺血性心脏病，是指冠状动脉的粥样硬化或伴有痉挛所导致的心肌缺血缺氧而引起的心脏病。

（一）动脉粥样硬化性冠心病与营养的关系

1. 膳食脂类与动脉粥样硬化

高脂血症与动脉粥样硬化发生密切相关。膳食中的脂类对血脂水平的影响至关重要，动脉粥样硬化常见于血脂增高的患者。不同脂肪酸对动脉粥样硬化具有不同影响，饱和脂肪酸的摄入量与动脉粥样硬化呈正相关。饱和脂肪酸被认为是膳食中使血液胆固醇含量升高的主要脂肪酸，但并不是所有的饱和脂肪酸都具有升高血清胆固醇的作用。<10 个碳原子和 >18 个碳原子的饱和脂肪酸几乎不升高血液胆固醇，而棕榈酸（palmitic acid，C16:0）、豆蔻酸（myristic acid，C14:0）和月桂酸（lauric acid，C12:0）有升高血胆固醇的作用，升高血清胆固醇的作用以豆蔻酸最强，棕榈酸次之，月桂酸再次之。单不饱和脂肪酸如橄榄油和茶油曾被认为对血清胆固醇的作用是中性的，既不引起血清胆固醇的升高，也不引起其降低。单不饱和脂肪酸能减低血总胆固醇和 LDL，而不降低 HDL 水平，或使 LDL 胆固醇下降较多而 HDL 胆固醇下降较少。膳食中的多不饱和脂肪酸主要为 n-6 多不饱和脂肪酸和 n-3 多不饱和脂肪酸。n-6 多不饱和脂肪酸如亚油酸（linoleic acid，C18:2）能降低血液胆固醇含量，降低 LDL 胆固醇的同时也降低 HDL 胆固醇。n-3 多不饱和脂肪酸如 α-亚麻酸、EPA 和 DHA 能降低血液胆固醇含量，同时降低血液甘油三酯含量，并且升高血浆 HDL 水平。EPA 和 DHA 降低血浆甘油三酯的作用是因为它们阻碍了甘油三酯渗入到肝的 VLDL

颗粒中，导致肝分泌甘油三酯减少，血浆甘油三酯降低。反式脂肪酸可使血中 LDL 胆固醇含量增加，同时引起 HDL 降低，HDL/LDL 比例降低，增加动脉粥样硬化和冠心病的危险性。磷脂使血浆胆固醇浓度降低，避免胆固醇在血管壁的沉积，有利于防治动脉粥样硬化。植物固醇能够在消化道与胆固醇竞争性形成 "胶粒"，抑制胆固醇的吸收，降低血浆胆固醇。

2. 膳食热能、碳水化合物与动脉粥样硬化

过多的能量摄入在体内转化成脂肪组织，储存于皮下或身体各组织，形成肥胖。肥胖患者的脂肪细胞对胰岛素的敏感性降低，引起葡萄糖的利用受限，继而引发代谢紊乱，血浆甘油三酯升高。膳食中碳水化合物的种类和数量对血脂水平有较大的影响。蔗糖、果糖摄入过多容易引起血清甘油三酯含量升高，这是因为肝利用多余的碳水化合物变成甘油三酯所致。膳食纤维能够降低胆固醇和胆酸的吸收，并增加其从粪便的排出，具有降低血脂的作用。

3. 蛋白质与动脉粥样硬化

蛋白质与动脉硬化的关系尚未完全阐明。在动物实验中发现，高动物性蛋白（如酪蛋白）膳食可促进动脉粥样硬化的形成，植物性蛋白代替高脂血症患者膳食中的动物性蛋白能够降低血清胆固醇。研究还发现一些氨基酸可影响心血管的功能，如牛磺酸具有降低血胆固醇的作用；高血浆同型半胱氨酸被认为是血管损伤危险因子。

4. 维生素和微量元素与动脉粥样硬化

维生素 E 有预防动脉粥样硬化和冠心病的作用，可能通过其抗氧化作用、抑制炎症因子的形成和分泌，以及抑制血小板凝集而发挥抗动脉粥样硬化的作用。维生素 C 促进胆固醇转变成胆汁酸而降低血中胆固醇的含量，降低血管的脆性和血管的通透性，降低血管内皮的氧化损伤，加快冠状动脉血流量（大剂量的维生素 C），保护血管壁的结构和功能，从而有利于防治心血管疾病。当叶酸、VB_{12} 和 VB_6 缺乏时，血浆同型半胱氨酸浓度增加。膳食中补充叶酸、VB_{12} 和 VB_6 可降低高血浆同型半胱氨酸对血管的损伤。尼克酸在药用剂量下有降低血清胆固醇和甘油三酯、升高 HDL、促进末梢血管扩张等作用。

微量元素镁对心肌的结构、功能和代谢有重要作用，还能改善脂质代谢并有抗凝血功能。高钙饲料可降低动物血胆固醇。铬是葡萄糖耐量因子的组成成分，缺铬可引起糖代谢和脂类代谢的紊乱，增加动脉粥样硬化的危险性。缺乏铜也可使血胆固醇含量升高，并影响弹性蛋白和胶原蛋白的交联而引起心血管损伤。过多的锌则降低血中 HDL 含量，膳食中锌/铜比值较高的地区冠心病发病率也较高。过量的铁可引起心肌损伤、心律失常和心衰等，应用铁螯合剂可促使心肌细胞功能和代谢的恢复。碘可减少胆固醇在动脉壁的沉着；缺硒增加动脉粥样硬化的危险性。

5. 其他膳食因素

酒：少量饮酒可增加血 HDL 水平，而大量饮酒可引起肝的损伤和脂肪代谢的紊乱，主要是升高血甘油三酯和 LDL。茶：茶叶中含有茶多酚等化学物质，茶多酚具有抗氧化作用和降低胆固醇在动脉壁的聚集作用。大蒜和洋葱：有降低血胆固醇水平和提高 HDL 的作用，其作用与大蒜和洋葱中的含硫化合物有关。植物性食物中含有大量的植物化学物质如黄酮、异黄酮、花青素类化合物和皂苷类化合物，具有降低血浆胆固醇、抗氧化和抑制动脉粥样硬化性的血管炎性反应，及抗动脉粥样硬化形成的作用。

(二) 饮食营养防治措施

冠心病的临床分为隐匿型、心绞痛型、心肌梗死型、心力衰竭和心律失常型、猝死型。冠心病是在动脉粥样硬化的基础上逐步发展形成的，在一般情况下，动脉粥样硬化和冠心病

的营养膳食治疗是相同的。由于动脉粥样硬化的发展与营养膳食密切相关，因而营养膳食措施在动脉粥样硬化的防治中起着十分重要的作用。动脉粥样硬化或动脉粥样硬化冠心病的防治原则是在平衡膳食的基础上，控制总热能和总脂肪，限制膳食饱和脂肪酸和胆固醇，保证充足的膳食纤维和多种维生素，保证适量的矿物质和抗氧化营养素。但在发生心肌梗死或心力衰竭等危急情况时，营养膳食措施可作适当的调整。

（1）限制总热量摄入。保持理想体重。热能摄入过多是肥胖的重要原因，而后者是动脉粥样硬化的重要危险因素，故应该控制总能量的摄入，并适当增加运动，保持理想体重。

（2）限制脂肪和胆固醇的摄入，限制膳食中脂肪总量及饱和脂肪酸和胆固醇摄入量是防治高胆固醇血症和动脉粥样硬化，以及动脉粥样硬化性冠心病的重要措施。膳食中脂肪摄入量以占总热能 20%～25% 为宜，饱和脂肪酸的摄入量应少于总热能的 10%，适当增加单不饱和脂肪酸和多不饱和脂肪酸的摄入。鱼类主要含 n-3 系列的多不饱和脂肪酸，对心血管有保护作用，可适当多吃。少吃含胆固醇高的食物，如猪脑和动物内脏等。胆固醇摄入量<300mg/d。

（3）提高植物性蛋白的摄入，少吃甜食。蛋白质摄入应占总能量的 15%，植物蛋白中的大豆有很好地降低血脂的作用，所以应提高大豆及大豆制品的摄入。碳水化合物应占总能量的 60% 左右，应限制单糖和双糖的摄入，少吃甜食和含糖饮料。

（4）保证充足的膳食纤维摄入。膳食纤维能明显降低血胆固醇，因此应多摄入含膳食纤维高的食物，如燕麦、玉米、蔬菜等。

（5）供给充足的维生素和矿物质，维生素 E 和很多水溶性维生素以及微量元素具有改善心血管功能的作用，特别是维生素 E 和维生素 C 具有抗氧化作用，应多食用新鲜蔬菜和水果。

（6）饮食清淡，少盐和少饮酒。高血压是动脉粥样硬化的重要危险因素，为预防高血压，每日盐的摄入量应限制在 6g 以下。严禁酗酒，可少量饮酒。

（7）适当多吃保护性食品。非营养素的植物化学物质（phytochemical）具有心血管健康促进作用，摄入富含这类物质的食物将助于心血管的健康和抑制动脉粥样硬化的形成。应鼓励多吃富含植物化学物质的植物性食物，如大豆、黑色、绿色食品、草莓、洋葱和香菇等。

第四节　营养代谢性疾病

一、糖尿病

糖尿病是由于体内胰岛素分泌不足（缺乏）或相对不足（胰岛素受体敏感性降低）而引起的以糖、蛋白质及脂肪代谢紊乱为主的一种综合征，其主要特征是高血糖和糖尿，典型的糖尿病是"三多一少"：多尿、多饮、多食、消瘦乏力。糖尿病临床上分为胰岛素依赖型（Ⅰ型）和非胰岛素依赖型（Ⅱ型）两种类型，前者多发生于青少年，血糖波动大，需依赖注射胰岛素；后者多发生于 40 岁以后的成年人，占糖尿病总人数的 80%～90%，发病前多肥胖，一般不需外源型胰岛素。

（一）病因

糖尿病的发病是遗传因素和环境因素共同参与结果。Ⅰ型糖尿病是存在易感基因的基础上，病毒感染损伤胰岛组织引起的。Ⅱ型糖尿病是基因缺陷的基础上，由于老龄化和肥胖等原引起的胰岛素抵抗和胰岛素分泌障碍结果。

（二）临床表现

临床表现：Ⅰ型起病可较急，Ⅱ型一般起病缓慢。

（1）代谢紊乱症候群　即糖尿病典型的临床表现，多尿、多饮、多食，同时疲乏、虚弱及体重减轻。

（2）反应性低血糖　见于部分Ⅱ型糖尿病病人，可作为首发症状出现。由于进食后胰岛素分泌高峰延迟，餐后3～5小时血浆胰岛素水平不适当地升高，引起反应性低血糖（餐后延迟性低血糖）。

（3）意外发现高血糖　临床上见于无糖尿病病史的病人，因各种疾病需手术治疗，在手术期间常规检查时发现高血糖。也可平时健康普查时发现高血糖。

（4）并发症　有急性与慢性之分。急性并发症：常见的有糖尿病酮症酸中毒，其次为高渗性非酮症糖尿病昏迷，乳酸性酸中毒少见。慢性并发症：有大血管病变、微血管病变（糖尿病肾病、糖尿病性视网膜病变）、神经病变、眼和其他改变、糖尿病足及感染。

（三）饮食营养防治措施

（1）合理控制能量的摄入——糖尿病的基础治疗　体重是评价总能量摄入是否合理的简便有效的指标，建议每周称一次体重，并根据体重不断调整食物摄入量和运动量，肥胖者应逐渐减少能量摄入并注意增加运动，使体重逐渐下降至正常标准的±5%左右，孕妇、乳母、营养不良及消瘦者、半消瘦性疾病而体重明显低于标准体重者，能量摄入可增加10%～20%，使病人适应生理需要和达到理想体重。

（2）合理控制碳水化合物的摄入——糖尿病治疗的关键　碳水化合物供能应占总能量的50%～60%，根据病人的病情、总能量及空腹血糖的高低来选择比例。每日碳水化合物进食量宜控制在210～300g，折合主食300～400g。肥胖者酌情可控制在150～180g，折合主食200～500g，对米、面等谷类按规定量食用。蔬菜类可适量多用，喜欢甜食者可选用甜叶菊、木糖醇、阿斯巴甜或甜蜜素；最好选用吸收较慢的多糖，如玉米、荞麦、燕麦、莜麦、红薯等；注意食用马铃薯、山药、藕等含淀粉较多的食物替代部分主食；限制蔗糖、葡萄糖的摄入，如含糖量在10%～20%的广柑、苹果、香蕉，空腹血糖控制不理想者慎用，而空腹血糖控制较好者应限量食用；对于蜂蜜、白糖、红糖等精制糖应忌食。

（3）蛋白质的适量摄入　糖尿病人的蛋白质供应量为1g/(kg·d)，蛋白质所供能量占总能量的12%～15%。儿童、孕妇、乳母、营养不良及消耗性疾病者，可酌情增加20%。多选用大豆及豆制品、兔、鱼、禽、瘦肉等优质蛋白质，至少占1/3。

（4）控制脂肪和胆固醇的摄入　每天脂肪供能应占总能量的20%～30%，如高脂血症伴肥胖、动脉粥样硬化或冠心病者，脂肪摄入量宜控制在总能量的25%以下；同时，要严格控制饱和脂肪酸摄入，使其不超过总能量的10%，一般建议饱和脂肪酸、单不饱和脂肪酸、多不饱和脂肪酸之间的比例为1:1:1，每日植物油用量宜20g左右；每天胆固醇的摄入量在300mg以下。富含饱和脂肪酸的牛油、羊油、猪油、奶油等应控制摄入，可适量选用豆油、花生油、芝麻油、菜籽油等含有较多不饱和脂肪酸的植物油。

（5）增加可溶性膳食纤维的摄入　建议每日膳食纤维供给量为35～40g；含可溶性纤维较多的食物有南瓜、糙米、玉米面、魔芋、整粒豆、燕麦麸等。

（6）保证丰富的维生素和矿物质　提倡使用富含维生素B_1和维生素B_2的食物，如芦笋、牛肝、牛乳、羔羊腿等，富含维生素C的食物有花椰菜、甘蓝、枣类、木瓜、草莓等；注意补充锌、铬、镁、锂等微量元素。

（7）食物多样化　糖尿病人每天都应吃到谷薯、蔬菜、水果、大豆、乳、瘦肉（含鱼、虾）、蛋、油脂等八类食物，每类食物选用1～3种。

（8）急重症糖尿病患者的饮食摄入应在医师或营养师的严密监视下进行。

二、痛风

痛风（gout）是一组由多种原因引起的以高尿酸血症所致组织损伤为特征的嘌呤代谢紊乱综合征。其临床特点为高尿酸血症、急性关节炎反复发作、痛风石形成、慢性关节炎和关节畸形以及病程后期的痛风性肾损伤。人体尿酸来源有两个途径。外源性占20%，来自富含嘌呤或核蛋白食物在体内的消化代谢；内源性占80%，是由体内氨基酸、磷酸核糖和其他小分子化合物合成的核酸所分解而来。从食物摄取或体内合成的嘌呤最终代谢产物是尿酸。高尿酸血症主要是内源性嘌呤代谢紊乱、尿酸排出减少与生成增多所致。

（一）病因

痛风可分为原发性和继发性两大类。原发性痛风除少数由于嘌呤代谢的一些酶的缺陷引起外，大多并因尚未明确，属遗传性疾病，患者常伴有高脂血症，肥胖，原发性高血压，糖尿病和动脉粥样硬化等。在原发性痛风中，80%～90%的发病直接机制是肾小管对尿酸的清除率下降。继发性痛风可由肾病、血液病、药物、高嘌呤食物等多种因素引起。

（二）临床表现

多见于体型肥胖的中老年男性，女性很少发病，如有发病多在绝经后。发病前常有漫长的无症状高尿酸血症史，但是只有发生关节炎和/或痛风石时才称为痛风。主要表现如下：

（1）急性关节炎　常是痛风的首发症状，是尿酸盐在关节内结晶、沉积和脱落引起的炎症反应。最易累及足跖关节，其次为踝、膝、腕、指、肘等关节。多数为单一关节受影响，反复发作则受累关节增多。典型发作起病急骤，病人常在午夜痛醒，急性期关节红肿热痛和活动受限，可伴发热、白细胞数增多等全身反应。一般数小时至数周后自然缓解，个别患者终身仅发作一次。多次反复发作可发展为慢性关节炎和痛风石。急性期促发因素为饮酒、高蛋白饮食、脚扭伤、劳累、受寒、感染等。

（2）痛风石及慢性关节炎　痛风石是痛风的特征性病变。是由尿酸盐结晶沉积与结缔组织引起的一种慢性异物样反应而形成的异物结节。除中枢神经系统外，痛风石可累及任何部位，常见于耳廓、关节内及附近。呈黄白色大小不一的隆起，初起至软，随着纤维组织的增生渐变硬如石。发生于关节附近的关节结节，表皮磨损易溃疡和形成瘘管，排出白尿酸盐结晶的糊状物。由于痛风石沉淀不断扩大增多，关节结构及其软组织会被破坏，纤维组织和骨质增生会引起关节僵硬、畸形、活动受限、功能丧失。

（3）痛风性肾病　尿酸盐结晶在肾组织结晶可引起慢性间质性肾炎，表现为高蛋白尿、血尿、等渗尿，进而发生高血压、氮质血症等肾功能不全症候群。肾小管急性、大量、广泛的尿酸盐结晶阻塞，可产生急性肾衰竭。

（4）尿酸性尿路结石　发生率占高尿酸血症患者的40%，占痛风患者的25%。绝大多数为纯尿酸结石，泥沙样结石常无症状，较大者有肾绞痛、血尿。

（三）饮食营养防治措施

限制外源性嘌呤的摄入，减少尿酸的来源，并增加尿酸的排泄，以降低血清尿酸水平，从而减少急性发作的频率和程度，防止并发症。

（1）限制嘌呤　病人应长期控制嘌呤摄入。根据病情，限制膳食中嘌呤的含量，在急性期应严格限制嘌呤摄入少于150mg/d，可选择嘌呤含量低的食物（<25mg/100g）。在缓解期视病情可选用嘌呤含量中等的食物（25～100mg/100g）。其中肉、鱼、禽肉用量60～90g/d，用煮过的汤的熟肉代替生肉。另外可自由选用含嘌呤低的食物，禁用含嘌呤高的食

物（＞150mg/100g）。

（2）低能量　患者多伴有超重或肥胖，应控制能量摄入尽量达到或稍低于理想体重，体重最好能低于理想体重 10％～15％。能量供给平均为 25～30kcal/(kg·d)，约 6.8～8.37MJ（1500～2000kcal/d）。超体重者应减重，减少能量应循序渐进，切忌猛减，否则引起体脂分解过快，会导致酮症，抑制尿酸的排出，诱发痛风的急性发作。

（3）低蛋白质　食物中的核酸多与蛋白质合成核蛋白存在于细胞内，适量限制蛋白质供给可控制嘌呤的摄取。供给量约为 0.8～1.0g/(kg·d) 或 50～70g/d，并以含嘌呤少的谷类、蔬菜类为主要来源，优质蛋白质可选用不含或少含核蛋白的乳类、干酪、鸡蛋等。尽量不用肉、鱼、禽类等，如一定要用，可经煮沸弃汤后食少量。在痛风性肾病时，应根据尿蛋白的丢失和血浆蛋白质水平适量补充蛋白质；但在肾功能不全，出现氮质血症时，应严格限制蛋白质的摄入量。

（4）低脂肪　脂肪可减少尿酸排泄，应尽量限制，可采取低量或中等量，约为 40～50g/d，占总能量的 20％～25％，并用蒸、煮、炖、卤、煲、灼等用油少的烹调方法。

（5）合理供给碳水化合物　碳水化合物有抗生酮作用和增加尿酸排泄的倾向，故应是能量的主要来源，约占总能量的 55％～65％。但果糖可增加尿酸的生成，应减少其摄入量。

（6）充足的维生素和矿物质　各种维生素，尤其是 B 族维生素和维生素 C 应足量供给。多供给富含矿物质的维生素和水果等呈碱性食物，有利于尿酸的溶解与排出。但由于痛风患者易患高血压、高脂血症和肾病，应限制钠盐摄入，通常用量 2～5g/d。

（7）多饮水　入液量应保持 2000～3000mL/d，以维持一定的尿量，促进尿酸排泄，防止结石生成。可在睡前或半夜饮水，以防止夜尿浓缩。可多选用富含水分的水果和食品，并设法使尿液呈碱性。但若伴有肾功能不全水分应适量。

（8）限制刺激性食物　乙醇可使体内乳酸增多，抑制尿酸排出，并促进体内乳酸增高，诱发痛风发作，故不宜饮酒。此外，强烈的香料和调味品，如辛辣调味品也不宜食用。茶、可可和咖啡可适量食用。

三、乳糖不耐症

乳糖不耐症是指摄食乳糖或含乳糖的乳制品后出现一系列症状，是因人体内缺乏乳糖酶或者是由于乳糖酶的活性已减弱而引起的乳糖吸收不良的表现。

（一）病因

乳糖是奶类含有的一种糖类，在小肠中必须经乳糖酶的水解变为两个单糖，即葡萄糖和半乳糖后才能被吸收。乳糖酶缺乏的人，在食入奶或奶制品后，奶中乳糖不能完全被消化吸收而滞留在肠腔内，使肠内容物渗透压增高、体积增加，肠排空加快，使乳糖很快排到大肠并在大肠吸收水分，受细菌的作用发酵产气，轻者症状不明显，较重者可出现腹胀、肠鸣、排气、腹痛、腹泻等症状，称之为乳糖不耐受症。

乳糖酶缺乏可能有三种类型：①先天性乳糖酶缺乏。指自出生时机体乳糖酶活性即低下或缺乏，是机体常染色体上隐性基因所致，这较为罕见，在婴儿出生后的最初几周变得明显。②原发性个体发育性乳糖酶缺乏。即乳糖酶的活性从哺乳期的高水平降至断乳后的低水平，且维持一生；是由于人类世代饮食习惯导致基因改变，发病率与年龄和种族有关，大部分人属于这种类型。种族间乳糖酶缺乏的发生率差异很大，不喝奶的种族可高达 95％，喝奶种族可低至 5％。常喝牛奶的西欧、北欧人以及一些非洲的部落，进入成年期后乳糖酶活性仍很高。亚洲地区 80％以上人群患有乳糖不耐症，据统计，我国乳糖不耐者占人群的 70％以上，以致大部分人错误地认为牛奶为胀气食品。③继发性乳糖酶缺乏。是因为各种原因造成的小肠黏膜损伤，如感染、营养不良、细菌过度繁殖，胃肠炎等而引起的暂时性乳糖酶缺乏。

对于小儿来说，秋季多发性腹泻、细菌性腹泻会引起肠胃功能的暂时低下，乳糖酶分泌减少或活性降低，持续饮奶会引起继发性乳糖不耐受。大剂量服用头孢类、内酰胺类抗菌素后也会引起继发性乳糖不耐受。

（二）临床表现

乳糖酶存在于人体小肠黏膜上皮细胞中，其活性即使在哺乳期也有一定限度，而在断乳后则逐渐下降甚至消失。当乳糖酶活性下降过大或消失时，会导致乳糖不能被消化吸收，滞留于肠腔，并在小肠及结肠细菌的作用下发酵成乳酸、甲酸等小分子有机酸，增加了肠腔内容物的渗透压，促使肠壁水分反流入肠腔，出现水样腹泻，大便酸性增加。此外发酵产生的气体可引起腹胀等。

（三）饮食营养防治措施

因为是基因原因导致，目前没有根治的方法。基本的对策包括避免摄入乳糖，或者用人造的乳糖酶药物来帮助消化。

乳糖不耐症患者可选用少含或不含乳糖的乳制品以满足自身需要，如酸牛乳一类的发酵乳制品，因为酸牛乳中相当多的乳糖因被发酵菌利用而消失。例如，将牛乳在10℃以下酸处理一夜，或经37℃处理数小时的方法分解乳糖，使乳糖含量大幅度降低或消除；在无菌的牛乳中加入乳糖酶，经30℃、20h将乳糖分解，而且经此处理后的牛乳甜度增加了三倍、易于消化吸收，很适合于乳糖不耐者食用。此外，还可用米曲霉产生的β-半乳糖苷酶处理牛乳，使牛乳中的乳糖转换成能促进双歧乳杆菌繁殖的转移低聚糖，加热使酶失活，再将双歧乳杆菌在牛乳中接种，经此处理后牛乳中的乳糖已大部分被转换，可供乳糖不耐症的婴幼儿食用。同时双歧乳杆菌在肠道中还能抑制肠道致病菌的生长，有益于婴幼儿健康。

另外，瑞士干酪、Cheddar等硬干酪，由于其制作工艺和后来的细菌转化，含乳糖也比同量的牛乳低得多。豆浆、豆奶、杏仁奶、豆腐等产品可以部分替代乳制品的营养（尤其是蛋白质和钙）和烹饪效果，在价格上也比服用乳糖酶便宜很多。

避免乳制食品的同时，也要注意到其他很多食品等含的乳制成分，例如面包里加入的乳清、高蛋白人造食品中的乳清蛋白、药品中用来增加体积的乳糖。此外，近年来食品工业界还发明了两种降低鲜乳乳糖含量的技术：通过固定有乳糖酶的介质过滤，或者加入乳酸杆菌。

服用乳糖酶药物也是良好的预防方法，乳糖酶药物一般为口服片状，有效时间为30~45min。也有液体的乳糖酶，可以用来滴进鲜乳中提前消化乳糖。长期使用乳糖酶药物价格不菲，但偶然在外使用能为乳糖不耐症患者带来一定的就餐自由。

四、苯丙酮尿症

苯丙酮尿症（Phenylketonuria，PKU）是一种基因缺乏病。

（一）病因及临床表现

由于患者体内先天性缺乏苯丙氨酸羟化酶，苯丙氨酸不能转化为酪氨酸，造成血液与脑脊液苯丙氨酸及其盐类（丙酮酸盐、乳酸盐、醋酸盐）含量高于正常，导致严重脑损伤。智力发育低下是PKU严重而重要的临床特征。然而，小于5~6个月的婴儿，此症状几乎不明显。

（二）饮食营养防治措施

主要是限制苯丙氨酸的摄入量。苯丙氨酸是必需氨基酸，如果完全不摄入，会影响机体的生长发育。最好将摄入量限制在 20～60mg/kg 体重。低于 20mg/kg 体重，会出现生长发育受损。高于 60mg/kg 体重，会导致智力发育低下。治疗若从出生后几个星期或 5 个月之内开始，临床特征将避免或减轻；若治疗延误，脑损伤将不可逆而伴随终生。人体对苯丙氨酸的耐受性随年龄的增加而增加，8 岁时停止对膳食苯丙氨酸的限量较为安全。

五、高半胱氨酸血症

高半胱氨酸血症即血液中高半胱氨酸（homocystein）的水平过高。高半胱氨酸是蛋白质代谢过程的中间体，在维生素 B_6 的作用下可转化成胱氨酸，或在维生素 B_{12} 和叶酸的作用下转化成甲硫氨酸。当上述三种维生素中的一种缺乏，都会造成血液中高半胱氨酸水平增高，导致冠心病的发生。已经证实，在普通人群中因高半胱氨酸血症引发的冠心病发病率占总发病率的 10%，并且将血浆高半胱氨酸水平作为维生素 B_6 营养状况的指标。最近的研究表明，叶酸比维生素 B_6 与血高半胱氨酸水平关系更为密切。

第五节　营养与肿瘤

肿瘤是一种细胞的异常增生。肿瘤细胞不同于正常细胞，呈现出生命活动的自主性，能独立进行增殖、繁衍，具有自身遗传性。肿瘤可发生于多种组织器官中，根据对健康和生命威胁的程度可将其分为良性和恶性肿瘤。肿瘤的发生是环境（外因）和遗传（内因）等多因素共同作用的结果，在诸多环境因素中膳食所占的比重为 20%～60%。膳食成分能够诱导肿瘤易感基因的表达，促进癌症的发生和发展。

一、食源性致癌物

人类为了维持正常的生理功能，满足生长发育和劳动工作的需要，必须每日从外界环境中摄入各种各样的食物来获得人体所需要的营养素，这些食物有的具有致癌和促癌作用。

亚硝基化合物：在咸菜、泡菜、酸菜、咸鱼肉等腌制的食品中含有 N-二甲基亚硝胺和 N-二甲基亚硝吡啶，能促进胃癌、食管癌的发生。

多环芳烃：富含脂肪的食物经炭火烘烤后（如烤肉等）容易造成多环芳烃的污染，如苯并［α］芘可使多种器官致癌。

杂环胺类物质：富含蛋白质的食物经高温分解（如炸鱼等）会产生杂环胺类物质（heterocyclic amines），如 2-胺基-3-甲基咪唑（4,5-f）喹啉（IQ）和 2-胺基-1-甲基-6-苯咪唑（4,5-b）吡啶（PhIP）。这些化合物都是强致突变物，在实验动物中可引起多种肿瘤，包括结肠癌和乳腺癌。

霉菌毒素：摄入被黄曲霉毒素及其他霉菌毒素的污染的食物是肝癌发生的危险因素，其中黄曲霉毒素 B_1（aflatoxin B_1）是一种目前比较肯定的膳食致癌物。

二、营养因素与肿瘤

1. 能量

高能量的食品能增加患乳腺癌、直肠、子宫内膜、膀胱、肾、卵巢、前列腺和甲状腺癌的危险。能量不平衡（包括能量摄入量和体力活动两方面）可通过特异的激素和生长因子增加致癌作用。

2. 蛋白质

蛋白质摄入过低或过高均会促进肿瘤的发生。膳食中蛋白质含量较低时，可增加机体对致癌物的敏感性，易发生食管癌和胃癌，若适当提高蛋白质含量或补充某些氨基酸，有利于抑制肿瘤的发生。然而，蛋白质摄入过高，尤其动物性蛋白质摄入过高又可引发结肠癌、乳腺癌和胰腺癌。

3. 脂肪

脂肪的总摄入量与结肠癌、乳腺癌、动脉粥样硬化性心脏病的发病率呈正相关，而与胃癌呈负相关。动物性脂肪和饱和脂肪水平高的膳食可增加肺、结肠、直肠、乳腺、子宫内膜、前列腺等部位癌的危险性。膳食中脂肪酸的饱和程度对肿瘤的发生也有一定的影响。目前研究表明膳食中单不饱和脂肪酸本身对癌症危险性的影响可能很小，而对于膳食中多不饱和脂肪酸是否促进癌症的发生争论不一。有学者认为，n-6 系列的多不饱和脂肪酸有促进癌症发生的作用，可能的机制包括增加前列腺素 E2 的活性和抑制自然杀伤细胞的活性；而 n-3系列的 EPA 和 DHA 对肿瘤有抑制作用。

4. 碳水化合物

有研究报道蔗糖的摄入量与乳腺癌死亡率呈正相关，而复杂的碳水化合物则与乳腺癌死亡率呈负相关趋势。高淀粉膳食本身无促癌作用，而是这种膳食常伴有蛋白质摄入的偏低，且能使胃的容积变大，易造成胃黏膜损伤。

5. 膳食纤维

膳食纤维摄入量与结肠、直肠癌发生率呈负相关。膳食纤维可通过结肠细菌发酵产生挥发性的脂肪酸，后者可增加异常细胞的凋亡；膳食纤维还可以通过增加排便次数和排便量，缩短肠道运转时间，稀释肠内容物，改变肠道菌落，结合前致癌物和致癌物，减少胆汁酸及其产物等多途径抑制肠癌的发生。

6. 维生素

（1）维生素 A 和 β-胡萝卜素　动物实验表明，维生素 A 对亚硝胺及多环芳烃诱发的小鼠前胃癌、膀胱癌、结肠癌、乳腺癌、大鼠的肺癌、鼻咽癌等有明显的抑制作用。动物缺乏维生素 A 时，所引发的呼吸道上皮鳞状化生及食管上皮重度增生与致癌物引发的癌变十分相似。β-胡萝卜素为强有力的抗氧化剂，补充 β-胡萝卜素可以降低癌症发病率。

（2）维生素 C 和维生素 E　维生素 C 和维生素 E 都有清除氧自由基的作用。体外实验发现维生素 C 还能分解亚硝酸盐，阻止亚硝胺的合成；维生素 E 对小鼠移植肿瘤有抑制作用，能降低诱发大鼠导致的结肠癌。

（3）叶酸　有研究表明，叶酸缺乏可使化学致癌物诱发的结肠癌发生较快，并且病变程度较重。补充叶酸可使子宫颈上皮细胞的退行性病变和支气管上皮细胞的组织转化发生逆转。

7. 矿物质

矿物质与肿瘤发生密切相关：常量元素钙有预防消化道肿瘤的作用；微量元素硒有防癌作用；镍和 6 价铬有促癌作用。钙有抑制脂质过氧化的作用，它能与脱氧胆酸相结合形成不溶性钙盐，保护胃肠道免受次级胆酸的损伤。一些报道认为钙的摄入量与结、直肠癌呈负相关。硒的防癌作用比较肯定。流行病学的资料表明土壤和植物中的硒含量，人群硒的摄入量，血清硒水平与人类各种癌症的死亡率呈负相关。动物实验表明硒有抑制致癌物诱发食管癌、胃癌、肝癌和乳腺癌的作用。

三、食物与肿瘤

科学家长期研究表明，癌症是可以预防的，而且合理膳食结构对癌症的预防有着积极的意义。大量研究证实，许多食物和饮料中都含有抗癌营养素和化学物，这些物质可以降低致癌物的作用，同时也可以在促癌阶段将受损细胞恢复成正常细胞。目前已知的具有抗癌功效的食物约有 500 余种，其中常见的已有 100 余种，包括豆类、新鲜的黄绿色蔬菜和水果、茶叶、食用真菌类等植物性食物中。

1. 有机硫化物

植物中的有机硫化物主要包括异硫氰酸盐（isothiocyanates）、二硫醇硫酮（1,2-dithiolethione）和葱属蔬菜中含硫化合物，均广泛存在于十字花科蔬菜（菜花、芥菜、萝卜等）及大蒜、大葱、韭菜等中。动物实验证明异硫氰酸盐能减少大鼠肺癌、乳腺癌、食管癌、肝癌、肠癌和膀胱癌的发生。含有机硫化合物较多的食物有：卷心菜、甘蓝、西兰花、菜花等。

2. 多酚化合物

可食植物中多酚类化合物主要包括酚酸（phenolic acid）、类黄酮、木酚素、香豆素和单宁（tannin）等。多酚类化合物是一类抗氧化剂，可以影响多种酶的活性，清除自由基，有抗氧化、抗诱变发生的作用。许多多酚类化合物存在于大蒜、黄豆、绿茶、甘草、亚麻子中。柑橘类水果、洋葱、苹果和甘蓝中含有许多黄酮、类黄酮物质。例如，绿茶能够降低消化道癌、乳腺癌和泌尿道癌的发生。

3. 萜类化合物

食物中萜类化合物主要包括柠檬烯（limonene）和皂苷（saponin），胆固醇、胡萝卜素、维生素 A、E 等也属于萜类化合物。这类化合物能够诱导人体内的代谢酶，阻断致癌物的作用，抑制癌细胞的生长和分化。动物实验表明萜类化合物能够使大鼠乳腺癌细胞生长数目减少、癌肿消退。黄豆皂苷和甘草皂苷都有清除自由基，抗病毒和抑癌的作用。萜类化合物主要存在于大蒜、柑橘、食物调料、香料、精油、葡萄酒、黄豆及甘草等中。

4. 类黄酮及异黄酮类化合物

类黄酮及异黄酮类化合物是一类抗氧化剂，可以阻断致癌物到达细胞，抑制细胞的癌变。这类物质广泛存在于大豆、蔬菜、水果、葡萄酒和绿茶中。例如，近期流行病学研究表明，大豆摄入量与乳腺癌、胰腺癌、结肠癌、肺癌和胃癌等许多癌症的发病率呈负相关。动物实验和人体癌细胞组织培养的研究结果已经证明大豆中天然存在的异黄酮、染料木黄酮和黄豆苷原等化合物具有防癌作用。大豆中异黄酮的含量很高，这种较弱的植物雌激素能抑制雌激素促进的癌及其他与激素不相关的癌。

5. 类胡萝卜素

目前发现番茄红素（lycopene）是类胡萝卜素中最有效的、具有生物活性的单线态氧淬灭剂。近年来流行病学调查研究显示富含番茄红素的蔬菜摄入量与癌症发生率呈负相关。摄入番茄红素能降低人群中肺癌、乳腺癌、宫颈癌、胃癌、前列腺癌的发生率。

上述几类植物化学物存在相互渗透的抗癌作用机制。除此之外，特殊食物中还存在一些其他的抗癌成分，例如，香菇中含有葡萄糖苷酶，具有杀死癌细胞的作用。银耳中含有抗肿瘤多糖，能促进机体淋巴细胞的转化，提高免疫功能，抑制癌细胞扩散。金针菇中含有的朴菇素能有效地抑制肿瘤细胞的生长。

四、防癌的膳食建议

通过切实可行的合理膳食措施和健康的生活方式，可望减少全球的癌症发病率 30%～40%，世界癌症研究基金会和美国癌症研究会专家小组提出了以下 14 条膳食建议：

（1）食用营养丰富的以植物性食物为主的多样化膳食　选择富含多种蔬菜和水果、豆类的植物性膳食，但并不意味着素食，但应该让植物性食物占据饭菜的 2/3 以上；

（2）保持适宜的体重　人群的平均体质指数［BMI＝体重/身高（m）^{2}］在整个成年阶

段保持在 BMI 为 21～25，而个体的 BMI 为 18.5～25，避免体重过低或过高，并将整个成人期的体重增加限制在 5kg 之内；

（3）坚持体力活动 如果从事轻或中等体力活动的职业，则每天应进行约 1h 的快步走或类似的活动，每周还要安排至少 1h 的较剧烈出汗活动；

（4）鼓励全年多吃蔬菜和水果 使其提供的热量达到总能量的 7%，全年每日吃多种蔬菜和水果，每日达 400～800g；

（5）选用富含淀粉和蛋白质的植物性主食 应占总能量的 45%～60%，精制糖提供的总能量应限制在 10% 以内。个体每日摄入的淀粉类食物应达到 600～800g，还应尽量食用粗加工的食物；

（6）不要饮酒，尤其反对过度饮酒 如果要饮酒，男性应限制在 2 杯，女性在 1 杯以内（1 杯的定义是啤酒 250mL，葡萄酒 100mL，白酒 25mL）。孕妇、儿童及青少年不应饮酒；

（7）肉类食物 红肉（指牛、羊、猪肉及其制品）的摄入量应低于总能量的 10%，每日应少于 80g，最好选择鱼、禽类或非家养动物的肉类为好；

（8）总脂肪和油类提供的能量应占总能量的 15%～30% 限制脂肪含量较多，特别是动物性脂肪较多的食物，植物油也应适量，且应选择含单不饱和脂肪并且氧化程度较低的植物油；

（9）限制食盐 成人每日从各种来源摄入的食盐不应超过 6g，其中包含盐腌的各种食品；

（10）尽力减少霉菌对食品的污染 应避免食用受霉菌毒素污染或在室温下长期储藏的食物；

（11）食品保藏 易腐败的食品在购买时和在家中都应冷藏或使用其他适当方法保藏；

（12）对食品的添加剂和残留物以及各种化学污染物应制定并检测其安全用量，并应制定严格的管理和监测办法。食品中的添加剂、污染物及残留物的含量低于国家所规定的水平时，它们的存在是无害的，但是乱用或使用不当可能影响健康；

（13）营养补充剂 补充剂不能减少癌症的危险性，大多数人应从饮食中获取各种营养成分，而不用营养补充剂；

（14）食物的制备和烹调 在吃肉和鱼时用较低的温度烹调，不要食用烧焦的肉和鱼，也不要经常食用炙烤、熏制和烟熏的肉和鱼；

此外，《食物、营养与癌症预防》报告对膳食除了提出 14 条建议外，还建议不吸烟和不嚼烟草，不鼓励以任何形式生产、促销和使用烟草。

最近几年来，国际营养学界对膳食指南的认识已从以营养素为基础的膳食指南转向为以食物为基础的膳食指南，后者明确倡导以植物性食物为主的膳食模式。整个指南包括定性的膳食指南和定量的膳食目标，同时强调从事适当的体力劳动，以达到能量平衡。这项指南还指出改变不合理的膳食结构与生活方式对癌症的预防是积极有效的，如平衡膳食、合理营养、改进食物的储存与烹调方法至少可以减少 1/3 的癌症死亡率。

因此，就人群而言，大部分的癌症都是可以预防的。在癌症防治过程中应考虑各种人群，制定个性化的防治方案。

第十三章　营养调查与食谱编制

第一节　营养调查

一、营养调查概述

营养调查是一种通过膳食调查、体格检查、生化检验，来了解个体或群体营养状况的方法。膳食调查是了解在一定时间内，被调查对象通过膳食所摄取的各种营养素的数量和质量及满足正常营养需要的程度。生化检验是借助生化的实验手段，检查机体的营养储备水平及营养状况等。营养调查三个方面的检测结果互相联系互相验证，才能客观全面地反映营养水平。体格检查是应用临床方法检测受检者的体格、体征等，以确定受检者的营养水平和健康水平。

营养调查的目的有：①了解被调查者膳食摄取情况并与本国的 DRIs 进行对比。②了解被调查者与营养有关的生化检验和体格检查结果，并发现存在的营养不平衡等问题。③为营养监测奠定基础，为政府制定有关营养政策提供资料，为医疗保健部门提供预防、诊断和治疗提供依据。

营养调查可分为三种类型：①个人调查，了解某一个体的营养状况。②类型调查，了解某一社会成员或职业类型人群的营养状况。③社区调查，了解某一地区范围内全部居民的营养状况，比如我国的营养调查。

二、营养调查的内容

(一) 膳食调查

调查时间的要求：根据调查方法的不同，可选择 3 天、5 天或 7 天等，应包括春、夏、秋、冬四季，至少应在夏、秋或春、冬各进行一次。通过对特定人群或个体的每人每日各种食物摄入量的调查，与 DRIs 进行比较，从而了解摄入营养素是否合理。

1. 调查方法

(1) 称重法　称取被调查个人或单位一日三餐所消耗的各类食物的重量，根据中国食物成分表计算各种营养素摄入量。称重法是最准确的方法，但需要较多的人才能完成，调查成本最高。先称生的原料，做熟后再称。最后称剩余的做熟的食物，换算成生的原料。计算出平均每人每日所吃生食的重量，一般不少于 3 天，7 天最合适。

(2) 记账法　根据被调查单位每日购买的发票和账目、就餐人数的记录或人日数，计算每人平均的食物消耗量和营养素摄取量。

人日数的计算方法：

① 按一日三餐能量分配比计算

人日数＝早餐人数×30％＋午餐人数×40％＋晚餐人数×30％

② 按一日三餐粮食消耗量的比例来计算

人日数＝早餐人数×早餐粮食消耗量/全天粮食总消耗量＋午餐的＋晚餐的

此法所需人力少，可进行全年四季的调查，一般每个季度调查 1 个月就能较好地反映出全年的营养状况。作为群体调查时，不得少于 15 天。

（3）24h 个人膳食询问法　通过被调查者回顾和描述 24h 内所摄入的所有食物（包括饮料、零食）的种类和数量来估计个体的膳食摄入量。也可采用 72 小时回忆法或一周回忆法。是最简单最常用的方法，也可通过电话调查或补充。对老年人或记忆力差的人不宜采用这种方法。

（4）食物频率调查法　用于测量个体"经常"摄入食物量。一般用做定性调查，在膳食与健康关系的流行病学研究中常用此法。食物名单可以只包含富含某一营养素（如钙）的食物。调查时间的长短可以是几天、一周、几个月到一年以上。

（5）化学分析法　将被调查者一天摄入的全部熟食，在实验室进行化学分析，测定其中各种营养素含量。用于营养代谢的研究，调查成本昂贵，一顿饭要几千元。

2. 膳食营养评价

（1）每人每日各种营养素平均摄入量（表 13-1）。

（2）平均摄入量占推荐摄入量的百分比，成人能量摄入占标准 80％以内为正常（表 13-1）。

表 13-1　每人每日营养素平均摄入量登记表

项目	蛋白质/g	脂肪/g	碳水化合物/g	热量/kJ(kcal)	膳食纤维/g	钙/mg	VC/mg	磷/mg	铁/mg	VA/μg	VB$_1$/mg	VB$_2$/mg	尼克酸/mg
每人每日摄入量													
DRIs													
比较/%													
评价级别													

（3）三餐能量分配百分比。成人为：30％/40％/30％的分配比例，儿童为：25％/35％/10％/25％的分配比例。

（4）三大能量营养素摄入百分比：脂肪 20％～30％蛋白质 11％～15％碳水化合物类 55％～65％（表 13-2）。

表 13-2　热能来源分布分析表

项目	热能食物来源分布						热能营养素来源分布	
	谷类	薯类	豆类	其他植物	动物食品	蛋白质	碳水化合物	脂肪
摄入量(kJ/kcal)								
占总摄入量/%								

（5）蛋白质来源百分比（表 13-3）。优质蛋白（动物食品＋豆类）占 1/3。

表 13-3　蛋白质来源分布分析表

项目	蛋白质来源分布			
	谷类	豆类	其他植物食品	动物食品
摄入量/g				
占总摄入量/%				

（6）不同种类的食物摄入量（表 13-4）。

表 13-4 不同种类的食物摄入量登记表

食物种类	米及制品	面及制品	其他谷类	薯类	干豆类	豆制品
质量/g						
食物种类	深色蔬菜	浅色蔬菜	腌菜	水果	坚果	畜禽类
质量/g						
食物种类	鱼虾类	乳类	蛋类	植物油	动物油	糖、淀粉盐、酱油
质量/g						

（二）体格检查

观察受检者长期的能量、蛋白质摄入不平衡而引起的临床症状和体征。

① 体重 代表蛋白质和热能储存情况。体质指数 BMI：体重计精度为 0.1kg；清晨起床便后测，或在两餐之间测；一般安排上午十点测穿固定衣服的重量或测净重。

② 身高 代表蛋白质钙储存骨骼发育状况。测量三次，取平均值，误差不超过 0.5cm。要求被测者取立正姿势，脚跟并拢，脚尖分开约 60 度，两眼平视，头部正直，保证脚跟、臀部和两肩中点，三点同时接触立柱。在上午早餐、午餐之间测量。

③ 皮脂厚度 如三头肌（左上臂背侧中点上约 2cm）皮脂厚度标准值为：男 12.5mm，女 16.5mm。测量值为标准值的 90% 以上为正常，80%～90% 为轻度营养不良。60%～80% 为中度营养不良，＜60% 为重度营养不良。

④ 其他测量指标 5 岁以下的婴幼儿、儿童，还应测量坐高、胸围、头围及骨盆径等项。

⑤ 症状和体征 营养缺乏是一个渐进的过程，首先是摄入量的不足，造成体内营养水平的下降。进一步引起出现生化代谢发生紊乱等，最后导致病理形态上的异常改变和损伤，此时就表现出临床缺乏体征。

（三）生化检验

生化检查可及时反映机体营养缺乏或过量的程度。评价营养状况的生化测定方法较多，基本上可以分为测定血液及尿液中营养素的含量、排出速率、相应的代谢产物以及测定与某些营养素有关的酶活力等。

第二节 营养食谱编制

一、营养食谱编制的原则

食谱就是膳食安排。主要是指一段时间内的膳食中主、副、零食等调配及烹调方案。食谱编制是为满足特定个人或人群的营养生理和心里需要，将食物原料变成食谱的过程。

（一）食谱编制要素

（1）原料 进行分类、营养价值的选择。

（2）对象 适应不同的特点、营养需要与供给。

（3）烹调 ①需多样、变化和科学调配；②色、香、味、形；③易于消化吸收。

（二）食谱编制特点

①科学性：平衡膳食、合理营养；②适用性：符合当时、当地实际；③针对性：特定个体或人群；④灵活性：不能过分强调营养平衡的绝对性；⑤经济性：考虑使用者的经济承受能力。

（三）食谱编制的基本原则

1. 满足每日膳食营养素及能量的供给量

根据年龄、生理特点、劳动强度，选用食物并计算用量。使一周内平均每日能量及营养素摄入量能达到膳食供给量标准，满足人体的需要。

2. 各营养素之间比例适宜

达到能量和各种营养素的需要量。考虑各营养素之间的合适比例，利用不同食物中营养素的互补发挥最佳协同作用。

3. 食物品种要多样、数量要充足、搭配要合理

从谷薯、蔬菜、水果、豆类、奶、瘦肉（鱼虾）、蛋、油脂（坚果）这八大类食物的每一类中选用1~3种适量食物，组成食谱，同一类食物可更换品种和烹调方法，如：主食有米有面有杂粮，副食有荤有（腥）素有菜汤，色、香、味、形巧烹调。

4. 食品安全无害，保证食物新鲜卫生。

5. 根据食物的特性选择合理的烹调方法，尽量减少营养素的损失。

6. 编制食谱要考虑用膳者的饮食习惯，进餐环境、用膳目的和经济能力。

7. 及时更换调整食谱

每一至两周更换可更换一次食谱。执行一段时间后应对其效果进行评价，不断调整食谱。结合当时气候情况，食物供应情况、食堂的设备条件和厨师的烹调技术等因素，编制切实可行的食谱。

二、营养食谱编制的步骤

1. 确定营养目标

（1）健康个体 一般需要按推荐摄入量（RNI）或适宜摄入量（AI）。

推荐摄入量：指满足某一特定性别、年龄及生理状况群体中97%~98%个体需要量的摄入水平。

适宜摄入量：适宜摄入量，满足100%人群需要。

（2）特殊个体 一般与特殊兼顾。

特殊微量营养素补充：成人不超过UL；儿童总摄入量不超过RNI或AI的166%。

2. 坚持几个不变

（1）先确定总能量摄入，在此基础上计算其他相关营养素摄入量。

如：轻体力劳动成年男性热能供给量为2200kcal。

蛋白质：$2200 \times 12\% = 264kcal$（66g）；

脂肪：$2200 \times 25\% = 550kcal$（61g）；

碳水化合物：$2200 \times 60\% = 1320kcal$（330g）；

其他：维生素B_1、B_2。

（2）按照膳食指南不要变 食物多样：每天摄入10~15种以上的食物。每天300mL牛奶、30g以下烹调油、6g盐、500g水果蔬菜等不要变。

（3）膳食制度不要变。

3. 食物选择

（1）主食 主食以粮谷类为主，一般每100g米、面（生）含碳水化合物76%左右，故可根据所需的碳水化合物量大致计算出主食用量为：$330g \div 76\% = 432g$，分配到三餐中去。

（2）计算副食用量 根据蛋白质需要量：副食蛋白质量＝总蛋白质量－主食蛋白质量。副食蛋白质量2/3来源于动物性食品，1/3来源于大豆及其制品。最后设计蔬菜水果类

食品。

（3）计算和调配 计算选定后各类食物的用量；确定烹调油的用量；三餐食谱的安排；烹调方案。

4. 食谱的评价和调整

计算该食谱提供的能量和各种营养素的量，与膳食营养素参考摄入量（DRIs）比较，相差在 10% 上下。一般情况下，每天的能量、蛋白质、脂肪和碳水化合物的量出入不大，其他营养素可一周为单位计算、评价。

①七大类食物是否齐全，食物多样化：谷薯类；肉类鱼类；豆类及其制品；奶类；蛋类；蔬菜水果；纯热能食品；②量是否充足（膳食宝塔）；③能量和营养素的摄入量是否适宜；④三餐能量分配是否合理，早餐是否合理；⑤优质蛋白质是否占 1/3 以上；⑥三大产热营养素供能比是否合适。

调整食谱：根据粗配食谱中各种食物及其用量，通过查阅食物成分表，计算该食谱所提供的各种营养素的量，并与食用者的营养推荐摄入量标准进行比较，如果某种或某些营养素的量与 RNI 偏离（不足或超过）较大，则应进行调整，直至基本符合要求。

三、营养食谱的计算与评价

1. 查 DRIs 表确定全日总能量和各营养素供给量

根据用餐对象的劳动强度、年龄、性别参照 RNI 确定全日总能量和各营养素供给量。集体就餐对象的能量供给标准因人群的平均年龄、体重以及 80% 以上就餐人员的活动强度而定。尚需考虑就餐者的劳动强度、工作性质以及饮食习惯，甚至胖瘦程度。

2. 计算宏量营养素全日应提供的能量

在能量总需求中：蛋白质占 10%～15%，脂肪 20%～30%，碳水化合物 55%～65%。假设已知某人每日能量需要量为 2700kcal。宏量营养素供能比定为 15%、25%、60%，则宏量营养素应提供的能量为：蛋白质（2700kcal×15%＝405kcal），脂肪（2700kcal×25%＝675kcal），碳水化合物（2700kcal×60%＝1620kcal）。

3. 计算宏量营养素各餐应提供的数量

首先，将宏量营养素的能量供给量折算为需要量，根据其消化率得出其能量折算系数：1g 碳水化合物产能＝4kcal；1g 脂肪产能＝9kcal；1g 蛋白质产能＝4kcal。接着，计算各餐应提供的数量。以早餐为例：蛋白质（405kcal÷4kcal×30%＝30.375），脂肪（675kcal÷9kcal×30%＝22.5），碳水化合物（1620kcal÷4kcal×30%＝121.5）。

4. 确定主副食品种和数量

首先，确定主食品种和数量。其中，谷薯类是碳水化合物的主要来源。已知：早餐应含碳水化合物 122g；设：早餐主食为米粥加馒头，分别提供 20% 和 80% 碳水化合物；查表：100g 米粥含碳水化合物 9.8g，100g 馒头含碳水化合物 44.2g，则所需米粥量＝122g×20%÷（9.8/100）≈250g，所需馒头量＝122g×80%÷（44.2/100）＝220g。

接着，确定副食品种和数量。主食确定后，必须考虑蛋白质的质量与数量。已知：早餐应含蛋白质 30g；查表：100g 米粥含蛋白质 1.1g，100g 馒头（富强粉）含蛋白质 6.2g，则主食中蛋白质含量 220g×（6.2/100）＋250g×（1.1/100）＝16.39g。

副食中蛋白质含量 30g－16g＝14g。设：早餐副食中蛋白质 2/3 由动物性食物供给，1/3 由豆制品供给；则动物食物含蛋白质量＝14g×66.7%≈9g，植物食物含蛋白质量＝14g×33.3%≈4g；查表：100g 鸡蛋含蛋白质 12.8g，100g 豆腐丝含蛋白质 21.5g，则所需鸡蛋量＝9g×66.7%÷（12.8/100）≈47g，所需豆腐丝量＝4g×33.3%÷（21.5/100）≈6g。

查表计算各类动物性食物及豆制品的供给量。按消费水平及地区供应情况初步决定每人每日可以供应的肉、鱼、禽、蛋豆类极其制品的数量，并计算其中营养素含量，然后加以调整。优质蛋白应占 1/3，其余可由粮食供给。

设计蔬菜、水果的品种和数量。每人每日蔬菜基数应为 500g，其中绿叶菜类占 50%，由于各种蔬菜各有不同的营养特点，故以少量多品种的方式进行配制。最后，确定纯能量食物的量。

5. 粗配食谱

以计算出来的主副食用量为基础，粗配食谱。如，主食：米粥 250g，馒头 220g；副食：荷包蛋 47g，拌豆腐丝 6g。

6. 调整食谱

① 与 DRIs 比较，相差在 10% 左右可认为符合要求；

② 除了宏量元素，其他营养素以一周为单位计算。

7. 编排一周食谱

一日食谱确定后，可根据用膳者饮食习惯、市场供应情况等因素在同一类食物中更换品种和烹调方法，编排成一周食谱。

8. 食谱的评价、总结、归档管理

对膳食营养食谱的评价可从以下 6 个方面进行：①食谱中所含食品类别是否齐全，多样化；②各类食物的量是否充足；③全天能量和营养素是否充足；④三餐能量供给分配是否合理，早餐是否保证了能量和蛋白质的供给；⑤优质蛋白占总蛋白的比例是否适宜；⑥三种产能营养素的供能量是否适宜。

第十四章 营养强化食品与保健食品

第一节 营养强化食品

一、食品营养强化的概述

（一）食品营养强化的概念

在天然食品中，没有一种食品可以完全满足人体对各种营养素的需要，食品在加工、运输、贮存和烹调等过程中还往往会造成某些营养素的损失。为了弥补天然食品的营养缺陷及补充食品在加工、贮藏中营养素的损失，适应不同人群的生理需要和职业需要，世界上许多国家对有关食品采取了营养强化。所谓食品营养强化（fortification）就是根据各类人群的营养需要，在食品中人工添加一种或多种营养素或者某些天然食品以提高食品营养价值的过程。所添加的营养素或含有营养素的物质（包括天然的和人工合成的）称为食品营养强化剂。添加营养强化剂后的食品就称为营养强化食品（fortified food）。

（二）食品营养强化的分类

食品的营养强化是提高膳食营养质量以及改善人民营养状况的有效途径之一，在预防营养素缺乏病，保障人体健康，满足特殊人群的营养需要，提高食品的感官质量和改善食品的保藏性能等方面均有积极意义。食品营养强化根据目的的不同，大体可分如下四类：

（1）营养素的强化（fortification），即向食品中添加原来含量不足的营养素，如向谷物类食品中添加赖氨酸。

（2）营养素的恢复（restoration），即补充食品加工、贮藏等过程中损失的营养素，如向出粉率低的面粉中添加维生素等。

（3）营养素的标准化（standarization），即使一种食品尽可能满足食用者全面的营养需要而加入各种营养素。如人乳化配方奶粉、宇航食品等的生产，使营养素达到某一标准。

（4）维生素化（vitaminization），即使原来不含某种维生素的食品中添加该种维生素。如，对极地探险或在职业性毒害威胁下，特别强调食品中富含某种维生素（如维生素C）时应用。

以上四种情况，如不特别指明是均可统称之为食品营养强化。

二、营养强化的基本原则

（一）目的明确，针对性强

强化食品添加营养素应有针对性、重点性和地区性，强化目的要明确，缺什么才补什么，切忌求多求全，滥补滥加。

（二）符合营养学原理

载体食物的消费覆盖面越大越好（特别是营养素缺乏最普遍的农村和贫困人群），而且这种食物应该是工业化生产的。所选载体食物的消费量应比较稳定，以便能比较准确的计算营养素添加量，同时能避免由于大量摄入（如软饮料、零食）而发生过量。强化后食品所含各营养素的比例平衡，适合人体所需，如氨基酸平衡、产热营养素平衡、微量元素和维生素的平衡，既能满足人体需要，又不造成浪费。

（三）确保安全性和营养有效性

营养强化剂大多数是人工合成的化学物质，因此其质量必须符合食品卫生有关规定和质量标准。此外，营养强化剂与一般的食品添加剂在使用上有原则的区别，食品添加剂在食品卫生上只要求对人体无害，因此只需规定使用量的上限即可，而营养强化剂除了要求对人体无害外，还要有一定的营养效应，所以以它的使用量要求既规定上限，还要规定下限。添加量一般以相当对象正常摄入量的 1/3 至摄入量为宜。

（四）易被机体吸收利用

食品强化的营养素应尽量选取那些易于吸收、利用的强化剂。例如可作为钙强化用的强化剂很多，有氯化钙、碳酸钙、硫酸钙、磷酸钙、磷酸二氢钙、柠檬酸钙、葡萄糖酸钙和乳酸钙等。其中人体对乳酸钙的吸收最好。在强化时，尽量避免使用那些难溶、难吸收的物质如植酸钙、草酸钙等。钙强化剂的颗粒大小与机体的吸收、利用性能密切有关。另外，在强化某些矿物质和维生素的同时，注意相互间的协同和拮抗作用，以提高营养素的利用率。

（五）不影响食品原有色、香、味等感官性状

在选择营养强化的生产工艺时，应避免损害食品的风味和感官状态。如强化铁时易带来铁锈味，应采取进行掩蔽或减轻异味等措施。

（六）稳定性高，价格合理

许多食品营养强化剂遇光、热和氧等会引起分解、转化而遭到破坏。因此，在食品的加工及储存等过程中会发生部分损失。为减少这类损失，可通过改善强化工艺条件和储藏方法，也可以通过添加强化剂或提高强化剂的稳定性来实现。营养强化剂在具有较高的保存率，使之在食品加工、贮藏及货架期内不致被分解破坏的同时，应选择合适、经济的强化方式和价廉质优的营养强化剂，以降低营养强化剂的成本。

三、食品营养强化剂

食品营养强化剂是指为增强营养成分而加入食品中的天然或者人工合成的属于天然营养素范围的食品添加剂。我国允许使用的食品营养强化剂品种已超过 100 多种，主要有氨基酸及含氮化合物、维生素类、矿物质类、多不饱和脂肪酸等。

食品营养强化剂的种类有以下几种。

（一）氨基酸与含氮化合物

赖氨酸是人体必需氨基酸，是谷类食物中第一限制氨基酸，赖氨酸主要用于谷物制品的营养强化。常用的赖氨酸有 L-盐酸赖氨酸、L-赖氨酸-L-天冬氨酸盐、L-赖氨酸-L-谷氨酸盐等品种。牛磺酸是人体条件必需氨基酸，其作用是与胆汁酸结合形成牛磺胆酸，对消化道中脂类的吸收是必需的。有报道牛磺酸对人类脑神经细胞的增殖、分化及存活具有明显促进作用。在牛乳中几乎不含牛磺酸，因此应适量补充。牛磺酸可添加在婴幼儿食品、乳制品、谷物制品、饮料及乳饮料中。

（二）维生素类

维生素 A、维生素 D、维生素 E、维生素 B_1、维生素 B_2、维生素 B_6、维生素 B_{12}、维生素 C、维生素 K、烟酸、胆碱、肌醇、叶酸、泛酸和生物素等都是允许使用的强化剂品种。如维生素 A 有粉末和油剂两种，用于强化芝麻油、色拉油、人造奶油、婴幼儿食品、乳制品、乳及乳饮料；维生素 D 用于强化乳及乳饮料、人造奶油、乳制品、婴幼儿食品；维生素 B_1、维生素 B_2 主要用于强化谷类及其制品、饮液、乳饮料、婴幼儿食品，维生素 B_2 强化食盐可用于严重缺乏地区。维生素 C 主要用于强化饮料、果泥、糖果、婴幼儿食品；

烟酸或烟酰胺主要用于强化谷类及制品、婴幼儿食品、饮料；维生素 B_6、维生素 B_{12}、维生素 K、胆碱、肌醇、叶酸、泛酸、生物素、左旋肉碱等主要用于强化婴幼儿食品；叶酸还可用于孕妇、乳母专用食品。

（三）矿物质类

钙、铁、锌、硒、碘、镁、铜、锰等矿物质强化剂常用于食品的强化。但在公共用水和瓶装水中，氟被限制使用。其他一些矿物质，如铬、钾、钼、铜和钠一般不作为添加剂使用。钙的强化剂主要有柠檬酸钙、葡萄糖酸钙、碳酸钙或生物碳酸钙、乳酸钙、磷酸氢钙、醋酸钙、天冬氨酸钙、甘氨酸钙、苏糖酸钙、活性离子钙、酪蛋白钙肽（CCP）、柠檬酸-苹果酸钙（CCM）、氧化钙、氯化钙、甘油磷酸钙、牦牛骨粉、蛋壳钙等钙源。铁的强化剂品种主要有硫酸亚铁、乳酸亚铁、葡萄糖酸亚铁、柠檬酸铁、柠檬酸铁铵、富马酸亚铁、焦磷酸铁、血红素铁、卟啉铁、甘氨酸铁、乙二胺四乙酸铁钠等。锌的强化剂主要有硫酸锌、葡萄糖酸锌、氯化锌等，临床研究证明葡萄糖酸锌效果好。碘主要用于强化食盐，碘的强化剂主要有碘化钾、碘酸钾。硒的强化剂主要有富硒酵母、硒化卡拉胶。硫酸镁、硫酸铜和硫酸锰等都是经常使用的营养强化剂。

四、营养强化食品的种类

营养强化食品的种类繁多，可从不同的角度进行分类。营养强化食品从食用角度可分为三类：一类是强化主食品，如大米、面粉等；另一类是强化副食品，如鱼、肉、香肠及酱类；再一类是强化公共系统的必需食品，如饮用水等。营养强化食品按食用对象可分为普通食品、婴幼儿食品、孕妇和乳母食品、老人食品以及军用食品、职业病食品、勘探采矿等特殊需要食品。营养强化食品从添加营养强化剂的种类来分类，有维生素类、蛋白质氨基酸类、矿物质类及脂肪酸等。另外，还有用若干富含营养素的天然食物作为强化剂的混合型强化食品等。目前，应用较多的是强化谷物食品和强化乳粉。

（一）强化谷物食品

谷物类食品的品种很多，但人们食用的主要是小麦和大米。谷类籽粒中营养素的分布很不均匀，在碾磨过程中，特别是在精制时很多营养素易被损失。目前许多国家对面粉、面包、大米等都进行营养强化。

1. 强化米

大米是我国居民及东南亚、非洲等地区居民的主食。鉴于其中加工后的营养损失，以及蛋白质中缺乏赖氨酸与甲硫氨酸等，因此，进行营养强化十分必要。大米的强化对防治维生素缺乏症等方面很有成效。强化的物质主要有维生素 B_1、维生素 B_2、维生素 B_6、维生素 B_{12} 和多种氨基酸（甲硫氨酸、苏氨酸、色氨酸、赖氨酸）。

2. 强化面粉和面包

面粉和面包的营养强化是最早的强化食品之一。通常在面粉中强化维生素 B_1、维生素 B_2、尼克酸、钙、铁等。近年来有些国家和地区还有增补赖氨酸和甲硫氨酸的。除了增补以上这些单纯的营养素外，还有的在面粉中加入干酵母、脱脂奶粉、大豆粉和谷物胚芽等天然食品。目前，市场上除了普通强化面包外，出现了一些具有保健功能的面包，如麦麸面包（又称减肥面包，主要成分为麦麸 $50\%\sim90\%$，小麦粉 $8\%\sim48\%$，精盐 2%），纤维面包（在小麦粉中添加麦麸、玉米皮、米糠、麦胚、大豆皮等），防蛀牙面包（用添加有磷酸氢钙的小麦面粉制成的面包，具有防蛀牙的功效），绿色面包（在小麦芽粉中掺入 $3\%\sim5\%$ 的海带粉、小球藻粉等藻类食物的粉末，制成的面包含有丰富的碘和维生素，不但味道好、口感柔软，而且还具有预防和治疗甲状腺肿大，舒张血管，降低血压，预防动脉硬化以及补血润肺的功能），富钙面包（在面包中添加畜骨的骨泥）。

（二）强化副食品

1. 强化人造奶油

目前，全世界大约有 80％的人造奶油都进行了强化。人造奶油主要强化维生素 A 和维生素 D，也可用 β-胡萝卜素代替部分维生素 A。其强化方法是将维生素直接混入人造奶油中，经搅拌均匀后即可食用。

2. 强化食盐和酱油

食盐是人们每天的必需品，也是主要的调味品。在内陆地区往往缺乏碘而发生甲状腺肿大等疾病，在食盐中强化碘是防治此类疾病最好的方法。目前，世界各国都对食盐进行强化，强化方法是在每千克食盐中添加 0.1～0.2g 碘化钾。酱油也是日常生活中常用的调味品，特别是在中国及东南亚国家和地区。有些国家也对其强化，主要添加维生素 B_1、维生素 B_2、铁和钙等。维生素 B_1 的强化剂量一般为 17.5mg/L 酱油。

3. 酱类的强化

酱类是亚洲国家人民常用的调味品。在酱类中强化的营养素主要有钙、磷、维生素 A、维生素 B_1、维生素 B_2、蛋白质等。钙的强化量一般是增补 1％的碳酸钙，维生素 B_2 的强化量为 1.5mg/100g，维生素 B_1 的强化量为 1.2mg/100g，维生素 A 的强化量为 1500IU/100g。

高蛋白质花生酱是采用添加花生粕、大豆粕的方法，在单纯以花生为原料的花生酱中提高蛋白质等营养成分的含量。

4. 果蔬汁与水果罐头的强化

果蔬汁和水果罐头主要是为人体提供维生素 C。柑橘汁中维生素 C 的强化量一般为20～50mg/100g，番茄汁中维生素 C 的强化量一般为 30～50mg/100g，果汁粉中维生素的强化量一般为 70mg/100g，水果罐头中维生素 C 的强化量可根据不同品种和需要进行强化。

（三）强化婴儿食品和儿童食品

婴儿每单位体重所需要的热量、蛋白质及各种维生素、矿物质的数量比成年人多出 2～3 倍。近年来，出现了强化婴儿食品，简化了繁杂的喂养方式，并确保了婴儿的营养需求。纵观目前市场上常见的强化婴儿食品，可将其分为婴儿配方奶粉、育儿奶粉、强化大豆儿童食品、强化豆奶。

1. 婴儿配方奶粉

以鲜牛奶为原料，脱盐乳清粉为主要配料，适量添加糖类和脂肪，减少 K、Ca、Na 等无机盐的含量，使其各种营养素接近或相当于母乳成分，这样加工的奶粉，在我国称为婴儿配方乳粉（GB 10766—1997）。婴儿配方奶粉主要用作 6 个月以下婴儿母乳代用品。婴儿配方奶粉的强化原理是：改变牛乳中乳清蛋白与酪蛋白比例，使之近似于母乳，添加亚油酸及其他必需脂肪酸，添加微量营养成分，减少无机盐的含量，添加乳糖或可溶性多糖。

2. 育儿奶粉

育儿奶粉也是根据婴幼儿的生理特点，将牛乳进行一定的处理和强化所制成的婴幼儿食品。在强化中添加了适量的脱盐乳清粉、植物油、糖类以及婴幼儿生长发育所必需的维生素、微量元素，尤其是牛磺酸和异构化乳糖，使育儿奶粉在营养成分组成上接近或超过婴儿配方奶粉。

3. 强化大豆儿童食品

大豆中含蛋白质 40％左右，虽然是植物性蛋白质，但其氨基酸组成跟动物蛋白质很接近，生理价值接近肉类，却比肉类所含的脂肪低，且其脂肪中含有较多的不饱和脂肪酸，熔点低，易消化，是儿童的良好食品。

4. 强化豆奶

豆奶是一种含有易被人体吸收的优质植物蛋白、植物脂肪以及维生素、矿物质的植物蛋白饮料，价格低廉，饮用方便，营养价值可与牛奶媲美，甚至在某些方面优于牛奶。经常饮用豆奶对人体能产生很好的生理效果，也是一种良好的儿童食品。强化豆奶有锌强化豆奶、钙强化豆奶。

（四）混合型营养强化食品

将各种不同营养特点的天然食物相互混合，取长补短，以提高食物营养价值的强化食品称为混合型营养强化食品。混合型营养强化食品的营养学意义在于发挥各种食物中营养素的互补作用，大多是在主食品中混入一定量的其他食品以弥补主食品中营养素的不足。其中主要的是补充蛋白质的不足，或增补主食品中的某种限制性氨基酸，其他则有微生物、矿物质等。主要作为增补蛋白质、氨基酸用的天然食物有：乳粉、鱼粉、大豆浓缩蛋白、大豆分离蛋白、各种豆类，以及可可、芝麻、花生、向日葵等榨油后富含蛋白质的副产品等。主要作为维生素增补用的有：酵母、谷胚、胡萝卜干以及各种富含维生素的果蔬和山区野果等。海带、骨粉等则可作为矿物质的增补。

（五）其他强化食品

有一些普遍存在或地区性存在的营养缺乏问题，为了保证人们均能获得该种营养素的有效补充，规定在公共系统中强化该种营养素。如饮用水中强化氟，以保护牙齿；食盐中强化碘以防止甲状腺肿大。另一方面，为了适应各种特殊人群和不同职业的营养需要，防治各种职业病，可根据其特点配制成各种各样的强化食品。

第二节　营养素补充剂

人体的营养主要依赖平衡膳食。所谓平衡膳食是指食物中的各种营养素不仅在数量上应满足机体的生理要求，还应避免膳食构成的比例失调和某些营养素过多或过少而引起机体不必要的负担和代谢上近期或远期的紊乱。营养补充剂虽然不能替代健康的平衡饮食，但在补充因饮食摄入不足者、营养素需要增加者、防治慢性疾病者所需营养素方面起到重要作用。

一、营养素补充剂的概述

营养素补充剂（nutritional supplementation）是以一种或数种经化学合成或从天然动植物中提取的营养素（如维生素和矿物质）为原料制成的产品，以补充人体所需营养素和以预防疾病为目的。这种方式的吸收利用率较高，可以快速控制已出现营养素缺乏的个体或人群，是特殊人群营养素补充的最佳方式。营养素补充剂的特点主要是不需要以食品为载体，也不是药物，不宜当作药物来使用；不可替代正常膳食。营养素补充剂有多种形式，包括片剂、胶囊、粉剂、软胶囊、液体等。片剂是最普遍的，服用方便、携带容易，且比粉末或液体容易长期保存。营养素补充剂一般为强化食品中所用到的维生素和矿物质元素强化剂。

二、不同人群营养素补充剂的需求

在生命中的不同阶段，人体的代谢状况是各不相同的，其对维生素和矿物质补充剂的需要也各不相同。

（一）婴儿

婴儿期是人类一生中生长发育最快的时期。由于阳光照射有限，大多数母乳喂养的婴儿也应该补充维生素 D。出生 4～6 个月后的母乳喂养婴儿还应从其他来源获得铁，如铁补充剂或铁强化谷类食物，因母乳含铁甚微，4个月后婴儿体内贮存铁逐渐耗尽，即应开始添加含铁辅助食品。人工喂养婴儿3个月后即应补充铁。另一方面，婴儿出生时几乎无维生素K储备，母乳中维生素K仅为牛奶的1/4，单纯母乳喂养的婴儿缺乏维生素K的可能性更大。用配方奶粉喂养的婴儿无需额外补充维生素和矿物质，因为配方奶中已含有婴儿所需各种营养素。虽然商业配方奶营养素齐全，但其吸收率常较母乳低。

（二）儿童

儿童时期生长发育迅速，代谢旺盛，必须由外界吸收各种营养素。一般而言，平衡饮食即能提供所需的维生素和矿物质。然而，孩子的饮食习惯往往缺乏定性，通常会挑食或偏食，这种饮食习惯不能保证满足机体需要的各种维生素，特别是维生素和矿物质。对于这些不能采用平衡膳食的儿童应服用多种维生素或矿物质补充剂。维生素A、维生素B_1、维生素B_2、维生素C、维生素D、铁、锌、钙等营养素的缺乏在我国儿童中常见。

（三）青少年

青少年是人类对于营养素需要最多的时期，对营养素缺乏或不足也最为敏感。相对需求量最多而又容易导致缺乏的营养素有钙、铁。青少年对钙的需要量超过成人，对铁的需要量也高，女孩因为月经的出现所需铁更多。男孩的能量需求比女孩多，因此与能量代谢有关的维生素B_1、维生素B_2、烟酸等B族维生素的每天推荐摄入量也比女孩多。

（四）50岁以后

50岁以后人群容易产生维生素和矿物质的缺乏，因为该人群新陈代谢和活动量下降，对能量的需求也降低，但对维生素和矿物质的需求保持不变。为满足维生素和矿物质的摄入量，进食与原来一样量的食物会导致能量过剩而肥胖。然而，为控制体重而采取的节食行为，能量摄入减少的同时，维生素和矿物质的摄入也减少。同时，抗氧化维生素（如维生素C、β-胡萝卜素等）和钙等需求量增加。钙对男性和女性而言，都十分重要。50岁以后，当骨量丢失增多时，钙摄入的每天推荐量跃至1000mg。对于绝经的妇女，钙需要量可能更高，因为雌激素水平下降，对骨的保护作用减弱。同样，如果未摄入足够的维生素D强化食品或经常待在室内，那么必须补充维生素D。

对于一些特殊人群，也需要补充不同的营养素补充剂。吸烟者因体内氧化应激反应加强，产生的氧自由基增多，需要更多的抗氧化营养素如维生素C、维生素E、硒等参与体内的氧化防御。素食者需要补充大量的维生素C以帮助植物性食物中非血红素铁的吸收，并且适当考虑补充铁元素。有些绝对素食主义者可能需要补充维生素B_{12}，该维生素主要存在于动物性食物。素食的儿童和青少年也应该有维生素D的可靠来源，除非有充足的户外活动和阳光的照射，否则在必要时需每日补充。钙、铁和锌也值得特别关注。运动员因运动期间维生素和矿物质的消耗增加，需要量相应的营养素补充剂。

服用多种维生素和矿物质补充剂应注意安全问题。

第三节 保健食品

一、保健食品的概念及分类

早在1997年5月1日开始实施的强制性国家标准GB 16740—1997《保健（功能）食品通用标准》中，就对保健（功能）食品做出了科学的定义："保健（功能）食品是食品的一个种类，具有一般食品的共性，能调节人体的机能，适于特定人群食用，但不以治疗疾病为目的。"

2005 年 7 月 1 日起施行的《保健食品注册管理办法（试行）》第一章总则中，将保健食品定义为："本办法所称保健食品，是指声称具有特定保健功能或者以补充维生素、矿物质为目的的食品。即适宜于特定人群食用，具有调节机体功能，不以治疗疾病为目的，并且对人体不产生任何急性、亚急性或者慢性危害的食品。"

保健（功能）食品在欧美各国被称为"健康食品"，在日本被称为"功能食品"。我国保健（功能）食品的兴起是在 20 世纪 80 年代末 90 年代初，经过一、二代的发展，也将迈入第三代，即保健食品不仅需要人体及动物实验证明该产品具有某项生理调节功能，更需查明具有该项保健功能因子的结构、含量、作用机理以及在食品中应有的稳定形态。

保健食品一般可分为两类：①特定保健功能食品，具有一般食品的共性，能调节人体机能。即适用于特定人群食用，具有调节机体功能，不以治疗为目的的食品。②营养素补充剂，是以维生素、矿物质为主要原料的产品，以补充人体营养素为目的的食品；营养素补充剂又分为单一成分和复合成分两种。

二、保健食品的功能分类及功能因子

1996 年至 1997 年，卫生部先后两次公布受理的保健功能为 24 项，随后又宣布暂时不受理"改善性功能"和"辅助抑制肿瘤"两项功能。2003 年 5 月 1 日，卫生部颁布实行《保健食品检验与评价技术规范》新标准，将原来某些功能包括的内容单独列出，使受理的 22 项功能扩大为 27 项。

这 27 种保健食品功能目录为：①辅助增强免疫力；②辅助降血脂；③辅助降血糖；④抗氧化；⑤辅助改善记忆；⑥缓解体力疲劳；⑦缓解视疲劳；⑧促进排铅；⑨清咽；⑩辅助降血压；⑪改善睡眠；⑫促进泌乳、抗突变；⑬提高耐缺氧耐受力；⑭对辐射危害有辅助保护功能；⑮减肥；⑯改善生长发育；⑰增加骨密度；⑱改善营养型贫血；⑲对化学性肝损伤有辅助保护功能；⑳祛痤疮；㉑祛黄褐斑；㉒改善皮肤水分；㉓改善皮肤油性；㉔调节肠道菌群；㉕促进消化；㉖通便；㉗对胃黏膜有辅助保护功能。

GB 16740—1997《保健（功能）食品通用标准》中还针对保健（功能）食品的产品分类、基本原则、技术要求、试验方法和标签要求等进行了规定。保健（功能）食品，一是提供营养；二是提供增加人体食欲的色、香、味、形；三是调节人体机能。标准规定，保健（功能）食品应有与功能作用相对应的功效成分及其最低含量。功效成分是指能通过激活酶的活性或其他途径，调节人体机能的物质。

目前国际上确定的保健食品的功能因子有九大类，包括①活性多糖：如膳食纤维、香菇多糖等；②功能性甜味料（剂）：如功能性单糖、低聚糖、多元醇糖等；③功能性油脂（脂肪酸）：如多不饱和脂肪酸、磷脂、胆碱等；④自由基清除剂：如超氧化物歧化酶（SOD）、谷胱甘肽过氧化物酶等；⑤维生素：如维生素 A、维生素 C、维生素 E 等；⑥肽、蛋白质和氨基酸：如谷胱甘肽、免疫球蛋白等；⑦活性菌：如乳酸菌、双歧杆菌等；⑧微量活性元素：如硒、锌等；⑨其他活性物质：如二十八烷醇、植物甾醇、皂甙（苷）等。

三、保健食品的识别与选择

（一）国产保健食品的识别与选择

随着保健食品市场的规范，保健食品的识别也越来越简单：

（1）保健食品的名称应当由品牌名、通用名、属性名三部分组成，品牌名、通用名、属性名必须符合下列要求：品牌名可以采用产品的注册商标或其他名称；通用名一般以产品的主要原料命名，并使用科学、规范的原料名称，两种以上原料组成的保健食品，不得以单一原料命名。不得使用明示或暗示治疗作用以及夸大功能作用的文字；属性名应当表明产品的

客观形态，其表述应当规范、准确。

（2）保健食品的包装盒上（一般在左上角）印有一类似蝶形的天蓝色图案，图案下为"保健食品"及批准文号。这应当是保健食品最为显眼的标志之一。2005年7月1日起施行的《保健食品注册管理办法（试行）》中明确规定：保健食品批准证书有效期为5年。国产保健食品批准文号格式为：国食健字G＋4位年代号＋4位顺序号。

（3）现有的保健食品大多以药用植物或动物为原料的，所以厂家为了说服消费者，往往用药品宣传方式描述保健食品，以此扩大疗效，增强说服力，这些都是违法的，保健食品广告宣传时：不得使用医疗机构用语或易与药品相混淆的用语，禁止宣传疗效、改善和增强性功能的作用；保健食品必须严格按照卫生部核发的保健食品证书中的保健功能进行宣传，不得超出和扩大此范围。

（4）看保健食品的原料：可对照卫生部规定的《既是食品又是药品的物品名单》、《可用于保健食品的物品名单》和《保健食品禁用物品名单》来查阅（见附录三）。

（二）进口保健食品的识别与选择

在选择进口保健食品时，亦需要注意一些问题：

（1）认准标志正规的进口保健食品上，应有我国食品药品监督管理局批准的《进口保健食品批准证书》、保健食品标志——小蓝帽，以及保健食品批号。2005年7月1日起施行的《保健食品注册管理办法（试行）》中明确规定：保健食品批准证书有效期为5年。进口保健食品批准文号格式为：国食健字J＋4位年代号＋4位顺序号。

（2）中英对照。在很多人看来，进口保健食品全是洋文是一件理所当然的事。但实际上，国家有明文规定，正规的进口保健食品，应有标准的中文、外文对照标签，而且中文字体必须大于外文字体。

（3）验证合格正规的进口保健食品，必须能提供出入境检验检疫局出具的有效卫生合格证书，并贴有防伪标志。

（4）产地清楚。很多进口保健食品的外包装上看不出它的出产地。而按规定，产品上应标明产品的原产国家或地区、代理商在中国依法登记注册的名称和地址。消费者可利用中英文对照，检查是否标注。

（5）具备基本要素。很多人认为，进口保健食品是洋货，可能有洋货的要求，跟国产商品不一样。很多进口保健食品推销员也正是以此为借口欺骗消费者。而实际情况并不是这样。正规的进口保健品一样也必须有商标、产品名称、生产日期、安全使用期或有效日期等国产保健品标准要求。

附　　录

附录一　中国居民膳食营养素参考摄入量（DRIs）
（中国营养学会 2001）

附表 1-1　能量和蛋白质的推荐摄入量（RNIs）及脂肪供能比

年龄/岁	能量①				蛋白质		脂肪占能量百分比/%
	RNI/MJ		RNI/kcal		RNI/g		
	男	女	男	女	男	女	
0～					1.5～3g/(kg·d)		45～50
0.5～	0.4MJ/kg		95kcal/kg②				35～40
1～	4.60	4.40	1100	1050	35	35	
2～	5.02	4.81	1200	1150	40	40	30～35
3～	5.64	5.43	1350	1300	45	45	
4～	6.06	5.83	1450	1400	50	50	
5～	6.70	6.27	1600	1500	55	55	
6～	7.10	6.67	1700	1600	55	55	
7～	7.53	7.10	1800	1700	60	60	25～30
8～	7.94	7.53	1900	1800	65	65	
9～	8.36	7.94	2000	1900	65	65	
10～	8.80	8.36	2100	2000	70	65	
11～	10.04	9.20	2400	2200	75	75	
14～	12.00	9.62	2900	2400	85	80	25～30
18～							20～30
体力活动 PAL▲							
轻	10.03	8.80	2400	2100	75	65	
中	11.29	9.62	2700	2300	80	70	
重	13.38	11.30	3200	2700	90	80	
孕妇		＋0.84		＋200		＋5,＋15,＋20	
乳母		＋2.09		＋500		＋20	
50～							20～30
体力活动 PAL▲							
轻	9.62	8.00	2300	1900			
中	10.87	8.36	2600	2000			
重	13.00	9.20	3100	2200			
60～					75	65	20～30
体力活动 PAL▲							
轻	7.94	7.53	1900	1800			
中	9.20	8.36	2200	2000			
70～					75	65	20～30
体力活动 PAL▲							
轻	7.94	7.10	1900	1700			
中	8.80	8.00	2100	1900			
80～	7.74	7.10	1900	1700	75	65	20～30

① 各年龄组的能量的 RNI 与其 EAR 相同。

② 为 AI，非母乳喂养应增加 20%。

注：PAL▲，体力活动水平。

（凡表中数字缺项之处表示未制定该参考值。）

附表 1-2 常量和微量元素的 RNIs 或适宜摄入量（AIs）

年龄/岁	钙 AI /mg	磷 AI /mg	钾 AI /mg	钠 AI /mg	镁 AI /mg	铁 AI /mg		碘 RNI /μg	锌 RNI /mg		硒 RNI /μg	铜 AI /mg	氟 AI /mg	铬 AI /μg	锰 AI /mg	钼 AI /mg
						男	女		男	女						
0～	300	150	500	200	30	0.3		50	1.5		15(AI)	0.4	0.1	10		
0.5～	400	300	700	500	70	10		50	8.0		20(AI)	0.6	0.4	15		
1～	600	450	1000	650	100	12		50	9.0		20	0.8	0.6	20		15
4～	800	500	1500	900	150	12		90	12.0		25	1.0	0.8	30		20
7～	800	700	1500	1000	250	12		90	13.5		35	1.2	1.0	30		30
11～	1000	1000	1500	1200	350	16	18	120	18.0	15.0	45	1.8	1.2	40		50
14～	1000	1000	2000	1800	350	20	25	150	19.0	15.5	50	2.0	1.4	40		50
18～	800	700	2000	2200	350	15	20	150	15.0	11.5	50	2.0	1.5	50	3.5	60
50～	1000	700	2000	2200	350	15		150	11.5		50	2.0	1.5	50	3.5	60
孕妇																
早期	800	700	2500	2200	400	15		200	11.5		50					
中期	1000	700	2500	2200	400	25		200	16.5		50					
晚期	1200	700	2500	2200	400	35		200	16.5		50					
乳母	1200	700	2500	2200	400	25		200	21.5		65					

（凡表中数字缺项之处表示未制定该参考值。）

附表 1-3 脂溶性和水溶性维生素的 RNIs 或 AIs

年龄/岁	维生素A RNI /μgRE		维生素D RNI /μg	维生素E AI /mgα-TE①	维生素B₁ RNI /mg		维生素B₂ RNI /mg		维生素B₆ AI /mg
					男	女	男	女	
0～			10	3	0.2(AI)		0.4(AI)		0.1
0.5～	400(AI)		10	3	0.3(AI)		0.5(AI)		0.3
1～	400(AI)		10	4	0.6		0.6		0.5
4～	500		10	5	0.7		0.7		0.6
7～	600		10	7	0.9		1.0		0.7
11～	700		5	10	1.2		1.2		0.9
	700								
14～	800	700	5	14	1.5	1.2	1.5	1.2	1.1
18～	800	700	5	14	1.4	1.3	1.4	1.2	1.2
50～	800	700	10	14	1.3		1.4		1.5
孕妇									
早期	800		5	14	1.5		1.7		1.9
中期	900		10	14	1.5		1.7		1.9
晚期	900		10	14	1.5		1.7		1.9
乳母	1200		10	14	1.8		1.7		1.9

年龄/岁	维生素B₁₂ AI /μg	维生素C RNI /mg	泛酸 AI /mg	叶酸 RNI /μgDFE	烟酸 RNI /mgNE		胆碱 AI /mg	生物素 AI /μg
					男	女		
0～	0.4	40	1.7	65(AI)	2(AI)		100	5
0.5～	0.5	50	1.8	80(AI)	3(AI)		150	6
1～	0.9	60	2.0	150	6		200	8
4～	1.2	70	3.0	200	7		250	12
7～	1.2	80	4.0	200	9		300	16
11～	1.8	90	5.0	300	12		350	20
14～	2.4	100	5.0	400	15	12	450	25
18～	2.4	100	5.0	400	14	13	500	30
50～	2.4	100	5.0	400	13		500	30
孕妇								
早期	2.6	100	6.0	600	15		500	30
中期	2.6	130	6.0	600	15		500	30
晚期	2.6	130	6.0	600	15		500	30
乳母	2.8	130	7.0	500	18		500	35

① α-TE 为 α-生育酚当量。

（凡表中数字缺项之处表示未制定该参考值。）

附表 1-4　某些微量营养素的可耐受最高摄入量（ULs）

年龄/岁	钙/mg	磷/mg	镁/mg	铁/mg	碘/μg	锌/mg		硒/μg	铜/mg	氟/mg	铬/μg
0~				10				55		0.4	
0.5~				30		13		80		0.8	
1~	2000	3000	200	30		23		120	1.5	1.2	200
4~	2000	3000	300	30		23		180	2.0	1.6	300
7~	2000	3000	500	30	800	28		240	3.5	2.0	300
						男	女				
11~	2000	3500	700	50	800	37	34	300	5.0	2.4	400
14~	2000	3500	700	50	800	42	35	360	7.0	2.8	400
18	2000	3500	700	50	1000	45	37	400	8.0	3.0	500
50~	2000	3500③	700	50	1000	37	37	400	8.0	3.0	500
孕妇	2000	3000	700	60	1000	35		400			
乳母	2000	3500	700	500	1000	35		400			

年龄/岁	锰/mg	钼/μg	维生素 A/μgRE	维生素 D/μg	维生素 B$_1$/mg	维生素 C/mg	叶酸/μgDFE②	烟酸/mgNE①	胆碱/mg
0~						400			600
0.5~						500			800
1~		80			50	600	300	10	1000
4~		110	2000	20	50	700	400	15	1500
7~		160	2000	20	50	800	400	20	2000
11~		280	2000	20	50	900	600	30	2500
14~		280	2000	20	50	1000	800	30	3000
18~	10	350	3000	20	50	1000	1000	35	3500
50~	10	350	3000	20	50	1000	1000	35	3500
孕妇			2400	20		1000	1000		3500
乳母				20		1000	1000		3500

① NE 为烟酸当量。

② DFE 为膳食叶酸当量。

③ 60 岁以上磷的 UL 为 3000mg。

（凡表中数字缺项之处表示未制定该参考值。）

附表 1-5　蛋白质及某些微量营养素的平均需要量（EARs）

年龄/岁	蛋白质/(g/kg)	锌/mg		硒/μg	维生素 A/μgRE②	维生素 D/μg	维生素 B$_1$/mg		维生素 B$_2$/mg		维生素 C/mg	叶酸/μgDFE
0~	2.25~1.25	1.5			375	8.8①						
0.5~	1.25~1.15	6.7			400	13.8①						
1~		7.4		17	300		0.4		0.5		13	320
4~		8.7		20			0.5		0.6		22	320
7~		9.7		26	700		0.5		0.8		39	320
		男	女				男	女	男	女		
11~		13.1	10.8	36	700		0.7		1.0			320
14~		13.9	11.9	40			1.0	0.9	1.3	1.0	13	320
18~	0.92	13.2	8.3	41			1.4	1.3	1.2	1.0	75	320
孕妇							1.3		1.45		66	520
早期		8.3		50								
中期		+5		50								
晚期		+5		50								
乳母	+0.18	+10		65			1.3		1.4		96	450
50~	0.92										75	320

① 0~2.9 岁南方地区为 8.88μg，北方地区为 13.8μg。

② RE 为视黄醇当量。

（凡表中数字缺项之处表示未制定该参考值。）

附录二　特定人群膳食指南

特定人群包括孕妇、乳母、婴幼儿、学龄前儿童、青少年，以及老年人，根据这些人群的生理特点和营养需要特制定了相应的膳食指南，以期更好地指导孕期和哺乳期妇女的膳食，婴幼儿合理喂养和辅助食品的科学添加，学龄前儿童和青少年在身体快速增长时期的饮食，以及适应老年人生理和营养需要变化的膳食安排，达到提高健康水平和生命质量的目的。

中国孕期妇女和哺乳期妇女膳食指南

孕前期妇女膳食指南

一、多摄入富含叶酸的食物或补充叶酸

妊娠的头 4 周是胎儿神经管分化和形成的重要时期，此时叶酸缺乏可增加肥儿发生神经管畸形及早产的危险。育龄妇女应从计划妊娠开始尽可能早地多摄取富含叶酸的食物及从孕前 3 个月开始每日补充叶酸 $400\mu g$，并持续至整个孕期。

二、常吃含铁丰富的食物

孕前缺铁易导致早产、孕期母体体重增长不足以及新生儿低出生体重，故孕前女性应储备足够的铁为孕期利用。建议孕前期妇女适当多摄入含铁丰富的食物，缺铁或贫血的育龄妇女可适量摄入铁强化食物或在医生指导下补充小剂量的铁剂。

三、保证摄入加碘食盐，适当增加海产品的摄入

妇女围孕期和孕早期碘缺乏均可增加新生儿将来发生克汀病的危险性。由于孕前和孕早期除摄入碘盐外，还建议至少每周摄入一次富含碘的海产食品。

四、戒烟、禁酒

夫妻一方或双方经常吸烟或饮酒，不仅影响精子和卵子的发育，造成精子或卵子的畸形，而且影响受精卵在子宫的顺利着床和胚胎发育，导致流产。酒精可以通过胎盘进入胎儿血液，造成胎儿宫内发育不良、中枢神经系统发育异常、智力低下等。

孕早期妇女膳食指南

一、膳食清淡、适口

清淡、适口的膳食有利于降低怀孕早期的妊娠反应，使孕妇尽可能多地摄取食物，满足其对营养的需要。

二、少食多餐

怀孕早期反应较重的孕妇，不必像常人那样强调饮食的规律性，应根据孕妇的食欲和反应的轻重及时进行调整，采取少量多餐的办法，保证进食量。说明部分阐述了如何预防或减轻妊娠反应。

三、保证摄入足量富含碳水化合物的食物

怀孕早期应尽量多摄入富含碳水化合物的谷类或水果，保证每天至少摄入 150g 碳水化合物（约合谷类 200g）。

四、多摄入富含叶酸的食物并补充叶酸

怀孕早期叶酸缺乏可增加肥儿发生神经管畸形及早产的危险。妇女应从计划妊娠开始尽可能早地多摄取富含叶酸的食物。受孕后每日应继续补充叶酸 $400\mu g$，至整个孕期。

五、戒烟、禁酒

孕妇吸烟或经常被动吸烟可能导致胎儿缺氧和营养不良、发育迟缓。孕妇饮酒，酒精可以通过胎盘进入胎儿血液，造成胎儿宫内发育不良、中枢神经系统发育异常、智力低下等，称为酒精中毒综合征。

孕中、末期妇女膳食指南

一、适当增加鱼、禽、蛋、瘦肉、海产品的摄入量

鱼、禽、蛋、瘦肉是优质蛋白质的良好来源，其中鱼类还可提供 n-3 多不饱和脂肪酸，蛋类尤其是蛋黄是卵磷脂、维生素 A 和维生素 B_2 的良好来源。

二、适当增加奶类的摄入

奶或奶制品富含蛋白质，对孕期蛋白质的补充具有重要意义，同时也是钙的良好来源。说明部分进一步解释了要增加奶类摄入的理论依据。

三、常吃含铁丰富的食物

从孕中期开始孕妇血容量和血红蛋白增加，同时胎儿需要铁储备，宜从孕中期开始增加铁的摄入量，必要时可在医生指导下补充小剂量的铁剂。

四、适量身体活动，维持体重的适宜增长

孕妇应适时监测自身的体重，并根据体重增长的速率适当调节食物摄入量。也应根据自身的体能每天进行不少于 30 分钟的低强度身体活动，最好是 1～2 小时的户外活动，如散步、做体操等。

五、禁烟、戒酒，少吃刺激性食物

烟草、酒精对胚胎发育的各个阶段都有明显的毒性作用，如容易引起早产、流产、胎儿畸形等。有吸烟、饮酒习惯的妇女，孕期必须禁烟戒酒，并要远离吸烟环境。

中国哺乳期妇女膳食指南

一、增加鱼、禽、蛋、瘦肉及海产品摄入

动物性食品如鱼、禽、蛋、瘦肉等可提供丰富的优质蛋白质，乳母每天应增加总量 100～150g 的鱼、禽、蛋、瘦肉，其提供的蛋白质应占总蛋白质的 1/3 以上。

二、适当增饮奶类，多喝汤水

奶类含钙量高，易于吸收利用，是钙的最好食物来源。乳母每日若能饮用牛奶 500mL，则可从中得到约 600mg 优质钙。必要时可在保健医生的指导下适当补充钙制剂。

三、产褥期食物多样，不过量

产褥期的膳食同样应是多样化的平衡膳食，以满足营养需要为原则，无须特别禁忌。要注意保持产褥期食物多样充足而不过量。

四、忌烟酒，避免喝浓茶和咖啡

乳母吸烟（包括间接吸烟）、饮酒对婴儿健康有害，哺乳期应继续忌酒、避免饮用浓茶和咖啡。

五、科学活动和锻炼，保持健康体重

哺乳期妇女除注意合理膳食外，还应适当运动及做产后健身操，这样可促使产妇机体复原，保持健康体重。哺乳期妇女进行一定强度的、规律性的身体活动和锻炼不会影响母乳喂养的效果。

中国婴幼儿及学龄前儿童膳食指南

0～6 月龄婴儿喂养指南

一、纯母乳喂养

母乳是 6 月龄之内婴儿最理想的天然食品，非常适合于身体快速生长发育、生理功能尚未完全发育成熟的婴儿。纯母乳喂养能满足 6 月龄以内婴儿所需要的全部液体、能量和营养素。

二、产后尽早开奶，初乳营养最好

初乳对婴儿十分珍贵，对婴儿防御感染及初级免疫系统的建立十分重要。尽早开奶可减轻婴儿生理性黄疸、生理性体重下降和低血糖的发生。产后 30 分钟即可喂奶。

三、尽早抱婴儿到户外活动或适当补充维生素 D

母乳中维生素 D 含量较低，家长应尽早抱婴儿到户外活动，适宜的阳光会促进皮肤维生素 D 的合成；也可适当补充富含维生素 D 的制剂。

四、给新生儿和 1～6 月龄婴儿及时补充适量维生素 K

由于母乳中维生素 K 含量低，为了预防维生素 K 缺乏相关的出血性疾病，应及时给新生儿和 1～6 月龄婴儿补充维生素 K。

五、不能用纯母乳喂养时，宜首选婴儿配方食品喂养

婴儿配方食品是除了母乳外，适合 0～6 月龄婴儿生长发育需要的食品，其营养成分及含量基本接近母乳。

六、定期监测生长发育状况

身长和体重等生长发育指标反映了婴儿的营养状况，父母可以在家里对婴儿进行定期的测量，了解婴儿的生长发育是否正常。

6～12 月龄婴儿喂养指南

一、奶类优先，继续母乳喂养

奶类应是 6～12 月龄营养需要的主要来源，建议每天应首先保证 600～800mL 的耐量，以保证婴儿正常体格和智力发育。

二、及时合理添加辅食

从 6 月龄开始，需要逐渐给婴儿补充一些非乳类食物。添加辅食的顺序为：首先添加谷类食物，其次添加蔬菜汁和水果汁、动物性食物。建议动物性食物添加的顺序为：蛋黄泥、鱼泥、全蛋、肉末。辅食添加的原则：每次添加一种新食物，由少到多、由稀到稠循序渐进；逐渐增加辅食种类，由泥糊状食物逐渐过渡到固体食物。

三、尝试多种多样的食物，膳食少糖、无盐、不加调味品

婴儿 6 月龄时，每餐的安排可逐渐开始尝试搭配谷类、蔬菜、动物性食物，每天应安排有水果。应让婴儿逐渐开始尝试和熟悉多种多样的食物，特别是蔬菜类，可逐渐过渡到除奶类外由其他食物组成的单独餐。

四、逐渐让婴儿自己进食，培养良好的进食行为

建议用小勺给婴儿喂食物，对于 7～8 月龄的婴儿，应允许其自己用手握或抓食物吃，到 10～12 月龄时鼓励婴儿自己用勺进食，这样可以锻炼婴儿手眼协调功能，促进精细动作的发育。

五、定期监测生长发育状况

身长和体重等生长发育指标反映了婴儿的营养状况。对 6～12 月龄婴儿仍应每个月进行定期的测量。

六、注意饮食卫生

膳食制作和进餐环境要卫生，餐具要彻底清洗消毒，食物应合理储存以防腐败变质，严把"病从口入"关，预防食物中毒。给婴儿的辅食应根据需要现制现食，剩下的食物不宜存放，要弃掉。

1～3 岁幼儿喂养指南

一、继续给予母乳喂养或其他乳制品，逐步过渡到食物多样

可继续给予母乳喂养直至 2 岁（24 月龄），或每日给予不少于相当于 350mL 液体奶的幼儿配方奶粉，但是不宜直接喂给普通液态奶、成人奶粉或大豆蛋白粉等。建议首选给予适当的幼儿配方奶粉，或者给予强化了铁、维生素 A 等多种维生素的食品。当幼儿满 2 岁时，可逐渐停止母乳喂养，但是每日应继续提供幼儿配方奶粉或其他的乳制品。

二、选择营养丰富、易消化的食物

幼儿食物的选择应依据营养全面丰富、易消化的原则，应充分考虑满足能量需要，增加优质蛋白质的摄入，以保证幼儿生长发育的需要；增加铁质的供应，以避免铁缺乏和缺铁性贫血的发生。不宜给幼儿直接食用坚硬的食物、易误吸入气管的硬壳果类、腌制食品和油炸类食物。

三、采用适宜的烹调方式，单独加工制作膳食

幼儿膳食应专门单独加工、烹制，并选用适合的烹调方式和加工方法。口味以清淡为好，不应过咸，更不宜食辛辣刺激性食物，尽可能少用或不用含味精或鸡精、色素、糖精的调味品。要注意花样品种的交替更换，以利于幼儿保持对进食的兴趣。

四、在良好环境下规律进餐，重视良好饮食习惯的培养

幼儿饮食要一日 5～6 餐，即一天进主餐三次，上下午两主餐之间各安排以奶类、水果和其他稀软面食为内容的加餐，晚饭后也可加餐或零食，但睡前应忌食甜食，以预防龋齿。要重视幼儿饮食习惯的培养，饮食安排上要逐渐做到定时、适量，有规律地进餐，不随意改变幼儿的进餐时间和时餐量。要创造良好的进餐环境，进餐场所要安静愉悦，餐桌椅、餐具可适当儿童化，鼓励、引导和教育儿童使用匙、筷等自主进餐。

五、鼓励幼儿多做户外活动，合理安排零食，避免过瘦与肥胖

适宜的日光照射可促进儿童皮肤中维生素 D 的形成，对儿童钙质吸收和骨骼发育具有重要意义。正确选择零食品种，合理安排零食时机，使之既可增加儿童对饮食的兴趣，并有利于能量补充，又可避免影响主餐食欲和进食量。

六、每天足量饮水。少喝含糖高的饮料

1～3 岁幼儿每日每千克体重约需水 125mL，全日总需水量约为 1250～2000mL。幼儿的最好饮料是白开水。过多地饮用含糖饮料和碳酸饮料，不仅会影响孩子的食欲，使儿童容易发生龋齿，而且还会造成过多能量摄入，从而导致肥胖或营养不良等问题，不利于儿童的生长发育，应该严格控制摄入。

七、定期监测生长发育状况

身长和体重等生长发育指标反映幼儿的营养状况，父母可以在家里对幼儿进行定期的测量，1～3 岁幼儿应该每 2～3 个月测量一次。

八、确保饮食卫生，严格餐具消毒

选择清洁不变质的食物原料，不食隔夜饭菜和不洁变质的食物，在选用半成品或者熟食时，应彻底加热后方可食用。幼儿餐具应彻底清洁和加热消毒。

学龄前儿童膳食指南

一、食物多样，谷类为主

儿童的膳食必须是由多种食物组成的平衡膳食，才能满足其各种营养素的需要，因而提倡广泛食用多种食物。谷类食物是人体能量的主要来源，也是我国传统膳食的主体，可为儿童提供碳水化合物、蛋白质、膳食纤维和 B 族维生素等。学龄儿童的膳食也应该以谷类食物为主体，并适当注意粗细粮的合理搭配。

二、多吃新鲜蔬菜和水果

应鼓励学龄前儿童适当多吃蔬菜和水果。蔬菜和水果所含的营养成分并不完全相同，不能互相替代。

三、经常吃适量的鱼、禽、蛋、瘦肉

鱼、禽、蛋、瘦肉等动物性食物是优质蛋白质、脂溶性维生素和矿物质的良好来源。鱼、禽、兔肉等含蛋白质较高、饱和脂肪较低，建议儿童可经常吃这类食物。

四、每天饮奶、常吃大豆及其制品

每天饮用 300～600mL 牛奶，可保证学龄前儿童钙摄入量达到适宜水平。豆类及其制品尤其是大豆、黑豆含钙也较丰富，芝麻、小虾皮、小鱼、海带等也含有一定的钙。

五、膳食清淡少盐，正确选择零食，少喝含糖高的饮料

为了保护儿童较敏感的消化系统，避免干扰或影响儿童对食物本身的感知和喜好、食物的正确选择和膳食多样的实现，预防偏食和挑食的不良饮食习惯，儿童的膳食应清淡、少盐、少油脂，并避免添加辛辣等刺激性物质和调味品。

六、食量与体力活动要平衡，保证正常体重增长

进食量与体力活动是控制体重的两个主要因素。消瘦的儿童则应适当增加食量和油脂的摄入，以维持正常生长发育的需要和适宜的体重增长；肥胖的儿童应控制总进食量和高油脂食物摄入量，适当增加活动（锻炼）强度及持续时间，在保证营养素充足供应的前提下，适当控制体重的过度增长。

七、不挑食、不偏食，培养良好饮食习惯

学龄儿童易出现饮食无规律、吃零食过多、食物过量。当受冷、受热，有疾病或情绪不安定时，易影响消化功能，可能造成厌食、挑食等不良饮食习惯。所以要特别注意培养儿童良好的饮食习惯，不挑食、不偏食。

八、吃清洁卫生、未变质的食物

注意儿童的进餐卫生，包括进餐环境、餐具和供餐者的健康与卫生状况。幼儿园集体用餐要提倡分餐制，减少疾病传染的机会，不要饮用生的牛奶和未煮熟的豆浆，不要吃生鸡蛋和未熟的肉类加工食品，不吃污染变质不卫生的食物。

中国儿童青少年膳食指南

一、三餐定时定量，保证吃好早餐，避免盲目节食

一日三餐不规律、不吃早餐的现象在儿童青少年中较为突出，影响到他们的营养摄入和健康。三餐定时定量，保证好吃早餐对于儿童青少年的生长发育、学习都非常重要。

二、吃富含铁和维生素 C 的食物

儿童青少年由于生长迅速，铁需要量增加，女孩加之月经来潮后的生理性铁丢失，更易发生贫血。

即使轻度的缺铁性贫血，也会对儿童青少年的生长发育和健康产生不良影响，为了预防贫血的发生，儿童青少年应注意经常吃含铁丰富的食物和新鲜的蔬菜水果等。

三、每天进行充足的户外运动

儿童青少年每天进行充足的户外运动，能够增强体质和耐力；提高机体各部位的柔韧性和协调性；保持健康体重，预防和控制肥胖；对某些慢性病也有一定的预防作用。户外运动还能接受一定量的紫外线照射，有利于体内维生素 D 的合成，保证骨骼的健康发育。

四、不抽烟、不饮酒

儿童青少年正处于迅速生长发育阶段，身体各系统、器官还未成熟，神经系统、内分泌功能、免疫机能等尚不十分稳定，对外界不利因素和刺激的抵抗能力都比较差，因而，抽烟和饮酒对儿童青少年的不利影响远远超过成年人。

中国老年人膳食指南

一、食物要粗细搭配、松软、易于消化吸收

粗粮含丰富 B 族维生素、膳食纤维、钾、钙、植物化学物质等。老年人消化器官生理功能有不同程度的减退，咀嚼功能和胃肠蠕动减弱，消化液分泌减少。因此老年人选择食物要粗细搭配，食物的烹制宜松软易于消化吸收。

二、合理安排饮食，提高生活质量

家庭和社会应从各方面保证其饮食质量、进餐环境和进食情绪，使其得到丰富的食物，保证其需要的各种营养素摄入充足，以促进老年人身心健康，减少疾病，延缓衰老，提高生活质量。

三、重视预防营养不良和贫血

60 岁以上的老年人由于生理、心理和社会经济情况的改变，可能使老年人摄取的食物量减少而导致营养不良。另外随着年龄增长而体力活动减少，并因牙齿、口腔问题和情绪不佳，可能致食欲减退，能量摄入降低，必需营养素摄入减少，而造成营养不良。60 岁以上老年人低体重、贫血患病率也远高于中年人群。

四、多做户外运动，维持健康体重

老年人适当多做户外活动，在增加身体运动量、维持健康体重的同时，还可接受充足紫外线照射，有利于体内维生素 D 合成，预防或推迟骨质疏松症的发生。

附录三　《既是食品又是药品的物品名单》、《可用于保健食品的物品名单》和《保健食品禁用物品名单》

一、既是食品又是药品的物品名单（按笔画顺序排列）

丁香、八角、茴香、刀豆、小茴香、小蓟、山药、山楂、马齿苋、乌梢蛇、乌梅、木瓜、火麻仁、代代花、玉竹、甘草、白芷、白果、白扁豆、白扁豆花、龙眼肉（桂圆）、决明子、百合、肉豆蔻、肉桂、余甘子、佛手、杏仁（甜、苦）、沙棘、牡蛎、芡实、花椒、赤小豆、阿胶、鸡内金、麦芽、昆布、枣（大枣、酸枣、黑枣）、罗汉果、郁李仁、金银花、青果、鱼腥草、姜（生姜、干姜）、枳椇子、枸杞子、栀子、砂仁、胖大海、茯苓、香橼、香薷、桃仁、桑叶、桑椹、橘红、桔梗、益智仁、荷叶、莱菔子、莲子、高良姜、淡竹叶、淡豆豉、菊花、菊苣、黄芥子、黄精、紫苏、紫苏籽、葛根、黑芝麻、黑胡椒、槐米、槐花、蒲公英、蜂蜜、榧子、酸枣仁、鲜白茅根、鲜芦根、蝮蛇、橘皮、薄荷、薏苡仁、薤白、覆盆子、藿香。

二、可用于保健食品的物品名单（按笔画顺序排列）

人参、人参叶、人参果、三七、土茯苓、大蓟、女贞子、山茱萸、川牛膝、川贝母、川芎、马鹿胎、马鹿茸、马鹿骨、丹参、五加皮、五味子、升麻、天门冬、天麻、太子参、巴戟天、木香、木贼、牛蒡子、牛蒡根、车前子、车前草、北沙参、平贝母、玄参、生地黄、生何首乌、白及、白术、白芍、白豆蔻、石决明、石斛（需提供可使用证明）、地骨皮、当归、竹茹、红花、红景天、西洋参、吴茱萸、怀牛膝、杜仲、杜仲叶、沙苑子、牡丹皮、芦荟、苍术、补骨脂、诃子、赤芍、远志、麦门冬、龟甲、佩兰、侧柏叶、制大黄、制何首乌、刺五加、刺玫果、泽兰、泽泻、玫瑰花、玫瑰茄、知母、罗布麻、苦丁茶、金荞麦、金樱子、青皮、厚朴、厚朴花、姜黄、枳壳、枳实、柏子仁、珍珠、绞股蓝、胡芦巴、茜草、荜茇、韭菜子、首乌藤、香附、骨碎补、党参、桑白皮、桑枝、浙贝母、益母草、积雪草、淫羊藿、菟丝子、野菊花、银杏叶、黄芪、湖北贝母、番泻叶、蛤蚧、越橘、槐实、蒲黄、蒺藜、蜂胶、酸角、墨旱莲、熟大黄、熟地黄、鳖甲。

三、保健食品禁用物品名单（按笔画顺序排列）

八角莲、八里麻、千金子、土青木香、山莨菪、川乌、广防己、马桑叶、马钱子、六角莲、天仙子、巴豆、水银、长春花、甘遂、生天南星、生半夏、生白附子、生狼毒、白降丹、石蒜、关木通、农吉痢、夹竹桃、朱砂、米壳（罂粟壳）、红升丹、红豆杉、红茴香、红粉、羊角拗、羊踯躅、丽江山慈姑、京大戟、昆明山海棠、河豚、闹羊花、青娘虫、鱼藤、洋地黄、洋金花、牵牛子、砒石（白砒、红砒、砒霜）、草乌、香加皮（杠柳皮）、骆驼蓬、鬼臼、莽草、铁棒槌、铃兰、雪上一枝蒿、黄花夹竹桃、斑蝥、硫磺、雄黄、雷公藤、颠茄、藜芦、蟾酥。

参 考 文 献

[1] 刘志皋. 食品营养学 [M]. 第 2 版. 北京：中国轻工业出版社，2004.

[2] 陈君石，闻芝梅. 现代营养学 [M]. 第 7 版. 北京：人民卫生出版社，1999.

[3] 霍军生. 营养学 [M]. 北京：中国林业出版社，2008.

[4] 吴坤. 营养与食品卫生学 [M]. 第 5 版. 北京：人民卫生出版社，2003.

[5] 葛可佑. 中国营养科学全书 [M]. 北京：人民卫生出版社，2004.

[6] 秦玉川，丁自勉，赵纪文. 绿色食品 [M]. 南京：江苏人民出版社，2002.

[7] 沈同，王镜岩. 生物化学 [M]. 第 2 版. 北京：高等教育出版社，1990.

[8] 江苏省营养学会. 江苏省营养学会中国居民膳食指南研讨会论文集 [C]. 南京，2008.

[9] 郑集. 鉴证长寿——百岁教授的养生经 [M]. 成都：四川辞书出版社，2008.

[10] 金龙飞. 食品与营养学 [M]. 北京：中国轻工业出版社，1999.

[11] 霍军生. 现代食品营养与安全 [M]. 北京：中国轻工业出版社，2005.

[12] 马逊风. 食品安全与生态风险 [M]. 北京：化学工业出版社，2003.

[13] 陈君石，等. 食物、营养与癌症预防 [M]. 上海：上海医科大学出版社，1999.

[14] 蔡美琴. 公共营养学 [M]. 北京：中国中医药出版社，2006.

[15] 中国营养学会. 中国居民膳食营养素参考摄入量 [M]. 北京：中国轻工业出版社，2000.

[16] 姚汉亭. 食品营养学 [M]. 北京：中国农业出版社，1995.

[17] 中国食品工业协会营养指导工作委员会. 国家劳动和社会保障部教育培训中心公共营养师培训教材 [M]. 北京：军事医学科学出版社，2007.

[18] 张爱珍. 医学营养学 [M]. 北京：人民卫生出版社，1998.

[19] 江小梅. 食品商品学 [M]. 第 2 版. 北京：中国人民大学出版社，1995.

[20] 杨月欣，王光亚，潘兴昌. 中国食物成分表 2002 [M]. 北京：北京大学医学出版社，2002.

[21] 罗仁，赖名慧，戴红芳. 亚健康评估与干预 [M]. 北京：人民军医出版社，2010.

[22] 张铁军. 亚健康与保健食品概论 [M]. 北京：科学出版社，2009.

[23] 郭建生，鲁耀邦. 保健品与亚健康 [M]. 北京：中国中医药出版社，2009.

[24] 乔志恒，华桂茹. 亚健康状态评估与康复 [M]. 北京：化学工业出版社，2007.

[25] 李勇. 营养与食品卫生学 [M]. 北京：北京大学医学出版社，2005.

[26] 王光慈. 食品营养学 [M]. 北京：中国农业大学出版社，2006.

[27] 王尔茂. 食品营养与卫生 [M]. 北京：科学出版社，2004.

[28] 范志红. 食物营养与配餐 [M]. 北京：中国农业大学出版社，2010.

[29] Frances Sienkiewicz Sizer, Eleanor Noss Whitney. 营养学 [M]. 王希成译. 北京：清华大学出版社，2004.

[30] 小杰拉德. F. 库姆斯. 维生素：营养与健康基础 [M]. 张丹参，杜冠华等译. 北京：科学出版社，2009.

[31] 于康. 营养与健康 [M]. 北京：科学出版社，2010.

[32] 王红梅. 营养与食品卫生学 [M]. 上海：上海交通大学出版社，2000.

[33] 中华人民共和国卫生部. 卫生部关于进一步规范保健食品原料管理的通知（卫法监发 [2002] 51 号）[OL]. http://www.moh.gov.cn/publicfiles/business/htmlfiles/mohwsjdj/s3593/200810/38057.htm. 2002-02-28.

[34] 中华人民共和国卫生部. 食品安全国家标准　食用盐碘含量（GB 26878—2011）[S/OL]. http://www.moh.gov.cn/publicfiles/business/htmlfiles/mohwsjdj/s7891/201109/53064.htm. 2011-09-29.

[35] 中国国家认证认可监督管理委员会. 关于启用食品农产品认证信息系统（2.0 版）的通知（OL）. ht-

tp://www.cnca.gov.cn/cnca/zwxx/xwdt/zxtz/468532.shtml.2011-09-16.

[36] 王中荣，刘雄. 高直链淀粉性质及应用研究 [J]. 粮食与油脂，2005，11：10-13.

[37] 于小冬. 我国公众营养状况分析——第四次"全国营养与健康调查"结论 [N]. 中国教育报，2005-8-27.

[38] 翟凤英. 中国人面临的五大营养问题——来自全国第四次营养调查的一线报告 [J]. 企业标准化，2008，2：30-31.

[39] 赵国华，阚建全，李洪军，等. 食物中抗性淀粉的研究进展 [J]. 中国粮油学报，1999，14（4）：37-40.

[40] 李秋洪，袁泳，王华飞. 论绿色食品有机食品和无公害食品 [J]. 中国食物与营养，2002，2：59-61.

[41] 陈光，高俊鹏，王刚，等. 抗性淀粉的功能特性及应用研究现状 [J]. 吉林农业大学学报，2005，27（5）：578-581.

[42] 周刚. 亚健康医学与国民健康素质 [J]. 中国水电医学，2007，4：225-227.

[43] 李竹，刘向东，陈亚华，等. 神经管畸形不同发病区婚检妇女叶酸缺乏率的研究 [J]. 中国生育健康杂志，1996，1：1-4.

[44] 马爱勤，汪之顼. 叶酸营养与孕期保健 [J]. 国外医学（卫生学分册），2009，6：72-74.

[45] 杨月欣. 抗性淀粉的功能作用 [J]. 中国食物与营养，2000，6：45-47.

[46] Lindsay Allen, Bruno de Benoist, Omar Dary, etc. 微量营养素食物强化指南 [M]. 霍军生等译. 北京：中国轻工业出版社，2009.

[47] 王淑君，宋少江，彭缨. 保健食品研发与制作 [M]. 北京：人民军医出版社，2009.

[48] 李书国. 保健食品加工工艺与配方 [M]. 北京：科学技术文献出版社，2001.

[49] 周俭主. 保健食品设计原理及其应用 [M]. 北京：中国轻工业出版社，1998.

[50] 孙远明. 食品营养学 [M]. 北京：中国农业大学出版社，2010.

[51] 刘贺，朱丹实，徐学明，等. 油脂替代品的研究进展 [J]. 中国粮油学报，2009，24（2）：153-159.

[52] 李玉美，卢蓉蓉，许时婴，等. 蛋白质为基质的脂肪替代品研究现状及其应用 [J]. 中国乳品工业，2005，33（8）：34-37.